U0296486

长江上游山地生态过程与变化

王根绪 杨 燕 孙守琴等 著

科学出版社

北京

内 容 简 介

本书以长江上游山区为主要研究对象，基于生态学、树木年轮学、生理生态学及生态水文学的理论与方法，结合野外控制模拟试验、遥感数据分析和数值模拟等多种手段，系统分析了在多圈层作用下，长江上游山区主要生态系统结构、分布格局与关键生态功能的变化特征，典型森林生态系统类型早期更新、功能性状及养分利用策略，以及群落生态特征等方面演变过程及其形成机制；以山地灾害影响迹地植被恢复为对象，系统分析了典型山地植被-土壤系统原生演替的基本规律、互馈关系及其生物化学计量平衡的演变模式等；在上述研究基础上，对山地生态系统的水循环与水碳氮耦合过程的时空动态、海拔梯带分异规律及其对变化环境的响应特征等进行了系统研究，阐释了水源涵养、水土保持及固碳和氮磷截持等重要的生态服务形成与变化规律，并以典型案例方式，提出了应对变化环境下稳定并提升山区生态系统服务功能的对策措施。

本书可为从事全球变化生态学、长江流域生态环境保护、山区生态服务与可持续管理、山区开发与保护等领域的管理决策者、高等院校师生和科研院所研究人员参考。

审图号：GS（2020）3885 号

图书在版编目（CIP）数据

长江上游山地生态过程与变化/王根绪等著. —北京：科学出版社，2020.5

ISBN 978-7-03-061106-2

Ⅰ.①长… Ⅱ.①王… Ⅲ.①长江－上游－山地－生态环境－关系－气候变化－研究 Ⅳ.①X321.2 ②P467

中国版本图书馆 CIP 数据核字（2019）第 080385 号

责任编辑：张 展 朱小刚/责任校对：彭珍珍
责任印制：罗 科/封面设计：陈 敬

科 学 出 版 社 出版

北京东黄城根北街 16 号
邮政编码：100717
http://www.sciencep.com

四川煤田地质制图印刷厂印刷

科学出版社发行 各地新华书店经销

*

2020 年 5 月第 一 版 开本：787×1092 1/16
2020 年 5 月第一次印刷 印张：22 3/4
字数：530 000

定价：249.00 元

著者名单

主　　笔：王根绪　杨　燕　孙守琴

　　　　　罗　辑　傅　斌　雷光斌

主要作者（按姓氏拼音排序）：

　　　　　常瑞英　段宝利　类延宝

　　　　　鲁旭阳　冉　飞　孙向阳

　　　　　王文志　张　胜　朱万泽

国家自然科学基金重大项目课题：地形急变带生态-水文过程对岩土水力性质的影响及分异规律（41790431）

中国科学院前沿科学重点部署项目：山地生态水文过程的带谱分异规律及其流域水文影响研究（QYZDJ-SSW-DQC006）

国家自然科学基金国际合作项目：高山草地物种多样性和生态功能对变化环境响应的高海拔与高纬度对比研究（41861134039）

联合资助

序

　　长江上游山区包括横断山区和川西高原，地势高亢、地貌形态和气候类型复杂多样，河网密布。该区域是我国重要的生物多样性和水源涵养生态功能区，也是我国青藏高原、黄土高原-川滇两大生态屏障区的重要组成部分。一方面，长江上游径流量占全流域径流的 48%，水能资源则高达 86%，是长江流域水资源安全和我国能源安全的战略重地，在我国国民经济和社会发展中具有重要的战略地位；另一方面，长江上游山区位于青藏高原东缘地形急变带，集中了全流域 85%以上的坡耕地、65%的水土流失面积和 70%以上的土壤侵蚀量，因而是国家水土流失重点治理区，生态环境脆弱、生态功能维持难度大。提升长江上游山区的水源涵养和水土保持功能，维护该区域重要的生物多样性，始终是长江流域大保护战略的重点，维护长江上游山区生态屏障是保障流域水资源安全、环境安全和生态安全的核心。

　　半个世纪以来，伴随气候变化和人类活动强度持续增大，长江上游山区生态与环境出现了较大变化，特别是自 1998 年开始实施国家天然林资源保护、退耕还林等生态工程以来，森林资源由过度消耗向恢复性增长转变，区域植被覆盖度提高、水土流失显著减少，生态环境出现整体向好趋势。然而，在这一宏观背景下，局部生态和环境问题仍然十分严重，如天然次生林林分生长过密，林下目标树种更新困难，中幼龄树生长受阻，林木生长缓慢，幼树枯损严重；且森林恢复过程中各种森林植被类型镶嵌分布，景观破碎化严重。高山及亚高山气候变化幅度要远高于平原地区，加之长江上游高山带赋存大量冰冻圈要素，因而气候变化对高山及亚高山生态系统的影响巨大。在这种气候变化背景下，依据一些局部调查和样地监测结果，大部分天然林生态系统的不稳定性较为突出，亚高山针叶林生态系统的退化较为严重。国际上大量已有研究结果表明，亚高山及高山带生态系统对气候变化的高度敏感性导致这些区域的生物多样性、植被带分布格局、生态系统生产力等均发生显著变化。但我们尚不清楚长江上游亚高山、高山带生态系统对全球变化业已或即将产生何种响应，也不清楚这些变化将对区域生态屏障功能产生多大影响。

　　长江上游山地还是我国滑坡、泥石流等严重地质灾害高强度和频发区域，长江流域山洪灾害（溪河洪水及其引发的滑坡、泥石流灾害）高易发区主要集中在长江上游中高山地。山地灾害对区域生态系统的破坏性较大，灾后的生态恢复重建以及山地灾害的生态治理一直是该区域亟待解决的区域环境与发展问题之一。同时，长江上游山区还是我国深度贫困人口集中连片分布区，该区域贫困人口占据全国的近三分之一，发展和保护的矛盾十分突出。探索变化环境下长江上游生态保护与区域发展协调路径，对于践行习总书记"绿水青山就是金山银山"的两山理论，构建高质量西南山区国家生态屏障、推动区域生态文明建设等具有十分重要的科学意义。

　　近 30 年来，对于长江上游山地生态与环境变化的专门研究较少，对于上述问题的系统性和整体性研究十分缺乏，极大地制约了对于长江上游生态屏障建设的科技支撑。基于生态样地长期观测研究，结合遥感反演与生态模型，是破解区域生态变化过程及其形成机制与未来演变趋势的主要手段。该书正是依托在长江上游最高峰——贡嘎山建立的国家野外观测试验研究站，充分利用 1987 年以来 30 多年的长期观测研究积累，特别是该站建立的泥石流与冰川退缩迹地植被原生演替序列的长期观测试验、气候变化下的冷杉林早期更新观测试验研究以及不同植被带生态系统关键功能动态变化研究等，为系统揭示西南山区典型生态系统对变化环境的响应与适应机制、探求高山及亚高山生态系统退化的恢复保育对策等提供了坚实基础。该书就是将这些成果进行了系统归纳和总结，并结合 1990~2015 年遥感数据反演，从典型植被群落、生态系统、灾害作用区以及整个上游区域等多尺度角度，围绕生态系统结构、格局、过程及关键生态功能等多侧面，较为系统地阐释了长江上游山区生态系统的变化特征与驱动因素，提出了一些有针对性的生态恢复重建的理论基础与技术措施，是迄今为止针对长江上游山区生态问题的较为系统和全面的研究成果，期待其能为长江上游山区生态保护与生态文明建设等提供有力的科学支撑作用。

鉴于包括长江上游山区在内的广大西南山区生态保育问题的复杂性与相关认识方面的局限性，该书所展示的进展在其涵盖的方向上是有较大进步，但远不是终点，很多方面甚至只能说是初步的认识，因而对于真正实现对西南山区生态问题的完全把握，尚有很长的路要走。开卷有益在于举一反三和基于当前的进一步思考与深化研究，希望作者以该书为起点，继续潜心钻研，"精益求精、止于至善"；也希望有更多科学家和团队从该书中获得启迪，并投入到长江上游山区生态环境与区域发展的研究中来，为实现长江流域绿色发展战略和国家西南山区生态屏障建设目标提供更加强有力的科技支撑。

傅伯杰

中国科学院院士

2019 年 11 月于北京

前　言

长江上游山区是指宜宾以上位于青藏高原东缘地形急变带内的流域范围,包括横断山区和川西高原,地势高亢、起伏高差巨大,地貌形态和气候类型复杂多样,河网密布,生物多样性极为丰富。一方面,长江上游径流量占全流域径流的 48%,水能资源则高达 86%,是长江流域水资源安全和国家层面能源安全的战略重地,在我国国民经济和社会发展中具有重要的战略地位。该区域为我国第二大林区——西南林区的主体构成部分,区内森林资源丰富,是青藏高原东缘、长江上游天然林的主体,仅金沙江流域,森林总蓄积量就达 11 亿 m^3,其中成熟林蓄积量 7.8 亿 m^3,占全国总量的 22.3%。生物多样性极为丰富,是我国乃至世界范围内典型的物种分布和分化中心,其具有的裸子植物种类占全国总数的 40% 以上;同时还是中国高等植物特有属最集中分布的区域,集中了 80 多个中国高等植物特有属。在区域气候调节、涵养水源和生物多样性保育等方面具有不可替代的生态地位和作用,为我国重要的江河源和生态安全屏障。另外,长江上游地处我国地貌格局的第一和第二级阶梯,大部分流域位于地形急变带,因而集中了全流域 85% 以上的坡耕地、65% 的水土流失面积和 70% 以上的土壤侵蚀量,生态环境脆弱、生态功能维持难度大。

半个世纪以来,伴随气候变化和人类活动强度持续增大,长江上游山区生态与环境出现了较大变化,特别是自 1998 年开始实施国家天然林资源保护、退耕还林等生态工程以来,森林资源由过度消耗向恢复性增长转变,植被覆盖度提高、水土流失显著减少。然而,区域生态环境问题仍然十分严重,如天然次生林林分生长过密,林下目标树种更新困难,中幼龄树生长受阻,林木生长缓慢,幼树枯损严重;大量的人工林由于初植密度过高,林分郁闭后,生长抑制严重,人工林生态功能恢复缓慢;大部分天然林生态系统的不稳定性较为突出,且森林恢复过程中各种森林植被类型镶嵌分布,景观破碎化严重。近 50 年来,长江上游径流量持续减少,输沙量也同步递减,且输沙量递减幅度显著大于径流减少幅度,对流域一系列重大水利工程如三峡工程等安全运营产生严重威胁。我们不清楚长江上游水资源持续减少的形成原因与机理,也无法科学预估其未来的演变趋势。这一问题的严峻性还在于我们不能明确长江上游水过程的变化如何及其在多大程度上对流域水资源安全产生影响。高山及亚高山气候变化幅度要远高于平原地区,加之长江上游高山带赋存大量冰冻圈要素,因而气候变化对高山及亚高山生态系统的影响巨大。国际上大量已有研究结果表明,亚高山及高山带生态系统对气候变化的高度敏感性导致这些区域的生物多样性、植被带分布格局、生态系统生产力等均发生显著变化。但我们尚不清楚长江上游亚高山、高山带生态系统对全球变化业已或即将产生何种响应,也不清楚这些变化将对区域生态屏障功能产生多大影响。

自 2000 年以来,有据可查的专门针对长江上游生态与环境问题的全面和系统性研究,可以认为只有孙鸿烈（2008）先生主编的《长江上游地区生态与环境问题》，其是依托中国科学院学部设立的院士咨询项目"长江上游地区生态和环境问题再评估"的研究成果。从长江上游生态建设的成就和面临的生态与环境问题、长江河源区生态和环境问题、长江上游地区生态退化与成因以及水电站开发对生态与环境的影响等方面开展了评估，提出了对策与建议。在长江上游横跨大渡河与雅砻江的贡嘎山（海拔 7526m），是横断山最高峰，称为蜀山之王，其高达 6000 多米的相对高差，形成了十分丰富的植被带谱，几乎囊括了横断山区所有的植被类型，是长江上游生物多样性最为集中分布的区域之一。早在 1987 年，在贡嘎山东坡建立了针对西南亚高山森林生态系统的国家野外站——中国科学院贡嘎山高山生态系统观测试验站（简称贡嘎山站），本书就是基于贡嘎山站自 2010 年以来开展的山地生态学相关研究的最新成果，兼顾长江上游其他山区的生态学研究进展，从区域宏观尺度的生态时空分布格局变化、生态系统尺度的结构与功能（生产力、水源涵养与固碳等）变化、响应气候变化的植被群落演替以及优势建群物种个体水平的生理生态学机理等方面，全面归纳总结了变化环境下长江上游山地生态系统结构、格局与功能的演变特征、驱动因素与机理，以期为客观准确认知长江上游山地生态系统变化特征、对变化环境的响应规律以及区域生态与环境影响，进一步寻求科学合理的长江上游生态屏障维护与生态文明建设规划以及为长江流域经济带绿色发展等提供科学依据。

全书围绕长江上游山地典型的生态过程（对气候变化的响应与适应过程、冰川退缩迹地和泥石流干扰迹地植被重建的演替过程、山地系统生物地球化学过程、生态系统水循环与水源涵养过程以及林线形成与动态变化过程等）以及随气候和人类活动影响的变化，共划分为 11 章，是贡嘎山站大部分核心骨干研究人员潜心科研的成果汇总。其中王根绪负责全书大纲制定并独立完成第 1 章，第 2 章由雷光斌和王根绪共同编写，第 3 章由杨燕、冉飞完成，第 4 章由朱万泽、王文志和冉飞合作完成，第 5 章由段宝利和杨燕合作完成，第 6 章由罗辑、张胜以及杨燕等共同完成，第 7 章由罗辑、孙向阳、常瑞英以及鲁旭阳四人合作完成，第 8 章由孙守琴独立完成，第 9 章和第 10 章由孙向阳和王根绪完成，第 11 章由傅斌独立完成。最后，由王根绪、冉飞和王文志统稿。因此，本书是集体智慧和科研创新成果的结晶，这里向付出辛勤劳作的各位同仁表示衷心感谢！

尽管我们给本书取名为《长江上游山地生态过程与变化》，在针对长江上游山地生态系统格局、过程与功能这一领域，本书汇聚了一些突破性进展，但客观地说，对于这一区域核心的生态学问题，本书大多只是涉及皮毛或根本未能触及，如高山及亚高山生态系统响应全球气候变化的宏观表现，尚缺乏在生物多样性、群落结构与组成、物候以及分布格局等方面的具有普遍存在的确切证据，在生态固碳和生物地球化学规律方面，也主要集中在峨眉冷杉和高寒草地等两种生态类型上，对其他生态类型的研究较少；在生态系统水循环与水文功能方面，尽管取得了一些理论和数值模拟方法上的进展，但也只能说是揭开了山地复杂生态水文过程的一角。其他诸如物候、物种与植被带谱迁移、气候变化下的天然林更新与演替等，尚未有实质性的进展。同时，在已有的一些认识和理论陈述方面，本书也难免存在一些遗漏、不足和缺陷，期待相关领域的科学家给予批评与指导。总之，本书目前涵盖的内容与其书名内涵的目标尚有一定距离，但希望它能起到抛砖引玉的作用，激发相关领域的科学家和同仁对长江上游山地生态屏障建设的一些科学问题给予更大关注，也希望在创建长江流域绿色发展经济走廊和可持续提升长江上游生态屏障功能的深入研究中，本书能够起到一定参考作用。

王根绪

2019 年 10 月于成都

目　　录

序

前言

第1章　概述 ··· 1

  1.1　区域自然地理与区位特征 ·· 1

  1.2　长江上游山地生态类型与分布特征 ································ 3

  1.3　面临的主要生态学问题 ·· 6

  参考文献 ·· 13

第2章　区域生态格局的时空变化 ··· 14

  2.1　生态空间分布格局 ·· 14

  2.2　近25年生态空间变化 ·· 20

  2.3　近35年来区域植被NDVI变化 ····································· 30

  2.4　主要生态系统生产力变化 ·· 35

  2.5　长江河源区高寒草地植被覆盖变化 ································ 40

  参考文献 ·· 45

第3章　典型山地植被群落结构变化 ······································· 46

  3.1　样地尺度河源区高寒草地植被群落结构变化 ······················ 46

  3.2　亚高山暗针叶林群落结构变化 ···································· 58

  参考文献 ·· 62

第4章　高山林线动态变化与驱动机制 ····································· 66

  4.1　基于树木年轮学的贡嘎山高山林线动态及其成因分析 ·············· 66

  4.2　贡嘎山高山林线形成的生理生态机制 ······························ 77

  参考文献 ·· 83

第5章　云、冷杉对气候变化的生理生态响应 ······························ 86

  5.1　岷江冷杉生理生态响应 ·· 86

  5.2　粗枝云杉生理生态响应 ·· 88

  5.3　增温与干旱对暗针叶林早期更新过程的影响 ······················ 91

  参考文献 ·· 100

第6章　变化环境下森林群落原生演替过程 ································· 103

  6.1　冰川退缩区和泥石流迹地植被原生演替过程 ······················ 103

  6.2　原生演替过程及格局 ·· 117

  6.3　氮在演替早期阶段的作用 ·· 139

  6.4　磷在演替后期阶段的作用 ·· 163

6.5　生物化学计量平衡变化过程 ·· 182

参考文献 ··· 187

第 7 章　亚高山森林生态系统碳过程与模拟 ·· 190

7.1　亚高山森林生态系统现存生物量与 NPP 分布格局 ························· 190

7.2　亚高山主要森林生态系统碳库格局 ··· 194

7.3　暗针叶林生态系统呼吸及其时空变化规律 ···································· 199

7.4　凋落物分解与碳归还 ··· 210

7.5　氮添加对亚高山森林土壤有机碳的影响与机制 ······························ 221

7.6　变化环境下亚高山森林生态系统碳氮变化模拟 ······························ 232

参考文献 ··· 241

第 8 章　亚高山森林苔藓演变与生态效应 ·· 244

8.1　西南山地（贡嘎山）藓类物种及区系特征 ···································· 245

8.2　地面苔藓植物生态特征及分布 ·· 256

8.3　模拟气候变化对苔藓植物的短期影响 ··· 262

8.4　苔藓植物对亚高山生态系统碳循环的影响 ···································· 267

参考文献 ··· 271

第 9 章　典型山地生态水文过程与模拟 ·· 276

9.1　河源区高寒草地生态水文过程 ·· 276

9.2　山地森林蒸散发及其带谱格局 ·· 281

9.3　不同植被带的水均衡模式与产流 ··· 290

9.4　山地生态水文过程模拟 ·· 293

参考文献 ··· 300

第 10 章　山地生态系统水碳耦合过程 ··· 302

10.1　山地主要生态系统水分利用效率特征 ··· 302

10.2　水分利用效率的带谱分异规律及其驱动机制 ······························ 304

10.3　不同生态类型区的径流碳输移与驱动因素 ·································· 307

10.4　水碳耦合过程模拟 ·· 316

参考文献 ··· 321

第 11 章　典型区域生态系统服务评估与管理 ·· 324

11.1　生态系统服务和管理研究进展 ·· 324

11.2　区域生态系统服务和管理理论与方法 ··· 325

11.3　综合生态系统管理 ·· 327

11.4　长江上游典型山区生态功能区划 ··· 328

11.5　综合生态系统管理研究案例 ··· 345

参考文献 ··· 348

第1章 概 述

1.1 区域自然地理与区位特征

长江上游是指从长江发源地到湖北宜昌段所覆盖的流域,包括金沙江以及岷江、大渡河、雅砻江、沱江、嘉陵江、乌江等主要支流,全长 4500km。长江上游流域总面积 $9.73 \times 10^5 km^2$,占整个长江流域总面积的 55.6%,包括青海省、西藏自治区、四川省、云南省、重庆市、贵州省、湖北省和陕西省等省份的全部或部分地区。长江上游径流量占全流域径流的 48%,水能资源则高达 86%,水能资源总量居全国之冠,平均每平方千米范围内的水能发电量高于全国平均水平 8.7 倍,是长江流域水资源安全和国家层面能源安全的战略重地。区域内其他自然资源也十分丰富,矿产资源储量丰富,矿种齐全,钒钛磁铁矿储量超 $200 \times 10^8 t$,钒、钛储量分别位居世界第三、第一位;硫铁矿储量全国最大,品位较高;煤炭储量高,种类齐全,是川滇黔煤炭基地的重要组成部分;生物资源种类繁多,区域内汇聚了不同区系来源的生物类群,而且不少物种起源古老、特有性高,是横断山区域生物多样性重要的组成部分。长江上游还是我国少数民族最集中的地区,我国 56 个民族中的大多数在该区域均有分布,以藏族文化、彝族文化、巴蜀文化为核心,成为著名的藏族、彝族、羌族和纳西族等民族聚居地。因此,长江上游在我国国民经济和社会发展中具有极其重要的战略地位。

本书涉及的长江上游研究区域以川西高原和青藏高原东缘地形急变带为主,地处我国地貌格局的第一和第二级阶梯,包括了青藏高原、横断山区、云贵高原和四川盆地等全部或部分地区,大部分流域位于地形急变带,因而集中了全流域 85% 以上的坡耕地、65% 的水土流失面积和 70% 以上的土壤侵蚀量。同时,自然景观极为丰富,囊括了高山峡谷、喀斯特、紫色丘陵以及冰缘地貌等众多地貌类型,在现代冰冻圈作用、高速流水和高势能重力等作用下,滑坡、泥石流、山洪等地质灾害频发,是全球山地灾害最为严重的地区(孙鸿烈,2008)。

长江上游区域气候类型多样,季风气候十分典型,包括高原气候、北亚热带气候和中亚热带气候等类型,以亚热带为基带,在山地垂直梯带上还分布有暖温带、温带、寒温带以及寒带等气候类型。在水分条件上,区域内广泛分布从湿润、半湿润、半干旱到干旱等多种类型,气候立体特征十分显著。金沙江流域大部分受高原季风、东亚季风和西南季风的多重影响,干湿分明,一般冬半年主要受西风带气流影响,被青藏高原分成南北两支的西风急流,其南支经过,带来大陆性的晴朗干燥天气;而流域东北部受昆明静止锋和西南气流影响,阴湿多雨。夏半年(6~9 月或 5~10 月)西风带北撤,则受海洋性西南季风和东南季风的影响,带来丰沛的降水,并由流域东南向流域西北逐渐减少。金沙江流域平均年降水量约 710mm,河流两侧山地降水量在 600mm 以上,局部可高达 1400mm 以上,河谷地带则一般在 600mm 以下，局部甚至不足 200mm。这一气候空间分异特性在横断山区具有普遍性，这里干旱河谷发育，多数河谷降水量介于 200~400mm。川中丘陵区主要是中亚热带湿润气候，温暖湿润，降水量在 900~1600mm。

　　研究区域是我国最为重要的生物资源库，是生物多样性最为丰富和世界生物多样性热点地区之一，拥有上万种国家重点保护的动植物物种，也是珍贵孑遗、特有物种最多的区域。在复杂多样的气候和沟壑纵横、起伏悬殊的地形条件影响下，区域植被类型繁丰多样，天然植被具有显著的地带性分布规律。在水平方向上，沿水热分布梯带以纬度走向呈现由滇西到川西北的植被分化特征；在相同纬度范围内，沿海拔具有显著的高程梯度植被分带，再现从（热带）亚热带到寒带的全部纬度性植被带谱。由于汇聚了不同区系来源的生物类群，长江上游山区野生动植物资源十分丰富，有多个国家级自然保护区和世界遗产地，自然保护区数量位居全国之首，占据全国国家自然保护区的近 1/3。截至 2005 年，云南省有国家级自然保护区 13 个，四川省有国家级自然保护区 15 个。因此，该区域是我国极其重要的生物资源、物种资源和基因多样性宝库（孙鸿烈，2008）。

　　长江是我国第一大河，拥有全国 36%的水资源，长江上游是长江流域主要的水资源形成区，其河川径流占整个流域的 48%，对长江流域水资源情势具有决定性作用。依前所述，上游山区还是长江流域水土流失和侵蚀产沙的主要分布区域，因此，无论是从生物物种宝库、能源后备资源库还是流域水资源战略重地和水环境保护等多个角度，长江上游都是名副其实的长江流域乃至国家层面极其重要的生态屏障区。维护长江流域良好的水环境与生态系统健康、稳定流域水资源供给、水土保持与减少侵蚀产沙、保育生物多样性与珍贵的生物资源等诸多方面，均是长江上游生态屏障作用的显现。我国"两屏三带"生态屏障中，重要的青藏高原生态屏障和黄土高原-川滇生态屏障均在长江上游区有分布，凸显了长江上游在我国生态屏障建设中举足轻重的作用。然而，由于高原和高大山体的气候敏感性，长江上游地区不仅是流域重要的生态屏障，也是我国主要的生态脆弱区，生态系统结构与功能对环境变化响应强烈。全球变化以及不断增强的区域经济社会发展，对长江上游生态屏障产生的压力不断加剧，如何发挥长江上游稳定并不断提升其生态屏障功能，成为事关长江流域绿色发展的关键问题。

　　长江上游地区自 1998 年开始，先后实施了"天然林保护"、"退耕还林还草"以及"干旱/干热河谷生态恢复与重建"等生态工程建设，生态恢复与生态屏障建设取得较大成效，无论是植被覆盖度还是植被生产力均有显著增加，水土流失强度较大幅度降低。以四川省为例，截至 2011 年，全省森林覆盖率由 24.2%提升到 35.1%，森林蓄积量由 14.65 亿 m^3 增加到 16.66 亿 m^3；四川境内进入长江干流的泥沙减少了 46%。总体而言，基本达到了生态工程建设的预期目标，生态环境得到改善，全流域水土流失面积首次实现由增到减的历史性转变。但是，长江上游山区仍然面临诸多严峻的生态与环境形势，主要体现在以下几方面（孙鸿烈，2008；钟祥浩和刘淑珍，2015）：①人工林树种单一，残次林和退化林不断增加，生态功能恢复尚待时日。②天然林持续退化，自 20 世纪 80 年代以来，主要天然森林类型如暗针叶林的单位面积蓄积量和总蓄积量均呈持续递减趋势，存在大范围低效次生林、灌丛化林地，生态系统稳定性差、生态功能持续退化。③草地退化未能根本扭转，局地地带呈持续加剧态势。④主要河流输沙量急剧减少，同时伴随径流量也持续减少，对流域一系列重大水利工程如三峡工程等安全运营产生严重威胁，但目前不清楚产生径流与侵蚀泥沙减少的主要驱动因素与贡献。如何在全球变化背景下，维持山地生态系统健康、提升生态功能，满足日益增加的区域内及流域经济社会发展需求，是长江上游亟待解决的关键问题。同时，该区域属于长江经济带和西部地区经济发展水平较为落后的地区之一，是全国最主要的连片贫困区，如四川境内的甘孜、凉山及阿坝，云南北部乌蒙山-凉山区及贵州乌蒙山区和武陵山区等。生态屏障建设与区域经济社会发展矛盾十分突出，既存在生态环境保护承受经济社会高速发展的巨大胁迫，也存在经济社会发展面临日益严重的环境压力。客观认识变化环境下区域生态系统变化特征与演变规律，研判未来变化趋势，制定合理的经济社会发展-生态保育-资源利用相协调的可持续对策，成为区域重要的科学目标。

1.2 长江上游山地生态类型与分布特征

长江上游山区地域辽阔，包括横断山区、青藏高原东部、云贵高原和川西高原等，地貌形态和气候类型复杂多样，形成了全球范围内生物多样性极为丰富的区域之一。在植物区系上，古北植物区系、中亚植物区系、喜马拉雅植物区系和印度-马来植物区系等多种成分渗透混杂，成为我国乃至世界范围内植物区系成分最为复杂的地区之一，具有明显的物种分布和分化中心特征（国家环境保护局，1998）。据不完全统计，区域内以蕨类、裸子和被子植物种类最为丰富，仅横断山区就有维管束植物219科、1467属，8559种。裸子植物种类占全国总数的40%以上，其中云杉占全国总种数的42%，冷杉占全国的45%（管中天，1982；钟祥浩和刘淑珍，2015）。该区域还是中国高等植物特有属最集中分布的区域，集中了80多个中国高等植物特有属。区内森林资源丰富，是我国第二大林区——西南林区的主体部分，仅金沙江流域，森林总蓄积量就达11亿 m^3，其中成熟林蓄积量7.8亿 m^3，占全国总量的22.3%。区内草地资源也较丰富，以高山草甸面积最大，仅四川甘孜和阿坝两地分布草地面积就有1.9亿亩（1 亩≈666.67m^2），占四川省草地资源的71.2%，也是我国最主要的草地畜牧业区之一（钟祥浩和刘淑珍，2015）。

区域内生态系统类型多样，空间分布具有鲜明的地形梯带特性，如前所述，其纬度的分异和垂直海拔梯带的分异最为突出。区域内从低海拔到高海拔依次分布有干旱河谷干性灌丛植被、亚热带常绿阔叶林、亚热带常绿与落叶阔叶混交林、暖温带针阔混交林、亚高山寒温带针叶林、高山亚高山寒带灌丛、高山寒带草甸、高山寒带稀疏流石坡及寒漠带等。这种海拔梯带的植被分布带谱在纬向以及山体不同坡向上存在较大差异。如图1.1所示，从区域西南侧金沙江和澜沧江并流的三江并流区到中部雅砻江和大渡河流域贡嘎山一带，总体的山地植被类型分布种类相差不大，但具体的分布格局存在显著差异。在区域西南端金沙江水系，山体南坡有良好的水热条件，植被类型丰富，与中部贡嘎山山体水热条件优越的东坡植被分布类型相接近，基本上具有上述大部分甚至全部植被带谱。但三江并流区山体北坡，与中部贡嘎山一带山体西坡相类似，受高原气候影响较大，水热条件相对较差，植被分布类型相比南坡/东坡就要简单很多，缺失中下部的亚热带常绿阔叶林、亚热带常绿与落叶阔叶混交林和暖温带针阔叶混交林带等。总体上，区域植被带空间分布具有以下基本特征（钟祥浩和刘淑珍，2015）：①植被基带分布从北而南降低、自东向西升高；②组成基带的建群植物物种南北、东西存在差别；③主要地带性植被带分布下限也具有北高南低、东低西高的特征，森林上限区域差异也较明显；④每种植被类型分带的优势物种组成存在明显区域差异。

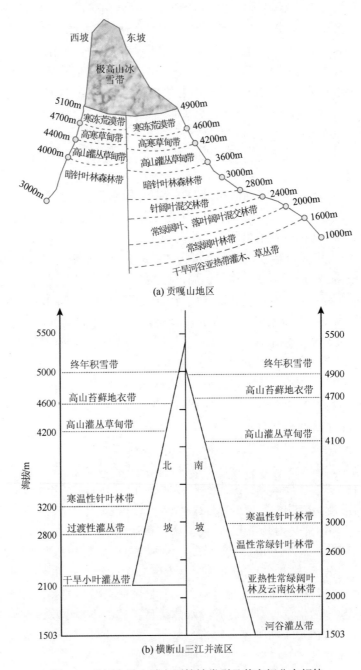

图 1.1　长江上游山地主要植被类型及其空间分布规律

　　森林生态系统是长江上游山区生态系统的主体,受水热条件和地形条件的制约,森林
类型多样,空间分布变化明显。山地亚热带常绿阔叶林是长江上游山区地带性植被类型,
主要分布于高山峡谷湿润温暖河谷地带,受季风气候和西风环流南支的交替影响,干湿季
节明显,与亚热带典型常绿阔叶林相比,有适应偏干性气候的旱生物种。同时,由于山地
亚热带垂直带上水热条件的差异,区域内山地常绿阔叶林可分为下部的亚热带常绿阔叶林
和上部的亚热带常绿阔叶与落叶阔叶混交林(李文华和周兴民,1998)。山地常绿阔叶林
的建群物种以壳斗科、樟科、木兰科、山茶科和五加科等为主,主要分布在海拔 1000~
1800m 的山地下部阴坡或半阴坡。在1800~2400m,随年均温降低,增加了落叶阔叶林,
形成山地亚热带常绿阔叶与落叶阔叶混交林,优势建群种以樟楠 + 槭树阔叶混交林、青
冈阔叶混交林、青冈栎林等为主。在海拔 2400~3000m(3100m)范围内,一些针叶树种
如铁杉、麦吊杉等,同槭属、杨属、桦属和桤木属等落叶阔叶林组成温带针阔混交林。
　　亚高山暗针叶林是研究区域森林的主体,以云、冷杉林为主要成分,通常分布在海拔
3000~4000m 的亚高山带,建群优势树种为麦吊衫(P. brachytyla)、川西云杉(P. likiangensis
var. balfouriana)、丽江云杉(P. likiangensis)、粗枝云杉、黄果云杉(P. likiangensis var.
hirtella)等云杉树种,以及川滇冷杉(A. forrestii)、岷江冷杉(A. faxoniana)、鳞皮冷杉
(A. squamata)、黄果冷杉(A. ernestii)、峨眉冷杉(A. fabri)等。云杉林一般分布在海拔
2800~3800m,低于冷杉林分布范围(3000~4000m),但是有一些云杉树种如分布较为广
泛的川西云杉以及丽江云杉和粗枝云杉等,分布海拔可达 4300m,甚至达 4500m,其树线
直接嵌入亚高山灌丛带,高于冷杉树种,被称为云、冷杉林垂直分布的“倒挂现象”(李
文华和周兴民,1998)。图 1.2 展现了常见的云、冷杉树种的垂直海拔分布格局,大部分
云、冷杉的垂直分布梯带在1000m 范围,相对狭窄;年均气温一般为2~8℃,年降水量
大于 600mm。麦吊杉和油麦吊杉是分布海拔最低的两种云杉,一般与铁杉一起形成针阔
混交林的组成树种(管中天,1982)。冷杉中,鳞皮冷杉分布海拔最高,可高达4300~4500m。
在长江上游山区常见的峨眉冷杉和岷江冷杉分布海拔一般在2400~3800m。云、冷杉在同
一山体的不同坡向分布格局也有所不同,以贡嘎山为例,在东坡大渡河流域,主要是峨眉

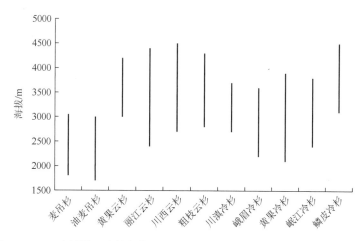

图 1.2　云、冷杉常见种的海拔分布格局(据李文华和周兴民,1998 改绘)

冷杉，分布在海拔 2800～3600m，随海拔降低陆续分布的是麦吊云杉和铁杉；在西坡的阴坡方向，分布鳞皮冷杉（海拔 3400～4200m）、川西云杉（海拔 3200～4200m），在半阳坡有少量黄果云杉分布，在半阴坡也会分布丽江云杉（海拔 2900～3900m）。在贡嘎山南坡的九龙河、田湾河一带，自上而下分布长苞冷杉（海拔 3500～4200m）、川滇冷杉（海拔 3200～4000m）、川西云杉（海拔 3200～4200m）以及丽江云杉（海拔 2900～3900m）。贡嘎山东坡森林植被带谱明显而完整，西坡则因气候干冷植被带发育较差，云杉林分布于冷杉之上；南坡则受西坡和东坡气候条件的共同影响，成为两侧生物气候的交互地带，从而分布了更多的云、冷杉树种。

高寒灌丛是广泛分布在亚高山、高山带海拔 3600～4900m 内的地带性生态系统，是由耐寒中生、旱中生灌木为建群种的植被类型，一般种类组成较为丰富、结构较为复杂、覆盖度较高。由于长江上游山区山高谷深、地形复杂、气候条件分异明显，因此生境多样，高寒灌丛类型丰富，主要有高寒常绿针叶灌丛、高寒常绿革叶灌丛、高寒落叶阔叶灌丛等三大类型。高寒常绿针叶灌丛，主要分布在森林带以上寒冷干旱的高山亚高山，高山柏（*Sabina squamata*）、高山香柏（*S. pingii* var. *wilsonii*）和滇藏方枝柏（*S. wallichiana*）等为优势建群种。高寒常绿革叶灌丛，耐寒的中生、旱中生常绿革叶灌木为建群种，适应于湿润和半湿润寒冷气候带，以杜鹃属植物为主。其最主要特征有两方面：一是生长茂密、覆盖度大，具有极其发达的苔藓层；二是往往与高寒草甸复合分布，构成灌丛草甸带。高寒落叶阔叶灌丛以中生和旱中生、冬季落叶的灌木如毛枝山居柳、积石山柳、金露梅、箭叶锦鸡儿、狭叶鲜卑木等为优势建群物种，在阳坡或半阳坡一般生长比较稀疏，只有在阴坡水热条件好的地点覆盖度较高；存在草本层，但苔藓层不甚发育。

高寒草甸是广泛分布于高寒灌丛带以上、高山流石坡稀疏植被带以下的高山带以及辽阔的长江河源区的地带性生态系统类型，在生物多样性维持、水源涵养以及草地畜牧业等功能方面具有极其重要的作用。高寒草甸以莎草科嵩草属（*Kobresia*）、薹草属（*Carex*），禾本科的羊茅属（*Festuca*）、针茅属（*Stipa*），以及蓼属（*Polygonum*）等植物为优势种。其中嵩草属广泛分布在山体西坡或北坡靠近高原面的坡麓和山地半阴半阳坡，种类丰富，常见的诸如小嵩草（*K.pygmaea*）、矮嵩草（*K.humilis*）、线叶嵩草（*K.capillifolia*）、藏嵩草（*K.tibetica*）等均为群落的建群种，大多数群落组成植物具有较强的抗寒性，具有丛生、植株矮小、叶型小、被茸毛和生长期短、营养繁殖、胎生繁殖等一系列生物特性。植物群落结构简单，层次分化不明显，种类组成较少，分为高寒嵩草草甸、高寒薹草草甸以及杂类草甸三类。在湿润气候的阴坡，如贡嘎山东坡等高寒草甸植被以杂类草甸类型为主，建群种主要有蓼属的珠芽蓼、圆穗蓼，以及高山龙胆和虎耳草等，伴生早熟禾、薹草、羊茅等。

1.3　面临的主要生态学问题

1.3.1　仍然面临严峻的生态系统退化问题

（1）山区天然生态系统退化

在长江上游亚高山天然林中，成熟林和过熟林占比较大，一般在 80%以上（钟祥浩和刘淑珍，2015）。依据全国森林连续清查数据，原国家林业局中国森林生态系统服务功能评估项目组对全国森林生态系统分布与功能变化进行了系统评估，以长江上游的四川省和云南省为主要区域，如图 1.3 所示，天然林主要构成成分的冷杉和云杉分布面积在经过多年的波动变化后，1998～2003 年以来到 2013 年清查时期，呈现持续减少态势。同时，冷杉蓄积量也持续减少，云南境内的冷杉蓄积量减少幅度更为显著。有研究表明，自 20 世纪 80 年代以来，作为区域内保存较为完整的天然林树种，暗针叶林的单位面积蓄积量和总蓄积量均呈持续递减趋势（孙鸿烈，2008；钟祥浩和刘淑珍，2015）。能够刻画森林生态系统质量状况的固碳量变化，同样表现出与分布面积类似的变化特征（图 1.3），冷杉林固碳量在经过 20 世纪 70～90 年代的持续增长后，在 90 年代后期开始出现较大幅度递减，至 2013 年时减少到 80 年代初期水平。云杉林与冷杉林有所差异，主要是 70 年代后期以来一直到 90 年代初期的大规模砍伐带来的分布面积持续递减，形成固碳量的同步减少，后经过人工造林与“天保工程”（即天然林资源保护工程）等生态工程实施，自 90 年代中期开始出现增加，但从 2005 年以来，出现持续递减态势，到 2013 年清查时期云杉固碳量减少到接近 80 年代后期的最低水平。由此可以认为，长江上游山区主要天然森林

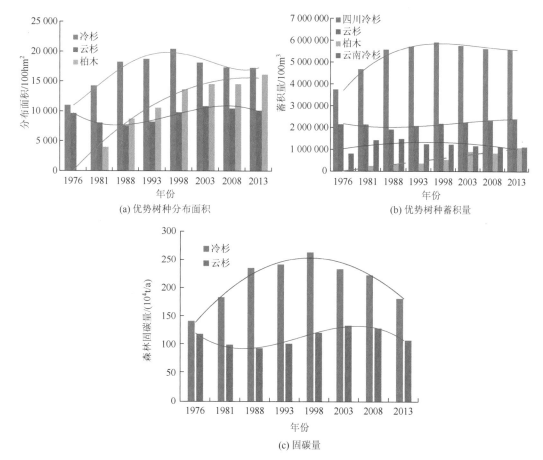

(a) 优势树种分布面积　　(b) 优势树种蓄积量

(c) 固碳量

图 1.3　主要天然林树种分布面积、蓄积量和固碳量的变化特征（国家林业局中国森林生态系统服务功能评估项目组，2018）

生态系统出现较为严重的持续退化现象，亟待分析其产生原因及其未来变化趋势，探索调控机理与人工保育对策。另外，由于西南高山亚高山生态环境十分脆弱，亚高山针叶林生态系统的不稳定性较为突出，且森林恢复过程中各种森林植被类型镶嵌分布，景观破碎化严重，存在大范围低效次生林、灌丛化林地，生态系统稳定性差、生态功能持续退化。

（2）人工林生态问题突出，生态功能恢复缓慢

20世纪下半叶，西南亚高山森林遭受大规模的采伐利用，加之森林火灾、森林病虫害、过度放牧等人为干扰，以及该区域泥石流、滑坡等山地灾害类型多样、分布广泛、活动频繁，造成生态环境的进一步扰动与破坏，绝大多数天然林退化为荒草坡、疏林灌丛地、次生林地、干扰迹地和山地灾害迹地，生态系统的结构和功能遭受严重的破坏。自1998年国家天然林资源保护、退耕还林等工程实施以来，逐步形成了高山亚高山一系列采伐迹地的人工林和天然次生林恢复演替系列。大规模采伐和恢复更新后，森林植被类型与起源密切相关，老龄针叶林为保留下来的原始林，中幼龄针叶林为人工林，落叶阔叶林多为天然次生林，而针阔混交林中既有天然次生的成分，也有人工、天然更新共同作用的成分。人工森林生态恢复重建的最大问题，就在于树种过于单一，以柏木、马尾松、杉木以及云杉等针叶林为主，特别是柏木和马尾松，2010年蓄积量分别比2000年前增加了103%和27%。这种少数林种大范围种植导致出现了一些较为严重的生态问题，一是由于大范围单一纯林，结构简单，灌、草层缺失，生物多样性急剧减少，系统的自我调节能力显著下降，导致森林病虫害严重，不仅虫害面积不断扩大，较大虫害暴发周期由原来的8～9年缩短到3～5年，严重虫害人工林往往被迫集中砍伐（孙鸿烈，2008）。二是生态功能不高、功能恢复十分缓慢，表现在人工林无论是生物量、水源涵养、水土保持还是固碳能力上，与天然林相差较大，且功能极不稳定，在维持山地生态系统健康、提升生态功能方面亟待加强（钟祥浩和刘淑珍，2015；杨桂山等，2011）。

（3）草地生态系统退化趋势仍然十分严重

自20世纪60年代以来，长江上游草地生态系统与青藏高原高寒草地经历了相类似的变化过程，从60年代到2000年长达30多年的持续严重退化阶段。自2000年以来，伴随气候变化的影响，部分区域草地生态系统出现好转，表现在覆盖度增加、生产力提升，但大量研究表明，草地整体退化现象并没有得到完全遏制，整体向好但局部持续恶化，表现为高寒草甸面积减少（孔令桥等，2018）、局部高覆盖高寒草地面积减少或覆盖度显著下降（杜际增等，2015）。吴楠等（2010）研究发现在1980～2005年，长江上游山区草地向裸地转变的面积比例也较高，1980～2000年年均转移率达到12.0%，在2000～2005年仍然维持显著的2.8%，这可能是过度放牧而导致草地出现较为严重的沙化、退化现象。以长江河源区所在的三江源地区为例，2005～2012年，虽然草地面积出现净增加，但仅占2004年前30年净减少草地面积的8.9%，湿地和水体面积的净增加量也只有前30年净减少面积的76.7%，同时，有将近35%的草地面积仍然处于持续退化中（邵全琴等，2016）。

（4）水土流失问题仍然严重，治理难度较大

据2013年公布的第一次全国水利普查成果（《第一次全国水利普查成果丛书》编委会，2016），长江流域水土流失面积38.5万km²，占流域总面积的21%，其中，水蚀面积36.1万km²，风蚀面积2.4万km²。水土流失主要分布在上中游地区的金沙江下游及毕节地区，

嘉陵江流域，沱江、岷江中游等地区。另据《2017 年中国水土保持公报》，金沙江上游重点预防区的水土流失面积占预防区面积的 50.52%，金沙江下游治理区的水土流失面积占据了该治理区的 41.65%。此外，流域内依旧有 1 亿多亩坡耕地、4000 多条泥石流沟、数万个崩岗没有得到有效治理。此外，在川西地区、西南石漠化地区、秦巴山区、武陵山区和革命老区还集中分布着一些国家级贫困县。这些地区水土流失严重、贫困人口集中、经济发展滞后、生态环境脆弱甚至恶化，水土流失治理难度较大。总的来说，长江流域上游的水土流失防治任务仍然十分艰巨且治理难度逐步增大（崔鹏和靳文，2018）。

1.3.2　生态系统对变化环境的敏感性与脆弱性不断加强

长江上游山地生态系统具有其自然禀赋所形成的脆弱性，主要体现在以下三方面。

一是生态依附的岩土体高度不稳定性。青藏高原东缘地形急变带形成的高山峡谷起伏巨大的地形条件、强烈地质构造运动形成的十分破碎的山体岩石结构，在外营力（如地震、暴雨等）作用下，极易产生崩塌、滑坡、泥石流以及山洪等山地灾害。长江上游山区是我国乃全全世界范围内山地灾害最为发育、强度和频度最高的地区。地形急变带形成的陡峻山坡，导致坡面重力和水动力侵蚀作用十分强烈，坡面岩土体的不稳定性随坡度和地表相对高差的增大而增大。有研究表明，面蚀临界坡度在 22°～26°，沟蚀临界坡度在 30°左右（钟祥浩和刘淑珍，2015）。由于长江上游大部分山地坡度大于 25°，因此该区域是重力侵蚀作用最为强烈的地区之一。自 2008 年汶川特大地震发生后，该区域接连发生了 2013 年雅安芦山较大地震和 2017 年九寨沟大地震等，频繁和大强度地震活动进一步加剧了该区域山地岩土坡体的不稳定性，暴雨等外力作用也进一步加强了山地坡体的脆弱性。

二是高山带冰冻圈环境对气候变化的高度脆弱性与敏感性。长江上游山区广泛分布着我国主要的海洋性冰川，海拔高于 4600m 的高山带分布零星岛状多年冻土，海拔 4000m以上的高山亚高山带还存在大范围深冻型季节冻土区。同时，海拔 3000m 以上是冬春季节大范围积雪分布区。这些广泛分布的冰冻圈要素，对气候变化极为敏感，伴随全球气候持续升温变化，冰川退缩、冻土退化和积雪减少（积雪厚度与积雪时间均减少）等成为最显著的山区陆表环境变化特征。在多年冻土和深冻型季节冻土区分布着高寒灌丛草甸和高寒草甸以及流石坡稀疏植被生态带，在冬春季积雪分布区分布着亚高山针叶林生态类型。这些高山亚高山生态系统无疑对冰冻圈环境变化十分敏感，作为重要的生境因子，冻土和积雪变化对这些生态系统将产生强烈影响，河源区多年冻土变化导致的高寒草甸和高寒沼泽大幅度退化现象就是例证（王根绪等，2010）。因此，高山及亚高山冰冻圈要素对气候变化的高度敏感性促使这些区域的山地生态系统具有对气候变化或其他干扰因素的脆弱性。

三是气候变化随海拔升高而增强，高山与亚高山生态系统承受更强烈的气候变化影响。全球范围内，山地气候变化的一个重要特征就是具有海拔梯带效应：随海拔增加，气温增幅增大。例如，在瑞士阿尔卑斯山海拔 4000m 以上的增温幅度是海拔 2000m 的 2 倍（Rangwala and Miller，2012）。山地的这种气候变化趋势与气候的维度变化效应类似。利用大渡河及雅砻江流域范围内以贡嘎山为核心区域的 7 个气象站观测数据分析，可以发现该区域气温显著升高是在 1990 年以后，同样具有显著的随海拔增加升温幅度越加显著的特点（图 1.4）。在贡嘎山东坡海拔 1600m 和 3000m 设置的两个不同海拔气象站的观测表明（图 1.4），过去 30 多年来气温升高具有普遍性，但高海拔（3000m）增温幅度将近 0.45℃/10a，是低海拔（1600m）增温幅度 0.29℃/10a 的 1.55 倍，高海拔增温幅度显著高于低海拔地区，平均大致存在海拔每升高 100m，气温增幅增大 0.011℃/10a 的递增速率。贡嘎山高海拔地区过去 20 多年累积增温达到 1.2℃，平均增温幅度高于青藏高原平均地表增温幅度，也高于瑞士阿尔卑斯山的平均增温幅度。另外，贡嘎山地区降水量的变化也出现显著的海拔梯度差异性，表现为低海拔地区呈现显著递增态势，而高海拔地区则呈不显著递减趋势。1989～2013 年，低海拔 1600m 的降水递增幅度达到将近 90mm/10a，高海拔的 3000m 地区降水量则以大致 40mm/10a 的幅度递减。因此，贡嘎山地区的气候变化格局是：高海拔地区暖干化趋势不断加剧，低海拔则出现暖湿态势（王根绪等，2017）。

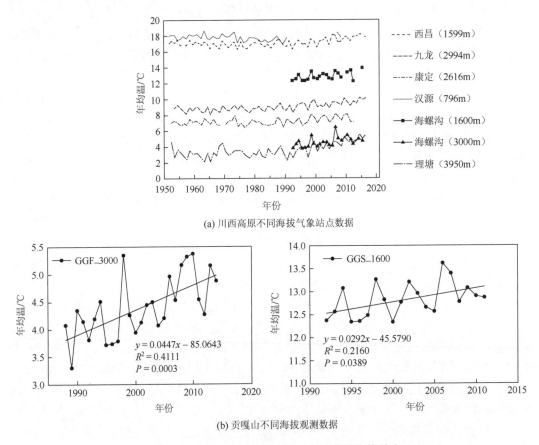

(a) 川西高原不同海拔气象站点数据

(b) 贡嘎山不同海拔观测数据

图 1.4　长江上游山区气温变化及其显著的海拔效应

　　山地气候变化的上述特点，无疑将对山地不同植被带产生不同影响，特别是高山带暖干化趋势从热量和水分两方面对生态系统产生影响，气候变化压力显著高于低山带和平原区，因此，高山带被誉为全球变化的前哨是有其道理的。显著高于平原区和低山带的气候变化强度，叠加冰冻圈要素的协同作用，亚高山和高山带生态系统对气候变化的敏感性和脆弱性将不断增强，其结构、格局与功能的变化将在所难免，迫切需要解决的问题在于尽快明确这种空间显著分异的气候变化格局，将对山地生态系统分布、格局与功能产生何种效应。

1.3.3 长江上游生态屏障建设的基础性生态学问题突出

（1）多圈层相互作用下山地不同生态系统的结构组成、分布格局变化与机制

山地不同植被带是不同生物气候的产物，长江上游山地丰富多样的生态类型应具有差异性的气候变化响应规律，如国际上长期观测发现的一些现象：高山带高山维管束植物生长区域显著向上迁移，导致雪线带物种多样性增加明显，全球气候变化驱动的高山带这种物种迁移，在促进高山带物种数量或多样性增大的同时，可能促使原有高山、亚高山草地植被群落发生变化，高山和亚高山植被群落结构的变化可能影响整体生物物种多样性的分布格局。同时，发现大部分山地林线上升、森林植被带下限生长放缓，低山带生物多样性减少等现象。另外有研究表明，气候变化驱动的山地植被带存在三种不同的迁移现象：植被带整体不变，但生产力重心向上倾斜；植被带整体向上迁移；植被带整体退化而消亡。但是，长江上游山区乃至整个西南山区，由于缺乏长期相关观测数据，我们无法准确认识山地不同气候带生态系统对气候变化的响应规律及其在结构与格局上的变化。因此，系统认识高山垂直带谱不同植被带未来可能的演化趋势类型与形成机制，厘清山地生态系统结构、分布格局等显著变化的后果及其对人类社会可持续发展的潜在影响，是长江上游山地生态学研究迫切需要解决的核心问题之一。气候变化可能是引起山区生态系统变化的一个因素，高山和亚高山带生态系统的形成与演变实际上是多圈层共同作用的结果。探索全球变化下，高山气候（大气圈）、冰冻环境（冰冻圈）、岩土环境（岩土圈）和人类社会的持续变化对高山、亚高山生态系统的影响与作用机制，认识多圈层相互作用驱动高山及亚高山生态系统结构、群落组成与空间分布格局的分异与演化规律，就是长江上游地区最为迫切且最具实际生态屏障建设需求意义的生态学问题。

（2）山地不同生态系统的生产力与生物多样性格局及其维持机制

长江上游山区是我国极其重要的生物多样性保护区，也是我国西南林区和青藏高原草地畜牧业的重要组成部分，保护该区域生物多样性与维持不同生态系统生产力，是构建或维护长江上游生态屏障的核心任务。过去针对典型生态类型如针叶林、高寒草甸等，开展了较为深入而系统的生产力与生物多样性格局形成、演化与驱动机制的研究（李文华和周兴民，1998）。然而，一方面缺乏其他生态系统，如亚热带常绿阔叶林、针阔混交林以及灌丛带等生态系统相应的研究，不清楚山地主要生态系统类型生产力与生物多样性形成与维持机制，对变化环境下主要山地生态系统生产力和生物多样性变化趋势缺乏基本认识；另一方面，对于山地生态系统生产力与生物多样性及其相互关系、对气候变化的响应过程与机制等，没有开展系统研究，加之缺乏适应于山区复杂下垫面和气候条件的生态模型，对变化环境下山地不同生态系统生产力与生物多样性的响应变化趋势缺乏定量认识。因此，对于长江上游生态屏障建设中关键的生产力和生物多样性维持并不断提升的发展需求，现阶段缺乏必要的科技支撑能力。为此，在全球变化背景下，认识长江上游亚高山、高山生态系统的生产力形成机制，探索气候变化和地形驱动下的生态系统生物多样性与生

产力关系的时空动态变化与机理;阐明山地主要生态系统适应气候变化的生产力和生物多样性演化趋势,研究变化环境下生产力和物种多样性稳定维持机制,是未来不断加强长江上游生态屏障功能需要持续给予重点关注的生态问题。

（3）生态系统变化的水循环效应及其水源涵养功能提升途径

长江上游山区生态屏障的一个重要功能就是水源涵养,这一功能的形成与演变取决于山区的水循环过程与变化。由于山区水循环与气候条件、地形条件以及复杂多变的植被组成与分布格局关系密切,因而山区水循环十分复杂,具有高度空间异质性,对山区水循环过程的理解和定量刻画一直是水文科学领域最具挑战性的前沿问题。水文循环过程准确认知的关键是对水循环生物作用机理的深入理解,一切基于物理机制的水文模型面临的最大挑战也在于对生态水循环过程的定量刻画。因此,长期以来,准确认知山区生态系统水循环过程、时空变异规律及其驱动机制,成为理解山区生态系统水源涵养功能形成与变化的关键。如上所述,长江上游山区经历了天然林生态保护工程、退耕还林还草工程等生态建设,不同类型的生态系统恢复程度不同,并形成大量人工次生林。退化天然森林、低效人工次生林等并存,对区域水源涵养功能所产生的影响一直是人们关注的热点。一方面,探索山地不同生物气候带谱上水文循环关键要素的相互联系以及生态水文互馈机制,揭示该区域特殊的水文规律,寻求能够刻画该区域特殊水文地理与复杂系统的生态水文模拟方法,是该区域生态屏障建设中保育水源涵养功能的基础理论问题;另一方面,长江流域水资源安全、水环境安全以及水生态安全均维系于长江上游山区生态系统的水源涵养、水土保持和水环境改善等功能的维持与提升。在不断加强的气候变化、流域水资源开发利用以及长江流域水环境保护压力等多重因素影响下,需要寻求进一步稳定提升西南山区生态系统相关服务功能和增强水环境改善功效的路径,这就迫切需要探索提升不同生态系统类型水源涵养功能的高效技术途径,以确保长江上游生态屏障中水源涵养功能的稳定与发展。

（4）不同生态系统生物地球化学循环变化及其碳氮源汇格局与动态

长江上游生态屏障中另一个十分重要的功能就是生态系统碳氮库与碳汇。植物的水碳交换是生理活动的最基本和最重要的过程,一方面,水分改变将直接影响碳交换;另一方面,温度或其他因素引起的碳交换改变必将导致植物水循环发生变化,而水碳变化必然驱动氮循环改变,水碳氮耦合循环中,磷也是重要的参与者。不同陆地生态系统的水碳氮耦合关系不同,对气候要素变化的响应程度与适应范围也不同,且这种互馈作用过程存在水分阈值、季节性和与其他因子（温度、光照等）的交互性;同时,不同生态系统的生物计量平衡关系也不同,碳氮磷固定效率与有效利用效率等均不同。因此,山地不同植被带谱具有不同的生物地球化学循环格局及其季节动态,这是不同带谱具有不同碳氮源汇过程及其对变化环境的不同响应规律的根本原因。在全球变化以及山区不断加强的人类经济社会发展强度影响下,掌握山区不同生态系统类型的生物地球化学循环过程变化的基本规律,认识不同尺度上山区生态碳汇格局与演变,探索加强碳汇功能的有效调控途径与管理模式,也是长江上游生态屏障功能建设的主要任务之一。

（5）长江上游山地生态提质增效建设与绿色发展路径

长江上游所在的西南山地既是国家最为重要的生态屏障区,也是老、少、边、穷集中连片分布区，为国家精准扶贫重大战略实施的核心区。近年来一系列与生态屏障有关的生态红线区划、国家保护区以及国家公园建设方案的制定与实施等，缺乏与区域经济社会发展、乡村振兴战略的科学对接，存在山区经济社会发展与生态屏障建设中各类保护区域设定的矛盾，且趋于不断激化等困境。同时，西南山区是各类地质灾害风险最高的区域，迫切需要将生态屏障建设、山地灾害防控与山区乡村振兴纳入一个整体，进行系统性、全局性统筹。山区乡村振兴战略与生态屏障维持和发展相融合，需要探索山区绿色发展新路径。山区人地关系矛盾来自多个方面，如频发的地震次生灾害和多种山地灾害、各类自然保护区和自然遗产保护区的维护、因不同生态功能区域（水源、珍稀动植物物种多样性、特殊地质地貌体）保护的生态红线以及山区经济社会不断发展的需求压力等，长期以来，山区的资源与环境承载力空间优化配置问题，一直是制约山区发展和化解人地矛盾的关键。绿色发展理念以人与自然和谐为价值取向，是解决人地关系问题的最佳途径，亟待需要基于山区支撑绿色发展的国土绿色承载力准确判识，确定山区不同立地条件和资源禀赋下绿色承载力关键参数和阈值，探索山区扶贫开发、产业发展和绿色承载力相结合的空间体系优化模式。

参 考 文 献

崔鹏，靳文. 2018. 长江流域水土保持与生态建设的战略机遇与挑战. 人民长江，49（19）：1-5.

《第一次全国水利普查成果丛书》编委会. 2016. 全国水利普查数据汇编. 北京：中国水利水电出版社.

杜际增，王根绪，李元寿. 2015. 基于马尔科夫链模型的长江源区土地覆盖格局变化特征. 生态学杂志，34（1）：195-203.

管中天. 1982. 四川云冷杉植物地理. 成都：四川人民出版社.

国家环境保护局. 1998. 中国生物多样性国情研究报告. 北京：中国环境科学出版社.

国家林业局中国森林生态系统服务功能评估项目组. 2018. 中国森林资源及其生态功能四十年监测与评估. 北京：中国林业出版社.

孔令桥，张路，郑华，等. 2018. 长江流域生态系统格局演变及驱动力. 生态学报，38（3）：741-749.

李文华，周兴民. 1998. 青藏高原生态系统及优化利用模式. 广州：广东科技出版社.

邵全琴，樊江文，刘纪远，等. 2016. 三江源生态保护和建设一期工程生态成效评估. 地理学报，71（1）：3-20.

孙鸿烈. 2008. 长江上游地区生态与环境问题. 北京：中国环境科学出版社.

王根绪，程根伟，刘巧，等. 2017. 全球变化下的山地表生环境过程：认知与挑战. 山地学报，35（5）：605-621.

王根绪，李元寿，王一博. 2010. 青藏高原河源区地表过程与环境变化. 北京：科学出版社.

吴楠，高吉喜，苏德毕力格，等. 2010. 长江上游不同地形条件下的土地利用/覆盖变化. 长江流域资源与环境，19（3）：268-273.

杨桂山，朱春全，蒋志刚. 2011. 长江流域保护与发展报告. 武汉：长江出版社.

中华人民共和国水利部. 2017. 中国水土保持公报（2017）. 北京：中华人民共和国水利部.

钟祥浩，刘淑珍. 2015. 山地环境理论与实践. 北京：科学出版社.

Rangwala I，Miller J R. 2012. Climate change in mountains: a review of elevation-dependent warming and its possible causes. Climatic Change，114：527-547.

第 2 章　区域生态格局的时空变化

长江上游地处我国第一、第二级阶梯，地质、地貌、气候、土壤等要素复杂多样，孕育了该区域丰富且独特的生态格局。本章以中国科学院水利部成都山地灾害与环境研究所数字山地与遥感应用中心生产的长江上游地区 1990～2015 年五期（1990 年、2000 年、2005年、2010 年、2015 年）土地覆被产品（Lei et al.，2016）、MODIS NPP 产品（MOD17A3）、AVHRR GIMMS NDVI3g 产品为基础数据，综合应用空间分析、统计分析等手段，系统分析了长江上游区域生态格局的时空变化特征。

2.1　生态空间分布格局

根据原国土资源部（2018 年 3 月划归为自然资源部）发布的《自然生态空间用途管制办法（试行）》，生态空间指具有自然属性、以提供生态产品或生态服务为主导功能的国土空间，涵盖需要保护和合理利用的森林、草原、湿地、河流、湖泊、滩涂、岸线、海洋、荒地、荒漠、戈壁、冰川、高山冻原、无居民海岛等。生态空间分布格局是表征生态系统空间分布状况的主要手段，是了解一个区域生态空间在空间上分布状况的重要途径。本节以基于多源多时相遥感数据生成的长江上游 2015 年土地覆被产品为基础，从全要素、生态系统类型、行政区划、子流域四个层面综合分析长江上游生态空间分布格局特征。

2.1.1　生态空间总体分布格局

基于对 2015 年长江上游土地覆被产品的统计分析，得到如图 2.1 和表 2.1 所示的长江上游生态空间分布格局和数量结构特征。森林和草地是长江上游最主要的两种生态系统类型，其面积占比分别为 28.47% 和 26.82%。耕地和灌木林次之，面积占比分别为 19.16% 和 16.13%，裸地、湿地、人工表面和园地面积相对较小，其面积占比均小于 5%。

长江上游地区的森林主要分布在四川盆地周边山区、横断山区以及湖北省境内的三峡库区（图 2.1）。图 2.2 为各森林生态系统面积占比，常绿针叶林是该区域森林的主体，其面积比例占该区域森林总面积的 74.16%，常绿阔叶林和落叶阔叶林次之，其面积占比仅分别为 11.72% 和 10.87%，其他森林类型分布相对较少。

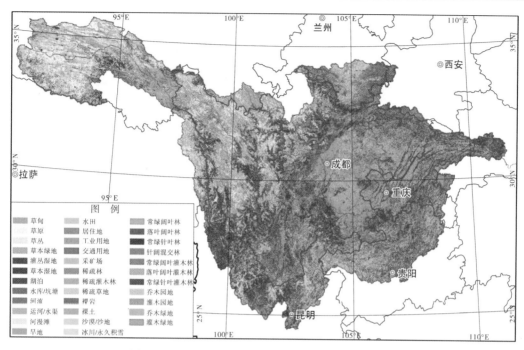

图 2.1　长江上游地区 2015 年生态系统空间分布格局

表 2.1　长江上游地区 2015 年各生态系统类型面积、比例统计

一级类	面积/km²	占总面积的比例/%	二级类	面积/km²	占流域总面积的比例/%	占本类别的比例/%
森林	276 951.47	28.47	常绿阔叶林	32 453.78	3.34	11.72
			落叶阔叶林	30 091.63	3.09	10.87
			常绿针叶林	205 377.24	21.11	74.16
			落叶针叶林	10.24	0.00	0.00
			针阔混交林	8 836.33	0.91	3.19
			乔木绿地	171.17	0.02	0.06
			稀疏林	11.08	0.00	0.00
灌木林	156 881.94	16.13	常绿阔叶灌木林	54 680.20	5.62	34.85
			落叶阔叶灌木林	96 418.45	9.91	61.46
			常绿针叶灌木林	5 040.66	0.52	3.21
			灌木绿地	72.85	0.01	0.05
			稀疏灌木林	669.78	0.07	0.43
草地	260 887.57	26.82	草甸	70 103.50	7.21	26.87
			草原	110 211.83	11.33	42.24
			草丛	34 962.63	3.59	13.40
			草本绿地	1.15	0.00	0.01
			稀疏草地	45 608.46	4.69	17.48

续表

一级类	面积/km²	占总面积的比例/%	二级类	面积/km²	占流域总面积的比例/%	占本类别的比例/%
湿地	25 925.52	2.66	森林湿地	19.84	0.00	0.08
			灌丛湿地	3.58	0.00	0.01
			草本湿地	13 836.92	1.42	53.37
			湖泊	2 167.49	0.22	8.36
			水库/坑塘	3 016.19	0.31	11.63
			河流	6 877.2	0.71	26.53
			运河/水渠	4.3	0.00	0.02
耕地	186 385.99	19.16	水田	55 809.97	5.74	29.94
			旱地	130 576.02	13.42	70.06
园地	7 230	0.74	乔木园地	6 407.76	0.66	88.63
			灌木园地	822.24	0.08	11.37
人工表面	12 212.24	1.26	居住地	9 953.75	1.02	81.50
			工业用地	248.91	0.03	2.04
			交通用地	1 725.37	0.18	14.13
			采矿场	284.21	0.03	2.33
裸地	46 258.86	4.76	裸岩	21 671.22	2.23	46.85
			裸土	20 325.77	2.09	43.94
			沙漠/沙地	543.85	0.06	1.18
			盐碱地	1.68	0.00	0.00
			冰川/永久积雪	3 716.34	0.38	8.03

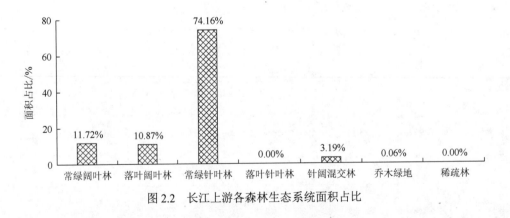

图 2.2　长江上游各森林生态系统面积占比

长江上游地区的草地主要分布在青藏高原东部的长江源地区、川西北高原地区，以及云贵高原的喀斯特地区（图 2.1）。图 2.3 为各草地生态系统面积占比，草原、草甸、稀疏草地和草丛在该地区均有分布，其面积占比分别为 42.24%、26.87%、17.48% 和 13.40%。草原和草甸主要分布在高海拔地区，草丛集中分布在西南喀斯特地区。

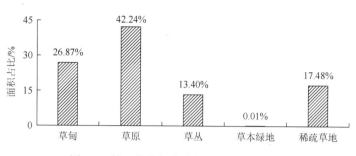

图 2.3　长江上游各草地生态系统面积占比

长江上游地区的灌木林包含两大类：一类是在自然条件下形成的原生灌木林，主要分布在高海拔地区；另一类主要是自然灾害或人类活动破坏原生森林而形成的次生灌木林。图 2.4 为各灌木林生态系统面积占比，落叶阔叶灌木林和常绿阔叶灌木林是该地区灌木林的主体，其面积占比分别为 61.46% 和 34.85%。

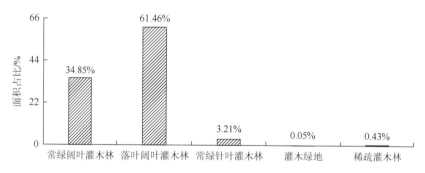

图 2.4　长江上游各灌木林生态系统面积占比

长江上游地区的农田生态系统以旱地为主，水田为辅，其比例近似 7∶3（图 2.5），其中水田主要分布在成都平原和川东丘陵地区，旱地则广泛分布在山区的平坝地区和缓坡区域（坡度<25°）。

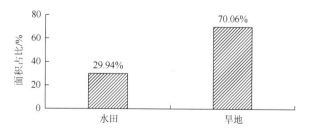

图 2.5　长江上游各农田生态系统面积占比

2.1.2　子流域生态空间分布格局

　　按照长江上游各子流域的隶属关系，本节将其划分为 8 个子流域：大渡河流域、嘉陵江流域、金沙江流域、岷江流域、沱江流域、乌江流域、雅砻江流域和长江上游干流流域。经统计得到如表 2.2 所示的长江上游各子流域生态系统数量结构特征。

表 2.2　长江上游各子流域生态系统数量结构特征　　　　　（单位：km²）

生态系统类型	大渡河	嘉陵江	金沙江	岷江	沱江	乌江	雅砻江	长江上游干流
森林	28 847.37	58 333.53	69 838.72	14 470.19	3 796.02	29 103.26	32 109.21	40 453.17
灌木林	17 446.61	26 411.13	45 163.87	7 774.14	978.08	15 314.22	29 001.24	14 792.65
草地	31 273.70	8 374.88	151 364.49	6 602.89	216.63	8 886.11	51 226.46	2 942.41
湿地	865.20	1 751.47	15 919.95	482.45	566.41	712.66	3 861.82	1 765.56
耕地	4 218.96	59 246.06	25 270.34	11 456.69	20 125.55	26 144.58	6 050.14	33 873.67
园地	515.01	1 103.93	637.47	1 380.60	709.53	662.79	515.15	1 705.52
人工表面	295.41	2 354.61	1 998.79	1 427.30	1 430.46	1 966.57	321.28	2 417.82
裸地	5 974.43	1 414.35	32 143.37	2 040.40	185.66	12.21	4 462.16	26.28

　　长江上游地区各子流域生态系统类型差异较为显著（图 2.6），可大致分为三种类型：以林草为主的流域、以林农为主的流域和以耕地为主的流域。以林草为主的流域包括大渡河、金沙江、雅砻江三个流域，这些流域内人类活动的干扰相对较弱，生态系统以自然生态系统为主。以林农为主的流域包括嘉陵江、岷江、乌江和长江上游干流四个流域，这些流域内人类活动的干扰较大，自然生态系统和人工生态系统均占较大比例。以耕地为主的流域主要是沱江流域，该流域内人类活动的干扰十分剧烈，人工生态系统是主体。

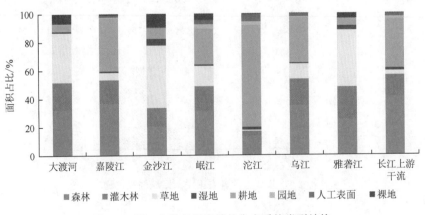

图 2.6　长江上游各子流域的生态系统类型结构

　　各生态类型的空间分布也存在较大的差异（图 2.7）。森林和灌木林在各个子流域的分布趋势较为一致，主要分布在金沙江流域、嘉陵江流域、雅砻江流域和大渡河流域。草地、湿地和裸地则主要分布在金沙江流域，其面积占比超过 55%，其他流域分布相对较少。耕地主要分布在嘉陵江流域（31.79%）和长江上游干流流域（18.17%）、乌江流域（14.03%）和金沙江流域（13.56%）。园地则主要分布在长江干流流域（23.59%）、岷江流域（19.10%）和嘉陵江流域（15.27%）。人工表面除了雅砻江流域和大渡河流域分布较少外，其他区域均有分布且较为均匀。

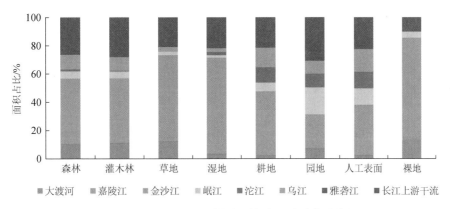

图 2.7　长江上游各生态系统类型在各子流域的分布状况

2.1.3　省域生态空间分布格局

　　从行政区划来看，长江上游地区涉及重庆市、四川省、云南省、贵州省、青海省、甘肃省、陕西省、湖北省、西藏自治区等 9 个省级行政区，但后 3 个省级行政区覆盖范围较小，因此本节未进行统计。分别统计了重庆市、四川省、云南省、贵州省、青海省、甘肃省 6 个省级行政区内生态类型的面积（本章所述各省的面积仅为长江上游范围内各省的面积），如表 2.3 所示。

表 2.3　长江上游各省级行政区生态系统类型面积统计　　　（单位：km²）

生态系统类型	贵州省	四川省	云南省	重庆市	青海省	甘肃省
森林	27 692.84	142 951.28	49 183.45	30 708.93	283.29	12 469.15
灌木林	14 758.15	91 760.97	17 610.69	8 695.23	3 997.58	10 877.12
草地	10 360.06	120 375.70	21 130.09	2 307.93	107 832.64	4 334.96
湿地	662.36	9 889.40	1 235.64	1 562.09	15 535.93	89.14
耕地	26 646.63	102 424.76	18 873.95	26 838.22	27.49	9 270.68
园地	740.65	4 892.36	83.87	1 300.56	0.00	2.77
人工表面	2 024.58	5 577.21	1 725.55	2 586.66	87.67	178.95
裸地	12.56	16 227.23	936.73	2.96	28 211.21	631.19

　　图 2.8（a）是长江上游各省级行政区的生态类型构成，可以看出长江上游各省级行政区的生态系统类型差异较为明显，以青海省最为突出。青海省内的土地覆被以草地为主体，其面积占比达到了 69.13%，并且裸地在该区域也有大量的分布（18.09%）。其他 5 省市的土地覆被类型以森林、灌木林和耕地为主。

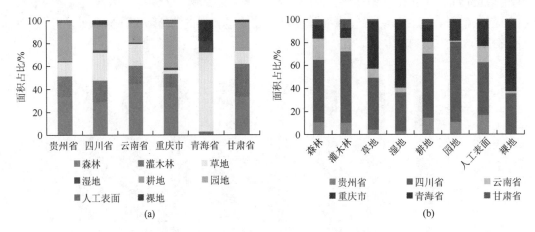

图 2.8　长江上游各省级行政区的生态系统类型构成

　　图 2.8（b）是长江上游各生态类型在各省级行政区的分布状况，可以看出各生态类型在各省级行政区中的分布也存在较大的差异。森林、灌木林、耕地和园地主要分布在四川省，其面积占比超过了 50%。湿地和裸地有超过 50% 的面积分布在青海省，约有 30% 的面积分布在四川省，其他区域分布较少。草地主要分布在四川省和青海省，分别占草地总面积的 40%。

2.2　近 25 年生态空间变化

　　近 25 年（1990～2015 年）来，长江上游地区经历了快速的城镇化，社会经济实力得到了明显提升，也给生态环境带来了一定的压力。同时，为了改善长江上游生态环境，促进社会经济的可持续发展，一系列生态环境保护工程先后实施。经济发展和生态保护并举的局面带动了区域生态空间的变化。为了真实客观地展现近 25 年长江上游生态空间的变化情况，本节以 1990～2015 年长江上游土地覆被产品为基础数据源，基于空间分析和空间统计手段，从全流域、典型生态系统、子流域、省级行政区四个层面分析长江上游近 25 年生态空间变化状况。

2.2.1　近 25 年生态变化总体特征

　　以三期土地覆被图为基础，将长江上游地区划分成一系列 1km×1km 的格网，再统计各个格网内变化图斑的面积，最终得到各个格网内 1990～2015 年生态类型的动态变化率，如图 2.9 所示。长江上游地区 1990～2015 年生态空间动态变化主要出现在低海拔的平原、丘陵和低山区，高海拔地区的土地覆被类型较少发生变化。

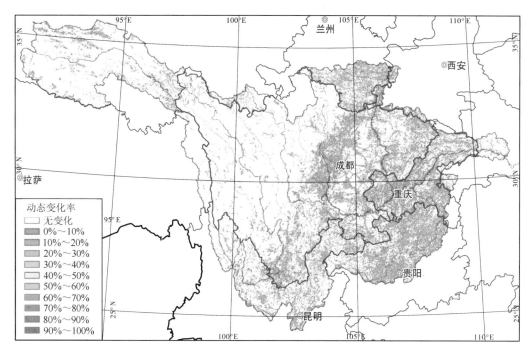

图 2.9　长江上游 1990～2015 年生态类型动态变化率空间分布

图中绿色代表低变化率区域，红色代表高变化率区域，白色代表区域生态类型未发生类别转化

将各格网的生态类型动态变化率等分为 10 个区间，分别统计各个区间内的格网个数和比例，得到如表 2.4 所示的统计结果。长江上游 1990～2015 年 25 年，约有 75.94%的生态空间未发生生态类型变化，生态空间发生了生态类型变化的区域，其变化率相对较小，集中分布在 0%～10%的区间（67.25%）和 10%～20%的区间（16.89%），生态空间变化率超过 50%的区域大约占 3%。

表 2.4　长江上游 1990～2015 年 1km² 格网内生态空间变化率分布区间统计

变化率区间	格网个数	占总格网比例/%	占变化格网比例/%	变化率区间	格网个数	占总格网比例/%	占变化格网比例/%
0%～10%	158 381	16.18	67.25	60%～70%	2 014	0.21	0.86
10%～20%	39 779	4.06	16.89	70%～80%	1 262	0.13	0.54
20%～30%	16 320	1.67	6.93	80%～90%	761	0.08	0.32
30%～40%	8 292	0.85	3.52	90%～100%	471	0.05	0.20
40%～50%	5 005	0.51	2.13	未变化	743 564	75.94	
50%～60%	3 234	0.33	1.37				

注：因取四舍五入数据，比例之和可能不为 100%。

　　1990~2015 年长江上游地区生态空间变化的总面积为 25 205.95km²，约占长江上游地区国土总面积的 2.59%，整体来看，该区域生态空间动态变化程度较低。

　　长江上游地区 1990~2015 年各生态类型的动态变化状况存在明显的差异。从图 2.10 中可以看出，森林、草地、湿地、园地和人工表面的面积均呈净增加的趋势，而灌木林、耕地和裸地则呈净减少的趋势。从变化总量来看，耕地净变化量最大，达到了 16 966.48km²，这与该区域大规模的退耕还林还草等生态保护工程、城市化进程加快以及劳动力输出等因素密切相关。面积增加较多的生态系统有三种：人工表面、园地和森林，其增加面积分别为 6232.83km²、5023.81km² 和 3245.73km²。园地的增加主要是因为经济林种植带来的经济利益的刺激以及退耕还林工程的影响，人工表面的增加主要与经济的快速发展和城市化进程的加快密切相关，而森林面积的增加主要来源于退耕还林工程。本书的结论与刘纪远等（2014）的研究结论相似，退耕还林和城市扩张是长江上游地区覆被变化的最主要原因。

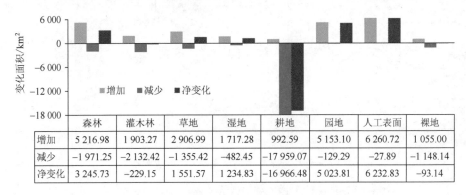

图 2.10　长江上游 1990~2015 年各土地覆被类型动态变化面积

　　生态类型动态变化率是反映生态类型变化状况的另一个指标，它不仅考虑了生态类型的面积变化量，还考虑了生态类型的本底面积，本书计算得到长江上游 1990~2015 年各生态类型的动态变化率，如图 2.11 所示。其中，园地的动态变化率最高，达到了 227.70%，也就是说，园地种植面积增加了 2 倍多，这主要与 1990 年园地总面积较少，以及近 25 年来该区域经济作物大规模种植有关。人工表面的动态变化率次之，达到 104.23%，这与近年来快速的城市化进程密切相关。耕地的动态变化率为 8.34%，也就是说，近 25 年以来

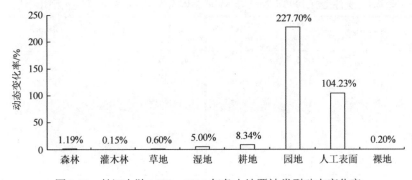

图 2.11　长江上游 1990~2015 年各土地覆被类型动态变化率

长江上游流域的耕地总体减少了 8%左右，耕地保护和粮食安全形势依然严峻。森林虽然也发生了较大面积的增加，但由于基数太大，其动态变化率较低，仅为 1.19%。

变化矩阵是又一种表达生态类型动态变化的方式，该方式能够清晰地展现生态类型间的变化关系和数量。经统计，长江上游地区 1990～2015 年生态类型动态变化矩阵如表 2.5 所示。长江上游地区近 25 年的主要生态系统变化类型依次为耕地→人工表面（5038.68km²）、耕地→森林（4484.33km²）、耕地→园地（4356.55km²）、耕地→草地（1993.36km²）和耕地→灌木林（1131.42km²），其他类别间也有变化，但变化总量不大。因此，总体来看，近 25 年长江上游地区生态类型的动态变化呈现耕地大量减少的特征。

表 2.5　长江上游 1990～2015 年土地覆被类型动态变化矩阵　（单位：km²）

| | | 2015 年 | | | | | | | |
		森林	灌木林	草地	湿地	耕地	园地	人工表面	裸地	总计
1990 年	森林	—	561.48	491.57	83.70	267.64	36.69	361.11	169.06	1 971.25
	灌木林	277.52	—	328.78	197.47	202.03	600.75	444.64	81.23	2 132.42
	草地	449.89	207.72	—	168.34	106.91	69.31	317.63	35.62	1 355.42
	湿地	5.12	2.63	76.11	160.90	69.90	8.42	47.24	112.14	482.46
	耕地	**4 484.33**	**1 131.42**	**1 993.36**	617.00	308.66	**4 356.55**	**5 038.68**	29.07	17 959.07
	园地	0.11	0.03	0.84	17.90	5.51	78.12	26.78	—	129.29
	人工表面	—	—	—	8.67	9.68	2.37	7.17	—	27.89
	裸地	—	—	16.33	463.31	22.27	0.90	17.46	627.88	1 148.15
	总计	5 216.97	1 903.28	2 906.99	1 717.29	992.60	5 153.11	6 260.71	1 055.00	25 205.95

2.2.2　近 25 年主要生态系统变化特征

本节以 1990～2015 年长江上游地区变化最为突出的四种生态系统类型（森林、灌木林、耕地、园地）为例，详细介绍近 25 年该区域各生态系统类型的动态变化状况。

长江上游近 25 年森林整体上呈现增长的趋势，25 年内共增加了森林 5216.98km²，减少了森林 1971.25km²，净增长 3245.73km²。图 2.12 展示了该区域近 25 年森林动态变化的空间分布，整体来看，长江上游的东部区域（重庆市中、东部，贵州省北部，嘉陵江流域东部）的森林主要呈现增加的趋势，而西部区域（汶川，四川攀西地区）的森林呈现减少的趋势。森林增加主要是受国家生态保护工程的影响，而地震的破坏和矿产资源开发等是西部区域森林减少的主要因素。

25 年间，长江上游地区新增灌木林 1903.27km²，减少灌木林 2132.42km²，累计净减少灌木林 229.15km²。图 2.13 展示了长江上游近 25 年灌木林动态变化的空间分布，整体来看，盆周山区和川西地区新增灌木林较多，主要是退耕还林工程以及森林砍伐而次生的灌木林。减少的灌木林主要分布在攀西地区和甘南地区，减少的灌木林主要用于经济林木的种植。

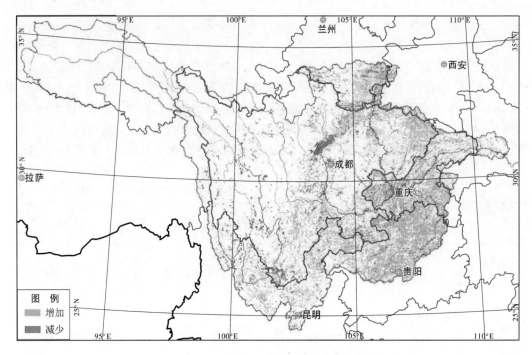

图 2.12　长江上游近 25 年森林动态变化空间分布

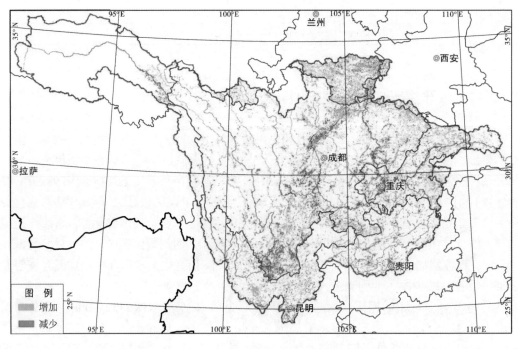

图 2.13　长江上游近 25 年灌木林动态变化空间分布

　　长江上游近 25 年耕地整体上呈现"一边倒"的减少趋势，25 年内共减少了耕地 17 959.07km²，仅增加了 992.59km²，净减少 16 966.48km²。图 2.14 展示了长江上游近 25 年耕地动态变化的空间分布，整体来看，该区域的耕地变化主要位于东部区域，西部区域属于高山峡谷和高原区域，耕地本身就十分稀少。耕地大规模的减少主要是受国家生态保护工程、城市化进程加快以及农村劳动力大量输出的影响（赵晓丽等，2014）。

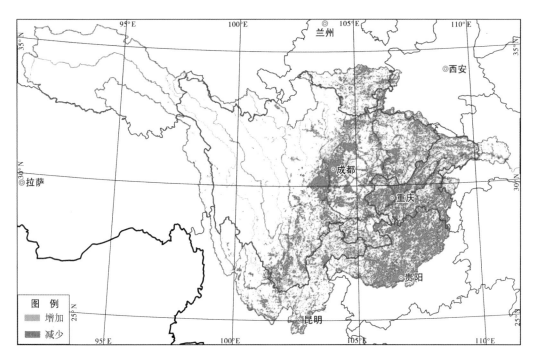

图 2.14　长江上游近 25 年耕地动态变化空间分布

　　长江上游近 25 年园地整体上呈现"一边倒"的增加趋势，25 年内共增加园地 5153.10km²，仅减少 129.29km²，净增加 5023.81km²。图 2.15 展示了长江上游近 25 年园地动态变化的空间分布，整体来看，长江上游的园地变化主要位于成都平原、攀西地区以及南充、达州、巴中所形成的三角区域。园地大规模的增加主要受经济林种植带来的效益的刺激以及当地政府大力扶持的影响。

2.2.3　不同时期生态空间变化

　　本节采用总变化面积和动态变化率两个指标来反映长江上游地区不同时期生态空间的变化状况。其中总变化面积通过统计某一时段所有生态系统类型发生了变化的图斑的总面积得到，动态变化率则通过求某一时期总变化面积与长江上游地区总面积的比值得到。

基于长江上游地区四期土地覆被动态变化数据,分别计算 1990~2000 年、2000~2005 年、2005~2010 年和 2010~2015 年四个时期生态类型动态变化率,得到如图 2.16 所示的结果。从图中可以看出,四个时期生态类型动态变化率的总和(2.87%)大于 1990~2015 年生态类型的动态变化率(2.59%),说明有部分生态类型的变化出现了反复。整体来看,2000~2010 年生态类型的动态变化率远远高于 1990~2000 年。2000~2015 年,生态类型动态变化率呈下降趋势。

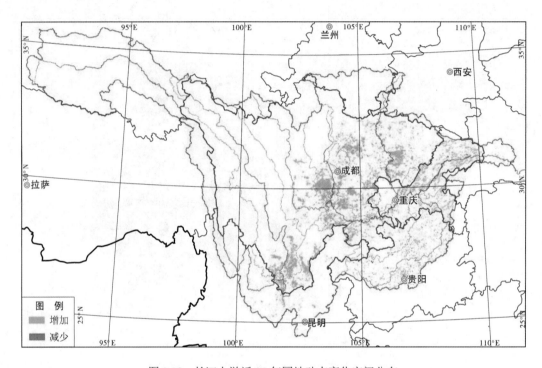

图 2.15　长江上游近 25 年园地动态变化空间分布

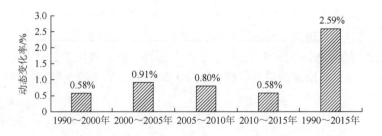

图 2.16　长江上游近 25 年四个时期生态类型动态变化率

　　1990~2000 年长江上游地区生态类型总变化面积为 5617.28km²,动态变化率为 0.58%。图 2.17 展示了该时段各生态类型的动态变化状况,与 1990~2015 年生态类型的变化状况相比,该时段的草地呈现减少的趋势,森林虽然总体呈现增加的趋势,但森林减少的面积不容忽视（845.52km²），耕地虽然也有所减少，但其减少的幅度相对较小。本时段的变化与刘纪远等（2003）的研究结论相似。

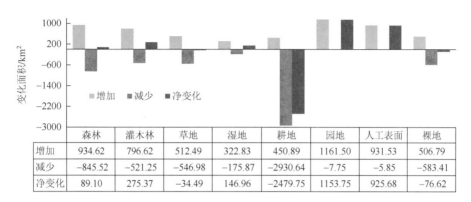

	森林	灌木林	草地	湿地	耕地	园地	人工表面	裸地
增加	934.62	796.62	512.49	322.83	450.89	1161.50	931.53	506.79
减少	−845.52	−521.25	−546.98	−175.87	−2930.64	−7.75	−5.85	−583.41
净变化	89.10	275.37	−34.49	146.96	−2479.75	1153.75	925.68	−76.62

图 2.17　长江上游 1990～2000 年各生态类型动态变化面积

2000～2005 年长江上游地区生态类型总变化面积为 8853.60km²，动态变化率为 0.91%。图 2.18 展示了该时段各生态类型的动态变化状况，与 1990～2015 年生态类型的变化状况相比，该时段的灌木林呈现减少的趋势。由于该时段是长江上游退耕还林还草一期工程的实施期，耕地减少的幅度最大，与刘纪远等（2009）分析我国 21 世纪初土地利用格局变化相吻合。

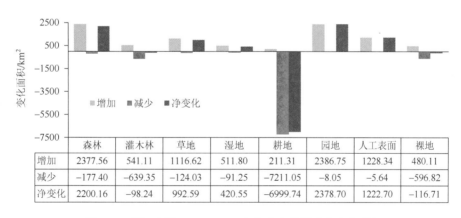

	森林	灌木林	草地	湿地	耕地	园地	人工表面	裸地
增加	2377.56	541.11	1116.62	511.80	211.31	2386.75	1228.34	480.11
减少	−177.40	−639.35	−124.03	−91.25	−7211.05	−8.05	−5.64	−596.82
净变化	2200.16	−98.24	992.59	420.55	−6999.74	2378.70	1222.70	−116.71

图 2.18　长江上游 2000～2005 年各生态类型动态变化面积

2005～2010 年长江上游地区生态类型总变化面积为 7821.25km²，动态变化率为 0.80%。图 2.19 展示了该时段各生态类型的动态变化状况，与 1990～2015 年生态类型的变化状况相比，该时段的裸地呈现增加的趋势。汶川地震诱发大量滑坡、泥石流等山地灾害，导致该区域大量的森林、耕地被毁，从而造成了大规模的生态类型动态变化。该时段退耕还林还草二期工程开始实施，退耕面积相对少于一期工程退耕面积。

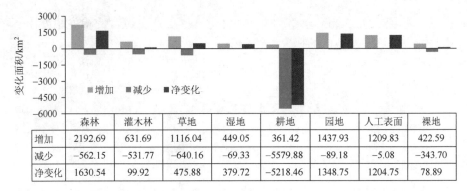

	森林	灌木林	草地	湿地	耕地	园地	人工表面	裸地
增加	2192.69	631.69	1116.04	449.05	361.42	1437.93	1209.83	422.59
减少	−562.15	−531.77	−640.16	−69.33	−5579.88	−89.18	−5.08	−343.70
净变化	1630.54	99.92	475.88	379.72	−5218.46	1348.75	1204.75	78.89

图 2.19　长江上游 2005～2010 年各生态类型动态变化面积

2010～2015 年长江上游地区生态类型总变化面积为 5670.98km²，动态变化率为 0.58%。图 2.20 展示了该时段各生态类型的动态变化状况，与 1990～2015 年生态类型的变化状况相比，该时段的人工表面增加趋势更加明显。2008 年全球性金融危机爆发后，我国政府加大了基础设施的投入与建设力度，导致人工表面面积逐步扩大。

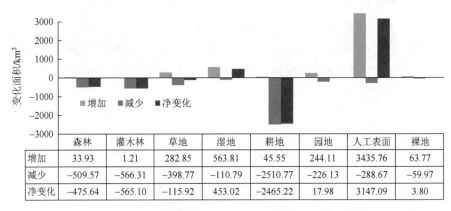

	森林	灌木林	草地	湿地	耕地	园地	人工表面	裸地
增加	33.93	1.21	282.85	563.81	45.55	244.11	3435.76	63.77
减少	−509.57	−566.31	−398.77	−110.79	−2510.77	−226.13	−288.67	−59.97
净变化	−475.64	−565.10	−115.92	453.02	−2465.22	17.98	3147.09	3.80

图 2.20　长江上游 2010～2015 年各生态类型动态变化面积

本节同时计算了四个时期各个生态类型的动态变化率，见图 2.21。园地和人工表面在四个时期均具有较高的动态变化率，其他生态类型在四个时期的动态变化率均较小。园地

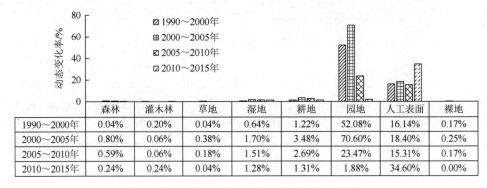

	森林	灌木林	草地	湿地	耕地	园地	人工表面	裸地
1990～2000年	0.04%	0.20%	0.04%	0.64%	1.22%	52.08%	16.14%	0.17%
2000～2005年	0.80%	0.06%	0.38%	1.70%	3.48%	70.60%	18.40%	0.25%
2005～2010年	0.59%	0.06%	0.18%	1.51%	2.69%	23.47%	15.31%	0.17%
2010～2015年	0.24%	0.24%	0.04%	1.28%	1.31%	1.88%	34.60%	0.00%

图 2.21　长江上游四个时期各生态类型动态变化率

动态变化率在四个时期的变化较为剧烈，从 1990～2000 年的 52.08% 增加到 2000～2005 年的 70.60%，但随后下降到 23.47% 和 1.88%。人工表面相对园地其动态变化率在四个时期变化较小，从 1990～2000 年的 16.14% 增加到 2000～2005 年的 18.40%，但随后下降到 2005～2010 年的 15.31%，在国家相关政策的影响下，2010～2015 年再次快速上升到 34.60%。

2.2.4　不同子流域生态空间变化

近 25 年长江上游各子流域的生态类型动态变化呈现显著的差异（图 2.22）。嘉陵江流域、金沙江流域、乌江流域和长江干流区近 25 年生态类型动态变化面积较大，岷江流域、沱江流域、雅砻江流域和大渡河流域生态类型变化面积较小。从生态类型动态变化率来看，沱江流域（6.39%）、岷江流域（5.82%）、乌江流域（5.40%）和长江干流区（4.11%）的变化率较高，而嘉陵江流域（3.17%）、金沙江流域（1.42%）、大渡河流域（1.25%）和雅砻江流域（1.11%）的变化率较低。

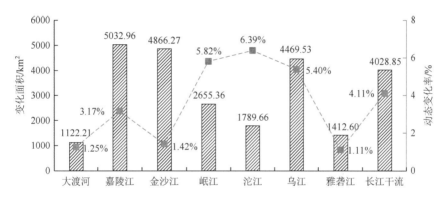

图 2.22　长江上游 1990～2015 年各子流域生态类型动态变化面积和变化率

2.2.5　不同省域生态空间变化

近 25 年长江上游地区各省级行政区的生态类型动态变化呈现显著的差异（图 2.23）。整体来看，四川省近 25 年生态类型动态变化面积较大（11 600.04km^2），甘肃省、青海省

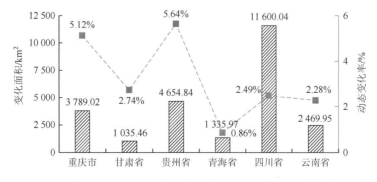

图 2.23　长江上游 1990～2015 年各省级行政区生态类型动态变化面积和变化率

和云南省动态变化面积较小（<2500km²）。从生态类型动态变化率来看，虽然四川省动态变化面积最大，但由于其面积基数大，其动态变化率并不高，仅为 2.49%，相反重庆市和贵州省由于长江上游覆盖的面积较小，其动态变化率均高于 5%。

2.3　近 35 年来区域植被 NDVI 变化

大尺度植被变化的连续观测对传统生态学研究技术提出了挑战，随着全球变化生态学的发展，遥感技术逐渐成为大尺度生态问题连续观测的重要手段。卫星传感器通过探测地表的光谱反射信息来识别植被的变化，利用植被在可见光与近红外波段的反射特征构建的归一化植被指数（normalized difference vegetation index，NDVI），作为植被生长状况及覆盖度变化的最佳指示因子，特别是时间序列的 NDVI 能较好地反映地表植被活动的时间演化和空间变异特征。本节利用 1981～2015 年的第三代 GIMMS NDVI 数据（GIMMS NDVI3g；Pinzon and Tucker，2014）和线性分析方法，从生态系统的视角出发，开展近 35 年长江上游植被 NDVI 时空变化特征研究。

2.3.1　植被 NDVI 变化总体特征

为了全面了解长江上游地区的植被 NDVI 空间分布状况，本节以 2015 年长江上游地区年最大 NDVI 值为基准，得到如图 2.24 所示的长江上游 NDVI 年最大值空间分布图。

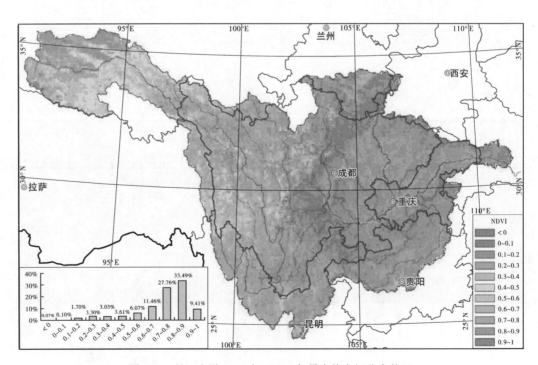

图 2.24　长江上游 2015 年 NDVI 年最大值空间分布状况

从图中可以看出，长江上游地区的 NDVI 年最大值整体较高，NDVI 年最大值超过 0.5 的生态空间面积达到了 88.19%，NDVI 年最大值小于 0 的区域仅 0.07%。从生态空间分布格局来看，四川盆地周边山地生态空间的 NDVI 年最大值最大，均超过了 0.9，该区域也是长江上游天然林集中分布区；四川盆地内部区域次之，NDVI 年最大值在 0.7~0.9，该区域是长江上游最为主要的农业区；川西高原地区 NDVI 年最大值在 0.5~0.6，是长江上游草地集中分布区；长江源区的年最大 NDVI 值最小，普遍低于 0.3。

为更全面描述年际植被活动特征，本节合成了年最大归一化植被指数（MNDVI）指标，采用最小二乘法逐像元拟合 1981~2015 年的 GIMMS NDVI3g 时间序列数据，求取各像元近 35 年的变化斜率，其斜率值的空间分布如图 2.25 所示。一元线性回归斜率值的正、负分别表示 NDVI 升高或降低的趋势，斜率的大小则反映了 NDVI 值上升或下降的程度。长江上游地区有 60.15% 的生态空间近 35 年 NDVI 最大值呈上升趋势，有 39.85% 的生态空间年最大 NDVI 值呈下降趋势。从空间上看，四川盆地、攀西、滇北和甘南地区的年最大 NDVI 近 35 年增速较快，大部分区域 NDVI 最大值年均增加 0.004，说明这些地区的植被活动在增强。汶川地震灾区、川西北高原局部区域的年最大 NDVI 值下降幅度较大，NDVI 最大值年均减少约 0.003，说明这些地区植被活动在减弱。汶川地震灾区 NDVI 下降主要与汶川地震对当地生态空间的破坏有关，而川西北高原局部区域 NDVI 下降与该地区 NDVI 本底值较低有关。刘可等（2018）采用相同的 NDVI 数据和不同的土地覆被数据分析了中国区域近 35 年 NDVI 的变化，其分析结果整体一致，也进一步验证了本书所采用土地覆被数据的质量。Peng 等（2011）采用 GIMMS NDVI 数据的分析结果与本书也较为一致，年变化率为 0.0007。

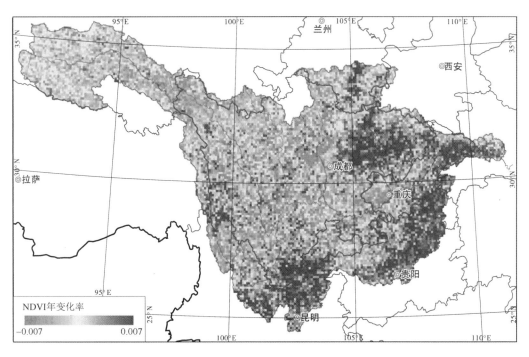

图 2.25　长江上游 1981~2015 年生态空间 NDVI 变化率空间分布

2.3.2　主要生态系统近 35 年 NDVI 变化

为了更加全面地了解长江上游生态空间近 35 年 NDVI 变化状况,本节分生态系统类型详细分析了各生态系统类型的 NDVI 变化状况。虽然长江上游生态系统类型众多,但部分生态系统类型分布面积较小,因此本节选择长江上游面积超过 1 万 km^2 的 12 种主要生态系统类型进行分析,它们分别是常绿阔叶林、落叶阔叶林、常绿针叶林、常绿阔叶灌木林、落叶阔叶灌木林、草甸、草原、草丛、草本湿地、水田、旱地、稀疏草地。12 种生态系统类型的 NDVI 变化情况如表 2.6 和图 2.26 所示。

表 2.6　长江上游各生态系统近 35 年 NDVI 变化统计

生态系统类型	面积比例/%	平均值	方差	年均变化率	趋势
常绿阔叶林	3.33	0.8351	0.0165	0.0008	上升
落叶阔叶林	3.11	0.8631	0.0188	0.0009	上升
常绿针叶林	21.16	0.8176	0.0155	0.0008	上升
常绿阔叶灌木林	5.64	0.8000	0.0187	0.0012	上升
落叶阔叶灌木林	9.93	0.8056	0.0137	0.0005	上升
草甸	7.20	0.7185	0.0154	−0.0002	下降
草原	11.34	0.6168	0.0146	0.0000	上升
草丛	3.61	0.7793	0.0208	0.0014	上升
草本湿地	1.42	0.5701	0.0196	−0.0001	下降
水田	5.85	0.8001	0.0215	0.0010	上升
旱地	13.56	0.8032	0.0210	0.0014	上升
稀疏草地	4.69	0.4996	0.0143	0.0000	上升

各生态系统类型 NDVI 年最大值的平均值具有如下的大小顺序:落叶阔叶林＞常绿阔叶林＞常绿针叶林＞落叶阔叶灌木林＞旱地＞水田＞常绿阔叶灌木林＞草丛＞草甸＞草原＞草本湿地＞稀疏草地。整体来看,森林＞灌木林＞农田＞草地＞湿地＞稀疏植被,落叶植被由于叶片每年更新,其 NDVI 值通常大于常绿植被。从近 35 年各生态系统的变化趋势来看,除了草甸和草本湿地两种生态系统类型的 NDVI 值呈现下降趋势外,其他生态系统类型均呈上升趋势。草甸近 35 年 NDVI 最大值年均下降 0.000 2 [图 2.26(f)],草本湿地年 NDVI 最大值年均下降 0.000 1 [图 2.26(i)],两者主要分布在川西北高原地区,该区域也是长江上游地区重要的畜牧业发展区,近年来该区域大力发展畜牧业,局部区域出现过度放牧情况是以上两种生态系统类型年 NDVI 最大值下降的主要原因。

森林生态系统中的常绿阔叶林、落叶阔叶林和常绿针叶林近 35 年的年 NDVI 最大值均呈上升趋势,其中落叶阔叶林上升趋势最大,年 NDVI 最大值年均上升 0.000 9[图 2.26(b)],常绿阔叶林和常绿针叶林次之,均上升 0.000 8 [图 2.26(a)和图 2.26(c)]。三种森林生态系统 NDVI 的上升与长江上游地区近年来先后实施的各类生态保护工程密切相关,如天然林保护工程、长江上游生态屏障建设、退耕还林还草工程等。

灌木林生态系统中常绿阔叶灌木林和落叶阔叶灌木林均呈上升趋势，其中，常绿阔叶灌木林上升趋势达到了年均 0.0012 ［图 2.26（d）］，落叶阔叶灌木林年 NDVI 最大值年均上升 0.0005 ［图 2.26（e）］。灌木林年 NDVI 的变化一方面与该区域大规模的生态保护工程密切相关，另一方面与长江上游年均气温上升和年均降水量增加有一定关系。

草地生态系统近 35 年 NDVI 变化趋势差异最大，其中草甸呈下降趋势 ［图 2.26（f），年均下降 0.0002］，草原基本保持不变 ［图 2.26（g）］，而草丛则呈明显上升趋势 ［图 2.26（h），年均上升 0.0014］。草原和草甸生态系统在全球变暖和降水增加的大趋势下，其 NDVI 势必会增加，但叠加上该区域放牧强度的不断增大，从而导致其 NDVI 保持平衡或略有下降。草丛在长江上游地区主要分布在贵州和云南的喀斯特区域，近年来国家先后投入大量资金治理石漠化区域，从而导致该区域的 NDVI 呈明显上升趋势。

农田生态系统中水田和旱地均呈上升趋势，但旱地年均上升幅度大于水田，旱地年 NDVI 最大值年均上升 0.0014 ［图 2.26（k）］，水田年均上升 0.0010 ［图 2.26（j）］。农田生态系统 NDVI 的上升与近年来农业设施和农业科技研发的大量投入有关，一系列精准农业项目先后实施，增大了粮食产量，也促进了农田生态系统 NDVI 值的上升。

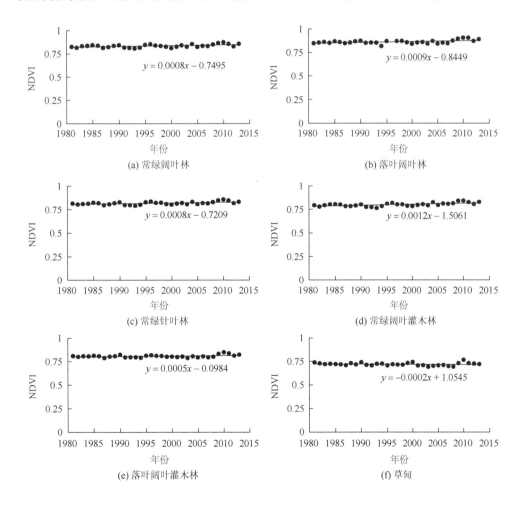

(a) 常绿阔叶林

(b) 落叶阔叶林

(c) 常绿针叶林

(d) 常绿阔叶灌木林

(e) 落叶阔叶灌木林

(f) 草甸

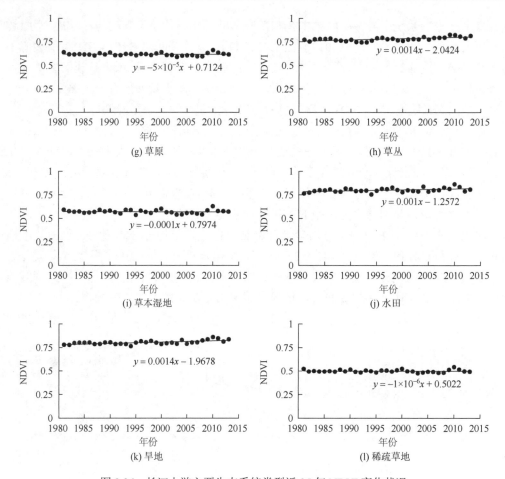

图 2.26　长江上游主要生态系统类型近 35 年 NDVI 变化状况

2.3.3　子流域近 35 年 NDVI 变化

　　长江上游不同子流域之间由于地理位置的差异，其 NDVI 的变化情况也各不相同。为了更加全面展现长江上游近 35 年 NDVI 变化在空间上的差异，本节从子流域的角度出发，详细分析了不同子流域近 35 年 NDVI 变化情况，统计结果如表 2.7 所示。整体来看，大渡河流域、岷江流域、沱江流域和雅砻江流域部分生态系统的年 NDVI 最大值有所下降，嘉陵江流域、金沙江流域、乌江流域和长江上游干流区的年 NDVI 最大值呈上升趋势。

表 2.7　长江上游各子流域近 35 年各生态系统类型 NDVI 变化率

生态系统类型	大渡河流域	嘉陵江流域	金沙江流域	岷江流域	沱江流域	乌江流域	雅砻江流域	长江上游干流区
常绿阔叶林	−0.0003	0.0004	0.0012	0.0005	−0.0004	0.0021	−0.0002	0.0010
落叶阔叶林	−0.0004	0.0009	0.0005	−0.0005	−0.0001	0.0020	0.0006	0.0012

生态系统类型	大渡河流域	嘉陵江流域	金沙江流域	岷江流域	沱江流域	乌江流域	雅砻江流域	长江上游干流区
常绿针叶林	−0.0003	0.0012	0.0007	−0.0002	0.0001	0.0023	0.0001	0.0014
常绿阔叶灌木林	−0.0005	0.0009	0.0013	0.0003	−0.0007	0.0021	0.0006	0.0016
落叶阔叶灌木林	−0.0003	0.0007	0.0006	−0.0005	−0.0009	0.0021	0.0000	0.0016
草甸	−0.0002	−0.0002	−0.0001	0.0000	—	—	−0.0003	—
草原	−0.0004	0.0006	0.0001	−0.0005	—	—	−0.0003	—
草丛	−0.0002	0.0008	0.0015	—	—	0.0019	0.0000	0.0014
草本湿地	—	—	−0.0001	—	—	—	−0.0001	—
水田	0.0000	0.0018	0.0018	−0.0003	0.0004	0.0018	0.0005	0.0009
旱地	0.0004	0.0019	0.0012	−0.0002	0.0004	0.0020	0.0004	0.0012
稀疏草地	−0.0006	0.0003	0.0001	−0.0007	—	—	−0.0004	—

2.4　主要生态系统生产力变化

生态系统净初级生产力（net primary productivity，NPP）是指绿色植物在单位面积、单位时间内通过光合作用固定的有机碳扣除自身呼吸消耗后，用于植被生长和生殖的部分（周广胜和张新时，1995）。作为地表碳循环原动力的 NPP，不仅是判定生态系统碳的源汇和调节生态过程的主要因子，更因其对全球变化的敏感性，在全球变化及碳平衡中扮演着重要角色。本节基于 MODIS NPP 时间序列产品（MOD17A3）和线性分析方法，分析近 15 年长江上游主要生态系统 NPP 的时空变化特征。

2.4.1　生态系统生产力变化总体特征

为了全面了解长江上游地区的各生态系统类型的生产力状况，本节以 2015 年长江上游地区 NPP 值为基准，得到如图 2.27 所示的长江上游 NPP 空间分布图。从图中可以看出，长江上游地区的 NPP 介于 $0 \sim 1000 \mathrm{g}\ \mathrm{C/m}^2$，约占长江上游总面积的 96.62%；NPP 超过 $1000 \mathrm{g}\ \mathrm{C/m}^2$ 的区域仅有 3.38%。从空间分布格局来看，盆周山区的岷山、邛崃山、大相岭、小相岭、大凉山等区域的 NPP 在 $800 \mathrm{g}\ \mathrm{C/m}^2$ 以上，该区域也是长江上游地区森林集中分布地区；四川盆地、长江上游干流区、乌江流域区域的 NPP 次之，其 NPP 在 $400 \sim 800 \mathrm{g}\ \mathrm{C/m}^2$，该区域属于传统农业耕作区；青藏高原地区的 NPP 最低，绝大部分区域小于 $400 \mathrm{g}\ \mathrm{C/m}^2$，是长江上游地区草地集中分布区。

不同生态系统生产力除了空间差异外，其时间变化特征差异也较明显。本节采用最小二乘法逐像元拟合 $2000 \sim 2015$ 年的 MOD17A3 时间序列数据，求取各像元 NPP 的变化斜率，其斜率值的空间分布如图 2.28 所示。一元线性回归斜率值的正、负分别表示 NPP 升高或降低的趋势，斜率的大小则反映了 NPP 值上升或下降的程度。

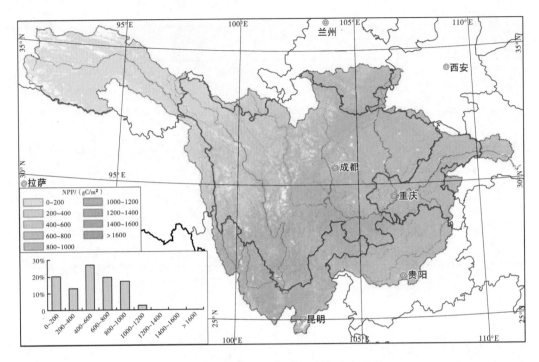

图 2.27　长江上游 2015 年 NPP 空间分布状况

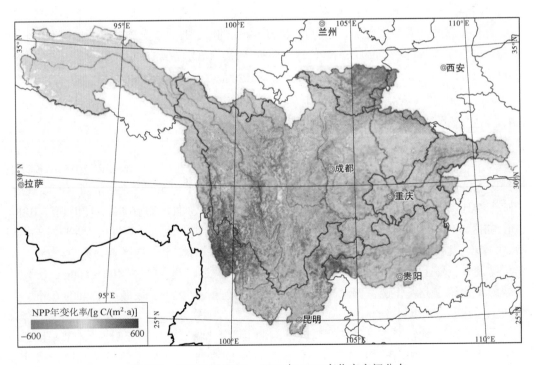

图 2.28　长江上游 2000~2015 年 NPP 变化率空间分布

长江上游地区有 73.82%的生态空间近 15 年 NPP 呈上升趋势，有 26.18%的生态空间 NPP 呈下降趋势。从空间上看，金沙江石鼓一带、甘南地区、大凉山地区的 NPP 近 35 年增速较快，大部分区域 NPP 的增幅超过 25g C/(m²·a)，说明这些地区的生态系统的生产力在增强。盆周山区和川西北高原地区的 NPP 也呈增加趋势，但其增幅在 0~25g C/(m²·a)。汶川地震灾区、成都平原地区的 NPP 降幅最大，部分区域的降幅约 20g C/(m²·a)，说明这些地区植被的生产力有减弱的趋势。汶川地震灾区 NPP 下降主要是由于地震对当地生态空间的破坏，而成都平原地区 NPP 下降与该地区经济发展侵占大量生态空间有关。

本节 NPP 变化格局与李登科和王钊（2018）的分析结果较为相似，但由于其采用的土地覆被数据是 MCD12Q1，部分土地覆被类型的统计结果有所偏差。整体来看，数据源、分析时段是分析结果存在偏差的主要原因，整个长江上游地区植被生产力正不断变好的趋势是一致的，涉及具体的生态系统类型以及变化率大小时会有所差异。

2.4.2　主要生态系统 2000~2015 年生产力变化

为了全面了解长江上游主要生态系统 2000~2015 年生产力变化状况，本节与 2.3.2 节一样选择了长江上游面积超过 1 万 km² 的 12 种主要生态系统类型进行分析，12 种生态系统类型的 NPP 变化情况如表 2.8 和图 2.29 所示。

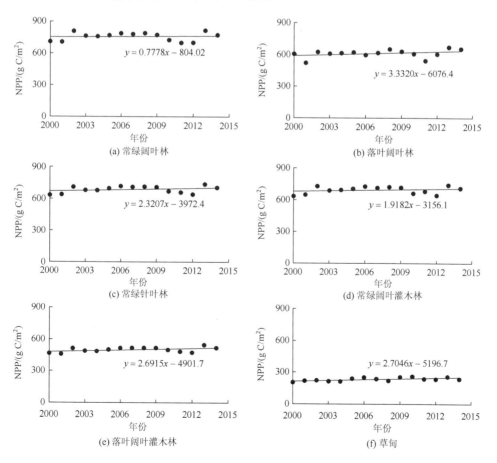

(a) 常绿阔叶林　　$y = 0.7778x - 804.02$

(b) 落叶阔叶林　　$y = 3.3320x - 6076.4$

(c) 常绿针叶林　　$y = 2.3207x - 3972.4$

(d) 常绿阔叶灌木林　　$y = 1.9182x - 3156.1$

(e) 落叶阔叶灌木林　　$y = 2.6915x - 4901.7$

(f) 草甸　　$y = 2.7046x - 5196.7$

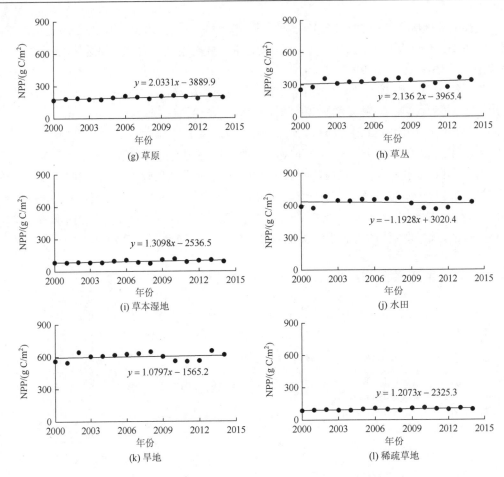

图 2.29　长江上游主要生态系统类型 2000～2015 年 NPP 变化状况

　　从表 2.8 可以看出，长江上游各生态系统的 NPP 均值大小呈如下的趋势：常绿阔叶林＞常绿阔叶灌木林＞常绿针叶林＞水田＞落叶阔叶林＞旱地＞落叶阔叶灌木林＞草丛＞草甸＞草原＞稀疏草地＞草本湿地。整体来看，森林＞灌木林＞农田＞草地＞湿地，常绿植被的生产力明显大于落叶植被。

表 2.8　长江上游各生态系统 2000～2015 年 NPP 变化统计

生态系统类型	面积比例/%	平均值/(g C/m²)	方差	年变化率 /[g C/(m²·a)]	趋势
常绿阔叶林	3.33	757.0932	39.3426	0.7778	上升
落叶阔叶林	3.11	610.9731	38.7311	3.3320	上升
常绿针叶林	21.16	685.2167	32.2518	2.3207	上升
常绿阔叶灌木林	5.64	693.7113	34.0191	1.9182	上升
落叶阔叶灌木林	9.93	500.0665	24.3097	2.6915	上升
草甸	7.20	231.5750	17.6186	2.7046	上升

生态系统类型	面积比例/%	平均值/(g C/m²)	方差	年变化率/[g C/(m²·a)]	趋势
草原	11.34	190.6086	13.8979	2.0331	上升
草丛	3.61	321.8381	34.2147	2.1362	上升
草本湿地	1.42	92.2872	12.0848	1.3098	上升
水田	5.85	626.5024	40.5888	−1.1928	下降
旱地	13.56	601.6268	35.9974	1.0797	上升
稀疏草地	4.69	97.7290	8.7007	1.2073	上升

长江上游除水田近 15 年 NPP 呈下降趋势之外，其他生态系统均呈上升趋势（表 2.8），水田生态系统近 15 年 NPP 年均下降 1.1928g C/(m²·a) [（图 2.29（j）]，究其原因，与近年来大规模的城市扩张和基础设施建设密切相关。水田所在区域地势平坦，工程建设成本低，因此成为城市扩张和道路等基础设施建设的首选，一方面导致该区域 NPP 的下降，另一方面给区域的粮食生产和安全也带来风险。

森林生态系统中落叶阔叶林 NPP 增幅最大，达到 3.3320g C/(m²·a) [图 2.29（b）]，常绿针叶林次之，增幅为 2.3207g C/(m²·a) [图 2.29（c）]，常绿阔叶林增幅最小，为 0.7778g C/(m²·a) [图 2.29（a）]，刚好与 NPP 的均值呈相反的顺序。森林生态系统 NPP 的增加与生态环境保护密切相关。草地生态系统中草甸的 NPP 增幅最大，达到了 2.7046g C/(m²·a) [图 2.29（f）]，草丛和草原 NPP 增幅相差不大，分别为 2.1362g C/(m²·a) [图 2.29（h）] 和 2.0331g C/(m²·a) [图 2.29（g）]，其生产力的增加与全球变暖和局部降水量增加密不可分，但也需要注意局部区域由于过度放牧的存在，其 NPP 呈下降趋势。

2.4.3 子流域近 15 年 NPP 变化

长江上游不同子流域之间由于地理位置的差异，其 NPP 的变化情况也各不相同。为了更加全面展现长江上游近 15 年 NPP 变化在空间上的差异，本节从子流域的角度出发，详细分析不同子流域近 15 年 NPP 变化情况，统计结果如表 2.9 所示。整体来看，沱江流域、乌江流域、岷江流域和长江上游干流区部分生态系统的 NPP 有所下降，大渡河流域、嘉陵江流域、金沙江流域、雅砻江流域的 NPP 呈上升趋势。

表 2.9 长江上游各子流域近 15 年各生态系统类型 NPP 变化率

生态系统类型	大渡河流域	嘉陵江流域	金沙江流域	岷江流域	沱江流域	乌江流域	雅砻江流域	长江上游干流区
常绿阔叶林	1.14	0.73	2.87	−0.16	−1.73	−2.32	3.70	−0.75
落叶阔叶林	0.14	5.21	4.22	−2.49	−2.86	−0.52	3.09	−0.45
常绿针叶林	2.50	1.22	5.09	0.40	−2.06	−2.41	5.31	−0.49

续表

生态系统类型	大渡河流域	嘉陵江流域	金沙江流域	岷江流域	沱江流域	乌江流域	雅砻江流域	长江上游干流区
常绿阔叶灌木林	1.59	1.00	3.04	0.46	−2.28	−1.18	4.23	0.31
落叶阔叶灌木林	2.19	3.59	3.84	−0.16	−4.60	−0.36	3.92	0.66
草甸	2.89	1.33	2.67	1.05			2.91	2.11
草原	2.58	3.21	1.53	0.93	−6.25		3.06	
草丛	0.30	3.76	2.76	0.10	−5.40	0.19	5.14	0.78
草本湿地	1.44	1.16	1.08	−0.79	−5.65	13.33	2.13	
水田	−1.27	−0.43	1.38	−2.08	−3.24	−1.47	1.66	−0.81
旱地	0.82	1.95	2.74	−1.07	−2.39	−0.27	3.76	0.50
稀疏草地	1.93	2.96	0.93	0.93			2.29	

2.5　长江河源区高寒草地植被覆盖变化

2.5.1　1969～2013 年高寒草地生态系统空间分布格局变化

收集 1969 年航片数据和 1986 年、2000 年、2007 年以及 2013 年的 TM 数据，共 5 期 6～9 月生长季的影像数据，然后对影像进行统一的辐射校正和几何精纠正，并采用 UTM 地理坐标进行影像校正和利用地形图（1∶100 000）进行校正。通过野外实地考察，建立以高寒草地生态系统和高寒湿地生态系统为核心的 11 大类 23 个亚类的遥感解译标志库（表 2.10），采用目视解译并结合模糊分类模型，以 KIA≥85% 为阈值，对影像进行分类，得到长江河源区各时期的土地覆被类型图，然后对比分析高寒草地和高寒湿地在各个时期的分布变化。

表 2.10　长江河源区土地覆盖类型对照表

代号	名称	子集与编码
R&A	人类活动区	城市居民地（510），农村居民地（520），耕地（120），人工草地（300）
H-AM	高覆盖高寒草甸	覆盖度>70%（312）
M-AM	中覆盖高寒草甸	50%<覆盖度<70%（322）
L-AM	低覆盖高寒草甸	覆盖度<50%（332）
H-AS	高覆盖高寒草原	覆盖度>50%（311）
M-AS	中覆盖高寒草原	30%<覆盖度<50%（321）
L-AS	低覆盖高寒草原	覆盖度<30%（331）
WL	湿地	河流（410），湖泊（420），高寒泥炭沼泽（641），沼泽草甸（640）
BL	裸地	沙地（610），盐碱地（630），滩地（460），裸土地（620），裸岩（660）
G&S	冰川	冰川和永久性积雪（810）
WD	林地	乔木林（230），灌木林（220），疏林地（210）

长江河源区高寒草地变化的时间特征：通过对各时期高寒草地分布图分析可知（图 2.30），1969～2013 年，长江河源区的高寒草地面积出现了明显的变化，主要表现为：高覆盖高寒草原、高覆盖高寒草甸以及中覆盖高寒草原的面积呈下降趋势。长江河源区的高覆盖高寒草原的面积减少了 870.66km²，占原面积的 18.06%；高覆盖高寒草甸的面积减少了

1778.40km², 占原面积的 11.25%；中覆盖高寒草原的面积减少了 2062.44km², 占原面积的 16.97%；低覆盖高寒草原面积呈显著增加趋势, 低覆盖高寒草原的面积增加了 3872.67km², 占原面积的 17.26%；中覆盖高寒草甸和低覆盖高寒草甸的面积分别呈微弱的降低和增加趋势, 中覆盖高寒草甸的面积减少了 455.57km², 占原面积的 3.88%；低覆盖高寒草甸的面积增加了 545.92km², 占原面积的 4.65%。1969～2013 年长江河源区的高寒草地的覆盖度不断降低, 但各个时期的面积年均变化率有明显的差异。第一时期（1969～1986 年）, 长江河源区已呈现中高覆盖度草地向低覆盖度草地退化的状态, 总体退化速率较低；第二时期（1986～2000 年）, 长江河源区高寒草地覆盖度的退化速率迅速加快, 是过去 50 年间草地退化最为显著的时段。2000 年以后, 长江河源区高寒草地覆盖度的退化速率逐渐回落, 在 2007 年后不仅草地退化速率的回落相对更快, 且有多种草地类型出现明显好转。也就是说, 相对于 20 世纪 60 年代和 80 年代初, 河源区高寒草地植被覆盖度仍然偏低, 但相对于 2000 年前后, 已经有了大幅度增加。

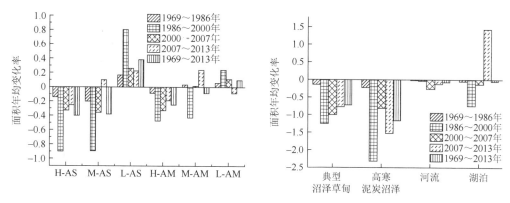

图 2.30 基于 TM 遥感数据的长江河源区高寒草地生态系统空间格局变化

1969～2013 年, 长江河源区典型沼泽草甸的面积减少了 1980.06km², 占原有面积的 29.27%, 高寒泥炭沼泽面积减少了 241.48km², 占原有面积的 45.18%。而且湖泊的面积经历了逐渐减少到突然增加的过程（图 2.30）。与其他草地生态类型一样, 高寒湿地类型的分布面积的变化速率在不同时段的变化有明显差别, 总体而言, 20 世纪 80 年代后期和整个 90 年代是湿地退化最为强烈的时期, 在 2000 年以后退化幅度逐渐减缓；湖泊湿地面积在 2007 年以后的 5 年间急剧增大, 这与藏北高原湖泊水域大范围增加的现象一致。

2.5.2 1982～2015 年河源区植被 NDVI 与物候变化

（1）1982～2015 年河源区高寒草地植被 NDVI 变化特征

选取 GIMMS NDVI3g 和 MODIS NDVI（MOD13A3）产品构成 1981～2015 年时间序列 NDVI 数据集, 为了消除 GIMMS NDVI3g 和 MOD13A3 时间分辨率的差异, 采用最大值合成法（maximum value composites, MVC）得到植被生长季（4～10 月）月尺度 GIMMS NDVI 数据。MVC 方法合成可以减少云、大气、太阳高度角以及月内物候循环等因素的影响。此外, 为了消除偶然因素或异常值对 NDVI 监测结果的影响, 还利用 Savitzky-Golay

滤波对每年生长季（4～10月）月 NDVI 数据进行了降噪和平滑处理，使之更符合植被生长变化特征。GIMMS NDVI3g 和 MOD13A3 NDVI 数据集分别是从 NOAA AVHRR 和 TERRA MODIS 遥感传感器获取的，由于两种传感器的波段范围、过境时间等存在差异，两种 NDVI 产品在绝对数值上也会存在差异。在联合使用 GIMMS NDVI3g 和 MOD13A3 NDVI 两种数据集之前需要进行转换和一致性检验。利用两种 NDVI 产品在其重合时间段（2000～2013年）生长季内的相关关系，建立两种数据源之间的一元线性回归模型，从而将 GIMMS NDVI3g 产品和 MOD13A3 产品整合在一起（Mao et al., 2012；王志伟等，2016）。将 1km 空间分辨率的月尺度 MODIS NDVI 数据进行重采样，获取 1/12°空间分辨率 NDVI 数据，使其与 GIMMS NDVI 数据相匹配。利用 GIMMS 和 MODIS 两种数据源重合时间段（2000～2013年）的 NDVI 月尺度数据建立两种数据源间基于像元的一元线性回归模型，在此对这两种数据源采取如下方式进行整合，以构建 1982～2015 年长时间序列 NDVI 数据集。

按照河源区高寒草地类型，划分多年冻土高寒草甸区、多年冻土高寒草原区、季节冻土高寒草甸区、季节冻土高寒草原区四种类型，分别对利用上述方法得到的 NDVI 数据进行统计分析，并且统计过程中考虑了季节因素的影响，即针对不同的草地分布区域，分草地生长季、春季、夏季和秋季分别进行统计，结果见图 2.31。

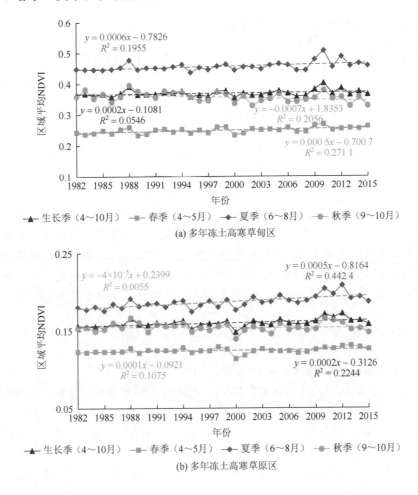

(a) 多年冻土高寒草甸区

(b) 多年冻土高寒草原区

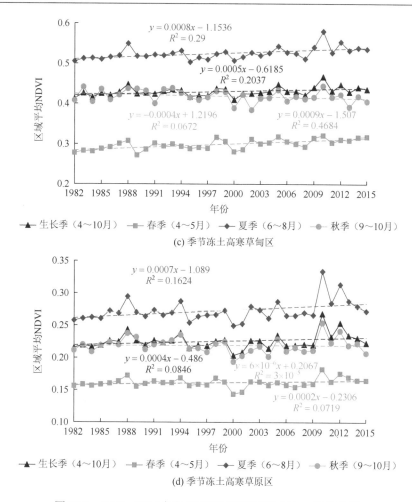

图 2.31　1982～2015 年长江河源区高寒草地 NDVI 变化特征

从图 2.31 可以看出，河源区长时间序列 NDVI 变化基本呈现一致性变化趋势。不管针对多年冻土高寒草甸区、多年冻土高寒草原区、季节冻土高寒草甸区，还是季节冻土高寒草原区，在草地生长季、春季和夏季三种情形下 NDVI 变化趋势虽在绝对值上面有所差异，但拟合方程的斜率均大于 0，说明 1982～2015 年 NDVI 呈增加的趋势，即植被长势呈小幅度变好的态势。从生长季（4～10 月）总体的 NDVI 变化来看，斜率均在 0.0005 以下，总体波动增加幅度微弱；夏季的 NDVI 增幅均大于 0.0005，是增长幅度较为显著的季节。一个特殊且十分重要的现象，就是秋季植被 NDVI 在多年冻土高寒草甸区、多年冻土高寒草原区、季节冻土高寒草甸区均呈现递减趋势，且在多年冻土高寒草甸区的递减幅度较大。这一现象的产生，可能与气温升高、冻结时间滞后等因素有关，导致土壤水分出现干旱胁迫或土壤养分供给不足等而促使植被退化。

上述结果与前述 2.3.2 节的流域尺度 NDVI 变化比较，发现针对草甸、草原和草本湿地类型的分析结果存在差异，前者结果是略微下降态势。究其原因，问题主要出在 1981 年的遥感 NDVI 数据上，这一年的 NDVI 指数普遍偏高，以至于以后的 NDVI 值总是小于这一年的数值。为了尽可能采用多数数据所反映的整体变化情况，我们认为应该以 1982 年的数据作为初始数据，其结果的可靠性更强一些。

（2）1982～2015 年河源区高寒草地植被物候变化特征

利用遥感数据，对长江河源区高寒草地生态系统的物候变化进行了区域尺度的分析，采用的数据源主要是基于 GIMMS NDVI 与 MODIS NDVI 两种。已有研究表明，2000 年以后 GIMMS NDVI 受限于数据质量问题，其反演得到的 SOS 可能存在较大的不确定性（Shen et al.，2015；Zhang et al.，2013）。因此，GIMMS NDVI 数据仅用来对 1982～1999 年的变化进行分析，2000 年以后，则主要采用 MODIS NDVI 数据，分析结果简略阐述如下。

生长季开始日期（SOS）：分别采用 1982～1999 年 GIMMS NDVI 和 2000～2015 年 MODIS NDVI 数据，分析获得的高寒草地生长季开始日期（SOS）结果如图 2.32 所示。基于 1982～1999 年 GIMMS NDVI 数据分析得到的长江河源区各种植被类型 SOS 均呈提前的趋势，不同草地类型的变化斜率有所差异，其中高寒草甸区分别达到 1.9d/10a（多年冻土区）和 2.3d/a（季节冻土区），高寒草原区分别为 0.4d/10a（多年冻土区）和 0.2d/a（季节冻土区）。因此，高寒草甸区域的提前幅度显著高于高寒草原区域。基于 2000～2015 年 MODIS NDVI 数据，长江河源区各种植被类型 SOS 结果基本趋于一致，变化斜率在 2.9～3.1d/10a，明显高于 1982～1999 年，且各类草地生态系统之间差异不明显。

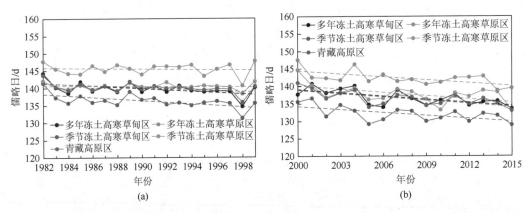

图 2.32　基于 1982～1999 年 GIMMS NDVI（a）和 2000～2015 年 MODIS NDVI（b）的草地生长季开始日期多年变化趋势

整合 GIMMS NDVI（1982～1999 年）与 MODIS NDVI（2000～2015 年）数据，分析得到的长江河源区各种植被类型 SOS 均呈提前的趋势（图 2.33），且提前的时间变化斜率要高于基于 1982～1999 年 GIMMS NDVI 数据分析的结果。整合后获得的连续 34 年的生长季开始物候时间，高寒草甸分别达到 1.93d/10a（多年冻土区）和 2.5d/a（季节冻土区）；高寒草原区分别为 1.75d/10a（多年冻土区）和 1.53d/a（季节冻土区）。高寒草原区大幅度提前，但仍然小于高寒草甸区，表明长江河源区高寒草地生态系统的物候提前十分显著且呈现不断加强态势。

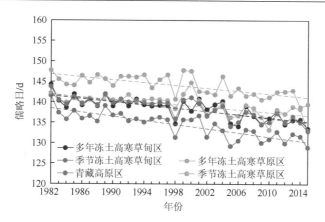

图 2.33　整合 GIMMS NDVI（1982～1999 年）与 MODIS NDVI（2000～2015 年）的草地生长季开始日期多年变化趋势

参 考 文 献

李登科，王钊. 2018. 基于 MOD17A3 的中国陆地植被 NPP 变化特征分析. 生态环境学报，27（3）：397-405.

刘纪远，张增祥，庄大方，等. 2003. 20 世纪 90 年代中国土地利用变化时空特征及其成因分析. 地理研究，22（1）：1-12.

刘纪远，张增祥，徐新良，等. 2009. 21 世纪初中国土地利用变化的空间格局与驱动力分析. 地理学报，64（12）：1411-1420.

刘纪远，匡文慧，张增祥，等. 2014. 20 世纪 80 年代末以来中国土地利用变化的基本特征与空间格局. 地理学报，69（1）：3-14.

刘可，杜灵通，侯静，等. 2018. 近 30 年中国陆地生态系统 NDVI 时空变化特征. 生态学报，38（6）：1885-1896.

王志伟，吴晓东，岳广阳，等. 2016. 基于光谱反演的青藏高原 1982 年到 2014 年植被生长趋势分析. 光谱学与光谱分析，36（2）：471-477.

赵晓丽，张增祥，汪潇，等. 2014. 中国近 30a 耕地变化时空特征及其主要原因分析. 农业工程学报，30（3）：1-11.

周广胜，张新时. 1995. 自然植被净第一性生产力模型初探. 植物生态学报，19（3）：193-200.

Lei G，Li A，Bian J，et al. 2016. Land cover mapping in southwestern China using the HC-MMK approach. Remote Sensing，8（4）：305.

Mao D，Wang Z，Luo L，et al. 2012. Integrating AVHRR and MODIS data to monitor NDVI changes and their relationships with climatic parameters in Northeast China. International Journal of Applied Earth Observations & Geoinformation，18：528-536.

Peng S，Chen A，Xu L，et al. 2011. Recent change of vegetation growth trend in China. Environmental Research Letters，6（4）：044027.

Pinzon J，Tucker C. 2014. A non-stationary 1981—2012 AVHRR NDVI3g time series. Remote Sensing，6（8）：6929-6960.

Shen M，Piao S，Jeong S，et al. 2015. Evaporative cooling over the Tibetan Plateau induced by vegetation growth. Proceedings of the National Academy of Sciences，112（30）：9299-9304.

Zhang G，Zhang Y，Dong J，et al. 2013. Green-up dates in the Tibetan Plateau have continuously advanced from 1982 to 2011. Proceedings of the National Academy of Sciences，110（11）：4309-4314.

第3章　典型山地植被群落结构变化

3.1　样地尺度河源区高寒草地植被群落结构变化

3.1.1　短期增温对高寒草地多样性和生产力的影响

长江河源区位于青藏高原腹地，特有的高寒气候发育了长江河源区典型的高寒生态系统，使该地区成为高海拔地区生物多样性最集中的地区。高寒草甸和高寒草原是长江河源区的主要植被类型，占长江河源区总面积的70%，是长江河源区生态系统和生物多样性的基础，发挥着改善水环境、调节大气与地面的交互过程以及维护生物多样性等多项重要的生态功能。本章基于遥感和典型地区样地尺度的模拟增温实验等结果，从宏观和微观两种尺度解析过去30多年来，伴随全球气候变化河源区高寒草地生态系统的响应与适应特征。

从20世纪80年代初以来，全球平均温度升高了0.85℃。青藏高原平均海拔在4000m以上，是全球气候变化响应的敏感区，气温总体上呈现增温趋势，平均气温增温率为0.37℃/10a，增加幅度明显高于北半球及全球增温幅度（Liu and Chen，2000），成为研究气候变化对高寒生态系统影响模式和效应的理想场所。

气候变暖导致气温和土壤温度升高，将直接或间接地影响植物的光合作用和生长速率、植物体内元素含量（Klanderud and Totland，2005；江肖洁等，2014；余欣超等，2015）和生物量分配格局（李娜等，2011；余欣超等，2015；周华坤等，2000），进而引起群落结构和物种多样性的强烈变化。植物叶片的形态结构及解剖特征是由植物的生长发育状况、植物的遗传特征和环境因素等多因素共同决定的（Ackerly et al.，2000）。碳、氮和磷作为植物生长所必需的营养元素，其含量易受到气候变暖的强烈作用而发生变化，从而影响植物的生长、碳积累动态和氮、磷养分限制格局。植物个体之间的生理生态特征差异性也是生长速率、生产力、种群和群落动态以及生态系统功能变化的基础（Ackerly et al.，2000），可反映植物对环境变化的内在响应机制。正常细胞中的活性氧（AOS）产生与抗氧化剂（抗氧化酶和非酶抗氧物质）对活性氧的清除处于氧化还原的动态平衡（Dandapat et al.，2003），但当环境胁迫超过抗氧化系统的清除能力时，会造成活性氧积累，引起对细胞的膜脂氧化伤害和膜蛋白损伤，破坏膜结构和功能稳定性（Gossett et al.，1994）。高光强度、极端温度、干旱、高盐度、强UV辐射和矿物质缺乏等大部分环境胁迫，均会造成对植物叶片细胞的氧化伤害（Ahmad et al.，2008；瞿礼嘉等，2012），温度升高会导致包括温度在内的其他生态因子也发生相应改变。因此，植物的抗氧化特征对温度升高的响应就显得尤为重要。增温可以增加高寒草甸禾本科植物垂穗披碱草（*Elymus nutans*）和非禾本科植物鹅绒委陵菜（*Potentilla anserina*）抗氧化酶活性和非酶类抗氧化剂含量，但降低了垂穗披碱草中丙二醛（MDA）含量，增加了鹅绒委陵菜中 MDA 含量（Shi et al.，2010）。高寒草甸优势物种小嵩草的丙二醛含量、电导率、游离脯氨酸含量、抗氧化酶活性受增温时间不同而产生不同的变化。

　　高寒草甸和高寒沼泽是青藏高原腹地典型的高寒植被类型，其在生境上和物种组成上有很大差异。小嵩草（Kobresia pygmaea）和藏嵩草（Kobresia tibetica）分别作为青藏高原风火山地区高寒草甸和高寒沼泽的优势种，对群落的组成和结构有明显的控制作用。目前，基于增温对高寒草甸的研究多集中在植物群落组成、物种多样性和生物量等上（石福孙等，2009；Klanderud and Totland，2005；Yang et al.，2012；李娜等，2011；周华坤等，2000；羊留冬等，2011），关于增温对小嵩草和藏嵩草形态特征、化学计量学特征以及生理生态特征影响的研究较少，关于两种优势植物对温度增加的响应对比研究更为匮乏。因此，本书以青藏高原高寒草甸小嵩草和高寒沼泽藏嵩草为研究对象，探讨气候变暖对青藏高原风火山地区小嵩草和藏嵩草的形态特征、养分分配策略、植物生理生态特征和化学计量学特征的影响，揭示两者对气候变暖的响应模式及差异，从而探讨气候变暖导致的生境变化是否对植物存在潜在的环境胁迫，为深入阐明气候变暖对该区域植被群落结构和生产力演变的方向和程度，不同物种间受影响的差异性提供机理解释，并为预测未来气候变暖情景下该区域植被群落结构和功能演变的可能格局提供理论基础。

　　由于大气 CO_2 的浓度不断上升，预计到 2100 年全球大气温度将上升 2.0～4.51℃，进而改变降水模式（IPCC，2013）。生态学家认为温度和水的有效性是影响植物群落结构和组成的重要气候因素（Klanderud and Totland，2007；Klein et al.，2004）。植物群落物种组成和丰度变化对生态系统净初级生产和营养循环具有重要的影响。生物量的变化如何影响植物群落组成和多样性方面的研究还较少（Lloret et al.，2009；Zavaleta et al.，2003），因为植物群落组成和多样性可能改变了生态系统结构和功能（Hooper et al.，2005）。这些变化不仅影响了地上植被、植物群落结构，同时也影响地下土壤环境，如有机物的质量和数量（Saleska et al.，2002），从而间接影响土壤微生物群落结构和活性（Zhang，2015）。土壤微生物特性（如微生物生物量或群落组成）会受到环境条件变化的影响，包括全球变暖（Bradford et al.，2008）、氮肥施用（Lecerf and Chauvet，2008），有时还会受到季节降水特征的影响（Hawkes et al.，2011）。

3.1.1.1　研究区概况和试验设计

　　试验区位于青藏高原腹地长江源区的风火山流域（34°40′N～34°48′N，92°50′E～93°30′E），海拔 4610～5323m，多年冻土发育，土壤类型主要是高山草甸土。气候属于青藏高原干旱气候区，年均温–5.3℃，年降水量 270mm，年蒸发量 1478mm，冻结期为 9 月至次年 4 月。高寒草甸和高寒沼泽在此分布具有代表性，其中高寒草甸主要分布于山地的阳坡、阴坡、圆顶山、滩地和河谷阶地，分布上限可达 5200m 左右；高寒沼泽主要分布在海拔 3200～4800m 的河畔、湖滨和排水不畅的平缓滩地、山间盆地、蝶形洼地、高山鞍部、山麓潜水溢出带和高山冰雪带下缘等部位。本书中高寒草甸样地位于圆顶山，高寒沼泽样地位于河畔。

采用国际冻原计划（International Tundra Experiment，ITEX）使用的被动式增温装置——开顶式增温室（open top chamber，OTC）模拟气候变暖（图3.1）。温室采用有机玻璃纤维建造，加工成正六边形圆台状开顶式，小室的高度为40cm，地面面积约为1m²。2012年8月，在研究区域选择植被分布相对均匀一致的高寒草甸和高寒沼泽作为研究对象，每种植被类型围栏50m×50m。在样地内随机布设6个小区，小区间距大于5m。每个小区布设2个1m×1m的样方，样方间的距离为2~3m，分别布设为对照和OTC增温样方。因此，每个植被类型样地12个样方，总共24个样方。通过在OTC内外设置传感器，测定OTC内与对照样地上气温和地下20cm土壤相对含水量，每隔30min测定一次。

图3.1　OTC增温装置

3.1.1.2　研究结果

（1）优势物种形态和功能性状对增温的响应

采用开顶式增温室模拟气候变暖，以青藏高原高寒草甸和高寒沼泽两种优势物种小嵩草（*Kobresia pygmaea*）和藏嵩草（*Kobresia tibetica*）为研究对象，对比分析两种植物叶片形态和解剖结构特征、根活性及地上/地下部分化学计量特征对增温的响应差异。结果表明：增温增加了小嵩草叶片的长度和叶片的数量，也显著增加了藏嵩草株高和叶片长度；增温没有明显改变小嵩草和藏嵩草的叶片上表皮厚度、下表皮厚度、叶肉细胞长和叶肉细胞宽（表3.1）。增温显著增加了小嵩草根系活跃吸收面积，对小嵩草和藏嵩草其他根系活性指标没有显著影响。增温降低了小嵩草和藏嵩草地上部分C、N含量，对P含量没有影响，表明相对于P元素而言，N元素对模拟增温更敏感（图3.2）。增温增加了小嵩草和藏嵩草地上部分C/N，说明增温提高了两种优势植物对氮素的利用效率；增温对小嵩草地下部分化学计量学特征没有影响，而降低了藏嵩草地下部分C含量和C/N（图3.3~图3.5）。这些结果意味着高寒草甸和高寒沼泽的优势植物地上部分形态学特征、解剖特征和C、N、P化学计量学特性对增温的响应模式表现出一致性，但地下部分藏嵩草比小嵩草显示出对温度升高的易敏感性。

表 3.1　增温处理对小嵩草和藏嵩草叶片形态特征的影响

处理	小嵩草		藏嵩草	
	对照	增温	对照	增温
株高/mm	53.83±7.98[a]	65.66±3.09[a]	123.74±4.96[b]	138.50±7.18[a]
叶长/mm	36.03±3.96[b]	50.45±5.17[a]	77.26±2.71[b]	92.16±6.75[a]
叶片数量	3.67±0.58[b]	6.33±1.53[a]	3.67±0.58[a]	5.33±1.53[a]
上表皮厚度/μm	22.16±7.7[a]	19.28±3.91[a]	14.29±0.62[a]	14.91±1.27[a]
下表皮厚度/μm	19.88±3.27[a]	13.79±4.45[a]	9.17±0.73[a]	9.93±1.43[a]
叶肉细胞长/μm	24.01±1.84[a]	19.95±3.49[a]	14.77±1.18[a]	16.22±1.1[a]
叶肉细胞宽/μm	15.5±2.08[a]	13.42±2.86[a]	10.64±1.44[a]	10.01±2.27[a]

注：不同的字母代表了对照和处理间统计差异显著。

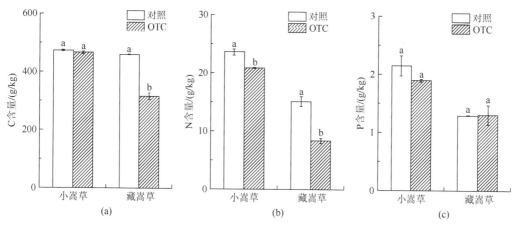

图 3.2　增温对小嵩草和藏嵩草地上部分 C（a）、N（b）、P（c）含量的影响

图中所有数据均表示为平均值±标准差，6 个重复；不同小写字母表示对照和 OTC 统计上的差异显著

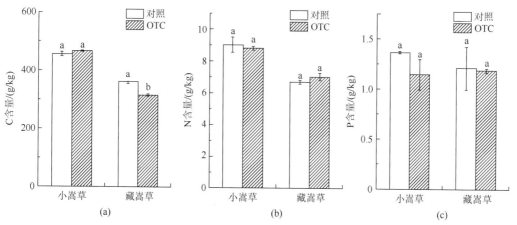

图 3.3　增温对小嵩草和藏嵩草地下部分 C、N、P 含量的影响

图中所有数据均表示为平均值±标准差，6 个重复；不同小写字母表示对照和 OTC 统计上的差异显著

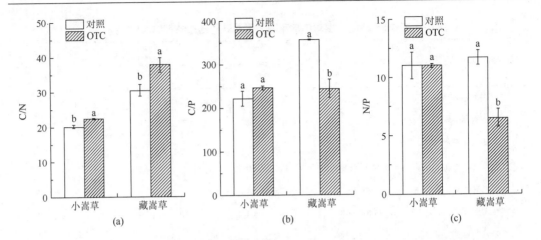

图 3.4　增温对小嵩草和藏嵩草地上部分 C/N（a）、C/P（b）、N/P（c）的影响

图中所有数据均表示为平均值±标准差，6 个重复；不同小写字母表示对照和 OTC 统计上的差异显著

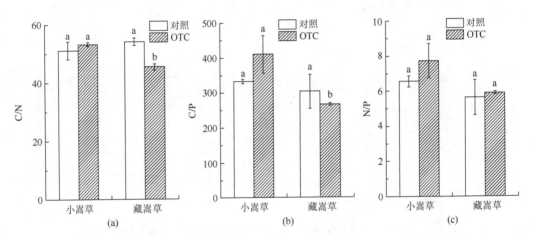

图 3.5　增温对小嵩草和藏嵩草地下部分 C/N（a）、C/P（b）、N/P（c）的影响

图中所有数据均表示平均值±标准差，6 个重复；不同小写字母表示对照和 OTC 统计上的差异显著

　　增温处理下小嵩草的叶长和叶片数量的均值与对照相比分别增加 40% 和 73%；藏嵩草的株高和叶长均值与对照相比分别增加了 12% 和 19%，并且与对照存在显著性差异（表 3.1）。模拟增温对小嵩草和藏嵩草的上表皮厚度、下表皮厚度、叶肉细胞长和叶肉细胞宽均没有显著影响（$p < 0.05$，表 3.1）。

　　温度是限制高寒地区植物生长的关键因素之一，温度升高在一定程度上满足了植物对热量的需求，从而有利于植物的生长和发育。植物株高、叶长和叶片数量是植物生长能力的重要指标，对增温响应也最直观。Elmendorf 等（2012）对苔原 158 个植物群落的研究显示温度升高增加了植株高度，周华坤等（2000）在青藏高原的矮嵩草草甸模拟增温试验中，也发现增温能促进植物群落的形态生长。本书结果也显示增温增加了小嵩草和藏嵩草的叶片长度和数量，增加了生长高度，促进了其形态生长。这可能是因为增温提高了高寒植物的光合能力和生长速率（Yang Y and Yang L, 2011），使生长季延长，从而促进了植物生长。

较厚的叶片表皮和表皮附属物能够反射和适应强烈的阳光照射，有利于减少紫外线对内部叶肉细胞造成的伤害，还可以在辐射和蒸腾作用强时有效地防止体内水分的散失，维持叶片的正常生理代谢。高寒沼泽土壤水分含量较高，高寒草甸土壤含水量较低，因此小嵩草产生较厚的表皮细胞用于减少水分的蒸腾，而藏嵩草的表皮细胞较薄。小嵩草较厚的表皮细胞和角质层厚度，也可以减少紫外线对叶肉细胞的伤害，因此小嵩草也表现出比藏嵩草更长、更宽的叶肉细胞。增温后小嵩草的上表皮厚度、下表皮厚度、角质层的厚度均发生降低，但不显著。这似乎与增温处理下土壤含水量减少叶片应增大表皮厚度以提高水分利用效率相矛盾，这可能由于在高寒草地中，低温时水分常以固态的形式存在，不易被植物的根系吸收，当增温处理后，土壤水分以液态存在，小嵩草可通过根系吸收更多水分改变水分亏损状态，因此降低了其各组织厚度。由于高寒沼泽中含水量较高，虽然增温后高寒沼泽含水量降低，对于藏嵩草来说，不需通过改变其解剖特征以防止水分蒸腾，因此其解剖特征数据未发生明显改变。

（2）增温对优势物种地上和地下部分 C、N、P 含量的影响

增温显著降低了小嵩草地上部分 N 含量，而对地上部分 C、P 含量影响不显著。增温后藏嵩草地上部分 C、N 含量分别降低了 31%、44%；而对地上部分磷含量影响不显著（图 3.2）。增温对小嵩草和藏嵩草地下部分 C、N、P 含量的影响如图 3.3 所示。与对照相比，模拟增温后小嵩草地上部分 C/N 增加了 11%，且与对照存在显著性差异。模拟增温后藏嵩草地上部分 C/N 增加了 23%，而 C/P、N/P 分别降低了 31%、44%，均与对照存在显著性差异（图 3.4）。

增温对小嵩草地下部分 C/N、C/P、N/P 没有影响（$p > 0.05$）。增温导致藏嵩草地下部分 C/N、C/P 与对照相比分别降低了 29%、10%，且与对照存在显著性差异（图 3.5）。

温度变化能影响植物的新陈代谢及自身养分元素的分配，从而改变各元素在植物器官中的转移和再分配。由于物种之间存在差异性，因此不同物种对增温的响应模式不同，其分配方式也存在差异（Kimball, 2005）。增温后小嵩草和藏嵩草叶片 N 元素含量呈降低趋势，而 P 元素含量变化不明显。本书 N 元素含量变化的结果与 Reich 和 Oleksyn（2004）在全球尺度上、Han 等（2005）在全国尺度上及杨阔等（2010）在青藏高原草地冠层尺度上得出的随年均温度的升高氮含量降低的结果相同。这可能是因为增温使温室内小气候趋于暖干化发展，较为干旱的土壤阻碍了根系的生长，引起了根系死亡率的增加，因此降低了植物对干旱土壤中氮素的吸收，且植物分解速率加快，使得植物体内氮素向土壤中释放。另一个原因可能是增温改变植物群落的结构和组成，破坏了植物群落原有的种间关系，从而影响了小嵩草和藏嵩草对氮素的竞争。然而在本书中小嵩草和藏嵩草的地上部分 P 含量却没有受增温的影响，这与 Reich 和 Oleksyn（2004）、Han 等（2005）和杨阔等（2010）得出的随着年均温度的升高 P 含量降低的结果不同。这可能是由于植物对养分的吸收具有选择性，土壤中 P 含量可能处于过剩状态，土壤中的 P 含量能满足植物的生长的需求，因此其 P 含量没有下降。

C/N 大小表示植物吸收单位养分元素含量所同化 C 的能力，在一定程度上可以反映

植物体养分元素的利用率（Farquhar et al.，2003）。虽然增温降低了小嵩草和藏嵩草地上部分碳氮含量，却均增加了地上部分 C/N，这表明增温条件下，小嵩草和藏嵩草能够更有效地利用氮素，增加其利用效率。温度升高导致土壤中有机物质的降解速率增加，提高了氮矿化速率（Rustad et al.，2001），引起土壤中无机态氮含量增加（王其兵等，2000；Hart and Perry，1999）。但藏嵩草对土壤氮的依赖性较低，适宜于低氮环境，当模拟增温后藏嵩草对氮素的竞争能力不如高寒沼泽的次优势种和伴生种（王文颖等，2014），因此藏嵩草叶片氮含量显著降低。本书中，小嵩草和藏嵩草通过提高氮素利用效率以适应氮素限制，是一种对环境的适应策略。这主要是由于在环境压力或资源有限的条件下，植物可以通过自身调控分配地下矿质元素的吸收，以提高植物对资源的利用和吸收。藏嵩草根系碳含量发生显著降低，而小嵩草根系碳含量却变化不明显，造成这两种优势物种根系碳含量变化趋势不一致的原因可能是高寒草甸和高寒沼泽生态系统的自然条件和土壤水热状况不一致。增温后高寒草甸土壤水分的减少限制了小嵩草的生长，在一定程度上不利于根系的生长，为了更好地适应 OTC 内暖干的环境，小嵩草分配更多的碳水化合物用于植物根系的生长，以吸收更多矿质元素和水分供给地上部分生长，使得碳水化合物的累积与根系生长速率保持一致，因而抵消掉了根系生长带来的"稀释作用"，因此小嵩草地下部分碳含量变化不明显。藏嵩草处于高寒沼泽中植物群落的最上层，光照、水分和温度条件充足，藏嵩草为了最大化地利用资源来促进其生长，将更多的有机碳和全氮等营养物质分配到叶片中，且表层干热的环境不利于藏嵩草地下部分的生长，使藏嵩草为优势物种的地下生物量分配比例减少，进而导致藏嵩草地下部分碳含量明显下降。

（3）优势物种生理生态特征的响应

处于多年冻土区的高寒草甸和高寒沼泽受到气候变化以及由其导致的冻土差异的双重影响，对气候变化尤其敏感，而植物生理特征的变化可更深入地揭示高寒植物对气候变暖的响应内在机理。该研究采用开顶式增温小室（OTC）方法模拟气候变暖，分别选取青藏高原腹地风火山地区高寒草甸和高寒沼泽的优势物种小嵩草（*Kobresia pygmaea*）和藏嵩草（*Kobresia tibetica*）为研究对象，对比分析增温处理下两种优势物种叶片的形态（株高、叶长和叶片数）与生理特征（抗氧化、抗紫外线辐射和渗透调节）变化。结果显示，增温显著增加了小嵩草叶片长度和叶片数量，也显著增加了藏嵩草株高和叶片长度，促进了两种优势植物的形态生长。这与现有的研究结果一致：在加拿大北极苔原长达 16 年的增温实验发现增温增加了常绿灌木四棱岩须（*Cassiope tetragona*）和草本植物山蓼（*Oxyria digyna*）的叶片大小和植物高度（Hudson et al.，2011）；青藏高原北麓河附近高海拔地区（4500m）高寒草甸大部分物种在增温处理下植物高度呈增加的趋势（Xu and Xue，2013），这也验证了叶片的形态特征可随气候变化而改变（Guerin et al.，2012）。其原因可能是适当增温可改善土壤中植物可吸收的养分状况（李娜等，2010；杨月娟等，2015），提高高寒地区植物的光合速率。

增温降低了小嵩草和藏嵩草叶片的活性氧（H_2O_2 和 O_2^-）含量，但是未达到显著性水平［图 3.6（a）和（b）］。增温对小嵩草和藏嵩草的丙二醛含量和电导率均没有产生影响

[图 3.6（c）和（d）]。增温处理下小嵩草和藏嵩草叶片内反映氧化伤害的活性氧（过氧化氢和超氧阴离子自由基）水平和丙二醛含量以及活性氧清除物质中的酶类抗氧化剂（超氧化物歧化酶、过氧化物酶、抗坏血酸过氧化物酶、过氧化氢酶）活性均没有显著变化（图 3.7），非酶类抗氧剂（抗坏血酸）含量在小嵩草叶片内没有明显变化而在藏嵩草叶片内显著增加；可吸收紫外线的紫外吸收物质和花色素苷含量在小嵩草内没有显著变化而在藏嵩草内显著降低；渗透调节物质中的游离脯氨酸在小嵩草叶片中没有显著变化，而在藏嵩草叶片中显著增加；两物种的膜透性（电导率）均没有显著变化。可见，在一定增温幅度内小嵩草和藏嵩草均能够维持正常的抗氧化和渗透调节水平，以维持该区域优势植物生长；但是藏嵩草的生理过程对增温更加敏感，不同植被类型的优势植物之间对增温的响应存在种间差异。

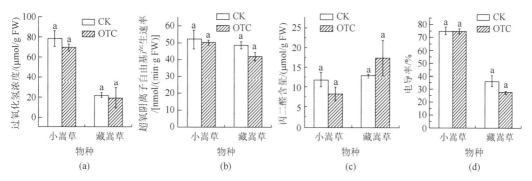

图 3.6　增温对小嵩草和藏嵩草过氧化氢浓度（a）、超氧阴离子自由基产生速率（b）、丙二醛含量（c）和电导率（d）的影响

CK：对照；OTC：增温处理，不同字母表示差异显著（$p<0.05$）

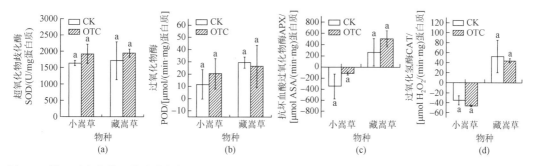

图 3.7　增温对小嵩草和藏嵩草超氧化物歧化酶（a）、过氧化物酶（b）、抗坏血酸过氧化物酶（c）和过氧化氢酶（d）活性的影响

CK：对照；OTC：增温处理，不同字母表示差异显著（$p<0.05$）

植物细胞中的活性氧主要是有氧能量代谢的副产物，如光合作用、光呼吸和呼吸作用，也产生于植物对环境胁迫的适应性响应，而抗氧化系统（抗氧化酶和非酶抗氧物质）可清除细胞内的活性氧（Ahmad et al.，2008；Dandapat et al.，2003）。本书中，小嵩草和藏嵩草叶片 H_2O_2 浓度、O^{2-} 产生速率和丙二醛 MDA 含量并没有因温度升高而发生变化，显示

出未受到氧化伤害，因此抗氧化酶系统也并未启动，以清除植物体内的有害物质。但是我们的研究结果观测到增温显著增加了藏嵩草叶片的非酶类抗氧化剂 AsA 的含量。AsA 是植物体内消除 H_2O_2 过程中起核心作用的主要非酶类抗氧化剂（Smith et al.，2012）。藏嵩草 AsA 含量增加可能是对增温造成的环境改变做出的生理响应，但考虑藏嵩草的活性氧水平没有明显变化，可能是增温所带来的环境改变在藏嵩草的可正常生理调节范围内，藏嵩草通过诱导 AsA 的合成，消除多余的活性氧，将活性氧含量维持在正常水平。可以看出，藏嵩草比小嵩草对增温更敏感。增温对植物抗氧化特征的影响可能存在多样性：在青藏高原东部四川松潘县对高寒草甸两种优势物种的研究中发现，增温虽然加强了垂穗披碱草（*Elymus nutans*）和鹅绒委陵菜（*Potentilla anserina*）叶片中的酶类和非酶类抗氧化剂，但是垂穗披碱草的 MDA 含量显著减少，而 MDA 在鹅绒委陵菜中显著增加，即增温促进了鹅绒委陵菜的抗氧化能力，而抑制了垂穗披碱草的抗氧化能力（Shi et al.，2010）；而对广泛分布于热带和亚热带的一种豆类植物（头状柱花草，*Stylosanthes capitata* Vogel）研究发现，增温增加了抗氧化酶活性，但是没有影响 MDA 含量，即增温处理下该植物能够通过自身的抗氧化机制来控制 MDA 含量（Martinez et al.，2014）。研究结果的差异性可能是因为研究区域的差异以及植物自身抗氧化能力（活性氧的产生与清除机制）的差异，但本研究与现有研究存在的共同点是植物在增温处理下抗氧化剂得到一定的增强来试图清除体内的活性氧。

增温导致高寒草甸和高寒沼泽土壤含水量减少，而干旱或盐胁迫可造成膜透性增大，使得溶质渗漏（Hincha and Hagemann，2004）。本书中，小嵩草和藏嵩草的膜透性（电导率）都没有显著变化，即没有出现溶质渗漏；并且两物种的 MDA 含量都没有显著变化，表示细胞膜没有受到氧化伤害。但是本书中增温导致小嵩草和藏嵩草脯氨酸含量均增加，其中藏嵩草达到显著性水平，这可能是因为在增温导致土壤含水量减少的情况下，植物通过自身的渗透调节机制，合成渗透调节物质，从而维持自身正常的渗透平衡（Hincha and Hagemann，2004）。因此，在增温环境下，小嵩草和藏嵩草能够维持正常的渗透调节。

增温没有明显改变小嵩草的紫外吸收物质含量和花色素苷含量，但导致藏嵩草紫外吸收物质和花色素苷含量均显著降低，即增温使得藏嵩草叶片生理上的抗紫外辐射能力下降，而对小嵩草没有明显影响。Han 等（2009）在青藏高原东南部对云杉（*Picea asperata*）幼苗的研究发现增温可以缓解 UV-B 辐射带来的光抑制。在南极半岛对石竹科植物南极漆姑草（*Colobanthus quitensis*）和禾本科植物南极发草（*Deschampsia antarctica*）的研究发现，增温对叶片可溶性紫外吸收物质含量没有影响（Day et al.，1999），这与小嵩草的研究结果一致。考虑藏嵩草的脯氨酸积累量显著增加，而除了干旱以外，紫外辐射胁迫也可导致脯氨酸含量的积累，从而维持渗透平衡（Ashraf and Foolad，2007）；紫外辐射也可诱导活性氧的增加（Karishma et al.，2004），而同时藏嵩草中增加的脯氨酸和 AsA 也可加强活性氧清除机制（He et al.，2000）。因此，藏嵩草紫外吸收物质含量和花色素苷含量的减小与脯氨酸和 AsA 含量的增加可能在一定程度上形成了互补，从而没有抑制藏嵩草的生长。

小嵩草抗氧化、渗透调节和抗紫外辐射涉及的生理指标变化均不显著，然而藏嵩草在三个方面的生理指标存在显著性变化。具体体现在：藏嵩草叶片中非酶类抗氧化剂中的 AsA 显著增加；而紫外吸收物质和花色素苷显著降低，降低了其抗紫外辐射能力；且渗透调节物质游离脯氨酸显著增加。由此可见，藏嵩草比小嵩草对温度的升高更加敏感。其原因可能是，一方面增温导致的高寒沼泽温度和土壤含水量的变化程度均大于高寒草甸，较大的环境变化使得高寒沼泽优势物种藏嵩草的生理波动较明显；另一方面可能是小嵩草属于耐寒旱中生植物，能够适应增温导致的土壤含水量的减少，而藏嵩草喜欢在水分较多的地方生长（王长庭等，2004），对水分的变化更加敏感。即使如此，藏嵩草也能够通过合成相应的调节物质来维持正常的生理代谢。同时，小嵩草和藏嵩草对增温的响应存在相同点：从形态方面来看，增温促进了小嵩草和藏嵩草的生长；生理方面，在增温影响下，小嵩草和藏嵩草都能通过叶片中物质合成来维持正常的抗氧化水平、渗透调节和抗辐射水平。

3.1.1.3 小结

综上所述，在多年冻十区，高寒草甸和高寒沼泽的优势植物地上部分形态学特征、解剖特征和 C、N、P 化学计量学特性对增温的响应模式表现出一致性，但地下部分没有表现出一致性。在全球变暖背景下，增温均能促进小嵩草和藏嵩草的生长，并通过调节自身不同组分间 C、N、P 元素含量来应对未来的气候变化。增温对冻土区高寒草甸优势物种小嵩草和高寒沼泽优势物种藏嵩草的形态、抗氧化和渗透调节大体一致，对抗紫外辐射的影响不同。增温促进冻土区优势植物小嵩草和藏嵩草的生长，都能通过自身生理生态合成相应的物质使体内新陈代谢维持稳定状态。因此，冻土区植物能够通过自身生理生化和功能特征来调节其对环境温度变化的适应，通过形态和生物量的增长来反映其对环境变化的表观适应。然而，这种适应也存在种间差异，这可能是由于不同的物种在长期进化过程中自身对资源竞争能力的异同。可见，多年冻土区长期增温的环境可能导致植物群落物种组成和结构的改变。在季节性冻土区，增温前期均表现出与多年冻土区一致的增温结果，即增加的群落生物量和降低的物种多样性。但是随着增温时间的延长，这种增温效应逐渐趋于平缓，生物量和多样性趋于稳定。这种变化可能与增温导致土壤水分降低有关。

3.1.2 多年冻土与季节冻土区高寒草地生态系统变化的差异性

选择覆盖青藏高原大部分草原的 12 个增温样点，包括 9 个高寒草甸和 3 个高寒草原样点，跨越 30°N～38°N，海拔 3200～4800m，在这一范围内的高寒草甸和高寒草原分别覆盖了青藏高原面积的 32.05% 和 32.73%，代表着青藏高原高寒草原的大部分地区 [图 3.8 (a)]。通过获取这 12 个样点的年均温、年降水量、土壤湿度、物种多样性和地上净初级生产力数据，采用线性混合模型的解释变量与固定变量的参数分析，得出如下结论。

（1）在自然环境条件下的多年冻土区和非冻土区，植被地上净初级生产力（aboveground net primary production，ANPP）随着降水量的增加递增，因此降水量是该区域 ANPP 变化的主要驱动力 [图 3.8 (b)]。

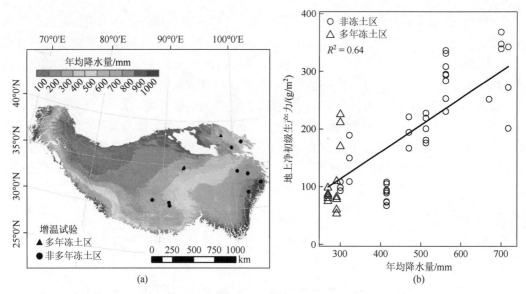

图 3.8　研究样点位置示意图（a）和自然状态下地上净初级生产力与年均降水量关系（b）

（2）多年冻土区的存在与否影响着增温对 ANPP 的变化方向，即增温增加了多年冻土区的 ANPP，降低了非冻土区的 ANPP［图 3.9（a）］。温度增加情景下，土壤水分的相对变化以及当年干旱条件的交互也是影响 ANPP 变化的重要因素［图 3.9（b）］。我们的结果显示未来增温情况下，水分的获取是影响生产力变化的重要因子。

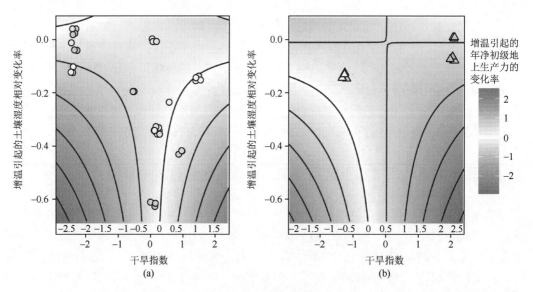

图 3.9　线性混合模型结果显示相对土壤湿度和干旱指数的交互作用、多年冻土存在与相对地上净初级生产力的关系［图例见图 3.8（b）］

等高线显示模型预测的相对地上净初级生产力 ANPP 值，跳动的值表示样地内数值的变化。每个样地作为随机影响因子应用于模型中，且 marginal $R^2 = 0.57$

（3）增温对物种多样性的影响受年均温的驱动，即年均温越低的样地，物种多样性丧失越剧烈；增温降低了多年冻土区和非冻土区的物种多样性，但是多年冻土区物种丧失受温度升高影响更剧烈（图 3.10）。增温引起的物种丧失可能是由于植被返青期提前或者衰萎推迟妨碍了高寒植物正常的季节更替，从而导致遭受冷害，甚至引起植物体内碳水化合物和导致冻害的资源的相互转换。

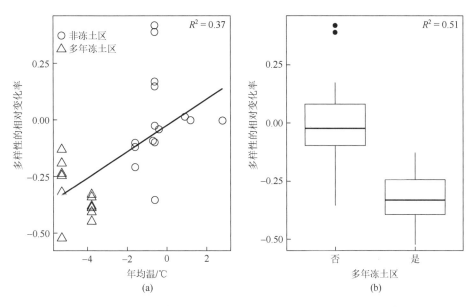

图 3.10　年均温（a）和多年冻土的存在（b）对增温情景下物种多样性变化的影响

（4）无论在多年冻土区还是非冻土区，增温均促进了植被高度增加，但是多年冻土区的增加态势更明显；干旱条件是影响增温情景下植被高度增加的主要解释变量。研究结果显示，干旱条件越好的年份，高度增加越强烈，显示出植被高度的增温变化受干旱条件的强烈驱使（图 3.11）。

基于样点尺度上多年冻土区与季节性冻土区结果的差异，选取了能获取数据的已经开展试验的多年冻土区和季节性冻土区，对比研究结果显示，可获取的水分含量是影响增温对高寒草地生产力和多样性变化大小、方向的主要驱动力。而增温导致多年冻土退化，多年冻土区变为非冻土区，植被生产力受升温影响由增加变为降低。可见，由于没有考虑冻土退化后增温导致植被生产力降低的因素，目前的模型可能高估了未来增温情景下青藏高原高寒草甸受增温的影响结果。

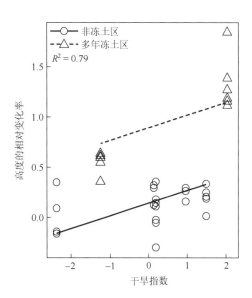

图 3.11　干旱指数和多年冻土存在对增温下植被高度相对变化的影响

3.2　亚高山暗针叶林群落结构变化

本书基于中国科学院贡嘎山高山生态系统观测试验站在贡嘎山东坡海螺沟国家森林公园内设置的长期固定样地进行研究。分别以次生峨眉冷杉演替中龄林干河坝站区调查点（GGFZQ01）和峨眉冷杉成熟林辅助观测场（GGFFZ02）作为冷杉成熟林和中龄林的调查样点，植物群落调查的方法严格按照《陆地生态系统生物观测规范》进行（中国生态系统研究网络科学委员会，2007）。选取 1999 年、2005 年、2010 年和 2015 年这四个调查最为全面的 4 个时间节点的数据，分析并比较这些年间冷杉成熟林和次生冷杉中龄林的结构特征及其变化趋势。

3.2.1　群落的物种组成

（1）次生冷杉演替中龄林干河坝站区调查点

本样地森林类型为次生冷杉演替中龄林，乔木层以冷杉（*Abies fabri*）为主，另有少量多对花楸（*Sorbus multijuga* Koehne）、糙皮桦（*Betula utilis* D. Don）、冬瓜杨（*Populus purdomii* Rehder）、冷地卫矛（*Euonymus frigidus* Wall）和山梅花（*Philadelphus incanus* Koehne），林分密度为 1258 株/hm²，郁闭度约为 85%。灌木层有多对花楸（*Sorbus multijuga* Koehne）、显脉荚蒾（*Viburnum nervosum* D. Don）、黄花杜鹃（*Rhododendron lutescens* Franch.）、桦叶荚蒾（*Viburnum betulifolium* Batalin）、唐古特忍冬（*Lonicera tangutica* Maxim.）、长序茶藨子（*Ribes longiracemosum* Franch.）、华西蔷薇（*Rosa moyesii* Hemsl. et E. H. Wilson）、华西箭竹（*Fargesia nitida*（Mitford ex Stapf）Keng f. ex T. P. Yi）、托叶樱桃（*Cerasus stipulacea*（Maxim.）T. T. Yu et C. L. Li）和豪猪刺（*Berberisjulianae* C. K. Schneid.），盖度约为 3%。草本层以凉山悬钩子（*Rubus fockeanus* Kurz）为主，另有少量山酢浆草（*Oxalis griffithii* Edgeworth et Hook. f.）、钝叶楼梯草（*Elatostema obtusum* Wedd.）、汉姆氏马先蒿（*Pedicularis hemsleyana* Prain）、圆叶鹿蹄草（*Pyrola rotundifolia* L.）、川滇薹草（*Carex schneideri* Nelmes）和茜草（*Rubia cordifolia* L.），盖度约为 30%。苔藓类地被层较为发达，厚度约为 5cm，盖度约为 60%。

（2）冷杉成熟林辅助观测场

本样地为冷杉成熟林，是贡嘎山地区海拔 2800～3600m 最具代表性的垂直地带性森林植被类型，乔木层以冷杉（*Abies fabri*）为主，还有少量的多对花楸（*Sorbus multijuga* Koehne）、糙皮桦（*Betula utilis* D. Don）、五尖槭（*Acer maximowiczii* Pax）和长鳞杜鹃（*Rhododendron longesquamatum* Schneid），林分密度为 288 株/hm²，郁闭度约为 65%。灌木层有多对花楸（*Sorbus multijuga* Koehne）、冷地卫矛（*Euonymus frigidus* Wall）、显脉荚蒾（*Viburnum nervosum* D.Don）、黄花杜鹃（*Rhododendron lutescens* Franch.）、桦叶荚蒾（*Viburnum betulifolium* Batalin）、华西忍冬（*Lonicera webbiana* Wall. ex DC.）、唐古特忍冬（*Lonicera tangutica* Maxim.）和针刺悬钩子（*Rubus pungens* Cambess.）、四川冬青（*Ilex szechwanensis* Loes.）、长序茶藨子（*Ribes longiracemosum* Franch.）和华西蔷薇（*Rosa moyesii* Hemsl. et E. H. Wilson），盖度约为 25%。草本层有多穗石松（*Lycopodium annotinum* L.）、山酢浆草

（*Oxalis griffithii* Edgeworth et Hook. f.）、钝叶楼梯草（*Elatostema obtusum* Wedd.）、汉姆氏马先蒿（*Pedicularis hemsleyana* Prain）、凉山悬钩子（*Rubus fockeanus* Kurz）、膜边轴鳞蕨（*Dryopsisclarkei*（*Baker*）Holttum et P. J. Edwards）和圆叶鹿蹄草（*Pyrola rotundifolia* L.），盖度较低，约为 30%。藓类地被层厚度达 15cm，盖度约 80%。

3.2.2　群落各层片密度的变化

　　贡嘎山东坡冷杉中龄林和成熟林乔木层各物种密度随时间的变化如图 3.12 所示：中龄林乔木层林分密度从 1999 年的 2175 株/hm² 下降到 2015 年的 1258 株/hm²，下降了 42.16%，其中冷杉密度下降最为明显，从 1999 年的 1942 株/hm² 下降到 2015 年的 1158 株/hm²，下降了 40.37%，表现出非常明显的"自疏现象"。此外，中龄林乔木层各伴生种的密度在此期间也呈下降趋势。成熟林乔木层总密度和冷杉密度均表现出先下降后上升的趋势，这主要是由于成熟林中有大树死亡、倒下，林分密度降低，但林窗的形成促进了冷杉幼苗和伴生种的生长，这部分新进入乔木层的小树使得乔木层密度有所增加。

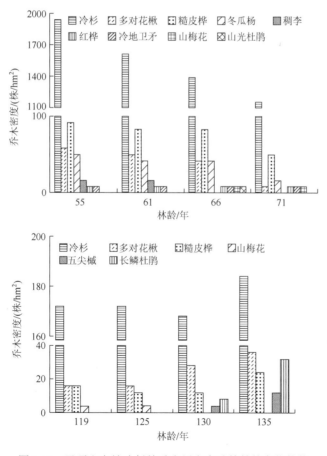

图 3.12　贡嘎山东坡冷杉林乔木层密度随林龄的变化趋势

　　中龄林灌木密度一开始表现出缓慢增加的趋势,从 1999 年的 1344 株/hm^2 增加到 2010 年的 1600 株/hm^2,随后在 2015 年迅速增加到 7960 株/hm^2。这主要是由于冷杉在演替过程中的"自疏作用"导致小林窗的形成,为灌木的繁殖和定居提供了条件。冷杉成熟林灌木层密度先降低后增加,这应该与大树死亡、倒下时对灌木层的破坏以及林窗的形成对灌木生长、繁殖和更新的促进有关(图 3.13)。

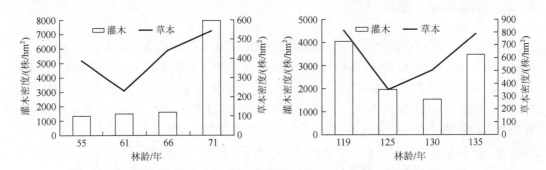

图 3.13　贡嘎山东坡冷杉林灌木层和草本层密度随林龄的变化趋势

　　草本层密度在中龄林和成熟林中均表现出先降低后增加的趋势,气象数据分析表明,2004~2007 年海螺沟太阳辐射值低于该区多年平均值,由此可能影响林下草本植物的光合作用和碳同化产物的积累,进而影响草本植物的生长和繁殖,导致草本层密度降低。

　　中龄林乔木层胸径和树高均表现出随林龄增加而增加的趋势,胸径和树高分别从最初(林龄 55 年)的(15.24±5.55)cm 和(13.27±3.01)m 增长到(22.28±6.52)cm 和(19.68±2.70)m(林龄 71 年)。成熟林乔木层胸径和树高先增加后降低,胸径和树高随林龄增加而降低一方面是由于有大树死亡退出乔木层,另一方面则是不断有小树长大进入乔木层,从而导致乔木层的平均胸径和株高逐年降低(图 3.14)。乔木层胸高断面积和乔木层地上部分生物量随林龄的变化趋势与胸径和树高随林龄的变化趋势相似:乔木层胸高断面积和地上部分生物量在中龄林中随林龄增加而增加,在成熟林中先增加后下降(图 3.15)。

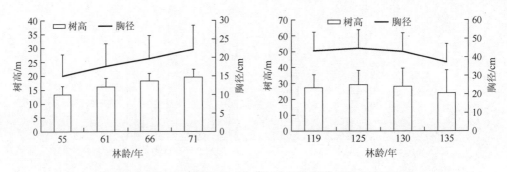

图 3.14　贡嘎山东坡冷杉林乔木层树高和胸径随林龄的变化趋势

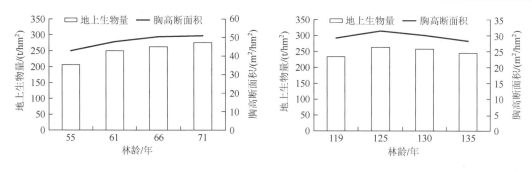

图 3.15 贡嘎山东坡冷杉林乔木层地上生物量和胸高断面积随林龄的变化趋势

无论是在中龄林还是成熟林,冷杉的重要值均明显高于乔木层中其他树种。次生冷杉中龄林中冷杉重要值在 16 年间保持相对稳定,而冷杉成熟林中冷杉的重要值在 2005~2015 年的 10 年间有明显的下降(从 84.34%下降到 67.98%)。乔木层伴生种中常见种(糙皮桦、多对花楸等)的重要值相对稳定,偶见种的重要值则随其在群落中的消失(如山梅花、稠李)或出现(五尖槭、长鳞杜鹃、山光杜鹃)表现出较大的波动。

3.2.3 群落多样性的变化

不同演替阶段植物群落的物种丰富度(物种数)存在一定差异,就冷杉中龄林和成熟林而言,中龄林物种丰富度>成熟林物种丰富度。在同一演替阶段,冷杉林植物群落内部各层片物种丰富度依次为灌木层>草本层>乔木层。各层片的物种组成和物种数会随时间的变化而改变,从而形成植物群落的演替过程。1999~2015 年,冷杉中龄林样地和成熟林样地的乔木层、灌木层和草本层中均有旧物种消失和新物种的出现。其中,草本层物种丰富度的年际波动大于灌木层和乔木层,从而导致群落物种丰富度的变化趋势与草本层物种丰富度的变化趋势较为相似(图 3.16)。

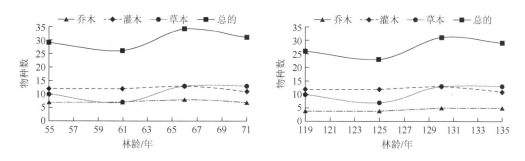

图 3.16 贡嘎山东坡冷杉林植物群落物种丰富度随林龄的变化趋势

Shannon-Wiener 多样性指数能够综合反映群落中物种的丰富度和均匀性,群落中物种数目越多,多样性越高,不同种类之间个体分配的均匀度增加也会使多样性提高。中龄林中乔木层、灌木层、草本层和整个群落的 Shannon-Wiener 多样性指数相对稳定。成熟林乔木层 Shannon-Wiener 多样性指数在林龄大于 125 年后表现出一定的上升趋势，可能与冷杉大树死亡导致林窗的形成，促进了乔木层伴生种的繁殖和生长有关。草本层的 Shannon-Wiener 多样性指数的波动与草本层的物种丰富度的变化较为相似（图 3.17）。

　　Pielou 物种均匀度指数是衡量物种在群落内分布状况的数量指标。中龄林样地中灌木层和草本层的 Pielou 指数相对稳定，表明这两个层片的物种均匀度无较大变化。乔木层 Pielou 指数在后期有一定的下降，可能是伴生种物种数量的减少和密度的降低导致乔木层物种均匀度降低。成熟林乔木层 Pielou 指数表现出一定程度的上升，这可能与林窗中大量冷杉和伴生种进入乔木层，增加了均匀性所致。草本层物种丰富度的变化同样导致草本层 Pielou 指数表现出相似的变化趋势（图 3.18）。

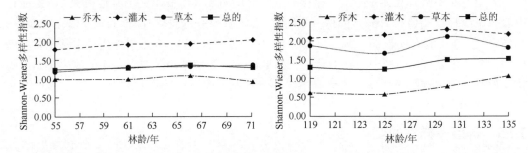

图 3.17　贡嘎山东坡冷杉林植物群落 Shannon-Wiener 多样性指数随林龄的变化趋势

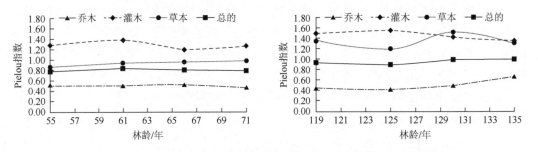

图 3.18　贡嘎山东坡冷杉林植物群落 Pielou 指数随林龄的变化趋势

参 考 文 献

江肖洁, 胡艳玲, 韩建秋, 等. 2014. 增温对苔原土壤和典型植物叶片碳、氮、磷化学计量学特征的影响. 植物生态学报, 38（9）: 941-948.

李娜, 王根绪, 高永恒, 等. 2010. 模拟增温对长江源区高寒草甸土壤养分状况和生物学特性的影响研究. 土壤学报, 47（6）: 1214-1224.

李娜, 王根绪, 杨燕, 等. 2011. 短期增温对青藏高原高寒草甸植物群落结构和生物量的影响. 生态学报, 31（4）: 895-905.

瞿礼嘉, 钱前, 袁明, 等. 2012. 2011 年中国植物科学若干领域重要研究进展. 植物学报, 47: 309-356.

石福孙, 吴宁, 吴彦, 等. 2009. 模拟增温对川西北高寒草甸两种典型植物生长和光合特征的影响. 应用与环境生物学报, 15（6）: 750-755.

王其兵, 李凌洁, 白永飞, 等. 2000. 气候变化对草甸草原土壤氮素矿化作用影响的实验研究. 植物生态学报, 6（6）: 687-692.

王文颖，周华坤，杨莉，等. 2014. 高寒藏嵩草（*Kobresia tibetica*）草甸植物对土壤氮素利用的多元化特征. 自然资源学报，29（2）：249-255.

王长庭，龙瑞军，丁路明. 2004. 青藏高原高寒嵩草草甸基本特征的研究.草业科学，21（8）：16-19.

羊留冬，杨燕，王根绪，等. 2011. 短期增温对贡嘎山峨眉冷杉幼苗生长及其 CNP 化学计量学特征的影响. 生态学报，31（13）：3668-3676.

杨阔，黄建辉，董丹，等. 2010. 青藏高原草地植物群落冠层叶片氮磷化学计量学分析. 植物生态学报，1：17-22.

杨月娟，周华坤，姚步青，等. 2015. 长期模拟增温对矮嵩草草甸土壤理化性质与植物化学成分的影响. 生态学杂志，34（3）：781-789.

余欣超，姚步青，周华坤，等. 2015. 青藏高原两种高寒草甸地下生物量及其碳分配对长期增温的响应差异. 科学通报，（4）：379-388.

中国生态系统研究网络科学委员会. 2007. 陆地生态系统生物观测规范. 北京：中国环境科学出版社.

周华坤，赵新全，周兴民. 2000. 模拟增温效应对矮高草草甸影响的初步研究. 植物生态学报，24（5）：547-553.

Ackerly D D，Dudley S A，Sultan S E，et al. 2000. The evolution of plant ecophysiological traits：recent advances and future directions new research addresses natural selection，genetic constraints，and the adaptive evolution of plant ecophysiologicaltraits. Bioscience，50（11）：979-995.

Ahmad P，Sarwat M，Sharma S. 2008. Reactive oxygen species，antioxidants and signaling in plants. Journal of Plant Biology，51：167-173.

Ashraf M，Foolad M R. 2007. Roles of glycine betaine and proline in improving plant abiotic stress resistance. Environmental and Experimental Botany，59（2）：206-216.

Bradford M A，Davies C A，Frey S D，et al. 2008. Thermal adaptation of soil microbial respiration to elevated temperature. Ecology Letters，11：1316-1327.

Dandapat J，Chainy G B N，Rao K J. 2003. Lipid peroxidation and antioxidant defence status during larval development and metamorphosis of giant prawn，*Macrobrachium rosenbergii*. Comparative Biochemistry and Physiology Part C：Toxicology ＆ Pharmacology，135：221-233.

Day T A，Ruhland C T，Grobe C W，et al. 1999. Growth and reproduction of Antarctic vascular plants in response to warming and UV radiation reductions in the field. Oecologia，119（1）：24-35.

Edwards E J，Benham D G，Marland L A，et al. 2004. Root production is determined by radiation flux in a temperate grassland community. Global Change Biology，10（2）：209-227.

Elmendorf S C，Henry G H，Hollister R D，et al. 2012. Global assessment of experimental climate warming on tundra vegetation：heterogeneity over space and time. Ecology letters，15（2）：164-175.

Fanget C，Chauleur C，Stadler A，et al. 2016. Relationship between plasma D-dimer concentration and three-dimensional ultrasound placental volume in women at risk for placental vascular diseases：a monocentric prospective study. PloS One，11（6）：e0156593.

Farquhar G D，Ehleringer J R，Hubick K T. 2003. Carbon isotope discrimination and photosynthesis. Annual Review of Plant Physiology and Plant Molecular Biology，40：503-537.

Gossett D R，Millhollon E P，Lucas M. 1994. Antioxidant response to NaCl stress in salt-tolerant and salt-sensitive cultivars of cotton. Crop Science，34（3）：706-714.

Guerin G R，Wen H，Lowe A J. 2012. Leaf morphology shift linked to climate change. Biology Letters，8：882-886.

Han C，Liu Q，Yang Y. 2009. Short-term effects of experimental warming and enhanced ultraviolet-B radiation on photosynthesis and antioxidant defense of *Picea asperata* seedlings. Plant Growth Regulation，58：153-162.

Han W X，Fang J Y，Guo D L，et al. 2005. Leaf nitrogen and phosphorus stoichiometry across 753 terrestrial plant species in China. New Phytologist，168：377-385.

Hart S C，Perry D A. 1999. Transferring soils from high- to low-elevation forests increases nitrogen cycling rates：climate change implications. Global Change Biology，5（1）：23-32.

Hawkes C V，Kivlin S N，Rocca J D，et al. 2011. Fungal community responses to precipitation. Global Change Biology，17：

1637-1645.

He Y, Li Z G, Chen Y Z, et al. 2000. Effects of exogenous proline on the physiology of soyabean plantlets regenerated from embryos in vitro and on the ultrastructure of their mitochondria under NaCl stress. Soybean Science: 314-319.

Hincha D K, Hagemann M. 2004. Stabilization of model membranes during drying by compatible solutes involved in the stress tolerance of plants and microorganisms. Biochemical Journal, 383: 277-283.

Hincha D, Hagemann M. 2004. Stabilization of model membranes during drying by compatible solutes involved in the stress tolerance of plants and microorganisms. Biochemical Journal, 383 (2): 277.

Hooper D U, Chapin III F S, Ewel J J, et al. 2005. Effects of biodiversity on ecosystem functioning: a consensus of current knowledge. Ecol Monogr, 75: 3-75.

Hudson J M G, Henry G H R, Cornwell W K. 2011. Taller and larger: shifts in arctic tundra leaf traits after 16 years of simulative warming. Global Change Biology, 17: 1013-1021.

IPCC. 2013. Summary for policymakers//Climate Change 2013: The Physical Science Basis. Contribution of Working Group I to the Fifth Assessment Report of the Intergovernmental Panel on Climate Change. Cambridge: Cambridge University Press.

Kari K, Totlandø. 2007. Simulated climate change altered dominance hierarchies and diversity of an alpine biodiversity hotspot. Ecology, 86 (8): 2047-2054.

Karishma J, Sunita K, Guruprasad K N. 2004. Oxyradicals under UV-B stress and their quenching by antioxidants. Indian Journal of Experimental Biology, 42 (9): 884-892.

Kimball B A. 2005. Theory and performance of an infrared heater for ecosystem warming. Global Change Biology, 11 (11): 2041-2056.

Klanderud K, Totland Ø. 2005. Simulated climate change altered dominance hierarchies and diversity of an alpine biodiversity hotspot. Ecology, 86: 2047-2054.

Klein J A, Harte J, Zhao X Q. 2004. Experimental warming causes large and rapid species loss, dampened by simulated grazing, on the Tibetan Plateau. Ecology Letters, 7: 1170-1179.

Klein J A, Harte J, Zhao X Q. 2007. Experimental warming, not grazing, decreases rangeland quality on the Tibetan Plateau. Ecological Applications, 17: 541-557.

Kost J A, Boerner R E J. 1985. Foliar nutrient dynamics and nutrient use efficiency in *Cornus florida*. Oecologia, 66 (4): 602-606.

Lecerf A, Chauvet E. 2008. Instraspecific variability in leaf traits strongly affects alder leaf decomposition in a stream. Basic and Applied Ecology, 9 (5): 598-605.

Liu X D, Chen B D. 2000. Climatic warming in the Tibetan Plateau during recent decades. Int J Climatol, 20: 1729-1742.

Lloret F, Peñuelas J, Prieto P, et al. 2009. Plant community changes induced by experimental climate change: seedling and adult species composition. Perspectives in Plant Ecology, Evolution and Systematics, 11: 53-63.

Martinez C A, Bianconi M, Silva L, et al. 2014. Moderate warming increases PS II performance, antioxidant scavenging systems and biomass production in *Stylosanthes capitata* Vogel. Environmental and Experimental Botany, 102: 58-67.

Reich P B, Oleksyn J. 2004. Global patterns of plant foliar N and P in relation to temperature and latitude. Proceedings of the National Academy of Sciences of the United States of America, 101: 11001-11006.

Rustad L E, Campbell J L, Marion G M, et al. 2001. A meta-analysis of the response of soil respiration, net nitrogen mineralization, and aboveground plant growth to experimental ecosystem warming. Oecologia, 126: 543-562.

Saleska S R, Shaw M R, Fischer M L, et al. 2002. Plant community composition mediates both large transient decline and predicted long-term recovery of soil carbon under climate warming. Global Biogeochemical Cycles, 16 (4): 3-1-3-18.

Shi F S, Wu Y, Wu N, et al. 2010. Different growth and physiological responses to simulative warming of two dominant plant species *Elymus nutans* and *Potentilla anserinein* an alpine meadow of the eastern Tibetan Plateau. Photosynthetica, 48: 437-445.

Smith A M, Coupland G, Dolan L, et al. 2012. Plant Biology. Beijing: Science Press.

Wang S, Duan J, Xu G, et al. 2012. Effects of warming and grazing on soil N availability, species composition, and ANPP in an alpine meadow. Ecology, 93: 2365-2376.

Xu M，Xue X. 2013. Analysis on the effects of climate warming on growth and phenology of alpine plants. Journal of Arid Land Resources and Environment，27：137-141.

Yang Y，Yang L. 2011. Responses in leaf functional traits and resource allocation of a dominant alpine sedge (*Kobresia pygmaea*) to climate warming in the Qinghai-Tibetan Plateau permafrost region. Plant and Soil，349（1）：377-387.

Yang Y，Wang G X，Yang L D，et al. 2012. Physiological responses of *Kobresia pygmaea* to warming in Qinghai-Tibetan Plateau permafrost region. Acta Oecologica，39：109-116.

Yang Y，Wang G X，Klanderud K，et al. 2015. Plant community responses to five years of simulated climate warming in an alpine fen of the Qinghai-Tibetan Plateau. Plant Ecology & Diversity，8：211-218.

Yang Y，Hopping K A，Wang G X，et al. 2018. Permafrost and drought regulate vulnerability of Tibetan Plateau grasslands to warming. Ecosphere，9（5）：e02233.10.1002/ecs2.2233.

Zavaleta E S，Shaw M R，Chiariello N R，et al. 2003. Additive effects of simulated climate changes，elevated CO_2，and nitrogen deposition on grassland diversity. 100（13）：7650-7654.

Zhang D. 2015. Comparisons of vegetation and soil characteristics of Qinghai-Tibet Plateau（in Chinese）. Pratacultural Science，32（2）：269-273.

第4章 高山林线动态变化与驱动机制

通常认为，高山林线（alpine timberline）是郁闭森林和高山植被之间的生态过渡带，一般意义上的高山林线是指郁闭林的上限与树线之间的过渡地带。郁闭森林的盖度在 40%以上，树高至少 3m。与之相似的两个概念分别是树线（treeline）和树种线（tree-species line），树线与树种线之间的过渡带称为高山树线交错带（alpine treeline ecotone）。在山地许多生态过渡带中，由于高山林线特殊的结构、功能及对气候变化的高度敏感性，高山林线已经成为全球气候变化研究的热点之一，高山林线的格局与动态、林线树种的生理生态、高山林线形成机制、高山林线对全球变化的响应等受到广泛关注。本章着重介绍贡嘎山高山林线树木密度与林线变化、基于树木年轮学的高山林线动态与成因，以及高山林线形成的生理生态机制。

4.1 基于树木年轮学的贡嘎山高山林线动态及其成因分析

林线位置变化是林线响应气候变化的重要指标，全球变暖背景下，理论上林线位置将向高海拔迁移，这与温度限制林线形成的假说一致。温度限制林线形成假说试图从温度影响植物的光合作用等生理因素方面解释林线形成原因。早期的研究工作认为林线位置与北半球 7 月 10℃等温线显著相关；然而，在全球尺度上，这一温度值介于 6～13℃（Paulsen and Körner，2014）。已有大量研究表明，20 世纪的气候变暖确实引起高山林线向高海拔迁移（戴君虎等，2005；Danby and Hik，2007；Harsch et al.，2009；Kirdyanov et al.，2012）。例如，祁连山地区的祁连圆柏林线自小冰期以来向高海拔爬升（Gou et al.，2012）。云南白马雪山长苞冷杉样方调查和树木年轮学的结果发现林线以 11m/10a 的速率向高海拔迁移（Wong et al.，2010）。也有大量研究发现气候变暖后林线无明显变化（Cullen et al.，2001；Liang et al.，2011），或者其变化不是由气候变暖引起的（Batllori and Gutiérrez，2008；van Bogaert et al.，2011）。Harsch 等（2009）对全球林线位置响应气候变暖的分析表明，过去100 年以来，林线位置基本保持不变的样点占到总数的 47%。藏东南色季拉山的研究发现，即使在过去的 200 多年期间，林线位置也没有显著迁移（Liang et al.，2011）。这说明林线位置与温度之间并不是简单的线性关系，可能受到多种气候环境要素综合作用的影响，也可能会滞后于气候变暖，因此温度限制假说无法完全解释林线位置的形成。

随着树木年轮学的发展和研究的不断深入，树木年轮在高山林线研究中得到了广泛的应用。树木年轮具有定年准确、分辨率高、时间连续等特点，已成为重建林线树种种群密度变化、林线位置动态，以及树轮生长对于气候要素响应等高山林线研究的重要手段。高山林线的动态既包括海拔的迁移，也包括树木径向生长，并且树木径向生长往往与林线的位置迁移相关。为此提出了林线形成的生长限制假说，其直接证据是同一座山高海拔地区树木径向生长一般都低于低海拔地区。高山林线树木径向生长动态与林线动态受气候变化的影响，树木径向生长动态及其对气候因子的响应成为探究气候变化对于高山林线动态影响的有效方式。

4.1.1　贡嘎山海拔梯度树木径向生长

4.1.1.1　不同海拔径向生长特征

在贡嘎山东坡，峨眉冷杉林作为林线树种，其林带分布于 2700～3600m 的海拔范围。沿 200m 或者 300m 的不同海拔梯度，建立 500m² 大样方，采集样方内 DBH（树木胸径）>10cm 的所有树木，经过实验室处理，量测每一年宽度生长，样点信息及采样情况如表 4.1 所示。利用三种不同去趋势方法，建立不同海拔梯度峨眉冷杉径向生长时间序列（图 4.1）。不同去趋势方法得到的宽度生长变化基本一致，因此后续分析主要采用断面积生长（basal area increment，BAI）转换的方法得到宽度生长。为分析不同海拔 BAI 在不同时段的相关关系，采用 30 年一组，即 1926～1955 年、1956～1985 年、1986～2015 年。1926～1955 年和 1956～1985 年，相邻海拔的 BAI 之间都存在显著相关关系，GGS3 的 BAI 与其他海拔的相关关系最高（表 4.2）。然而林线处树木生长（GGS1）与最低海拔树木生长（GGS5）之间在三个不同时段都不存在相关关系（表 4.2）。这说明峨眉冷杉林带上下限的树木生长具有显著差异。最近 30 年，高海拔三个样点之间具有显著相关关系，低海拔两个样点之间具有显著相关关系，但是高海拔三个样点和低海拔两个样点之间不存在相关关系，说明最近 30 年高低海拔的生长出现分异。趋势分析表明，最近 30 年高海拔三个样点 BAI 呈显著升高趋势，而最低海拔样点树木生长表现出显著降低趋势（图 4.1）。

表 4.1　贡嘎山不同海拔树轮采样点信息及样方统计

样点代码	纬度	经度	海拔/m	坡向	树木密度/(株/hm²)	面积/m²	树木/树芯数量
GGS1	29°32′51″N	101°58′22″E	3600	EN	63	120×70	53/101
GGS2	29°34′20″N	101°59′04″E	3300	ES	151	100×35	53/88
GGS3	29°33′49″N	101°59′33″E	3100	EN	50	100×50	25/51
GGS4	29°34′31″N	102°E	2900	W	104	100×50	52/105
GGS5	29°35′15″N	102°01′39″E	2700	W	40	100×50	20/40

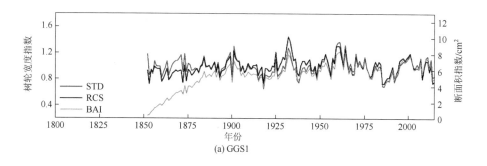

(a) GGS1

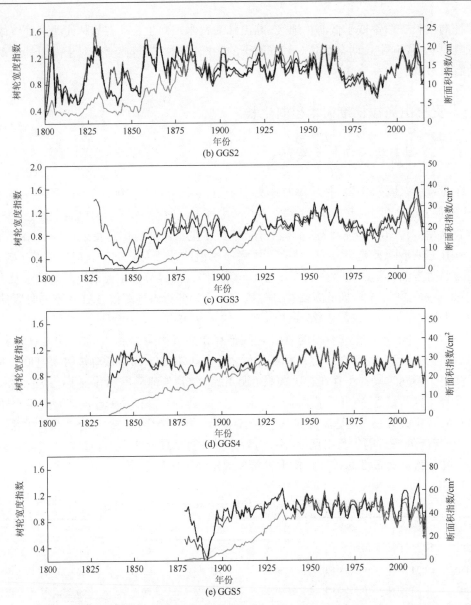

图 4.1　贡嘎山东坡五个不同海拔梯度峨眉冷杉树轮宽度（STD，RCS）和断面积生长（BAI）变化

GGS 1～GGS 5 代表五个不同海拔梯度，详见表 4.1。STD 表示标准化去趋势方法；RCS 表示区域曲线去趋势方法；BAI 表示断面积生长。

表 4.2　贡嘎山不同海拔树木 BAI 在不同时段的相关系数

项目	1926～1955 年				1956～1985 年				1986～2015 年			
	GGS 2	GGS 3	GGS 4	GGS 5	GGS 2	GGS 3	GGS 4	GGS 5	GGS 2	GGS 3	GGS 4	GGS 5
GGS 1	0.695**	0.276	0.600**	0.192	0.474**	0.355	0.289	−0.146	0.701**	0.615**	0.263	−0.163
GGS 2		0.373*	0.433*	0.278		0.846**	0.650**	0.35		0.817**	0.338	0.009

项目	1926~1955 年				1956~1985 年				1986~2015 年			
	GGS 2	GGS 3	GGS 4	GGS 5	GGS 2	GGS 3	GGS 4	GGS 5	GGS 2	GGS 3	GGS 4	GGS 5
GGS 3			0.539**	0.788**			0.718**	0.314			0.324	−0.109
GGS 4				0.700**				0.664**				0.736**

注：*表示 $p<0.05$，**表示 $p<0.01$。

不同海拔梯度样方内老树和幼树生长趋势没有差异。将样方内的树木分为老树（＞120年）和幼树（≤120 年）两个年龄组，分别计算 BAI 变化。结果表明，幼树的生长速率高于老树（图 4.2），然而在 1986~2015 年，不同海拔的老树和幼树生长没有显著差异。趋势分析表明，最近 30 年期间，高海拔两个样点（GGS2，GGS3）老树和幼树都存在显著上升趋势。最高海拔幼树显著升高，老树不具有明显变化趋势。低海拔样点老树和幼树生长趋势具有一定的差异。GGS4 样点幼树生长显著降低，老树生长却没有显著变化。最低海拔的GGS5，老树和幼树都具有显著下降趋势。不同海拔老树和幼树之间都具有显著相关关系。

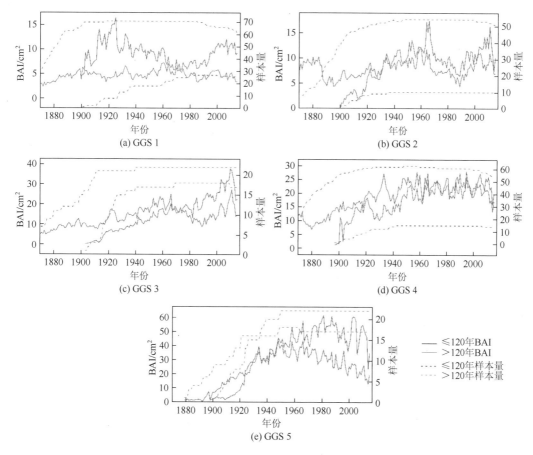

图 4.2　贡嘎山不同海拔梯度峨眉冷杉老树（＞120 年）与幼树（≤120 年）树木 BAI 变化

4.1.1.2　气候响应

　　不同海拔峨眉冷杉径向生长与气候要素响应分析表明,生长季温度与贡嘎山不同海拔峨眉冷杉 BAI 具有显著相关关系,而降水量和相对湿度与不同海拔 BAI 相关关系不显著。进一步分析表明,GGS 1 和 GGS 3 样点 BAI 与上一年 9 月,当年 2 月、7 月、9 月温度显著正相关。GGS 2 样点 BAI 与 3 月、4 月温度具有显著正相关关系。然而低海拔两个样点(GGS 4,GGS 5)BAI 与上一年 8~10 月,当年 6 月、9 月和 10 月温度显著负相关。将 7~9 月温度平均后与不同海拔峨眉冷杉 BAI 相关分析发现,与 GGS 1 和 GGS 3 样点 BAI 正相关关系最高,相关系数达到 0.40 和 0.35,与 GGS 5 样点 BAI 负相关关系最强,相关系数为–0.35(图 4.3)。不同海拔 BAI 与生长季温度的 31 年滑动相关分析表明,随着温

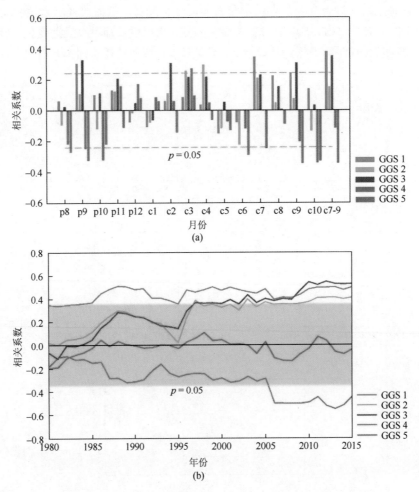

图 4.3　贡嘎山不同海拔梯度峨眉冷杉树木径向生长(BAI)与气象站 1952~2015 年平均温度相关分析(a)及树木径向生长(BAI)与 7~9 月平均温度 31 年滑动相关关系(b)

p 和 c 分别表示上一年和当年

度升高，树木生长与温度的关系逐渐增强。高海拔三个样点 GGS 1、GGS 2、GGS 3 与温度正相关关系增强到显著水平以上，与低海拔样点 GGS 5 负相关关系也增强到显著水平（图 4.3）。这些结果说明随着温度的升高，贡嘎山不同海拔树木生长对温度升高的敏感性升高（Wang et al.，2017）。

西南地区其他多个地点的研究结果也表明，夏季温度是林线树轮径向生长的限制因子（Shi et al.，2019）。西南高山林线一般降水充足，低温成为限制林线树种径向生长的最主要气候因子。气候变暖可缓解低温对于树木生长的限制，因此升温将加速林线树木个体径向生长，使得山地森林带谱呈现向高海拔地带迁移的趋势。然而实际研究发现，西南地区林线并没有向高海拔迁移（Liang et al.，2011；冉飞等，2014）。为此，Liang 等（2016）提出了物种竞争导致西南高山林线稳定不变的假说，认为西南地区林线附近灌木对于资源的竞争，导致树种难以定居生存，从而限制了气候变暖引起林线向高海拔迁移的趋势。

4.1.2 贡嘎山影响树木生长气候要素重建

树木年轮学在认识和理解林线历史气候变化方面发挥着重要作用，能够弥补林线区域气象资料的缺乏。西南地区多个林线位置树轮宽度网络主要反映了夏季最低温度的变化，基于此重建过去 200 多年的温度变化表明，西南地区自 19 世纪 20 年代以来温度持续升高（Shi et al.，2015）。不同的树轮指标也为重建林线处不同气候要素提供了可能。蒸汽压差（vapor pressure deficit，VPD）是影响树木生长和水分循环的重要参数，在美国西部地区，VPD 的升高导致树木生长下降，树木死亡加剧。因此，了解 VPD 长期变化对于分析区域树木生长和林线动态具有重要启示意义。树轮 $\delta^{18}O$ 的分馏分为三部分，其中由于 VPD 变化影响的叶片水富集是最重要的过程，理论上来说树轮 $\delta^{18}O$ 可以用于反演过去 VPD 长期变化。然而这方面的研究在西南山地还少见报道，特别是不同海拔 VPD 的变化趋势是否一致尚不清楚。为此，我们在贡嘎山四个不同海拔建立树轮 $\delta^{18}O$ 序列，分析其变化特征和对气候要素的响应分析，进一步探讨影响该区域 VPD 变化的大气环流背景，为预测西南山地森林生长和碳循环提供科学依据。

4.1.2.1 树轮氧同位素统计特征

贡嘎山不同海拔树轮氧同位素序列平均值从高海拔到低海拔分别为 19.27‰、20.54‰、21.38‰、21.07‰，最高海拔和最低海拔有 1.8‰的不同，整体上与降水氧同位素分布相同。四个海拔树轮氧同位素序列具有类似变化趋势，序列间相关系数平均为 0.89（图 4.4）。

4.1.2.2 树轮氧同位素气候重建

不同海拔树轮 $\delta^{18}O$ 与贡嘎山区域气象要素的相关分析说明，影响不同海拔树轮 $\delta^{18}O$ 变化的气候因子相同。因此，不同海拔树轮 $\delta^{18}O$ 反映了相同的气候要素（图 4.5）。树轮

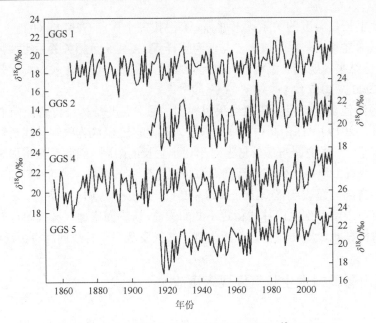

图 4.4　贡嘎山不同海拔梯度峨眉冷杉树轮 $\delta^{18}O$ 序列

$\delta^{18}O$ 与月平均温度相关分析表明不同海拔 $\delta^{18}O$ 与当年 5 月和 6 月温度具有显著相关关系，与 5 月降水量具有显著负相关关系。而树轮 $\delta^{18}O$ 与生长季各个月份 VPD 之间都具有显著正相关关系。将 5～10 月 VPD 合并后，与树轮 $\delta^{18}O$ 的相关系数最高，1956～2015 年最高相关系数为 0.79（图 4.6）。树轮 $\delta^{18}O$ 与生长季 VPD 之间的高相关关系也具有生理意义。理论上影响树轮 $\delta^{18}O$ 分馏的气候因素有两个，分别是源水 $\delta^{18}O$ 携带的气候信号，影响叶片水蒸发富集分馏时的气候信号。其中叶片蒸腾量大，蒸发富集时叶片水 $\delta^{18}O$ 分馏强烈，因此树轮 $\delta^{18}O$ 很大程度上反映了影响蒸发富集时的气候要素。VPD 是影响叶片水蒸腾的重要参数，因此 VPD 的大小决定了树轮 $\delta^{18}O$ 的分馏强弱。

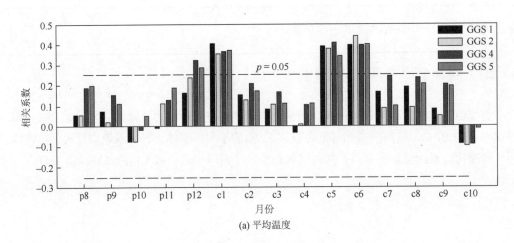

(a) 平均温度

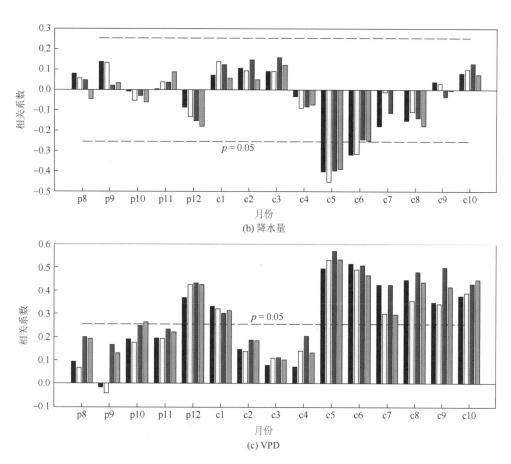

(b) 降水量

(c) VPD

图 4.5　不同海拔峨眉冷杉树轮 $\delta^{18}O$ 序列与气象要素相关分析

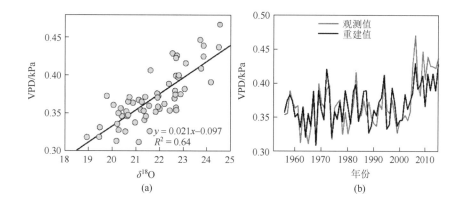

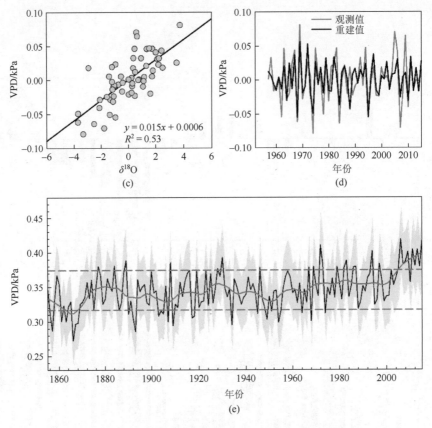

图 4.6　树轮 δ^{18}O 序列重建 1855～2016 年 VPD 变化

　　根据树轮 δ^{18}O 与生长季 VPD 之间的线性关系，利用回归方程重建了贡嘎山地区 1855～2015 年 VPD 变化（图 4.6）。根据重建结果和观测数据在 1956～2015 年的比较，发现不论原始数据还是一阶差的高频数据，重建和实测曲线都较为一致。重建的过去 160 年间 VPD 表现出明显升高趋势，说明影响该地区树木生长的环境胁迫显著增强（图 4.6）。自 2006 年以来的十年期间 VPD 是过去 160 年以来最高的，与西南地区干旱发生频率升高的事实吻合。

　　分析影响 VPD 变化的大气环流机制是了解 VPD 长期变化的基础。而厄尔尼诺是全球气候变化的重要驱动力。通过对比重建的 VPD 与厄尔尼诺指数的关系，发现两者具有显著正相关关系（图 4.7）。说明厄尔尼诺的强弱会影响贡嘎山区域 VPD 的变化，而在全球变暖的背景下，预测未来厄尔尼诺存在增强的趋势，也就是说，贡嘎山区域 VPD 具有持续升高的能力，未来该地区植被生长将面临更为严重的水分胁迫。

4.1.3　贡嘎山林线树木密度与林线变化

　　相比于林线位置的变化，林线树种种群密度对气候变暖响应更为快速，也更为敏感。冉飞等（2014）等以横断山区众多高山典型代表的贡嘎山为研究对象，通过对贡嘎山雅

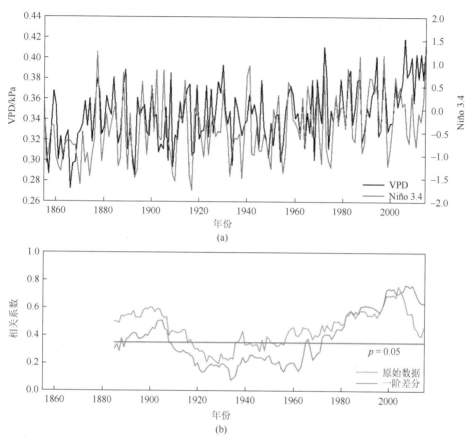

图 4.7 重建 VPD 与 Niño 3.4 关系

家埂峨眉冷杉种群林线附近 6 个 3000m^2 样地（阴阳坡各 3 个）中峨眉冷杉（*Abies fabri*）种群的定位调查，对过去 100 年间该区峨眉冷杉种群的时-空间动态分析表明，林线与树线之间的海拔高差不大，阴阳坡树线高度在过去 100 年间并无明显爬升，但林线附近峨眉冷杉种群密度在过去 50 年间有显著升高（图 4.8）。在过去的 200 多年期间，藏东南色季拉山林线位置也没有显著迁移（Liang et al.，2011），西南高山林线位置与温度升高并不是简单的线性关系，可能受到多种气候要素综合作用的影响，也可能会滞后于气候变暖。林线植被的异质格局是多种环境因素共同作用的结果（Moir et al.，1999；沈泽昊等，2001），离散的极端事件（如干扰）对当前林线的位置和群落结构起着特别重要的作用（Szeicz and MacDonald，1995；沈泽昊等，2001）。在气候变暖过程中，干扰对树线的移动有重要影响，它不仅能够决定树线何时向上爬升，而且能决定树线是否向上爬升。

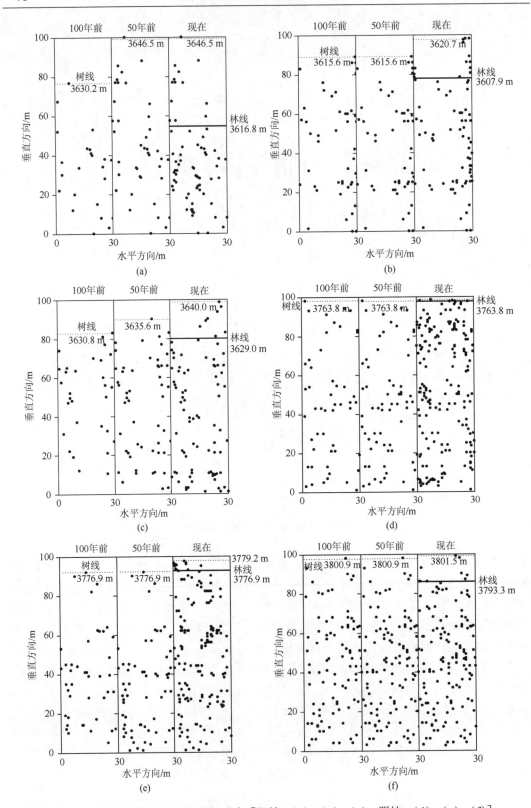

图 4.8　林线冷杉种群的时间-空间动态 [阳坡: (a), (b), (c); 阴坡: (d), (e), (f)]

尽管有研究报道林线附近幼树更新在最近几十年有所减少（Villalba and Veblen，1997；Wang et al.，2006），林线形成的原因中，Smith 等（2003）提出了幼苗定居假说，认为幼苗的繁殖更新过程，而不是成熟树木的生长，限制了林线的整体上移（Smith et al.，2003），这种中尺度上树木之间的正反馈机制在很多地方已经得到了证明（Alftine and Malanson，2004），认为有关树线上移的模式判断必须基于树木个体与整个树线格局相互作用的研究。但是，相比于林线位置的变化，越来越多的研究证实了林线树种种群密度对气候变暖响应更为快速和敏感（Camarero and Gutiérrez，2004；Liang et al.，2011），尤其是在最近 100 年的小时间尺度上，林线海拔位置的变化有可能不是很明显，但林线树木密度却显著地增加（Klasner and Fagre，2002；王晓春等，2005；Wang et al.，2006）。贡嘎山雅家梗和藏东南色季拉山林线种群密度变化与气候变暖较为一致，自 1950 年以来，种群密度持续增加（Liang et al.，2011；冉飞等，2014）。林线种群密度增加这一现象在高山林线研究中非常普遍，然而，林线种群密度随气候变暖的增加，并不一定导致林线升高，这说明繁殖更新假说也不能完全解释林线的形成。

4.2　贡嘎山高山林线形成的生理生态机制

逾百年来人们寻找高山林线的成因，提出了热量（温度）控制假说、环境胁迫假说、干扰假说、繁殖更新障碍假说、碳限制（carbon limitation）假说和生长限制（growth limitation）假说等高山林线形成假说，其中，碳限制假说和生长限制假说两种假说与林线树种的生物生理学（biophysiology）相关，可能解释全球或极地林线形成的生理（或功能）机制（Körner，1998；李迈和和 Kräuchi，2005）。贡嘎山站 Li 等（2008a，2008b）和 Zhu 等（2012，2014）分别以贡嘎山地区两个针叶林线树种——峨眉冷杉（*Abies fabri*）、川西云杉（*Picea balfouriana*）和一个阔叶林线树种——川滇高山栎（*Quercus aquifolioides*）为对象，通过测定不同海拔、不同组织、不同季节非结构性碳水化合物（non-structural carbohydrate，NSC）含量以及叶片氮含量，探讨了贡嘎山地区高山林线树种碳源-汇关系，以及是否遭受碳限制（朱万泽等，2017）。

4.2.1　峨眉冷杉和川西云杉

贡嘎山地区林线观测数据表明，除 7 月碳汇组织外（$p = 0.37$），川西云杉和峨眉冷杉林线（TT）树木组织氮含量均显著高于低海拔（LT）树木（表 4.3），表明亚高山树木的生长和发育没有遭受氮限制，氮似乎没有限制喜马拉雅地区高山林线树种的生长和发育。然而，NSC 与林线的关系显得更加复杂。康定河流域川西云杉林线形成可能在冬季和夏季遭受生理碳限制（图 4.9）；相反，生长在同一流域林线上的峨眉冷杉却不支持"碳限制假说"（图 4.10）。然而，海螺沟林线上的峨眉冷杉似乎遭到冬季碳短缺（图 4.11）。由光合同化产物的不足而导致的碳限制假说长期以来被认为可以解释全球尺度高海拔或高纬度林线形成的生理机制（Schulze et al.，1967；Stevens and Fox，1991）。碳限制假说可能低估了碳汇活动对碳平衡的影响，但碳汇或碳转移遭受限制，导致叶片碳水化合物的积累，引起光合作用的反馈抑制（Foyer，1988；Sharkey et al.，1994），即生长限制或碳汇限制（Körner，1998，2003a，2003b），峨眉冷杉和川西云杉林线树种没有发现生长限制的一致证据（表 4.3，图 4.9 和图 4.10）。在单个树种或林线水平，生长在 TT 的树木组织未表现出一致的较 LT 同树种低的 NSC 浓度，因此，没有一致的证据表明林线树木遭受碳限制。但是综合 3 个林线结果表明，对于康定河流域和海螺沟两个研究区域的川西云杉和峨眉冷杉两个林线树种，生长在林线的树种冬季 NSC 浓度显著低于生长在低海拔的同树种树木，林线树木可能遭受冬季碳限制。无论在 4 月还是在 7 月，TT 碳源组织 NSC 浓度均显著低于 LT 树木，但对碳汇组织没有显著差异。因此，冬季碳限制可能是林线树木冬季碳源活性受限而导致的。但是，林线树木没有遭受整个冬季总的 NSC 或其成分的耗尽。另外，树木可移动碳水化合物浓度与不同树种、研究地有关，树木的碳源和碳汇能力影响其组织 NSC 浓度和碳平衡。因此，生长在高山恶劣环境条件下林线树种的发育和幸存不仅依赖于最小需求的 NSC 浓度，而且要求冬季高于 3 的可溶性糖：淀粉比率以成功越冬，以及平衡的碳源−汇关系以维持其正碳平衡。TT 和 LT 树木在 4 月具有相似的 SSR-NSC 比率，但是在 7 月 TT 树木的 SSR-NSC 比率（2.8）低于 LT（3.4）。

　　C/N 的海拔趋势为，TT 碳源组织小于 LT 树木，4 月分别为 16.2 和 19.0，7 月分别为 16.7 和 20.0；碳汇组织 4 月 C/N 的海拔变化与碳源组织相似，但是在 7 月，TT 高于 LT 树木，分别为 17.6 和 15.5。

表 4.3　树木组织总氮含量、源（针叶）氮含量和汇（细根和干边材）氮含量以及源−汇氮含量比率（SSR-N）

	所有组织		源（针叶）		汇（细根、干边材）		源−汇氮含量比率（SSR-N）	
	4 月	7 月	4 月	7 月	4 月	7 月	4 月	7 月
康定河流域：川西云杉（*Picea balfouriana*），海拔 3400～3800m（林线）								
3800m	0.86	0.8	1.16	1.13	0.41	0.32	2.8	3.5
3400m	0.8	0.71	1.08	0.93	0.36	0.36	3	2.6
F（df）	1.95（1，29）	23.79（1，29）	1.12（1，17）	44.98（1，17）	1.35（1，11）	3.50（1，11）		
p	0.18	<0.001	0.31	<0.001	0.28	0.11		
康定河流域：峨眉冷杉（*Abies fabri*），海拔 3300～3750m（林线）								
3750m	0.95	0.83	1.28	1.12	0.46	0.41	2.8	2.7
3300m	0.75	0.75	1.01	1.04	0.36	0.32	2.8	3.3
F（df）	18.68（1，29）	1.00（1，29）	12.37（1，17）	0.33（1，17）	49.61（1，11）	13.56（1，11）		
p	<0.001	0.33	0.004	0.57	<0.001	0.006		
海螺沟：峨眉冷杉（*Abies fabri*），海拔 2750～3670m（林线）								
3670m	0.98	0.99	1.26	1.33	0.57	0.47	2.2	2.8
2750m	0.9	0.89	1.19	1.16	0.46	0.47	2.6	2.5
F（df）	11.43（1，29）	19.80（1，29）	6.83（1，17）	29.90（1，17）	5.08（1，11）	0.002（1，11）		
p	0.003	<0.001	0.023	<0.001	0.054	0.97		
以上 3 个林线合计								
TT	0.93	0.88	1.23	1.19	0.48	0.4	2.6	3
LT	0.82	0.78	1.1	1.04	0.4	0.39	2.8	2.7
F（df）	24.54（1，89）	10.07（1，89）	14.28（1，53）	9.28（1，53）	14.76（1，35）	0.85（1，35）		
p	<0.001	0.002	<0.001	0.004	<0.001	0.37		

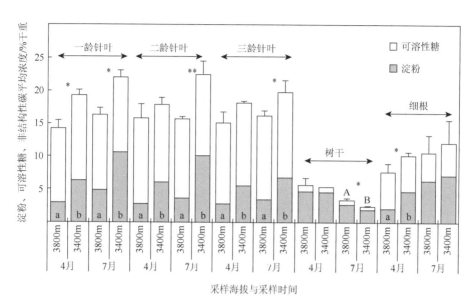

图 4.9　康定河流域不同海拔川西云杉可溶性糖（空心柱）、淀粉（实心柱）、NSC（可溶性糖＋淀粉）
的平均浓度

采用 t 成对检验比较各组织的海拔差异性（NSC：*，$p<0.05$；**，$p<0.01$；$n=6$），柱上面大写字母表示不同海拔可溶性糖
的差异，柱内小写字母表示淀粉的海拔差异（$p<0.05$；$n=6$），标准误为 NSC 浓度

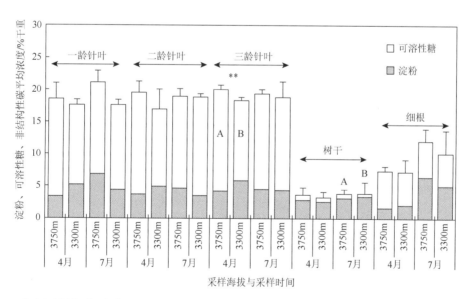

图 4.10　康定河流域不同海拔峨眉冷杉可溶性糖（空心柱）、淀粉（实心柱）、NSC（可溶性糖＋淀粉）
的平均浓度

采用 t 成对检验比较各组织的海拔差异性（NSC：**，$p<0.01$；$n=6$），柱上面大写字母表示不同海拔可溶性糖的差异（$p<$
0.05；$n=6$），标准误为 NSC 浓度

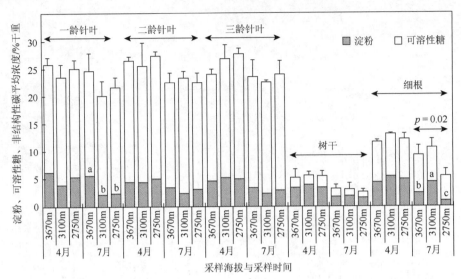

图 4.11　海螺沟不同海拔峨眉冷杉可溶性糖（空心柱）、淀粉（实心柱）、NSC（可溶性糖＋淀粉）
的平均浓度

4.2.2　川滇高山栎

　　海拔对川滇高山栎 NSC 及其构成的影响取决于季节（图 4.12）。海拔对 NSC 浓度的
显著影响主要发生在休眠季，而不是在生长季（图 4.12）。在生长季，同低海拔相比，

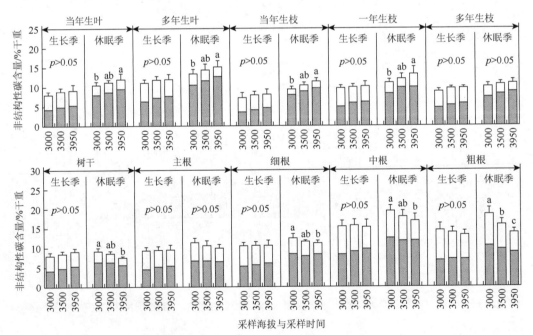

图 4.12　不同海拔川滇高山栎灌丛组织在生长季（5～9 月）和休眠季（10 月～次年 4 月）NSC、可溶性
碳、淀粉浓度

数据根据灌丛 1 年生长周期（2008 年 5 月～2009 年 4 月）计算。不同小写字母表示不同海拔之间 NSC 浓度具有显著差异。
误差线为 NSC 浓度的标准差

生长在海拔上限的川滇高山栎灌丛组织 NSC 浓度水平没有显著差异（图 4.12）。相似地，Hoch 和 Körner（2003）、Shi 等（2006，2008）研究表明，在夏季，林线树木可移动碳水化合物含量未发现有任何不足，林线树木在光合作用期间没有碳限制，但是他们的研究没有分析冬季树木的 NSC 状况。林线针叶树种 [*Abies fabri*（峨眉冷杉），*Picea balfouriana*（丽江冷杉）] 在冬季和早春遭受到碳限制，在生长季节没有碳限制，但没有区分是树木地上组织还是地下组织冬季遭受到碳限制（Li et al.，2008a，2008b）。

随着海拔的升高，冬季叶片和枝条 NSC 呈增加趋势，而干和根系 NSC 呈降低趋势（图 4.12）。Shi 等（2006）也发现，在生长季末，4 种木本植物根系 NSC 浓度随着海拔增加到上限而逐渐降低。Genet 等（2011）发现，在生长季节，生长在西藏色季拉山林线（4330m a.s.l.）的 *Abies georgei*（长苞冷杉）根系较低海拔区域（3480m a.s.l.）具有显著低的 NSC 浓度。生长海拔上限的川滇高山栎干和根系在冬季（而不是在生长季）遭受到显著的 NSC 不足（图 4.12），暗示植物碳汇组织（干和根系）冬季碳储存对于生长在海拔上限的植物冬季幸存的重要性。

除海拔影响的季节性外，海拔对 NSC 及其构成的影响与植物组织有关（表 4.4 和图 4.12）。海拔对叶片和枝条可溶碳含量有显著影响，但对干和根系没有；干和根系淀粉含量受海拔的显著影响，但叶片和枝条不受其影响（表 4.4）。将 10 个植物组织分为两组：一组是碳源组织，包括叶片和枝条，为可溶性糖的来源；另一组是碳汇组织，包括干和根系，主要吸收和利用可溶性糖。碳源和碳汇组织影响树木的碳平衡（Bansal and Germino，2008）。高山栎灌丛高度随海拔升高而下降似乎不是由生长季的碳限制引起的，而是由于高海拔短的生长季(表 4.4)组织 NSC 浓度并没有随海拔的升高而降低(图 4.12)。Bansal 和 Germino(2008)也观测到生长在海拔上限的 *Abies lasiocarpa*（落基山冷杉）树木在呼吸作用较弱时，其地上组织具有较高的 NSC 浓度。Reader 和 Chapin 等认为，在冬季常绿植物不会将叶片资源储存运输到干和根，而是原地保留在叶片，这些可能就是川滇高山栎和其他研究中常绿植物干和根系 NSC 浓度随着海拔的升高而降低的重要原因（Shi et al.，2008；Genet et al.，2011）。

表 4.4　海拔（3000m、3500m 和 3950m a.s.l.）和取样时间（2008 年 4 月 ~ 2009 年 10 月）对川滇高山栎灌丛不同组织 NSC、可溶性糖和淀粉浓度影响的方差分析

组织类型	影响因子	d.f	可溶性糖		淀粉		NSC	
			F	p	F	p	F	p
当年生叶	海拔（E）	2	9.28	<0.001	0.103	0.902	2.93	0.061
	取样时间（ST）	6	73.075	<0.001	4.107	0.002	13.401	<0.001
	E×ST	12	1.902	0.051	0.617	0.82	0.149	1
多年生叶	海拔（E）	2	15.811	<0.001	0.519	0.597	3.343	0.04
	取样时间（ST）	10	43.474	<0.001	9.377	<0.001	7.356	<0.001
	E×ST	20	0.645	0.868	0.218	1	0.151	1
当年生枝	海拔（E）	2	11.442	<0.001	0.175	0.839	3.603	0.033
	取样时间（ST）	6	76.779	<0.001	13.697	<0.001	13.349	<0.001
	E×ST	12	0.549	0.873	0.515	0.897	0.293	0.988

组织类型	影响因子	d.f	可溶性糖		淀粉		NSC	
			F	p	F	p	F	p
一年生枝	海拔（E）	2	22.597	<0.001	3.447	0.036	6.746	0.002
	取样时间（ST）	10	57.951	<0.001	23.758	<0.001	13.132	<0.001
	$E \times ST$	20	1.802	0.033	1.455	0.12	0.626	0.882
多年生枝	海拔（E）	2	20.093	<0.001	1.568	0.215	5.567	0.005
	取样时间（ST）	10	31.911	<0.001	14.947	<0.001	2.812	0.005
	$E \times ST$	20	0.342	0.996	0.568	0.924	0.314	0.998
干	海拔（E）	2	1.518	0.225	3.085	0.05	0.026	0.974
	取样时间（ST）	10	4.505	<0.001	13.269	<0.001	1.285	0.251
	$E \times ST$	20	0.877	0.615	1.577	0.075	0.736	0.78
根蔸	海拔（E）	2	1.747	0.18	6.634	0.002	0.609	0.546
	取样时间（ST）	10	4.897	<0.001	2.316	0.018	2.814	0.004
	$E \times ST$	20	0.216	1	0.293	0.999	0.302	0.998
粗根	海拔（E）	2	0.255	0.775	24.149	<0.001	14.645	<0.001
	取样时间（ST）	10	14.036	<0.001	2.22	0.022	8.041	<0.001
	$E \times ST$	20	0.872	0.621	1.408	0.137	2.054	0.011
中根	海拔（E）	2	0.739	0.48	20.21	<0.001	3.941	0.023
	取样时间（ST）	10	10.103	<0.001	3.68	<0.001	7.951	<0.001
	$E \times ST$	20	0.619	0.89	0.271	0.999	0.765	0.748
细根	海拔（E）	2	0.787	0.458	3.382	0.038	1.065	0.349
	取样时间（ST）	10	16.984	<0.001	4.856	<0.001	2.678	0.006
	$E \times ST$	20	1.454	0.115	0.289	0.999	0.895	0.594

　　树木个体水平的 NSC 储量大小可用于回答高山林线树木是否生理上遭受到碳限制，因为林线树木可依靠组织积累更多的 NSC，以补偿其植物个体的减少（Li et al.，2002；Li et al.，2006）。随着海拔的增加，灌丛高度和生物量显著减少，叶片和枝条 NSC 含量增加，干和根 NSC 含量降低（图 4.12）。因此，植物 NSC 储量随着海拔升高而显著减少。但是，NSC 浓度和 NSC 储的减少并不暗示生长在海拔上限植物可移动碳水化合物的完全消耗。可溶性糖与淀粉的比率可帮助理解林线形成（Li et al.，2008a，2008b）。川滇高山栎冬季植物组织平均可溶性糖：淀粉比分别为 2.78（海拔 3000m）、3.25（海拔 3500m）、3.72（海拔 3950m），而在夏季分别下降为 1.14（海拔 3000m）、1.34（海拔 3500m）、1.56（海拔 3950m）。与 Li 等（2008）认为林线树木需要可溶性糖：淀粉比大约为 3 才能越冬是相一致的。

　　Li 等（2018）通过对分布于欧亚大陆从亚热带到温带的 11 个树种的林线与相应低海拔植物夏季和冬季叶片、干边材和细根 NSC、氮含量比较分析表明，在单个林线水平，组织氮浓度随海拔的升高并未表现出降低趋势，但是在夏季林线树木根系氮浓度低于低海拔。夏季，随着海拔的升高，林线树木组织 NSC 浓度并未降低。然而，11 个林线树木均呈现出一致的较低海拔显著低的冬季根系（而不是地上组织）NSC 含量。与低海拔树木相比，在生长季，林线树木既显示地上组织 NSC 的被动储存，也呈现根系 NSC 的有效储存，地下根系 NSC 储存有利于林线树木冬季幸存。根系 NSC 的季节依赖性暗示温度控制根系 NSC 平衡，全球变暖可能加强林线树木根系碳供给，导致高山林线的上升。林线树木组织冬季根系 NSC 不足与夏季根系氮含量水平是否影响，以及在多大程度上影响林线树种生长与林线形成尚需要进一步研究。

参 考 文 献

戴君虎，潘嫄，崔海亭，等.2005. 五台山高山带植被对气候变化的响应. 第四纪研究，25（2）：216-223.

贾敏，朱万泽，王文志.2017. 贡嘎山峨嵋[眉]冷杉上下限径向生长特征及其与气候因子的关系. 山地学报，35（6）：816-825.

李迈和，Kräuchi N. 2005. 全球高山林线研究现状与发展方向. 四川林业科技，26（4）：36-42.

冉飞，梁一鸣，杨燕，等.2014. 贡嘎山雅家埂峨眉冷杉林线种群的时空动态. 生态学报，34（23）：6872-6878.

沈泽昊，方精云，刘增力，等.2001. 贡嘎山海螺沟林线附近峨眉冷杉种群的结构与动态. 植物学报，43（12）：1288-1293.

王晓春，周晓峰，孙志虎.2005. 高山林线与气候变化关系研究进展 生态学杂志，24（3）：301 305.

朱万泽，冉飞，李迈和，等.2017. 贡嘎山高山林线动态与生理形成机制. 山地学报，35（5）：622-628.

Alftine K J，Malanson G P. 2004. Directional positive feedback and pattern at an alpine tree line. Journal of Vegetation Science，15：3-12.

Bansal S，Germino M J. 2008. Carbon balance of conifer seedlings at timberline：relative changes in uptake，storage，and utilization. Oecologia，158：217-227.

Batllori E，Gutiérrez E. 2008. Regional tree line dynamics in response to global change in the Pyrenees. Journal of Ecology，96（6）：1275-1288.

Camarero J J，Gutiérrez E. 2004. Pace and pattern of recent treeline dynamics：response of ecotones to climatic variability in the Spanish Pyrenees. Climatic Change，63（1-2）：181-200.

Chapin F S I，Schulze E D，Mooney H A. 1990. The ecology and economics of storage in plants. Annual Review of Ecology and Systematics，21：423-447.

Cullen L E，Stewart G H，Duncan R P，et al. 2001. Disturbance and climate warming influences on New Zealand *Nothofagus* tree-line population dynamics. Journal of Ecology，89（6）：1061-1071.

Danby R K，Hik D S. 2007. Variability，contingency and rapid change in recent subarctic alpine treeline dynamics. Journal of Ecology，95：352-363.

Foyer C H. 1988. Feedback inhibition of photosynthesis through source-sink regulation in leaves. Plant Physiol，Biochem，26：483-492.

Genet M，Li M C，Luo T X，et al. 2011. Linking carbon supply to root cell-wall chemistry and mechanics at high altitudes in *Abies georgei*. Annals of Botany，107：311-320.

Gou X H，Zhang F，Deng Y，et al. 2012. Patterns and dynamics of tree-line response to climate change in the eastern Qilian Mountains，northwestern China. Dendrochronologia，30（2）：121-126.

Harsch M A，Hulme P E，McGlone M S，et al. 2009. Are treelines advancing? A global meta-analysis of treeline response to climate warming. Ecology Letters，12（10）：1040-1049.

Hoch G，Körner C. 2003. The carbon charging of pines at the climatic treeline：a global comparison. Oecologia，135：10-21.

Kirdyanov A V，Hagedorn F，Knorre A A，et al. 2012. 20th century tree-line advance and vegetation changes along an altitudinal transect in the Putorana Mountains，northern Siberia. Boreas，41（1）：56-67.

Klasner F L，Fagre D B. 2002. A half century of change in alpine treeline patterns at Glacier National Park，Montana，U. S. A. Arctic Antarctic and Alpine Research，34（1）：49-56.

Körner C. 1998. A re-assessment of high elevation treeline positions and their explanation. Oecotogia, 115: 445-459.

Körner C. 2003a. Alpine plant life: functional plant ecology of high mountain ecosystems. Berlin: Springer-Verlag.

Körner C. 2003b. Carbon limitation in trees. Journal of Ecology, 91: 4-17.

Liang E, Wang Y, Eckstein D, et al. 2011. Little change in the fir tree-line position on the southeastern Tibetan Plateau after 200 years of warming. New Phytologist, 190 (3): 760-769.

Liang E, Wang Y, Piao S, et al. 2016. Species interactions slow warming-induced upward shifts of treelines on the Tibetan Plateau. PNAS, 113 (16): 4380-4385.

Li M H, Hoch G, Körner C. 2002. Souee/sink removal affects mobile carbohydrates in *Pinus cembra* at the Swiss treeline. Trees, 16: 331-337.

Li M H, Kräuchi N, Dobbertin M. 2006. Biomass distribution of different-aged needles in young and old Pinus cembra trees at highland and lowland sites. Trees, 20: 611-618.

Li M H, Wang S G, Cheng G W, et al. 2008a. Mobile carbohydrates in Himalayan treeline trees I. Evidence for carbon gain limitation but not for growth limitation. Tree Physiology, 28: 1287-1296.

Li M H, Xiao W F, Shi P L, et al. 2008b. Nitrogen and carbon source-sink relationships in trees at the Himalayan treelines compared with lower elevations. Plant, Cell and Environment, 31: 1377-1387.

Li M H, Jiang Y, Wang A, et al. 2018c. Active summer carbon storage for winter persistence in trees at the cold alpine treeline. Tree Physiology, 38 (9): 1345-1355.

Liu X, Zhao L, Chen T, et al. 2010. Combined tree-ring width and $\delta^{13}C$ to reconstruct snowpack depth: a pilot study in the Gongga Mountain, west China. Theoretical and Applied Climatology, 103: 133-144.

Moir W H, Rochelle S G, Schoettle A W. 1999. Micro-scale patterns of tree establishment near upper treeline, Snowy Range, Wyoming, USA. Arctic Antarctic and Alpine Research, 31 (4): 379-388.

Paulsen J, Körner C. 2014. A climate-based model to predict potential treeline position around the globe. Alpine Botany, 124 (1): 1-12.

Reader R J. 1978. Contribution of overwintering leaves to the growth of the three broad-leaved, evergreen shrubs belonging to the Ericaceae family. Canadian Journal of Botany, 56: 1248-1260.

Schulze E D, Mooney H A, Dunn E L. 1967. Wintertime photosynthesis of bristlecone pine (*Pinus Aristata*) in White Mountains of California. Ecology, 48: 1044-1047.

Sharkey T D, Socias X, Loreto F. 1994. CO_2 effects on photosynthetic end product synthesis and feedback//Alscher R G, Wellburn A R. Plant Responses to the Gaseous Environment. London: Chapman and Hall.

Shi C M, Shen M G, Wu X C, et al. 2019. Growth response of alpine treeline forests to a warmer and drier climate on the southeastern Tibetan Plateau. Agricultural and Forest Meteorology, 264: 73-79.

Shi C, Masson-Delmotte V, Daux V, et al. 2015. Unprecedented recent warming rate and temperature variability over the east Tibetan Plateau inferred from Alpine treeline dendrochronology. Climate Dynamics, 45: 1367-1380.

Shi P L, Körner C, Hoch G. 2006. End of season carbon supply status of woody species near the treeline in western China. Basic and Applied Ecology, 7: 370-377.

Shi P L, Körner C, Hoch G. 2008. A test of the growth-limitation theory for alpine treeline formation in evergreen and deciduous taxa of the eastern Himalayas. Functional Ecology, 22: 213-220.

Smith W K, Germino M J, Hancock T E, et al. 2003. Another perspective on altitudinal limits of alpine timberlines. Tree Physiology, 23: 1101-1112.

Szeicz J M, MacDonald G M. 1995. Recent white spruce dynamics at the subarctic alpine treeline in north-western Canada. Journal of Ecology, 83: 873-885.

Stevens G C, Fox J F. 1991. The causes of treeline. Annual Review of Ecology and Systematics, 22: 177-191.

van Bogaert R, Haneca K, Hoogesteger J, et al. 2011. A century of tree line changes in sub-Arctic Sweden shows local and regional variability and only a minor influence of 20th century climate warming. Journal of Biogeography, 38 (5): 907-921.

Villalba R，Veblen T T. 1997. Regional patterns of tree population age structures in northern Patagonia：climatic and disturbance influences. Journal of Ecology，85（2）：113-124.

Wang T，Zhang Q B，Ma K P. 2006. Treeline dynamics in relation to climatic variability in the central Tianshan Mountains，northwestern China. Global Ecology and Biogeography，15（4）：406-415.

Wang W，Jia M，Wang G，et al. 2017. Rapid warming forces contrasting growth trends of subalpine fir（*Abies fabri*）at higher-and lower-elevations in the eastern Tibetan Plateau. Forest Ecology and Management，402：135-144.

Wong M H，Duan C，Long Y，et al. 2010. How will the distribution and size of subalpine *Abies georgei* forest respond to climate change? A study in northwest Yunnan，China. Physical Geography，31（4）：319-335.

Williams A P，Allen C D，Millar C I，et al. 2010. Forest responses to increasing aridity and warmth in the southwestern United States. Proceedings of the National Academy of Sciences of the United States of America，107：21289-21294.

Zhu W Z，Cao M，Wang S G，et al. 2012. Seasonal dynamics of mobile carbon supply in *Quercus aquifolioides* at the upper elevational limit. PLoS ONE，7（3）：e34213.

Zhu W Z，Wang S G，Yu D Z，et al. 2014. Elevational patterns of endogenous hormones and their relation to resprouting ability of *Quercus aquifolioides* plants on the eastern edge of the Tibetan Plateau. Trees，28：359-372.

第5章 云、冷杉对气候变化的生理生态响应

5.1 岷江冷杉生理生态响应

开展木本植物对气候变化的研究，对于深入揭示树木光合固碳运转过程及机理、全球碳循环总量及区域评估具有重要的科学和现实意义。以川西亚高山针叶林优势种岷江冷杉（*Abies faxoniana*）幼苗为研究对象，采用控制环境生长室模拟增温和 CO_2 升高的方法，研究了 CO_2 升高和增温对岷江冷杉幼苗生长、养分水分利用、物质积累及其分配格局的影响。

5.1.1 冷杉幼苗光合生理的影响

以往的研究结果表明，在水分和养分充足的情况下，增温通常都会促进植物的生长和生物量的累积。研究表明，CO_2 浓度升高会增加大部分陆地植物光合作用的速率，从而促进植物生长（Geissler et al.，2009），但由于不同的物种、植物年龄、不同的处理时间和条件（Erice et al.，2006，2007；Ainsworth and Rogers，2007；Duan et al.，2013），研究结果并不一致。本研究表明，在温度升高条件下，岷江冷杉幼苗的净光合速率显著增高（$p<0.05$），而气孔导度显著下降（$p<0.05$）。CO_2 浓度和温度的交互作用显著影响净光合速率、气孔导度（图 5.1）。

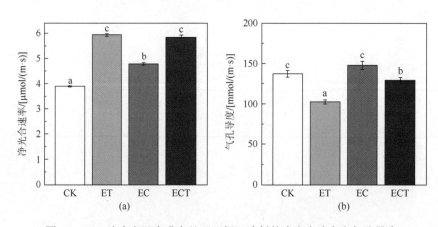

图 5.1　CO_2 浓度和温度升高处理下岷江冷杉的净光合速率和气孔导度

CK，环境 CO_2 浓度和温度（对照）；ET，温度升高；EC，CO_2 浓度升高；ECT，温度和 CO_2 浓度同时升高。不同字母表示不同处理间同一性状在 $p<0.05$（Duncan's multiple range test 邓肯式新复极差法）水平上显著差异（$n=5$）

5.1.2 冷杉幼苗氮吸收和利用效率的影响

CO_2 浓度升高条件下，岷江冷杉幼苗氮含量有减少趋势，但不显著（$p>0.05$）。对于

植株体内氮含量降低的原因有不同的解释，一些研究认为氮含量降低是由于生物量增加对氮的"稀释作用"（Norby et al.，1986）。CO_2 浓度和温度升高处理下，岷江冷杉的氮含量与单独 CO_2 浓度升高处理下的值相比，无显著变化。这些结果说明增温不能缓解由 CO_2 浓度升高引起的 N 消耗。本书中 CO_2 浓度升高和增温处理对岷江冷杉氮利用率无显著影响（$p > 0.05$）（图 5.2）。

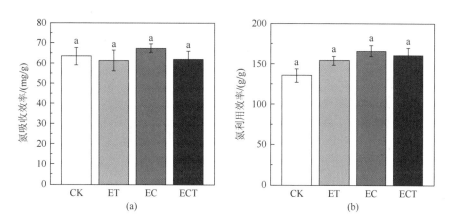

图 5.2　CO_2 浓度和温度升高处理下岷江冷杉的氮吸收效率和氮利用效率

CK，环境 CO_2 浓度和温度（对照）；ET，温度升高；EC，CO_2 浓度升高；ECT，温度和 CO_2 浓度同时升高。不同字母表示不同处理间同一性状在 $p < 0.05$（Duncan's multiple range test 邓肯式新复极差法）水平上的显著差异（$n = 5$）

5.1.3　冷杉幼苗碳水化合物含量的影响

CO_2 浓度升高条件下，岷江冷杉叶片中总可溶性糖、淀粉含量、非结构碳水化合物含量均显著增加。增温条件下可溶性糖、淀粉及非结构碳水化合物的含量均低于对照（图 5.3）。本书中 CO_2 浓度升高以及 CO_2 和温度升高联合作用显著降低了可溶性糖占非结构碳水化合物的比例。

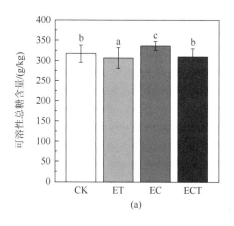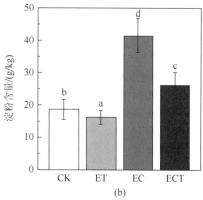

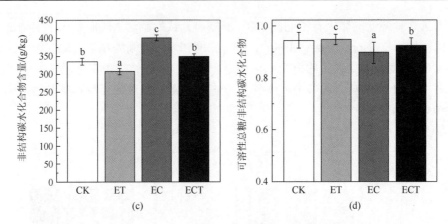

图 5.3　CO_2 浓度和温度升高处理下岷江冷杉的氮吸收效率和氮利用效率

CK，环境 CO_2 浓度和温度（对照）；ET，温度升高；EC，CO_2 浓度升高；ECT，温度和 CO_2 浓度同时升高。不同字母表示不同处理间同一性状在 $p<0.05$（Duncan's multiple range test 邓肯式新复极差法）水平上的显著差异（$n=5$）

5.2　粗枝云杉生理生态响应

通过研究粗枝云杉不同海拔种群（表 5.1）在干旱条件下的光合作用、呼吸作用、水分利用效率、生长速率等生理生态响应，揭示乡土树种粗枝云杉是如何适应水分亏缺的，以期为西南亚高山针叶林主要树种天然林抚育、林区管理及林业生产实践提供理论参考。本试验采用 2 因素的完全随机设计：3 种群×2 水分梯度（田间持水量的 100% 和 25%），每个处理 20 盆，每盆 1 株。为了防止土壤水分的蒸发或渗漏，用塑料袋将盆中土壤密封，其上端在苗木的基茎处系紧。另外，设置 10 个盆为对照，即以木棒代替树苗栽在盆中，并用塑料袋密封，隔天称重浇水。处理过程中用称重法控制盆中土壤湿度。温室内白天温度范围为 12～30℃，夜间温度范围为 9～15℃，相对湿度为 35%～85%。

表 5.1　粗枝云杉种群原产地气候条件

种群	原产地	纬度	经度	年平均降水量/mm	年平均温度/℃	1 月平均温度/℃	7 月平均温度/℃
NO.01	黑水	32°39′	103°06′	833.0	9.0	−0.9	17.5
NO.02	迭部	34°03′	103°05′	547.6	0.7	−10.5	10.5
NO.03	丹巴	31°04′	105°27′	593.9	14.5	4.4	22.4

注：NO.01，四川黑水种群；NO.02，甘肃迭部种群；NO.03，四川丹巴种群。

5.2.1　不同种群气体交换差异性

干旱胁迫均显著地降低了粗枝云杉三个种群的净光合速率和气孔导度。无论是在水分充足还是在干旱胁迫条件下，干旱种群（四川丹巴和甘肃迭部种群）的净光合速率和气孔导度显著低于湿润种群（四川黑水）的净光合速率和气孔导度（图 5.4）。在干旱环境下，干旱种群气孔导度降低更明显，这一结果揭示粗枝云杉不同种群对干旱的不同反应与其不同气孔敏感程度相联系。

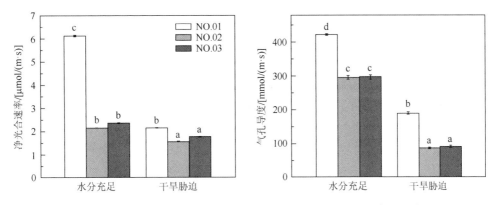

图 5.4 干旱胁迫对粗枝云杉不同种群净光合速率和气孔导度的影响

NO.01，四川黑水种群；NO.02，甘肃迭部种群；NO.03，四川丹巴种群。不同字母表示不同处理间同一性状在 $p < 0.05$（Duncan's multiple range test 邓肯式新复极差法）水平上的显著差异（$n = 5$）

5.2.2 不同种群叶绿素荧光参数的差异

干旱胁迫显著降低了各个种群的 PSII 的有效量子产量（Y），提高了非光化学猝灭效率（qN），但对最大光化学效率（F_v/F_m）没有显著影响（表 5.2）。在水分充足和干旱胁迫条件下，qN 均表现出显著的种群间差异，而 Y 仅在水分充足条件下存在显著的种群间差异。与湿润种群（四川黑水）相比，干旱种群（四川丹巴和甘肃迭部种群）表现出更高的 Y 和 qN。F_v/F_m 代表 PSII 的最大光化学效率，是反映 PSII 光化学效率的稳定指标，F_v/F_m 的降低表明 PSII 潜在活性中心受损，抑制了光合作用的原初反应，光合电子传递过程受到影响。PSII 光化学的最大效率 F_v/F_m 在所有的处理中几乎保持不变。这一结果证实了 F_v/F_m 这一荧光参数在干旱条件下较为稳定（Lawlor and Cornic，2002）。qN 反映的是 PSII 天线色素吸收的光能不能用于光合电子传递而以热的形式耗散掉的光能部分。与干旱种群相比，湿润种群在干旱和全光条件下具有较低的 qN，反映了其较低的热耗散能力，因而限制了光保护。Y 代表经 PSII 的线性电子传递的量子效率，常用来反映电子在 PSI 和 PSII 的传递情况。本书中，干旱胁迫更大程度地减小了湿润种群 Y，说明光合色素把所捕获的光能以更低的速度和效率转化为化学能，从而不利于光合作用。

表 5.2 干旱胁迫对粗枝云杉不同种群 PSII 最大光化学效率（F_v/F_m）、PSII 的有效量子产量（Y）、非光化学猝灭效率（qN）的影响

处理		水分充足	干旱胁迫
F_v/F_m	NO.01	$0.821 \pm 0.003a$	$0.809 \pm 0.005a$
	NO.02	$0.820 \pm 0.005a$	$0.811 \pm 0.005a$
	NO.03	$0.800 \pm 0.005a$	$0.815 \pm 0.000a$
Y	NO.01	$0.539 \pm 0.019a$	$0.271 \pm 0.016c$
	NO.02	$0.347 \pm 0.014b$	$0.260 \pm 0.010c$
	NO.03	$0.330 \pm 0.010b$	$0.260 \pm 0.014c$

处理		水分充足	干旱胁迫
	NO.01	0.371±0.010a	0.447±0.025b
qN	NO.02	0.449±0.016b	0.684±0.024c
	NO.03	0.470±0.010b	0.671±0.021c

注：NO.01，四川黑水种群；NO.02，甘肃迭部种群；NO.03，四川丹巴种群。不同字母表示不同处理间同一性状在 $p <$ 0.05（Duncan's multiple range test 邓肯式新复极差法）水平上的显著差异（$n = 5$）。

5.2.3 种群相对生长速率、水分利用效率的差异

　　形态特征和生长特性的改变是植物适应不同环境和资源水平的重要策略。干旱种群较低的相对生长速率与在其他树种中的研究结果一致（Li et al., 2008）。对于这 3 个种群，干旱胁迫显著降低了相对生长速率，且提高了长期用水效率与碳同位素组成（图 5.5），但对瞬时用水效率影响不显著。在水分充足和干旱胁迫下，这些指标表现出显著的种群间差异。在干旱情况下，苗木的水分利用效率通常会上升，这是因为水分亏缺会导致气孔导度大大降低，从而使苗木蒸腾强度的降低大于光合强度的降低。与湿润种群（四川黑水）相比，干旱种群（四川丹巴和甘肃迭部种群）表现出更高的瞬时用水效率、长期用水效率、

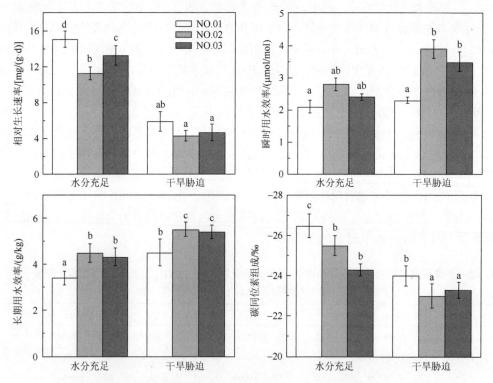

图 5.5　干旱胁迫对粗枝云杉不同种群群相对生长速率、瞬时用水效率、
长期用水效率以及碳同位素组成

NO.01，四川黑水种群；NO.02，甘肃迭部种群；NO.03，四川丹巴种群。不同字母表示不同处理间同一性状在
$p <$ 0.05（Duncan's multiple range test 邓肯式新复极差法）水平上的显著差异（$n = 5$）

碳同位素组成。另外，干旱种群具有较高的水分利用效率，这一结果证实其具有节水型的用水策略（Li and Wang，2003，Yin et al.，2005）。Passioura（1982）提出木本植物有两种不同的用水行为。耗水型的水分利用策略只在水分供应短时期亏缺是有益的，在这种情况下，迅速地水分利用能使植物生长更快；而在长期缺水的情况下节水型的用水策略是有益的，能使植物利用有限的水分，维持合理的土壤含水量以备以后使用。本书中的粗枝云杉不同种群对不同水分条件的响应结果也验证了这一理论。

5.3 增温与干旱对暗针叶林早期更新过程的影响

森林更新是从具有活力的树木种子在适宜的环境中萌发、形成幼苗并完整定居的整个过程。关键种幼苗的顺利成活和早期生长是植物生活史的关键阶段，也是影响森林管理、森林更新与物种组成，以及物种更替的演替动态的重要过程，这一环节对气候变化十分敏感。IPCC（2013）第五次评估报告认为，到 2035 年年底全球评价气温将会增加 0.4℃，与之伴随的是全球降水格局和强度的变化。全球气候变化的另一个特征就是氮沉降增高，中国成为继欧洲和北美之后的世界第三大高氮沉降区域。过去几十年，青藏高原年均温以每十年 0.10～0.33℃的速率递增，显著的氮沉降趋势也被观测到在这个低氮沉降区（Liu et al.，2013）。全球变化的现实，迫切要求生态学家直观地反映植物对自然环境变化的适应信息，认知植物群落随着气候变化的改变如何影响着植物生长、改变群落功能和过程并做出何种适应。足见，阐明森林更新对气候变化响应的格局和机制，弄清森林群落结构和功能的改变，有利于准确预测未来气候变化下森林群落的演变方向，为森林生态系统适应气候变化对策的制定提供理论依据。

贡嘎山由于特殊的气候、生物和环境分异以及未受到人类活动的强烈干扰，是研究气候变化对青藏高原东缘山地生态环境影响的理想场所。分布于贡嘎山的峨眉冷杉是四川盆地西北边缘山区一种常见的地方性树种，是贡嘎山东坡亚高山暗针叶林主要的建群种和林线树种，也是高山造林和森林更新的重要树种之一（刘庆，2002），与冷杉属、云杉属的其他树种作为主要建群种共同组成川西亚高山暗针叶林类型。亚高山暗针叶林更新的早期阶段是这一地区针叶林物种结构与群落成功演替的关键环节，对全球气候变化的响应十分敏感。随着土壤干旱化和氮沉降增高日益全球化，该地区亚高山暗针叶林建群种峨眉冷杉幼苗能否及时适应全球变化？幼苗对不同的环境胁迫会产生什么响应？土壤干旱和氮沉降对幼苗有何交互影响？这一系列问题都值得深入研究。认知这种影响及其作用机制，对预测未来气候变化下区域群落组成和演替方向具有十分重要的指导作用。

5.3.1 峨眉冷杉幼苗的生长、干物质的积累和分配

与对照相比，增温并没有改变峨眉冷杉幼苗的株高和基径（图 5.6），且总生物量、根/茎比、根重比、茎重比均未受到增温的影响，但是增温显著降低了叶重比（图 5.7 和图 5.8）。单独的干旱处理显著降低了峨眉冷杉幼苗的株高、基径和总生物量，然而这些降低的生长参数在施氮以及施氮联合干旱处理下均得到提高（图 5.9）。

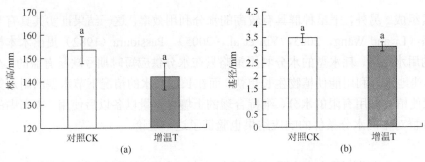

图 5.6　增温对峨眉冷杉幼苗生长的影响

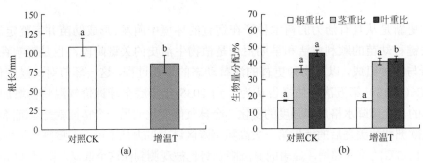

图 5.7　增温对峨眉冷杉幼苗根长和生物量分配的影响

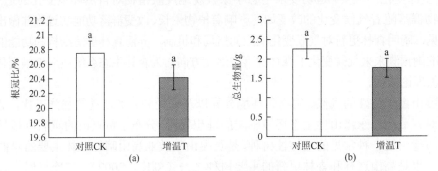

图 5.8　增温对峨眉冷杉幼苗生物量的影响

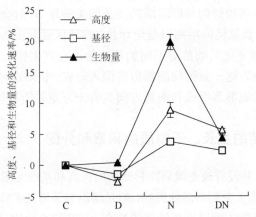

图 5.9　干旱和施氮对峨眉冷杉幼苗生长的影响

C：对照；D：干旱；N：氮添加；DN：联合的干旱和氮添加

干旱、增温以及增温联合干旱处理均显著降低了峨眉冷杉幼苗的高度。干旱处理增加了冷杉幼苗的根长，增温却降低了根长。尽管单独的干旱或者增温引起了生物量在不同器官中的分配差异，但是增温联合干旱显著降低了生物量在所有植物器官中的积累。同时，所有的处理均降低了总生物量和地上生物量/地下生物量。显然，单独的增温或者干旱处理对峨眉冷杉幼苗和生长的负面效应被增温联合干旱强化了（表 5.3）。

表 5.3　干旱、增温对峨眉冷杉幼苗生长和生物量积累的影响

项目	对照	干旱	增温	增温 + 干旱
高度/cm	18.4±2.3a	14.3±3.2b	12.0±1.7b	8.4±2.3c
基径/mm	4.87±0.60	5.04±1.23	4.50±1.00	4.86±0.45
根长/cm	17.9±5.0b	27.8±6.4a	14.0±3.3c	21.7±3.9b
根生物量/g	1.55±0.32ab	1.67±0.31a	1.33±0.19b	0.93±0.34c
茎生物量/g	1.81±0.44a	1.25±0.34b	0.91±0.13c	0.64±0.15c
叶生物量/g	1.00±0.33a	0.74±0.24b	0.72±0.20b	0.43±0.13c
总生物量/g	4.36±0.85a	3.66±0.59b	3.00±0.21c	1.99±0.52d
根/茎	0.57±0.15b	0.89±0.28a	0.84±0.22a	0.85±0.23a

本书中干旱降低了峨眉冷杉幼苗的高度、总生物量，增加了根长度，意味着干旱能显著改变峨眉冷杉幼苗的形态和生物量累积，类似的结果出现在如川西云杉（Yang et al.，2008）和水青冈（Puértolas et al.，2008）幼苗的干旱研究中。同时，干旱处理下增加的根/茎也是植物应对恶劣环境的一种形态响应机制，通过增加根生物量提高根部的水分利用效率，以应对土壤水分亏缺。另外，相似于 *Empetrumher maphroditum*（香根草）（Bokhorst et al.，2009）和 *Picea glauca*（白云杉）（Wilmking et al.，2004），本书的研究结果显示增温降低了峨眉冷杉幼苗的生长和生物量的累积，增温对冷杉生长的负面效应主要是研究区域水分传输导致的生理限制（Barber et al.，2004）。增温联合干旱导致冷杉幼苗高度和总生物量更急剧降低，显示出单独的增温或者干旱对峨眉冷杉生长的负面效应被联合处理加强了。

5.3.2　植物叶片功能性状变化

增温显著降低了峨眉冷杉叶片的比叶面积（图 5.10），干旱以及干旱联合施氮处理显著降低了比叶重（图 5.11）。单独的干旱处理降低了峨眉冷杉叶的氮光合速率，却急剧增加了其水分利用效率。然而，单独的施氮处理显著提高了叶的净光合速率（图 5.12）。除了施氮导致根碳含量最低外，无论是干旱、施氮，还是干旱联合施氮处理均不影响峨眉冷杉幼苗的茎和叶碳含量。除了茎氮含量差异外，干旱、施氮和联合处理均显著增加了冷杉各器官的氮含量。同时，除了干旱导致根氮含量增加外，研究发现茎和根部的氮含量显著低于叶（图 5.13）。所有的处理显著降低了根和叶的 C/N，而茎的 C/N 仅仅在联合处理下显著降低。

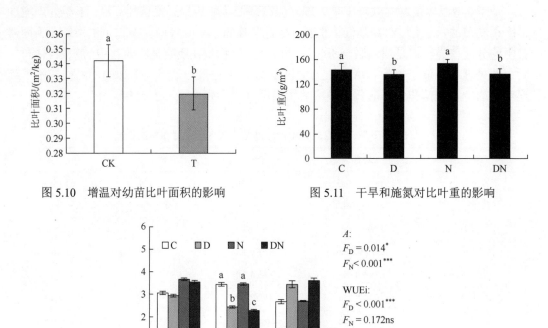

图 5.10　增温对幼苗比叶面积的影响　　　　图 5.11　干旱和施氮对比叶重的影响

图 5.12　干旱和施氮处理下峨眉冷杉叶片的净光合速率（A）、氮光合利用效率（PNUE）、水分利用效率（WUEi）

C：对照；D：干旱；N：氮供应；DN：联合的干旱和氮供应处理

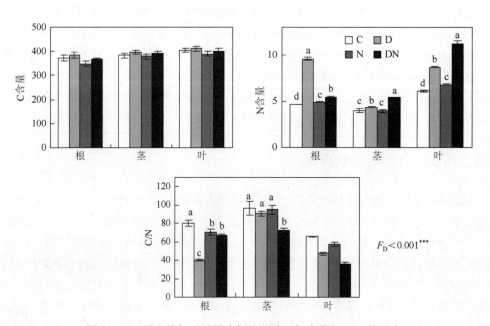

图 5.13　干旱和施氮对峨眉冷杉幼苗碳、氮含量与 C/N 的影响

研究显示，干旱处理增加了冷杉幼苗所有器官中的氮含量，并且改变了其 N/P 和 C/N。与对照样地相比，干旱处理增加了峨眉冷杉根氮含量 34.55%，茎的氮含量 22.06%，叶片氮含量 126.65%；N/P 增加分别为根 71.36%，茎 29.07%，叶 71.17%。干旱处理下植物各器官中氮含量的急剧增加和碳含量的轻微变化，导致各器官中 C/N 显著降低，表现为根 C/N 降低了 16.37%，茎降低了 21.82%，叶降低了 57.22%（图 5.14）。增温处理在峨眉冷杉不同器官有不同的效应。增温仅仅增加了根氮浓度 10.26%，却引起根 N/P 增加 53.64%。相比之下，增温降低了茎氮浓度 11.48%，导致茎 C/N 增加 9.73%。同时，增温也显著增加了叶片的氮含量和 N/P，降低了其 C/N。可见，增温改变了峨眉冷杉幼苗所有器官中的氮分配，进而强烈地影响着 N/P 和 C/P（图 5.14 和表 5.4）。与对照相比，联合的增温和干旱处理显著增加了根、茎的氮含量，尤其是显著增加了叶片氮含量 161.76%。然而，尽管磷含量显著增加，但是联合的增温和干旱处理显著降低了各器官的 C/N，尤其是叶片中降低了 62.43%，这个降低主要是联合处理导致的碳含量降低，并与降低的生物量累积相一致（表 5.4 和图 5.14）。

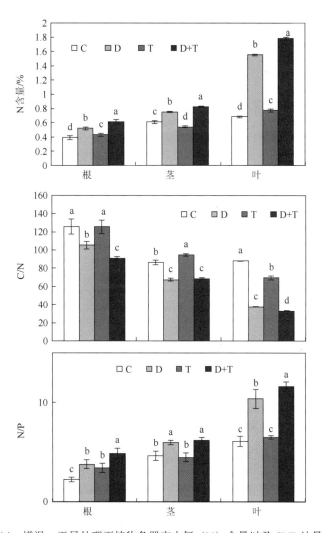

图 5.14 增温、干旱处理下植物各器官中氮（N）含量以及 CNP 计量特征

表 5.4 增温和干旱处理下植物不同器官 C、P 浓度特征

浓度		处理			
		对照	干旱	增温	干旱 + 增温
C（碳，%）	根	48.63±0.61b	54.57±0.78a	54.39±0.80a	55.18±0.88a
	茎	52.71±0.35b	50.66±0.67c	51.28±0.80c	56.43±0.27a
	叶	60.22±0.38a	58.33±0.42b	53.68±0.38c	58.95±0.55b
P（磷，mg/g）	根	1.77±0.14a	1.42±0.14b	1.25±0.12b	1.23±0.10b
	茎	1.31±0.09a	1.27±0.05a	1.17±0.12a	1.31±0.08a
	叶	1.14±0.08b	1.47±0.13a	1.21±0.07b	1.51±0.06a

干旱显著降低了峨眉冷杉叶片的氮光合利用效率（PNUE）和比叶重（LMA），但是提高了其水分利用效率（WUEi），相同的结果在油橄榄（Bacelar et al.，2007）和杨树（Lu et al.，2009）的抗旱研究中被报道。本书中对照样地的峨眉冷杉叶片的氮含量显著低于野外生长的峨眉冷杉（Li et al.，2008），干旱处理显著增加了冷杉各器官中的氮含量，类似于 Sinclair 等（2000）的观测结果。但是其他干旱研究结果显示云杉叶片氮含量没有变化（Nilsson and Wiklund，1994），甚至干旱降低了云杉叶片氮含量（Yang et al.，2008），这可能是由于干旱降低了土壤中植物根系对氮的吸收（Geßler et al.，2005）。本书中增加的叶氮含量可能是干旱导致可溶性蛋白质在叶片中积累，这为干旱结束后植物恢复期的后期生长体能储存了能量，进而增加了氮含量。施氮并没有影响峨眉冷杉叶片的水分利用效率和比叶重，这一结果与相同处理下冷杉叶片稳定的碳浓度和生物量累积吻合。然而，对 *Coffea canephora* Pierre 研究（DaMatta et al.，2002）发现，施氮增加了其长期水分利用效率和瞬时利用效率，这一增加的效应主要是通过很少或者没有气孔行为的影响于碳同化作用。干旱处理对植物叶片水分利用效率大小的差异，可能与 *Coffea canephora* Pierre 研究中更高的施氮浓度有关。

本书的研究结果显示联合的干旱和施氮处理显著增加了叶片氮含量，而叶氮含量的高低与植物叶片光合能力息息相关（Makino and Osmond，1991），直接表现在增加的净光合速率。同时，干旱和施氮联合处理下降低的 C/N 意味着降低的氮利用效率，这也与联合处理下显著增加的氮浓度和轻微降低的碳浓度相关。此外，研究结果显示完整的水分利用效率-氮利用效率的平衡关系，相同的水氮平衡关系被报道在加利福尼亚常绿林（Field et al.，1983）和苔原云杉（Patterson et al.，1997）。以上陈述的水氮平衡关系主要描述了植物牺牲其氮利用效率来增加水分利用效率，反之亦然（Reich et al.，1989）。

C/N 是估计植物长期氮利用效率以及控制基因表达的一个重要参数。植物氮利用效率增加有 3 种表现形式（Maranville and Madhavan，2002）：①植物叶氮含量降低，生物量不变；②植物叶氮含量不变，生物量增加；③每增加单位生物量，降低的植物叶氮含量。本书中联合的增温和干旱处理显著降低了叶片的氮利用效率。

干旱和联合的干旱和增温处理增加了峨眉冷杉叶片磷的含量，但是并没有增加生物量。增温处理虽然降低了生物量，但是并没有改变叶片磷含量。不同环境条件下磷含量与生物量的变化特征显示，磷并不是峨眉冷杉为优势种的生态系统的限制因子，推测其他营养元素，如氮元素可能是该区域生态系统的限制因子。当然，这需要进一步的假设验证。单独的增温、干旱和联合的干旱和增温处理都显著增加了峨眉冷杉叶片中的 N/P，意味着叶片中氮的累积远远大于磷。关于养分限制有一个广泛的判断标准（Koerselman and Meuleman，1996）：N/P 小于 14 为氮限制，大于 16 为磷限制，介于 14～16 的为氮或者磷限制，或者氮磷都限制。研究结果显示，无论是对照还是处理，峨眉冷杉叶片的 N/P 始终小于 14。这个结论证实了之前的推测，该区域以峨眉冷杉为优势物种的针叶林生态系统受氮限制。这可能是由于共生固氮生物的相对缺乏导致了可溶性有机氮中的氮元素流失（Perakis and Hedin，2002）。另外一个原因可能是研究区域温暖湿润的气候使得磷快速地释放形成生物的可利用形式，其对植物的可获得速率至少与植物对其的需求速度保持一致（Walker and Syers，1976）。而研究区域的峨眉冷杉林地相对年轻（Zhong et al.，1997），土壤中氮含量很低甚至没有，这些结果解释了氮元素是当地植物生长的限制因子。综合以上结论，增温加剧了干旱对峨眉冷杉幼苗生长的影响，但是潜在的更深入的内在机制需要进一步探寻，在更长时间尺度上的变化也是另外一个需要研究的方向。

5.3.3　植物叶片生理生态特征变化

干旱胁迫显著增加了峨眉冷杉幼苗叶片丙二醛（MDA）的累积，使过氧化氢略有增加，但未达到统计学的显著性水平。氮供应却显著降低了幼苗叶片 MDA 的含量。在大气自然降水条件下，氮供应降低了叶片丙二醛的含量；然而在大气降水控制条件下，MDA 的含量又显著增加了。无论是干旱胁迫、氮供应还是二者交互作用对 O_2^- 生成速率均无明显影响（表 5.5）。

表 5.5　干旱和氮供应对峨眉冷杉幼苗生理生态特征的影响

处理	过氧化氢 /(μmol/g FW)	超氧阴离子自由基 /[nmol/(g FW·min)]	相对含水量/%	丙二醛 /(μmol/g FW)	电解渗漏率/%
对照	29.30±7.01a	8.17±0.50a	75.62±1.00ab	1.91±0.07b	31.70±2.41b
干旱	36.79±10.58a	7.10±0.38a	68.29±4.33b	2.18±0.07a	53.21±10.66a
施氮	30.57±1.99a	7.61±0.28a	77.02±2.45ab	1.51±0.09c	33.93±3.25b
干旱＋施氮	32.53±6.78a	7.17±0.43a	78.89±2.18a	1.98±0.08ab	33.16±2.52b
氮效应	ns	ns	ns	***	ns
干旱效应	ns	ns	*	**	ns
交互效应	ns	ns	ns	ns	ns

注：ns 表示 no significart，没有显著效应。***表示极显著效应；**表示有显著效应；*表示有一定效应；下表同。

在干旱胁迫下，峨眉冷杉幼苗叶片的超氧化物歧化酶（SOD）、过氧化物酶（POD）、过氧化氢酶（CAT）、抗坏血酸过氧化物酶（APX）和谷胱甘肽还原酶（GR）的活性均显著提高了。在自然降水条件下，氮供应显著提高了 POD 的活性，而与干旱胁迫联合作用下提高了 POD 和 GR 的活性（表 5.6）。干旱胁迫和氮供应对抗氧化酶活性有显著的交互作用（$p<0.01$），表明干旱胁迫下氮供应能够降低 SOD、POD、CAT、APX、GR 的活性。

表 5.6　干旱和氮供应对峨眉冷杉幼苗抗氧化系统的影响

处理	超氧化物歧化酶/(U/mg protein)	过氧化物酶/[mmol/(min·mg protein)]	过氧化氢酶/[mmol/(min·mg protein)]	抗坏血酸过氧化物酶/[μmol/(min·mg protein)]	谷胱甘肽还原酶/[mmolNADH/(min·mg protein)]
对照	9.44±0.42b	9.17±0.08d	1.28±0.08b	14.07±0.56b	12.95±0.35c
干旱	19.90±0.23a	24.72±0.32a	5.49±0.63a	20.83±1.28a	25.72±0.78a
施氮	8.64±0.17b	10.82±0.27c	1.87±0.07b	17.13±1.92b	14.09±0.35c
干旱+施氮	9.36±0.15b	16.58±0.38b	1.47±0.04b	14.53±0.95b	19.71±0.30b
氮效应	***	***	***	ns	***
干旱效应	***	***	***	ns	***
交互效应	***	***	***	**	***

干旱胁迫使冷杉幼苗叶片的相对含水量下降了 9.69%，而显著提高了电子渗漏率（表 5.5，提高了 21.51%）。另外，氮供应对幼苗叶片相对含水量和电子渗漏率无明显影响。与干旱胁迫相比，干旱胁迫和氮供应交互作用使幼苗叶片相对含水量显著升高（上升 10.60%），而电子渗漏率显著降低（下降 20.05%）。干旱胁迫显著提高了冷杉幼苗叶片的游离脯氨酸和可溶性糖的含量，对可溶性蛋白和淀粉含量无明显影响（表 5.7）。氮供应对幼苗叶片游离脯氨酸、可溶性蛋白、可溶性糖和淀粉含量均无显著影响。干旱胁迫和氮供应交互作用对游离脯氨酸含量有显著影响（$p=0.002$），即干旱胁迫下，氮供应显著降低游离脯氨酸的含量。

表 5.7　干旱和氮供应对峨眉冷杉幼苗叶片的游离脯氨酸、可溶性蛋白、可溶性糖和淀粉含量的影响

处理	游离脯氨酸/(μg/g FW)	可溶性蛋白/(mg/g FW)	可溶性糖/(%, FW)	淀粉/(%, FW)
对照	293.95±14.81b	118.14±9.73a	3.69±0.23b	0.21±0.03a
干旱	388.00±25.13a	130.85±5.80a	5.34±0.68a	0.24±0.04a
施氮	307.40±12.04b	115.77±5.33a	4.22±0.10ab	0.13±0.03a
干旱+施氮	267.05±11.81b	140.44±11.90a	4.35±0.42ab	0.17±0.07a
干旱效应	ns	*	*	ns
施氮效应	**	ns	ns	ns
交互效应	**	ns	ns	ns

与对照相比，干旱、增温均没有导致各膜质伤害参数特征的改变（表 5.8）。联合的增温和干旱处理显著降低了细胞膜稳定指数（membrane stability index，MSI），增加了丙二醛（MDA）、超氧阴离子自由基（O_2^- production）生成速率和过氧化氢含量。显然，联合的增温和干旱引起了冷杉幼苗叶片的强烈氧化伤害。此外，干旱并没有改变冷杉幼苗的渗

透调节物质，只有单独的增温处理增加了脯氨酸和可溶性糖含量，然而联合的增温和干旱处理中观测到显著降低的淀粉含量（图 5.15）。

表 5.8 干旱和增温对峨眉冷杉叶片膜质伤害参数的影响

项目	对照	干旱	增温	增温 + 干旱
细胞膜稳定指数/%	59.86±2.56a	62.19±4.86a	64.73±4.84a	45.81±8.48b
丙二醛/(μmol/g FW)	1.86±0.27b	1.47±0.14b	1.51±0.31b	2.58±0.37a
超氧阴离子自由基/[nmol/(g FW·min)]	6.75±0.85b	6.47±0.99b	5.39±0.23b	8.84±0.83a
过氧化氢/(μmol/g FW)	12.46±1.53b	14.06±3.51b	10.41±2.85b	19.68±2.90a

注：MSI：细胞膜稳定指数；MDA：丙二醛；O_2^-：超氧阴离子自由基；H_2O_2：过氧化氢含量。

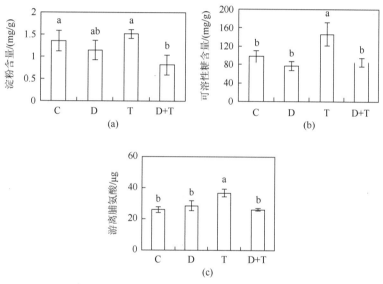

图 5.15 增温和干旱处理下峨眉冷杉叶片淀粉、可溶性糖和游离脯氨酸含量

C：对照；D：干旱；T：增温；D + T：联合的干旱和增温处理

干旱胁迫下的植物体内活性氧（AOS）生产速率增加，活性氧又通过攻击细胞内最敏感的生物大分子来破坏膜脂和蛋白质，使得植物细胞无法发挥正常功能而对植物体造成伤害（Smirnoff, 2006; Reddy et al., 2004）。丙二醛（MDA）是评价细胞膜脂和其他重要物质过氧化程度的重要指标（Ozkur et al., 2009）。为了应对这些外界环境的强烈变化，在长期的进化过程中植物也形成了一套捕获和降解活性氧的酶促和非酶促抗氧化防御系统。其中，超氧化物歧化酶（SOD）是主要的活性氧清除剂，SOD 把超氧阴离子自由基（O_2^-）转化成过氧化氢（H_2O_2），而 POD、CAT、APX 和 GR 把 H_2O_2 降解成 H_2O。因此，活性氧的生成与活性氧捕获之间的平衡关系决定了植物是否出现过氧化的信号或者过氧化伤害（Møller et al., 2007）。本书中，干旱胁迫使峨眉冷杉幼苗叶片中的 H_2O_2 含量略有增加，而对 O_2^- 的生成速率无明显影响。幼苗叶片中的活性氧累积不明显可能与研究场点的高空气湿度有关（年均空气相对湿度为 90.2%）。抗氧化酶活性的提高表明冷杉幼苗有

很强的抗逆性或者在研究场点水分不是限制因素。植物叶片相对含水量可以反映植物叶片的失水程度。在水分亏缺下，细胞膜会增加膜透性却导致膜稳定性降低（Blokhina et al.，2003）。因此，测定电子渗漏率可以深入了解膜稳定性。渗透调节物质，如脯氨酸、可溶性蛋白、可溶性糖和淀粉等，有助于细胞质中水分的固存（Ashraf and Foolad，2007），也是植物应对干旱胁迫的适应机制（Sofo et al.，2004；Munns and Tester，2008）。本书中，干旱胁迫使峨眉冷杉幼苗叶片的相对含水量显著下降，而电子渗漏率显著增大，促进了游离脯氨酸和可溶性糖的累积（图 5.15）。可见，干旱胁迫下幼苗叶片的膜透性增强，为了维持细胞质内的膨压，脯氨酸迅速累积。与此同时，研究发现幼苗叶片中可溶性糖显著累积而可溶性蛋白和淀粉略有增加，表明在光合过程中更多的小分子物质可溶性糖被合成，原因是小分子物质（可溶性糖）比大分子物质（可溶性淀粉和可溶性蛋白）更容易通过细胞膜，在渗透调节中起着更重要的作用。

在大气降水条件下，氮供应使峨眉冷杉幼苗叶片的 H_2O_2 含量略有增加，而使 MDA 含量显著下降，抗氧化酶活性显著增强，说明幼苗在代谢过程中产生的活性氧可能被及时清除，没有受到过氧化伤害。一方面，氮供应能够促进光合器官的光反应和暗反应，减慢活性氧的生成速率和累积以提高抗氧化能力（肖凯等，1998）；另一方面，氮供应能提高抗氧化酶的活性（Zhao and Liu，2009）。氮供应下峨眉冷杉叶片的相对含水量、电子渗漏率和渗透调节物质（可溶性糖、可溶性蛋白质和游离脯氨酸）均没有变化，表明氮供应没有改变叶片的水分状况和质膜透性，因此不需要提高渗透调节物质的累积量来维持其细胞内膨压。

研究发现，干旱胁迫和氮供应对峨眉冷杉幼苗的部分生理生化指标具有显著的交互作用。与干旱胁迫相比，干旱胁迫和氮供应联合作用显著降低了叶片 MDA 含量和电子渗漏率，而提高了叶片相对含水量。可见，通过提高膜稳定性、渗透调节物质含量以及降低膜质过氧化伤害来增强渗透调节能力，可保护细胞膜免受伤害，氮供应的正面效应致使峨眉冷杉细胞未受到氧化伤害。上述结果表明，干旱胁迫的负面效应在一定程度上被氮供应缓解了。

参 考 文 献

刘庆. 2002. 亚高山针叶林生态学研究. 成都：四川大学出版社.

肖凯，张荣铣，钱维朴. 1998. 氮素营养调控小麦旗叶衰老和光合功能衰退的生理机制. 植物营养与肥料学报，4（4）：371-378.

Ainsworth E A，Rogers A. 2007. The response of photosynthesis and stomatal conductance to rising [CO₂]: mechanisms and environmental interactions. Plant Cell Environ，30：258-270.

Ashraf M，Foolad M R. 2007. Role of glycine betaine and proline in improving plant abiotic stress resistance. Environ Exp Bot，59：206-216.

Bacelar E A，Moutinho-Pereira J M，Goncalves B C，et al. 2007. Changes in growth，gas exchange，xylem hydraulic properties and water use efficiency of three olive cultivars under contrasting water availability regimes. Environ Exp Bot，60：183-192.

Barber V A，Juday G P，Finney B P，et al. 2004. Reconstruction of summer temperatures in interior Alaska from tree-tring proxies: evidence for changing synoptic climate regimes. Clim Change，63：91-120.

Blokhina O，Virolainen E，Fagerstedt K V. 2003. Antioxidants，oxidative damage and oxygen deprivation stress. Ann Bot，91：179-194.

Bokhorst S F，Bjerke J W，Tømmervik H，et al. 2009. Winter warming event damage sub-Artic vegetation: consistent evidence from an experimental manipulation and a natural event. J Ecol，97（6）：1408-1415.

DaMatta F M，Loos R A，Silva E A，et al. 2002. Effects of soil water deficit and nitrogen nutrition on water relations and photosynthesis of pot-grown Coffea canephora Pierre. Trees，16：555-558.

Duan B，Zhang X，Li Y，et al. 2013. Plastic responses of *Populus yunnanensis* and *Abies faxoniana* to elevated atmospheric CO_2 and warming. Forest Ecol Manage，296：33-40.

Erice G，Irigoyen J J，Pérez P，et al. 2006. Effect of elevated CO_2，temperature and drought on dry matter partitioning and photosynthesis before and after cutting of nodulated alfalfa. Plant Sci，170：1059-1067.

Erice G，Aranjuelo I，Irigoyen J J，et al. 2007. Effect of elevated CO_2，temperature and limited water supply on antioxidant status during regrowth of nodulated alfalfa. Physiol，Plant，130：33-45.

Field C，Merino J，Mooney H A. 1983. Compromises between water-use efficiency and nitrogen-use efficiency in five species of California evergreens. Oecologia，60：384-389.

Geissler N，Hussin S，Koyro H W. 2009. Interactive effects of NaCl salinity and elevated atmospheric CO_2 concentration on growth，photosynthesis，water relations and chemical composition of the potential cash crop halophyte Aster tripolium L. Environ Exp Bot，65：220-231.

Geßler A，Jung K，Gasche R，et al. 2005. Climate and forest management influence nitrogen balance of European beech forests：microbial N transformations and inorganic N transformations and inorganic N net uptake capacity of mycorrhizal roots. Eur J For Res，124：95-111.

Koerselman W，Meuleman A F M. 1996. The vegetation N：P ratio：a new tool to detect the nature of nutrient limitation. J Appl Ecol，33（6）：1441-1450.

Lawlor D W，Cornic G. 2002. Photosynthetic carbon assimilation and associated metabolism in relation to water deficits in higher plants. Plant Cell Environ，25：275-294.

Li C，Wang K. 2003. Differences in drought responses of three contrasting Eucalyptus microtheca F. Muell. populations. For Ecol Manage，179：377-385.

Li M H，Xiao W F，Shi P L，et al. 2008. Nitrogen and carbon source-sink relationships in trees at the Himalayan treelines compared with lower elevations. Plant cell Environ，31（10）：1377-1387.

Li M H，Xiao W F，Wang S G，et al. 2018. Mobile carbonhydrtes in Himalayan treeline trees I. Evidence for carbon gain limitation but not for growth limitation. Tree Physiology，28：1287-1296.

Liu X J，Zhang Y，Han W X，et al. 2013. Enhanced nitrogen deposition over China. Nature，494（7438）：459-462.

Lu Y W，Duan B L，Zhang X L，et al. 2009. Intraspecific variation in drought response of Populus cathayana grown under ambient and enhanced UV-B radiation. Ann For Sci，66：163.

Makino A，Osmond B. 1991. Effects of nitrogen nutrition on nitrogen partitioning between chloroplasts and mitochondria in pea and wheat. Plant Physiol，96：355-362.

Maranville J W，Madhavan S. 2002. Physiological adaptations for nitrogen use efficiency in sorghum. Plant and Soil，245（1）：25-34.

Møller I M，Jensen P E，Hansson A. 2007. Oxidative modifications to cellular components in plants. Annu Rev Plant Biol，58：459-481.

Munns R，Tester M. 2008. Mechanisms of salinity tolerance. Annu Rev Plant Biol，59：651-681.

Nilsson L O，Wiklund K. 1994. Nitrogen uptake in a Norway spruce stand following ammonium sulphate application，fertilization，irrigation，drought and nitrogen-free-fertilization. Plant and Soil，164：221-228.

Norby R J，Pastor J，Melillo J M. 1986. Carbon-nitrogen interactions in CO_2-enriched white oak：physiological and long-term perspectives. Tree Physiol，2：233-241.

Ozkur O，Ozdemir F，Bor M，et al. 2009. Physiochemical and antioxidant responses of the perennial xerophyte Capparis ovata Desf. to drought. Environ Exp Bot，66：487-492.

Passioura J B. 1982. Water in the soil-plant-atmosphere continuum//Lange O L，Nobel P S，Osmond C B，et al. Physiological Plant Ecology. II. Water Relations and Carbon Assimilation. Berlin：Springer.

Patterson T B, Guy R D, Dang Q L. 1997. Whole-plant nitrogen-and water-relations traits, and their associated trade-offs, in adjacent muskeg and upland boreal spruce species. Oecologia, 110: 160-168.

Perakis S S, Hedin L O. 2002. Nitrogen loss from unpolluted South American forests by dissolved organic compounds. Nature, 415: 416-419.

Puértolas J, Pardos M, Jiménez M D, et al. 2008. Interactive responses of *Quercus suber* L. seedlings to light and mild water stress: effects on morphology and gas exchange traits. Ann For Sci, 65: 611-621.

Reddy A R, Chaitanya K V, Vivekanandan M. 2004. Drought-induced responses of photosynthesis and antioxidant metabolism in higher plants. J Plant Physiol, 161: 1189-1202.

Reich P B, Walters M B, Tabone T J. 1989. Response of Ulmus americana seedlings to varying nitrogen and water status. II. Water-and nitrogen-use efficiency in photosynthesis. Tree Physiol, 5: 173-184.

Sinclair T R, Pinter P J, Kimball B A, et al. 2000. Leaf nitrogen concentration of wheat subjected to elevated[CO_2] and either water or N deficits. Agric Ecosyst Environ, 79: 53-60.

Smirnoff N. 2006. Tansley review no. 52. The role of active oxygen in the response of plants to water deficit and desiccation. New Phytologist, 125 (1): 27-58.

Sofo A, Dichio B, Xiloyannis C, et al. 2004. Lipoxygenase activity and proline accumulation in leaves and roots of olive tree in response to drought stress. Physiol Plant, 121: 27-58.

Stocker T F, Qin D, Plattner G K, et al. 2014. Climate change 2013: the physical science basis: working group I contributionto the fifth assessment report of the intergovernmental panel on climate change Cambridge: Cambridge University Press.

Walker T W, Syers J K.1976. The fate of phosphorus during pedogenesis. Geoderma, 15 (1): 1-19.

Wilmking M, Juday G P, Barber V A, et al. 2004. Recent climate warming forces contrasting growth responses of white spruce at treeline in Alaska through temperature thresholds. Glob Change Biol, 10: 1724-1736.

Yang Y, Han C, Liu Q, et al. 2008. Effect of drought and low light on growth and enzymatic antioxidant system of Picea asperata seedlings. Acta Physiol Plant, 30: 433-440.

Yin C, Wang X, Duan B, et al. 2005. Early growth, dry matter allocation and water use efficiency of two sympatric *Populus* species as affected by water stress. Environ Exp Bot, 53: 315-322.

Zhao C Z, Liu Q. 2009. Growth and physiological responses of Picea asperata seedlings to elevated temperature and to nitrogen fertilization. Acta Physiol Plant, 31: 163-173.

Zhong X H, Wu N, Luo J, et al. 1997. Researches of the forest ecosystems on Gongga Mountain. Chengdu: Chengdu University of Science and Technology Press.

第6章 变化环境下森林群落原生演替过程

6.1 冰川退缩区和泥石流迹地植被原生演替过程

6.1.1 冰川退缩区域植被演替与环境关系的研究

由于全球气候变暖，19 世纪中期以来北半球山地冰川普遍开始退缩。冰川变化是气候波动的反映，近百年山地冰川退缩反映了全球气温升高的趋势。冰川退缩区域的植被演替是典型的原生演替，冰川退缩和植被演替以及形成的植物群落和环境综合梯度是研究百年气候变化的理想场所，西方科学家们很早就开始探索冰川退缩与植被的关系。1887年 Coaz 首先对阿尔卑斯山冰川退缩区域开展了研究，而后许多著名科学家对欧洲和北美冰川退缩与植被演替的关系，以及退缩区域的环境变化、土壤发育过程和菌类的作用等方面进行了大量研究（Pardoe，2001），获得了丰富成果，其中要数对阿拉斯加 Glacier Bay（冰河湾）冰川退缩区域的研究比较全面（Jumpponen et al.，2002；Chapin et al.，1994）。

我国对冰川退缩规律的研究较多，很少涉及冰川退缩区域的植被演替（王根绪等，2000）。本书通过对贡嘎山海螺沟冰川退缩区域植物群落和生态因子的观测，划分植被原生演替的不同阶段，揭示海螺沟冰川退缩区生态渐变群植被和环境的变化规律。采用样带方法调查植被原生演替系列，根据 1930 年以来标记的冰川末端位置，利用冬瓜杨优势种树龄与裸地形成时间的模型（罗辑，1996），确定不同地段的样地。调查各个样地种群动态和群落结构，测定生物量和净初级生产力（罗辑等，2003），并选出 10 个样地组成样地编年序列。

群落间绝对距离（AD）是 s 个种绝对丰富度差值的总和：

$$AD_{jk} = \sum_{i=1}^{s} |X_{ij} - X_{ik}| \tag{6.1}$$

相关绝对距离（RAD）是将 Whittaker 的相对丰富度校正后用于 AD：

$$RAD_{jk} = \sum_{i=1}^{s} \left| \left[\frac{X_{ij}}{\sum_i^s X_{ij}} \right] - \left[\frac{X_{ij}}{\sum_i^s X_{ik}} \right] \right| \tag{6.2}$$

式中，X_{ij} 为第 j 个样地中第 i 种的丰富度。

海螺沟冰川在小冰期有 3 次前进，留下了 3 道终碛垄，20 世纪 30 年代以来，海螺沟冰川强烈退缩，冰川退缩区域发生植被演替，至今已形成了植被原生演替系列（表 6.1）。海螺沟冰川退缩后，底碛经过 3 年的裸露和地形变化，在第 4 年才有种子植物侵入，先锋植物主要有川滇柳（*Salix rehderiana*）、冬瓜杨（*Populus purdomii*）、马河山黄芪（*Astragalus mahoschanicus*）、直立黄芪（*Astragalus adsurgens*）、柳叶菜（*Epilobium amurense*）和碎米芥（*Cardamine hirsuta*）等，先锋群落的植物生长较差（样地 1）。随后由于有固氮作用的黄芪数量迅速增多,土壤条件很快得到改善。川滇柳和冬瓜杨数量增加,生长加快,不断有沙棘(*Hippophae rhamnoides*)进入群落,最初形成的开敞先锋群落经过 14 年的演替,形成了相对密闭的植物群落(样地 2、样地 3)。冬瓜杨高生长明显加快,其生态位拓展,导致种间竞争加剧(样地 4)。群落内种群的自疏和竞争作用加强,川滇柳和沙棘大量死亡(样地 5),此时林内生境有利于糙皮桦(*Betula utilis*)、峨眉冷杉(*Abies fabri*)和麦吊杉(*Picea brachytyla*)进入林地。随后一段时期,冬瓜杨高和径生长保持较高水平,自疏作用进一步加强,种群数量减少,存留于林内乔木层第二层的川滇柳和沙棘生长速度逐步减慢,演变为衰退种群(样地 6、样地 7)。林下针叶树净初级生产力逐步提高,生长加快,进入主林层(样地 8),川滇柳、沙棘和冬瓜杨先后退出群落(样地 9),最后形成以峨眉冷杉和麦吊杉为建群种的云冷杉林(样地 10)。105 年以后逐步演替为顶级群落,顶级群落存在时间很长。

表 6.1　样地编年序列上优势种群的密度　　　　　　　　(单位:株/hm²)

样地号	1	2	3	4	5	6	7	8	9	10
裸地形成时间	1992 年	1989 年	1979 年	1969 年	1959 年	1955 年	1950 年	1941 年	1931 年	1891 年
冬瓜杨 *Populus purdomii*	33	1 060	6 960	7 640	1 300	1 280	1 210	614	266	6
川滇柳 *Salix rehderiana*	450	2 430	14 840	6 820	530	450	240	16	0	0
沙棘 *Hippophae rhamnoides*	0	280	9 270	1 980	350	260	130	12	0	0
糙皮桦 *Betula utilis*	0	0	0	44	67	80	110	58	18	8
峨眉冷杉 *Abies fabri*	0	0	0	232	264	281	210	186	225	230
麦吊杉 *Picea brachytyla*	0	0	0	30	67	62	68	69	66	134

冰川退缩后两侧冰碛物很不稳定,经常发生冰碛滑塌。冰碛物中含有许多漂砾,含水量很低。侧碛经过 8 年裸露后,在第 9 年才有草本植物侵入,随后侵入的木本植物主要是沙棘。在演替的第 16~53 年,沙棘为群落的优势种群,以后才逐渐被水冬瓜和云冷杉替代。侧碛上植被的演替速度比底碛上的慢,种间替代不明显,而且演替系列不连续,因此本书以底碛上的植被演替为主要研究对象。

6.1.1.1　演替阶段的划分

冰川退缩区域上形成的原生演替系列既是连续的又是间断的。依据种的独立性和植被连续性理论,调查原生演替系列种类组成的空间变化,在动态的对比中研究群落特征,最后划分群落类型。

将表 6.1 中种群密度数据代入式(6.2),测定群落之间的生态学距离。算出 10 个样地上群落之间的 RAD 矩阵后,再按照等级聚合分类的最近邻体法程序,从 RAD 最小的样地开始,进行逐级合并,并将结果作成最近邻体法的等级聚合树状图,进行原生演替系列阶段的划分。

选择相 RAD 0.56 作为分类标准,将海螺沟冰川退缩区域原生演替系列依次划分为 4 个阶段:先锋群落阶段(样地 1)、幼树小树阶段(样地 2、样地 3)、针阔混交阶段(样地 4~样地 9)和云冷杉群落阶段(从样地 10 开始)。在以上 4 个阶段中,前期群落建群种和种群密度相对较大，变化快，群落不稳定；后期群落建群种和种群密度相对较小，变化慢，群落相对稳定。各阶段的群落 Bray-Curtis 百分比相似性达到 64%，证明对以上各阶段的划分标准是合理的。

6.1.1.2　生态渐变群各时期的特点

冰川退缩区域植被原生演替和环境变化梯度是研究植物与环境关系的理想场所。海螺沟冰川退缩区域的植被原生演替系列是一个群落梯度，沿着群落梯度而变化的环境因子总体是复合梯度，群落和环境的复合梯度构成生态渐变群（ecocline），植物群落是复合梯度的一个相当可靠的指示者，其种类组成和数量的变动指示生境的生态条件状况，群落的空间格局指示生境格局。

从 2002 年海螺沟冰川末端位置向 1930 年冰川末端所在位置大岩窝方向调查，可以观察到一个原生演替系列和环境系列的变化过程，二者综合形成一个典型的生态渐变群。运用以上对植被原生演替系列阶段划分的结果，结合土壤调查和气象观测及其他方面测定的结果，将海螺沟冰川退缩区域生态渐变群划分为以下五个时期（图 6.1）。

裸地时期。冰川退缩后留在迹地的冰碛物大到漂砾小到砂粒，是一些条理不清的混杂物。底碛的冰碛物中黏粒较多，黏粒的 N、P、K 含量分别是 0.01g/kg、1.81g/kg、24.29g/kg，营养元素十分匮乏，裸地地面温度日变幅和年变幅很大。恶劣的环境条件下，没有维管束植物生长发育。

开拓时期。裸地形成 3 年后，第 4 年才有先锋植物侵入，形成先锋群落。经过植物着生 3 年的土壤 N、P、K 含量分别是 0.52g/kg、0.95g/kg、9.08g/kg。这些最初形成的土壤中氮含量比裸地的氮含量有了明显提高，有效氮含量达到 9.75mg/kg，pH 是 8.75，略有下降，地面温度变幅略有减小。这一时期历时 3 年，环境条件有一定的改善。

积累时期。以马河山黄芪为主的草本植物生物量迅速增加，黄芪的根瘤有固氮作用，土壤中的氮含量迅速上升，有机质增加，改变了冰川退缩区缺氮的状况。在此基础上先锋树木生长加快，植物群落郁闭度逐步提高。到本时期的最后几年，表土层 N、P、K 含量分别达到 20.10g/kg、1.25g/kg、12.19g/kg，有效氮含量增至 661.70mg/kg，表土层以上各元素的含量在以后各时期的变动不大，心土层以上各元素的含量在以后各时期逐步增加。pH 在表土层和心土层分别是 7.00 和 8.55。在先锋树木形成的小树群落郁闭下，地面蒸发减少，调节了温、湿度变化，生境条件得到了极大改善，有利于阴性植物进入群落，提高生物多样性。这一时期发生在冰川退缩后裸地形成的第 7~28 年。

过渡时期。植物群落的种类组成和数量变化较大，群落的净初级生产力逐步提高，生物量逐渐增多。土壤在本期初步分化出淀积层，土壤 A 层中 N、P、K 含量变化不大，pH 逐步降低。植物群落特征和生境条件变化逐步减缓。这一时间发生在冰川退缩后裸地形成的第 29~104 年。

稳态时期。从裸地形成的第 105 年开始进入这一时期。净初级生产力保持在一定水平，群落生物量较高，还将缓慢增加，植物群落将逐步迈向与气候和土壤条件有着很好适应关系的顶级群落。在土壤中 N、P、K 含量变化最小，pH 进一步降低，林内温度变幅最小。经过 105 年的植被原生演替，植物群落的结构和功能与地带性植被比较接近，但是，土壤结构还很不完善，这一时期历时最长。

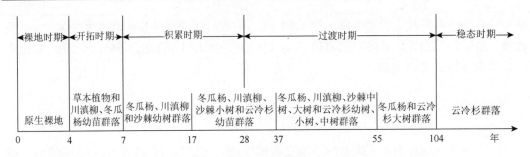

图 6.1　海螺沟冰川退缩区域生态渐变群划分

海螺沟冰川退缩区域植被演替是群落更替的过程,表现为群落结构和功能及其环境的变化是一个有序的、可以观测的连续过程。在演替的前期和中期,以冰碛物为母质的土壤特性发生迅速变化,林内各种温度指标日变化和年变化幅度减小。定居的植物使生境的空间变异性增加,随着演替的进展,生态系统稳定性逐步增加。

众多科学家对阿拉斯加 Glacier Bay 冰川退缩区域植被演替与环境的关系已经进行了深入研究,在此,本书将海螺沟冰川退缩区域植被演替与环境的关系与其进行比较。

18 世纪中叶小冰期终期,Glacier Bay 冰川开始迅速退缩,退缩地发生植被原生演替,目前已形成了 180 年的原生演替系列。先锋植物在裸地形成 10 年后才开始侵入裸地,最初形成的先锋群落没有乔木幼苗成分,裸地形成的第 15～20 年才有柳树和赤杨(*Alnus rubra*)进入先锋群落,赤杨根瘤有固氮作用。在赤杨存在时期,土壤发生很大变化,裸地形成的第 35～50 年,土壤 pH 从 8.0 降至 5.0 以下,土壤氮含量在赤杨存在时期一直上升,赤杨在原生演替系列中生存近百年。演替至云杉林以后,土壤氮含量却下降了。

海螺沟冰川与 Glacier Bay 冰川的地理位置不同,环境条件和冰川退缩过程不一样,植物区系组成不同,各阶段群落外貌和结构不同,演替机制和生态渐变群也不一样。海螺沟冰川退缩区域先锋植物侵入早,先锋群落中乔木幼苗数量很大。黄芪是最早侵入裸地的植物之一,它的根瘤有固氮作用,并在裸地形成的第 4～17 年发挥着重要作用,在此期间土壤中的氮含量达到较高水平,以后各时期中土壤表层还保持着这一水平。从幼树小树阶段以后,在郁闭的群落中黄芪频度不高。海螺沟生态渐变群的土壤 pH 变动幅度较大,随着植被演替的进展 pH 呈明显的下降趋势,林内温度变幅迅速减小,生物多样性增加。净初级生产力在演替的中、后期相对较高,群落对环境的作用迅速增强。演替过程中种间替代快,形成顶级群落所需时间短。

海螺沟冰川退缩区域植被原生演替速度、复合梯度变化和生态渐变群变化都很快,从裸地时期至稳态时期,生态渐变群的变化程度逐步减少,各期历时逐步延长;在样地 1～样地 10 内,将相邻样地之间的距离除以它们各自裸地形成年龄的差值,就可以看出,20 世纪初冰川退缩速度慢,20 世纪末冰川退缩速度很快,反映了近百年来气温呈上升的趋势。

冰川是气候的产物,它的波动对气候的变化也有很好的指示作用。海螺沟冰川位于中低纬度,存在于青藏高原东缘,属于季风海洋性冰川。与高纬度和青藏高原腹地的冰川相比,海螺沟冰川区域气温高,降水量大,而且液态降水所占比例较高,每年还受东南季风和西南季风影响，带来水分和热量。近百年来海螺沟冰川退缩速度的变化以及相应的植被演替过程，对气候波动响应程度较高。

6.1.2　海螺沟冰川退缩区植被演替过程的碳动态

碳循环对全球气候变化有着重要作用，碳循环过程是认识地球系统和全球气候变化的关键环节。20 世纪 90 年代初，国际地圈生物圈计划（IGBP）发起成立了"全球变化与陆地生态系统"（GCTE）核心计划，在全球范围内建立了全球变化的 15 条陆地样带，揭示了区域和全球尺度上全球变化对主要陆地生态系统的影响，在陆地生态系统生产力、碳循环与生态系统功能与结构等方面获取了全球变化与生态系统相互作用的丰富信息（周广胜等，2002；李家洋等，2006）。当前开展的全球碳计划（GCP），是全球范围内进行碳循环研究合作和交流的主要平台，在碳的源和汇时空分布格局，碳循环的人为与非人为控制和反馈机制以及未来全球碳循环的动力学方面进行了深入研究。

北极区和北方地区在目前碳循环研究中非常重要，但是高纬度地区年碳通量的不同估算值有很大的差异。如果没有准确地对北极区和北方地区生态系统目前的碳通量进行估计，那么将难以预测这些生态系统对全球变化的响应。Hobbie 等（2000）认为在北方地区控制碳储量和周转的独特生态因子容易被忽视，如北方生态系统的优势种是苔藓植物。北方的寒冷天气、永久冻土带、水涝和土壤基质影响了土壤有机质的稳定性，它们的相互关系很重要，对气候变化的响应也是未知的。一些景观尺度的过程，如火、永久冻土带动态和排水控制区域碳通量，这些都使样地尺度的研究难以推演到区域尺度（Hobbie et al.，2000）。目前在估算土壤碳储量，特别是土壤碳储量变化方面仍然是不准确的，测量土壤碳储量需要长期观测。通常由于选取的一些样点没有统计意义上的代表性，这种测量的结果难以在更大尺度上应用。

在植被的演替过程中，碳循环和碳储量在每个阶段不同，而且也呈现相应的空间变化规律。Lieth（1974）收集了关于森林次生演替与净初级生产力（NPP）关系的研究资料，揭示了森林演替过程与固碳的关系。Chapin 等（2002）推测了植被演替与 NPP、植被碳储量与土壤碳储量等方面的关系，极大地启发了人们对生态系统碳循环的认识。证明 Chapin 等的推测，在理论和实践中都非常重要，原生演替是证明 Chapin 等的推测的重要途径。目前在冰川退缩区、流动沙地以及湖岸边开展了植被原生演替中碳动态的大量研究工作（Lin et al.，2016；Johnson and Martin，2016；Castle et al.，2016），由于缺乏对序列连续性和完整的研究，有人对原生演替理论持怀疑态度（Johnson and Miyanishi，2008）。

海螺沟冰川退缩区植被演替序列具有连续性和完整性，有利于研究冰川退缩区植被演替过程的碳动态，探索植被演替过程生态系统的碳循环。

本研究区为贡嘎山海螺沟冰川退缩区（图 6.2）。该地区气候湿冷，属于山地寒温带气候类型。海螺沟冰川为季风海洋性冰川，水热条件好，冰川消融速度快，近百年来没有冰进过程，土壤有连续成土过程。海螺沟冰川自小冰期开始退缩（Heim，1936），20 世纪 30 年代退缩加速。在冰川退缩区，沿冰川河约 2km 范围内，形成了具有完整性和连续性的原生演替序列。在此序列范围内，生态因子变化小、人为干扰很小，有利于研究冰川退缩区植被演替过程的碳动态。本书在对植被原生演替序列全面观测和调查的基础上,选择序列中 7 个典型的演替阶段进行比较。

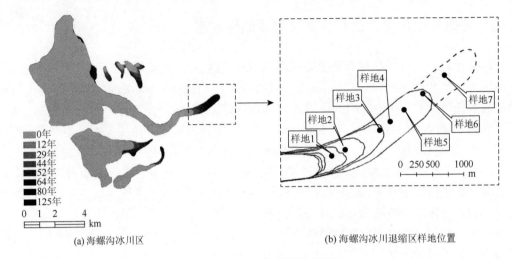

(a) 海螺沟冰川区　　　　　　　　　　　　(b) 海螺沟冰川退缩区样地位置

图 6.2　研究区位与样点布设

　　从 1993 年开始,每年测定海螺沟冰川末端的位置,调查冰川末端植被和土壤。按照森林调查的方法,测定样地各层次植物生物量以及其年变化。每个演替阶段林下放置了 10 个 1m×1m 的收集框,每月采集林下凋落物。分层次取土壤样品,植物样品分不同种类和不同层次采用,送样分析各个样品的碳素含量。

　　土壤呼吸主要采用美国产 Li-6400-9 进行观测,在每月的月初和月中进行测定,采用美国产 CI-301 作为对照观测,每个季节对土壤呼吸速率的日变化进行测定,同时测定相关生态因子。

6.1.2.1　植被原生演替过程

　　冰川退缩形成的原生裸地在第 4 年就有被子植物生长发育,有固氮作用马河山黄芪、直立黄芪开始生长,先锋木本植物冬瓜杨、沙棘和多种柳树进入原生裸地。最初群落的植物比较稀疏(样地 1),黄芪和沙棘的固氮作用不断增加,改善了局部生境。植物密度增加,形成先锋树木占优的小树群落(样地 2)。由于冬瓜杨光合速率高,生长最快,引起种间竞争加剧,沙棘和多种柳树生长较慢,大部分死亡,少部分在群落中残存(样地 3),郁蔽的生境有利于耐荫植物的种子萌发,糙皮桦、麦吊杉和峨眉冷杉依次在群落出现,形成新的层次。由于冬瓜杨的密度较大,自疏作用显著,沙棘受压明显,其次是多种柳树,形成冬瓜杨成熟林(样地 4)。这时土壤发育加快,土壤由碱性变为酸性,云冷杉逐步成为群落优势种(样地 5),冬瓜杨生长受压,大量死亡,在林窗和林缘的冬瓜杨还能保持生长(样地 6)。冬瓜杨的死亡,形成一些林窗,生物多样性增加,群落层次丰富,形成主林层是云冷杉的群落(样地 7)。在 125 年时,植物群落的生物量和生产力已经非常高,接近顶级群落。但是,此时的土壤还在发育,B 层还没有形成。在原生演替过程中,生物参与土壤形成的过程非常明显。

　　陆地植被原生演替过程中氮素和光是主要的限制因子，海螺沟冰川退缩区水热条件配合好，植物固氮作用强，植被演替速度快。海螺沟 125 年形成的原生演替序列，在阿拉斯加冰川退缩区需要经过 180 年才能形成，阿拉斯加冰川退缩区的植被原生演替序列没有明显的连续性和完整性。

6.1.2.2　生态系统有机碳储量

　　原生演替序列 7 个样地的有机碳储量分别为：889.1±192.4g C/m^2，8930.3±1782.2g C/m^2，13 902.5±3260.1g C/m^2，17 021.5±4476.8g C/m^2，19 699.9±4041.7g C/m^2，26 121.9±7246.0g C/m^2，34 587.4±11 320.6g C/m^2。海螺沟冰川退缩区植被演替序列的植物群落、粗木质物残体、土壤中有机碳储量均随着演替进程而呈现一定规律变化，三者之间存在着密切关系（图 6.3）。从先锋植物侵入原生裸地开始，植被演替系列有机碳储量持续增加，125 年的样地的植物群落有机碳为 19 852.1±7186.3g C/m^2，已经接近贡嘎山峨眉冷杉成熟林的有机碳储量（Wang et al.，2005）。

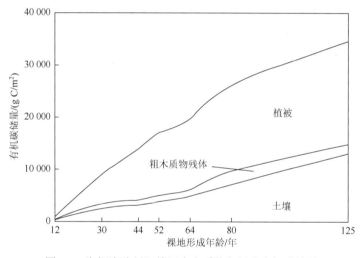

图 6.3　海螺沟冰川退缩区生态系统各组分有机碳储量

　　植物群落光合作用增强，使得有机碳储量在各个阶段显著增长。不同阶段的优势种群在碳积累方面表现非常突出，演替过程中种间和种内斗争也表现在群落内的有机碳分配方面，导致粗木质物残体大量产生，而且在各个阶段变化明显。其在 30～80 年增长迅速，在冬瓜杨大量死亡后的样地 6 达到最大值 2517.6±1079.1g C/m^2，125 年后，经过连续分解，只存留一部分。原生演替产生的大量粗木质物残体及其在土壤发育的重要作用，是海螺沟冰川退缩区植被原生演替的一个显著特征。

　　从冰川退缩形成的原生裸地开始，植被演替进程中伴随着森林土壤的形成。粗木质物残体、凋落物以及细根的分解，不断向土壤输入有机碳，导致土壤有机碳不断增加，对土壤形成有着重要作用，根系的分泌物也有着一定作用。在土壤发育初期的样地 1，植物群落生物量低，凋落物较少，粗木质物残体非常少。有机碳向土壤输入量少，土壤碳储量仅为 318.2±45.4g C/m^2，125 年（样地 7）的土壤碳储量增加到 12 987.1±3437.5g C/m^2，为样地 1 的 41 倍，与贡嘎山峨眉冷杉近熟林的土壤有机碳储量相近（程根伟和罗辑，2003），略低于我国森林土壤平均碳素密度和世界土壤平均碳素密度（王绍强和周成虎，1999）。经过 125 年的原生演替，植物群落已经发展到接近顶级群落，但是土壤还没有达到顶级群落的状态。

　　生态系统中各组成部分的有机碳储量按大小顺序排列为植被＞土壤＞粗木质物残体（图 6.3 和表 6.2）。在样地编年序列的整个生态系统中，植被层的有机碳储量占生态系统有机碳储量比例一直比较高，只是到样地 7 有所下降，为 57.4%。粗木质物残体有机碳储量占生态系统有机碳储量的比例始终在 10% 以下，它并不是一个主要的储存体，但它是森林生态系统碳循环的联结库，对森林生态系统的碳循环起着重要作用，在植被原生演替过程中尤为显著。土壤有机碳储量占生态系统有机碳储量的比例较低，直到样地 7 才有所上升。据估计，全球森林地上部分碳储量与地下部分碳储量之比约为 1∶2（Dixon et al.，1994），而样地 7 森林地上部分碳储量超过 50%。演替进展到 125 年，群落生物量已经接近顶级群落，但土壤发育还在进行。在随后很长一段时间内，主要通过凋落物和粗木质物残体向土壤输入有机物，土壤的有机碳将不断积累，原生演替过程碳汇作用显著。

表 6.2　土壤、粗木质物残体、植被有机碳储量占生态系统总有机碳的比例　　（%）

裸地形成年龄/年	12	29	44	52	64	80	125
土壤	35.8	29.3	22.5	22.0	24.7	27.4	37.5
粗木质物残体	0	5.0	7.5	7.7	6.7	9.6	5.1
植被	64.2	65.7	70.0	70.3	68.6	63.0	57.4

6.1.2.3　土壤碳排放

　　根据观测数据，计算了 7 个样地每月平均土壤呼吸值（图 6.4）。7 个样地的土壤呼吸

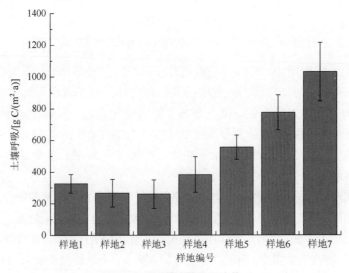

图 6.4　土壤呼吸月平均值

空间变化的模式大致相同。土壤呼吸表现出相似的单峰型，生长期比非生长季土壤呼吸明显增强。土壤呼吸月平均值最低在样地 1，1 月仅为 $0.32 \pm 0.1\mu mol/(m^2 \cdot s)$，而月平均值最高是样地 7，7 月土壤呼吸达 $6.25 \pm 0.9\mu mol/(m^2 \cdot s)$。演替序列不同阶段的土壤呼吸强度存在着明显的差异。

植被原生演替序列 7 个样地的土壤呼吸碳排放分别是 $326.8 \pm 58.7g$ $C/(m^2 \cdot a)$，$265.7 \pm 87.2g$ $C/(m^2 \cdot a)$，$260.3 \pm 90.2g$ $C/(m^2 \cdot a)$，$382.5 \pm 113.4g$ $C/(m^2 \cdot a)$，$555.6 \pm 76.8g$ $C/(m^2 \cdot a)$，$774.9 \pm 109.9g$ $C/(m^2 \cdot a)$，$1030.5 \pm 184.6g$ $C/(m^2 \cdot a)$。冰川退缩初期形成的裸地无 CO_2 释放，随植被演替的进展和土壤的发育，土壤中碳储量迅速升高，根系生理代谢作用加强，生态系统内部环境条件变化幅度减小，土壤排放 CO_2 的通量升高，其季节变化有升高的趋势。

森林生态系统碳库是陆地生态系统碳库的主体，维持着陆地生态系统植被碳库的 86% 和土壤碳库的 73%，每年所固定的有机碳量约占整个陆地生态系统固碳量的 2/3，森林碳库发生细微的变化就会对全球气候系统产生巨大的影响。原生演替在全球范围都有发生，其各个阶段生物和环境因素的作用都至关重要。对原生演替的深入研究，可以更好地理解和应用生态学原理，指导生态恢复和重建。海螺沟冰川退缩区，水热条件较好，演替速度快，原生演替碳动态反映了其格局与过程的特征。

在原生演替过程中，生态系统总有机碳储量呈现持续增加的趋势，在演替中后期碳汇作用增强。125 年的生态系统总碳储量已达 $34\,587.4g$ C/m^2，其值高于我国森林生态系统平均碳储量 $25\,880g$ C/m^2，低于我国针叶林生态系统的平均碳储量 $40\,800g$ C/m^2（周玉荣等，2000）。在演替后期植物群落的碳增加幅度不大时，土壤有机碳储量还将继续增加，土壤有机碳储量增加的周期还很长（Huang et al.，2011）。

植被原生演替过程群落生物量随时空而变化非常显著，在时间上，群落生物量通常随林龄而迅速增加，在顶级群落时群落生物量成分和数值都达到稳定值；在空间上，生物量成分和数值随着演替的生境条件、群落组成的改变而变化。一般来说，植被原生演替过程群落生物量前期和中期时空变化较大，后期变化较小。植被原生演替过程中种内、种间竞争激烈，产生大量粗木质物残体，在土壤表层逐步分解，对土壤的形成和有机碳积累发挥着重要作用。因此，在土壤取样和测定土壤呼吸时，必须特别注意土壤表层附近的不稳定碳库的变化。

土壤呼吸排放的碳是一个重要的碳源，海螺沟冰川退缩区植被原生演替序列土壤呼吸排放的碳量在不断增加，与此同时，植被原生演替序列的 GPP 和 NPP 也在增长，所以在植被原生演替过程总体表现为碳汇作用。在未来气候变化情境下，演替前期土壤碳排放影响较大，对后期影响较小。

6.1.3　泥石流迹地植被原生演替的群落排序

植被原生演替进程中组成群落的种群之间以及群落与环境之间的关系十分复杂，运用排序方法可以在较简化的空间中定量地反映群落空间位置的相对关系和变化趋势，揭示自然界植物的组合规律及其与环境的关系，同时也是群落分类行之有效的方法（蒋有绪，1982）。排序的结果结合植物生态学以及相关学科的知识，还可以应用于研究植被演替过程，找出演替的可观数量指标和演替规律，探索环境变迁与植被演替之间的对应关系。

贡嘎山东坡黄崩溜小沟近百年来多次暴发一定规模的泥石流，在海拔 3000m 的暗针叶林区形成泥石流扇形地。泥石流扇形地的不同年代迹地植被原生演替进行到不同阶段，形成原生演替系列（罗辑，1996）（表 6.3）。

表 6.3　样地编年序列上优势种群的密度　　　　　　　　　（单位：株/hm²）

样地编号	1	2	3	4	5	6
迹地形成时间	1989 年	1976 年	1967 年	1948 年	1927 年	1909 年
川滇柳	322 046	85 455	1 126	568	265	75
冬瓜杨	137 182	85 455	1 884	1 356	667	175
峨眉冷杉	0	565	4 920	3 582	2 814	2 925
糙皮桦	0	84	396	625	933	504

在不同年代的泥石流迹地上设立 10m×10m～60m×100m 的标准样地，调查各测树因子，优势种群 5 个立木级按曲仲湘提出的划分标准处理。对下木层和草本层分别设立 5m×5m 和 1m×1m 样方调查，记录种类和数量。在演替不同阶段的立地作土壤剖面调查，按土壤发生层次采集上样，分析土壤 N、K、P 等元素含量。迹地形成的年代在近 20 年内按照观测资料确定，以前的年代根据树龄推算。

采用主成分分析法，将表 6.3 中 4 种优势种群进行排序，获得样地特征值（表 6.4）。

表 6.4　群落排序的特征值

主成分	Ⅰ	Ⅱ	Ⅲ	Ⅳ
特征值	3.318	0.395	0.226	0.062
贡献率/%	82.9	9.9	5.6	1.5
累计贡献率/%	82.9	92.8	98.5	100

从表 6.4 可知，第Ⅰ、第Ⅱ主成分累计贡献率为 92.8%，所以以下主要以第Ⅰ、第Ⅱ主成分值构成二维排序图进行分析说明。

表 6.5 表明了 4 个优势种群对前三个主成分作用的负荷量。4 个优势种群对第Ⅰ主成分贡献都大，但是负荷量的符号不同。川滇柳和冬瓜杨的符号为正，峨眉冷杉和糙皮桦的符号为负，不同的符号反映了它们在演替过程中的适应方式和发展趋势。川滇柳和冬瓜杨是先锋树种，裸地形成的第 5 年开始侵入，能够忍受裸地的自然条件，出苗率很高，冬瓜杨生长迅速，演替的前 80 余年中，以冬瓜杨为主的先锋树种位于主林层。峨眉冷杉是地带性植被峨眉冷杉林的建群种，侵入先锋群落的时间早，当进入其速生期后，逐步替代先锋树种，经过 100 余年的演替，最后形成峨眉冷杉林。糙皮桦与峨眉冷杉同期侵入先锋群落，是峨眉冷杉的伴生树种，二者对第Ⅱ主成分贡献较大，负荷量的符号相反。

表 6.5　第 I、II 主成分上的种群相关

优势种群	I	II	III
川滇柳	0.918	−0.012	0.392
冬瓜杨	0.977	−0.024	−0.032
峨眉冷杉	−0.864	−0.467	0.174
糙皮桦	−0.880	0.420	0.202

表 6.6 给出了第 I、第 II、第 III 主成分的坐标值。现以纵轴作为第 I、第 II 主成分的排序坐标,横轴作为 6 个不同演替阶段立地的年龄作图 6.5。第 I 主成分上,曲线在前期下降很快,中期和后期变化较小,说明先锋树种种群密度在前 28 年中(以迹地形成年龄计年)种群密度下降很快,峨眉冷杉或糙皮桦大量侵入先锋群落发生在演替的前 28 年中,约从 28 年开始峨眉冷杉和糙皮桦的数量在群落中占优势。在第 I 主成分上,曲线变动幅度较小,由于峨眉冷杉和糙皮桦对第 II 主成分的负荷量分别是负和正,可见在演替前 28 年中是峨眉冷杉大量侵入先锋群落,演替进行至 68 年左右,林分密度下降,糙皮桦在这种环境中更新能力增强,种群数量有所增加。

表 6.6　第 I、II、III 主成分上样地坐标值

样地编号	I	II	III
1	1.131	−0.002	0.251
2	0.703	−0.010	−0.320
3	−0.553	−0.482	0.045
4	−0.546	−0.046	0.052
5	−0.654	0.356	0.153
6	−0.263	0.184	−0.180

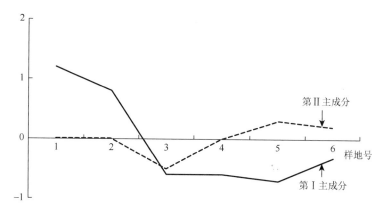

图 6.5　演替不同阶段群落在 I、II 主成分上的一维排序

以主成分 I 作横轴，主成分 II 作纵轴，对演替不同阶段的 6 个群落作图（图 6.6）。根据点集和演替的全过程，可将原生演替系列分为四个阶段：川滇柳、冬瓜杨幼苗群落，冬瓜杨、川滇柳幼树、小树群落，峨眉冷杉、冬瓜杨混交群落，峨眉冷杉群落。

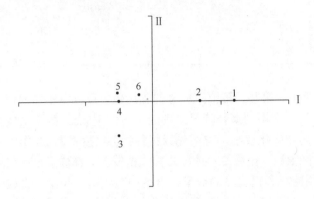

图 6.6　群落值在 I、II 主成分坐标排序

泥石流形成的原生裸地不利于大多数植物的生存,依靠风力传播的川滇柳和冬瓜杨种子寿命只有几天。该区在植物生长季中，降水充沛，气温适宜，侵入湿润黏粒中的川滇柳和冬瓜杨大量萌发，形成先锋群落。在先锋树木的郁闭下，环境条件有了改善。演替最初几年中，先锋树种幼苗群落与环境的关系主要表现在土壤的形成和积累方面。随着群落的发育，群落对迹地小气候的影响作用逐渐加强。

先锋树种发育到幼树阶段，耐阴的峨眉冷杉开始侵入，峨眉冷杉最初几年生长缓慢。冬瓜杨生长迅速，位于主林层。其他阳性先锋树种不适应林下荫蔽的生境，逐渐从群落中消失。当峨眉冷杉侵入迹地 34 年时，进入其速生期，平均高生长量比冬瓜杨多一倍，在侵入迹地约 44 年时，峨眉冷杉开始进入主林层。峨眉冷杉顶端伸入冬瓜杨树冠内，引起冬瓜杨侧枝死亡，冠幅减小，主干弯曲，断枝增加，峨眉冷杉最后位于主林层。冬瓜杨不适应遮阴和 pH 逐步降低的土壤，开始衰亡。经过 170 多年的演替，形成峨眉冷杉顶级群落。

在黄崩溜泥石流扇形地的中生条件下,演替各个阶段种群在群落中的地位主要取决于其生长和发育能力，优势种群能充分利用有限的资源，在竞争中获胜。演替初期环境条件和植物群落种群数量变化很大。随着演替进展，这一变化程度逐步减小，最终形成相对稳定的顶级群落。植被原生演替既是连续的，又是间断的，排序的结果很好地反映了这一特点。

6.1.4　泥石流迹地峨眉冷杉种群空间分布格局的研究

植物种群的分布空间是群落空间结构的基本特征,植物种群的空间格局是物种亲代的繁殖传播方式，是群落内种群之间相互作用以及环境条件综合作用的结果。植物种群空间分布格局是种群的固有属性，是植物种群对生境条件长期适应和选择的种群生物特性。测定种群空间分布格局是了解种群生态学特性的重要方面。各群落中种群的生物学特性决定了群落的特点,优势种群的发生、发展过程对群落的外貌结构和季相变化、群落的动态以及演替方向和演替过程起着主导作用,伴生种群的分布格局与优势种群之间相互影响、相互促进。植物种群空间分布格局的类型影响种间及种内的关系,进而影响种群生存竞争。分布格局通常反映出环境对种群中个体生存和生长的影响,测定群落不同阶段种群分布格局的规模、强度和纹理,可以从数量上刻画群落演替进程。

峨眉冷杉林分布于四川盆地西缘山地,该群系为四川特有。峨眉冷杉林分布区属于四川盆地向青藏高原过渡地带,也是东南季风和西南季风两大气流交汇地区,因而区内有雨屏带。由于全球气候变暖和人类对森林资源的不合理利用,峨眉冷杉林发生了退化,影响了分布区生态环境质量,生态系统的健康受到了威胁。峨眉冷杉是峨眉冷杉林的建群种,研究峨眉冷杉种群的空间分布格局,可为长江上游地区退化生态系统的恢复重建、天然林的保护以及森林资源的合理利用提供必要的依据。

研究样地分别位于贡嘎山东坡海螺沟海拔 3000~3100m 的高度上,气候冷湿,属山地寒温带气候类型。20 世纪初至 1996 年,海螺沟黄崩溜暴发了 6 次规模较大的泥石流,泥石流流经区域原生峨眉冷杉林被彻底破坏,在泥石流尾流区域发生植被演替,形成了植被原生演替系列(罗辑,1996)。研究区保存有原始峨眉冷杉林。样地 1、样地 2 和样地 3 设置在泥石流迹地上,泥石流迹地分别形成于 1976 年、1965 年和 1910 年。样地 4 和样地 5 分别设置在冰川侧碛和终碛垄上,地质年代较长。

采用相邻格子样方取样,小样方设置在生境条件相似的地段上。研究中分别采用数学模型和样方方差方法测定峨眉冷杉种群在不同演替阶段其空间分布格局。数学模拟方法包括正、负二项分布数学模型,Poisson 分布数学模型,同时运用负二项参数 k、扩散系数 C、Cassie 指标、丛生指标 I、平均拥挤度 m^*、聚块性指标 m^*/m 等进一步测度分布格局试样。样方方差法以样带中连续样方的大小、间隔的变化反映格局强度和纹理,并通过方差图来表达。各种测度经过数学方法检验。

峨眉冷杉在泥石流发生后 11 年开始侵入其扇形地中生境较好的地段,在以后的几年内还有峨眉冷杉不断入侵冬瓜杨和川滇柳幼树群落。与冬瓜杨相比,峨眉冷杉在侵入林地19 年内生长速度很慢,沙棘、川滇柳从林分中的退出和冬瓜杨自疏作用的加强,峨眉冷杉生长逐步加快,在泥石流裸地形成的第 86 年进入主林层。大约在 120 年以后,演替形成地带性植被——峨眉冷杉林。

峨眉冷杉种群在不同演替阶段其空间分布格局不同。对表 6.7 中峨眉冷杉种群格局和聚集强度参数进行综合分析,获得以下认识。

表 6.7　峨眉冷杉种群空间分布格局分析

样地号	样方面积/m²	样本数	平均数 X	方差 V	丛生指数 I	负二项分布 K	Cassie 指标	平均拥挤度 m^*	聚块性指标 (m^*/m)	扩散系数 C	检验值
1	2×2	64	0.906	1.134	0.134	0.217	4.608	5.081	5.608	1.134	7.150
2	1×1	128	0.492	1.897	0.897	1.013	0.987	0.978	1.987	1.897	8.283

样地号	样方面积/m²	样本数	平均数 X	方差 V	丛生指数 I	负二项分布 K	Cassie 指标	平均拥挤度 m^*	聚块性指标 (m^*/m)	扩散系数 C	检验值
3	1×1	128	1.195	1.213	0.015	−16.43	−0.061	1.122	0.939	1.015	0.152
4	10×10	64	1.602	1.816	0.067	4.175	0.239	1.908	1.240	1.134	1.067
5	10×10	64	0.367	0.250	−3.757	1.115	−0.897	0.038	0.103	0.681	−2.757

6.1.4.1　峨眉冷杉种群分布

峨眉冷杉种群在最初侵入冬瓜杨和川滇柳幼树群落时，趋于集群分布，集聚指数较高，格局强度较强。此阶段的峨眉冷杉种群的空间分布格局同时也反映了其种子传播的特点及其繁殖特性。在冬瓜杨和川滇柳幼树群落中，峨眉冷杉种群的空间分布集聚指数、格局强度和规模都有所上升，这与不断侵入林内的峨眉冷杉生长速度下降、拓展了分布面积有着密切关系，也表明了其群落结构、功能发生了变化，峨眉冷杉生长条件得以改善。

峨眉冷杉进入主林层后，先锋树种的林木大多已死去，只有个别林木残存林内。峨眉冷杉种群的自疏作用导致不同年龄阶段都有大量树木死去，峨眉冷杉成熟林已经形成演替的顶级群落。林窗中有部分峨眉冷杉幼苗，在峨眉冷杉主林层之下，还有少量峨眉冷杉受压木存活。由于本次调查在峨眉冷杉中龄林、成熟林和过熟林中只统计了胸径大于 8cm 的林木，峨眉冷杉中龄林和成熟林中峨眉冷杉种群群落集聚指数、格局强度较低，群落内生境差异很小，都呈 Poisson 分布，但是峨眉冷杉成熟林中峨眉冷杉种群集聚指数比中龄林的高，这可能与林内大树死亡后形成林窗有关。在泥石流裸地形成 86 年以后，植被原生演替就进入一个崭新的阶段，这时群落的外貌和动态十分接近于地带性植被。峨眉冷杉过熟林中峨眉冷杉种群集聚指数最低，格局强度最低，属于均匀分布。

峨眉冷杉种群在演替的最初两个时期的集聚指数大都大于 1，丛生指数 I 大于 0。本研究样方数很多，不能用只适用于小样本的 x^2，故采用统计量进行检验，经检验统计量都大于 1.96。样地 1 和样地 2 的峨眉冷杉种群空间分布格局为聚集分布。另外，分别对样地 3、样地 4 和样地 5 进行检验，证明上结论可靠。

陆地植被原生演替过程中氮素和光是主要限制因子，Glacier Bay 冰川退缩区植被经过 100 年的原生演替，生境由阳光充足而氮十分匮乏变成林内光线不足而在土壤中含有大量氮素及丰富的矿质营养元素。在山地植被的垂直分布上，随海拔的升高，树木叶片面积变小，叶内养分含量升高，而生产力反而降低。这些方面在植被原生演替过程中也有体现，针叶树不仅在繁殖时，而且在生长过程中对阔叶树有着依赖性，这对我们充分理解植被原生演替过程中峨眉冷杉种群的空间分布格局有很好的帮助作用。

黄崩溜泥石流迹地植被的原生演替主要是植物对自然资源的争夺，通过竞争，植物个体、种群和群落均更好地利用了资源。冬瓜杨等先锋树种个体水平的生产力较高，但是对自然资源的利用不充分；峨眉冷杉能够充分利用资源，并随着种间和种内的竞争，开拓了生态位，最终降低了相邻林木个体间的竞争，使得群落能长期稳定地发展。

峨眉冷杉中龄林和成熟林中峨眉冷杉的两项局部样方方差和成对样方方差随不同的区组而随机波动，表明二者趋于随机分布。过熟林中峨眉冷杉种群的方差在 0.2~0.3 变动，表明趋于均匀分布。由此可见，峨眉冷杉种群空间分布格局和强度随演替进程变化很大。在峨眉冷杉幼苗和幼树阶段方差的峰值分别出现在区组-规模/间隔 2 和 4 处，由于小样方的面积不同（表 6.7），可以判定峨眉冷杉幼苗和幼树的聚集块间隔分别为 8m 和 6m。

6.1.4.2　峨眉冷杉种群分布格局分析

运用数学模型模拟和样方方差方法研究种群的分布格局有着互补作用，模型模拟可以通过各项参数较为仔细地刻画种群分布，但是不能直观描述格局的规律和纹理，而样方方差法可以进行有效的补充。

在植被原生演替过程中，峨眉冷杉种群空间分布格局随演替进程变化较大，必须综合运用众多的指数来分析种群的空间分布格局，并应该用样方方差方法进行格局的定量化测定，经统计量检验后，才能判定种群的空间分布格局属于何种分布，特别是在个别样本的分布指数不一致时，综合运用各种手段测定种群的空间分布格局就显得十分必要了。峨眉冷杉种群从幼苗、小树时期的聚集分布，到中龄林和成熟林时期的 Poisson 分布，再到过熟林又形成均匀分布，这种趋势通常也在更新良好的植物群落种群分层格局中呈现。但是在演替过程中，峨眉冷杉种群空间分布格局的特征还是比较明显，幼苗、小树时期的聚集强度高，过熟林分布均匀。

通过运用相邻各自样方方法对峨眉冷杉种群在原生演替以及成熟林和过熟林不同时期的空间分布格局的测定，认为在对黄崩溜泥石流迹地植被群落调查时，演替前期的样方面积不应小于峨眉冷杉聚集块面积，在成熟林和过熟林中，样方不应小于 10m×10m。

原生演替过程中的种群动态关系对于生态系统的恢复和重建有着重要意义，对实施"栽阔引针""栽阔促针"的营林措施有指导作用。

6.2　原生演替过程及格局

植被原生演替受到生物与非生物因素的共同影响。生物因素包括种子传播的能力，对原生裸地环境的适应能力及物种之间的关系等，依靠风力传播，对早期裸地的极端环境具有较强适应能力的物种更容易成为原生裸地的早期定居者。贡嘎山的冰川退缩、高山峡谷区泥石流等干扰事件所形成的原生裸地，在水热条件配合时，养分贫瘠将对演替的早期阶段物种定居起决定性作用。早期的固氮植物作用非常明显，一些微生物对于植物定居又可能具有非常重要的作用。非生物因素包括裸地表面的性状、粗糙度与岩石的距离等，这些微环境决定了植物定居的水分和养分条件，对植物早期演替也具有作用。植被原生演替是生物驱动因素与环境阻力相互作用的结果，二者的消长决定了原生演替进行的模式。

在植被的演替过程中，每个阶段定居的物种以及各个物种所需的生长环境不同，因此植被生物量也会呈现出相应的时空变化。人们通常以空间代替时间的方法去研究原生演替，认为演替是一个有严格顺序的、有固定方向的、确定的过程，在经过一系列的植物群落的替代过程之后，最后到达顶级群落阶段。但是他的观点受到了许多生态学家的批评。后来，以 Gleason 等（1939）的思想为基础，产生出一种更为人们所接受的新的群落演替理论，认为"演替"是一种被植物繁殖体的侵入和物种之间竞争所驱动的"可能"过程，该过程没有一个确定的终点或顶级。Johnson 等也对原生演替提出了质疑，认为演替过程中并不存在一种固定的物种替代模式，演替过程中的物种定居并没有很大的关联，也并不完全遵循"地衣—苔藓—草本植物和木本植物"的演替过程（Johnson and Miyanishi，2008）。

海螺沟冰川退缩区和泥石流迹地生态环境具有原生性，植被演替过程完整，土壤有完整的成土过程，生境变化具有周期短、更替速度快的特点，是进行原生演替研究的理想场所。采用以空间代替时间的方法以及模型模拟，对于重建小冰期以来的环境变化过程，预测未来在全球气候变化情境下冰川退缩区域环境变化和植被演替的趋势具有重要意义。

6.2.1　冰川退缩区和泥石流迹地植被原生演替过程比较

海螺沟冰川退缩区和泥石流迹地植被演替属于原生中生演替。

（1）海螺沟冰川退缩地植被演替阶段划分

0～5 年。海螺沟冰川强烈退缩，海螺沟冰川退缩后，底碛经过 3 年的裸露和地形变化，在第 4 年才有种子植物侵入，先锋植物主要有川滇柳、冬瓜杨、马河山黄芪、直立黄芪、毛脉柳叶菜（*Epilobium amurense*）和碎米荠（*Cardarmine hirsuta*）等，先锋群落的植物生长较差。

5～7 年。由于水热条件较好，具有固氮作用的马河山黄芪、直立黄芪迅速生长发育，在此基础上形成川滇柳、冬瓜杨幼苗群落。

7～17 年。由于土壤条件等生境条件的改善，川滇柳和冬瓜杨数量增加，生长加快，不断有固氮作用的沙棘进入群落，形成川滇柳、冬瓜杨和沙棘幼树群落。

17～37 年。最初形成的开敞先锋群落经过 17 年的演替，在此阶段形成了相对密闭的植物群落。冬瓜杨高生长明显加快，其生态位扩展，导致种间竞争加剧。群落内种群的自疏和它疏作用加强，川滇柳和沙棘大量死亡，此时林内生境有利于糙皮桦、峨眉冷杉和麦吊杉进入林地。形成冬瓜杨、沙棘、川滇柳小树和麦吊杉、峨眉冷杉幼苗群落。

37～55 年。随后一段时期，冬瓜杨高和径生长保持较高水平，自疏作用进一步加强，其林木大量死亡，存留于林内乔木层第二层的川滇柳和沙棘生长速度逐步减慢，演变为衰退种群。糙皮桦的生态位变窄。麦吊杉、峨眉冷杉幼树生长发育良好。形成冬瓜杨、沙棘、川滇柳中树和麦吊杉、峨眉冷杉幼树群落。

55～65 年。林下针叶树净初级生产力逐步提高，生长加快，进入主林层，与冬瓜杨竞争明显，形成冬瓜杨大树和麦吊杉、峨眉冷杉中树群落。糙皮桦在此阶段拓展了生态位。

105 年以后。105 年以后逐步演替为顶级群落，冬瓜杨逐步退出，糙皮桦有少量存在。顶级群落存在时间很长。最后形成的顶级群落是以峨眉冷杉和麦吊杉为建群种的云冷杉林。

（2）泥石流迹地植被演替阶段划分

0～5 年。迹地形成的第 3 年就有种子草本植物侵入，第 5 年才有先锋树木的幼苗，植物主要有川滇柳、冬瓜杨、马河山黄芪、直立黄芪、柳叶菜和碎米荠等，马河山黄芪、直立黄芪生长情况一般，先锋群落的植物生长较差。

5～19 年。由于土壤条件较好，虽然马河山黄芪、直立黄芪生长情况一般，但沙棘进入群落的作用明显，逐渐由川滇柳、冬瓜杨和沙棘幼苗群落发展为川滇柳、冬瓜杨和沙棘幼树群落。

19～28 年。由于土壤条件等生态因子的差异，形成冬瓜杨、川滇柳和沙棘小树群落。峨眉冷杉进入生境较好的林地，比海螺沟冰川退缩地植被演替阶段早。

28～47 年。冬瓜杨、川滇柳和沙棘小树群落中冬瓜杨进一步发展。

47～68 年。形成冬瓜杨大树群落，川滇柳和沙棘已经逐步退出群落，峨眉冷杉生长发育良好，进入主林层，自疏作用明显。糙皮桦在林中发育良好。

68～86 年。形成峨眉冷杉中龄林，林中有一部分糙皮桦中树和冬瓜杨大树。

120 年以后。120 年以后逐步演替为顶级群落，冬瓜杨逐步退出，糙皮桦有少量存在。顶级群落存在时间很长。最后形成的顶级群落是以峨眉冷杉为建群种的冷杉林。

6.2.2　植被演替中的土壤发育

贡嘎山东坡海螺沟出露的岩层为古生界二叠系变质岩，以上二叠统的石英岩、石英云母片岩、条带状大理岩为主，次为下二叠统的结晶灰岩、白云质灰岩、板岩等。这些岩石的风化物通过流水、冰川的搬运，以沉积和堆积方式形成残积、坡积、洪积、冰积、冰水沉积等各种的成土母质，河流不同时期的冲积物形成了现代河床、河漫滩和一级阶地上的新积土母质及二级至四级阶地上的老冲积母质。成土母质以冰碛物和坡积物为主。由于成土母质形成时间短，而且容易被扰动，土壤剖面发育不全，因此成土母质多样性是贡嘎山海螺沟土壤环境的又一特征。

6.2.2.1　冰川退缩区土壤理化性质及发育程度

研究区土壤序列发育于冰川退缩区之上，长约 2000m，宽 50～200m，海拔在 2850～2940m。在这样小的区域内，母质、地形、气候、生物对土壤发育的影响差异可以忽略或保持常数，而影响土壤形成的主要因子为成土时间。

受冰川作用的影响，海螺沟冰川退缩区成土母质以冰碛物为主。成土母质具有花岗岩岩性，其中含有大量的云母，蛭石和绿泥石含量甚少，基本上不含蒙脱石和高岭石。由于海螺沟冰川属于海洋性温冰川，冰川温度较高、运动速度较快，其具有强烈的侵蚀作用，机械压碎、研磨在侵蚀和搬运过程中具有绝对优势。同时，海螺沟冰川底部存在丰富的冰下融水，使得冰碛物在搬运过程中受到了化学溶蚀和沉淀的作用（石磊等，2010）。

随着演替的进行，在 121 年的土壤发育过程中，土壤表层 pH 从 7.8 下降到 4.3，Eh 值从 127mV 逐渐升高到 290mV，随后略有下降。海螺沟土壤 pH 的下降和 Eh 值的升高，一方面是冷湿环境下有机质的快速累积而产生更多的有机酸所致；另一方面，随着演替的进行，云、冷杉等针叶树种逐渐出现并最终成为顶级群落的优势种，其根际分泌物对土壤有一定的酸化作用。何磊和唐亚（2007）对土壤 pH 在整个序列的土壤剖面中深度变化趋势进行分析发现，土壤表层 pH 下降幅度总是大于下层，主要因为表层有较多的有机物，而且表层也更容易接收来自凋落物分解产生的有机酸，碳酸盐淋失程度也较高。

冰川退缩区植被演替序列各阶段土壤层次厚度、容重与重量变化见表 6.8。土壤 C 层厚度均取 20cm 以便比较。80 年以前，A_0、A 层土壤厚度均逐渐增加，这是由于凋落物的不断归还、覆被与分解，以及土壤母质风化积累。而 80 年以后，A_0 层土壤厚度有所降低，这是由于 121 年凋落物主要为云冷杉针叶，凋落物堆积较落叶阔叶更密实，A_0 层厚度被压缩。土壤各层容重大小为 A_0 层＜A 层＜C 层。A_0 层容重主要由轻质松软的凋落物决定，C 层由母质层决定，而 A 层则由二者共同决定。A_0 层容重在演替后期迅速增加，这也是云冷杉凋落物密实所致。A 层容重整体上呈逐渐降低的趋势，同 C 层变化趋势相似。C 层土壤容重随土壤年龄的增加而降低，这是由于土壤在发育过程中，风化和植被的共同作用，使得 C 层土壤由密实变得松软。不管是哪一层，土壤容重在演替后期已达到稳定状态，变化甚微。

表 6.8　冰川退缩区植被演替序列各阶段土壤基本理化性质

土壤年龄/年	厚度/cm			容重/(g/cm³)			重量/(t/hm²)			总计
	A_0 层	A 层	C 层	A_0 层	A 层	C 层	A_0 层	A 层	C 层	
0	—	—	20	—	—	1.804	—	—	3608	3608.0
12	0.2	—	20	0.126	—	1.731	2.5	—	3462	3464.5
29	2.5	2.5	20	0.116	0.376	1.501	29.0	94.0	3002	3125.0
44	5.0	4.0	20	0.112	0.329	1.534	56.0	131.6	3068	3255.6
52	8.0	5.0	20	0.119	0.245	1.432	95.2	122.5	2864	3081.7
80	11.7	6.3	20	0.196	0.294	1.286	229.3	185.2	2572	2986.5
121	6.0	9.0	20	0.215	0.299	1.334	129.0	269.1	2668	3066.1

取土壤 C 层厚度为 20cm，计算出土壤各层重量。总体上，A_0 层、A 层质量逐步增加，C 层逐步降低。A_0 层与 A 层土壤质量的增加，主要由该层厚度增加引起，而 C 层质量的下降则是由于其容重有所降低。土壤各层总质量随时间的变化不大，说明以 20cm 作为 C 层厚度是较合理的。

土壤各层总碳、总氮、总磷含量以及这些元素间的比值见图 6.7。由图看出，土壤 C

层 TC、TN 含量均明显低于 A_0 层和 A 层，而 P 则刚好相反，表现为 52 年前 C 层含量低于 A_0 层、A 层，52 年后逐渐增加至高于 A 层与 A_0 层。土壤 C 层 TC、TN 含量变化均表现为从底碛开始，随着土壤的发育和演替的进行，含量逐渐增加，在 29 年达到最大值，随后降低，在 52 年处达到波谷，之后又缓慢增加至恒定值。而土壤 C 层 P 含量的变化趋势则刚好相反，表现为随着演替的进行，含量逐渐降低，在 29 年处达到极小值，随后逐渐增加至恒定值。与贡嘎山海螺沟海拔 3000m 处地带性植被——峨眉冷杉林土壤 C 层含量相比（表 6.9），121 年土壤 C 层 P 含量与之相当（吴艳宏等，2012），而 TC 和 TN 含量则低很多；C∶N 也较小，而 C∶P、N∶P 则较之小更多。岩石风化是土壤中磷最重要的来源，而碳、氮则主要通过生物的光合作用和固氮作用从大气中进入生物圈中。冰川退缩区 121 年土壤与海螺沟海拔 3000m 处土壤有相似的成土母质，因而此两地有相似的 P 含量，同时也说明了植物对土壤 C 层 P 含量的作用很小。而冰川退缩区 121 年土壤 C 层 TC、TN 含量较海螺沟海拔 3000m 处低，这是造成其 C∶P、N∶P 低的原因。

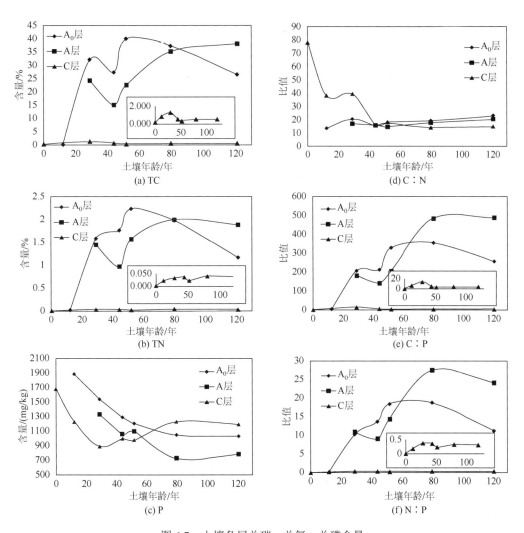

图 6.7　土壤各层总碳、总氮、总磷含量

表 6.9　冰川退缩区 121 年土壤与峨眉冷杉成熟林土壤主要营养元素含量比较

土壤分层	TC/%		TN/%		P/(mg/kg)		C∶N		C∶P		N∶P	
	121 年土壤[*]	参照土壤[a]	121 年土壤[*]	参照土壤[a]	121 年土壤[*]	参照土壤[b]	121 年土壤	参照土壤	121 年土壤	参照土壤	121 年土壤	参照土壤
表层平均（A_0、A 层）	26.63	27.03	1.17	1.52	964	1312	22.8	17.8	257.6	206	11.3	11.6
C 层	0.58	10.7	0.04	0.54	1194	1237	14.7	19.8	4.8	86.5	0.3	4.4

注：*表示本研究；a 表示引自王琳等，2004；b 表示引自吴艳宏等，2012。

土壤 A_0 层与 A 层 TC、TN 含量均随演替进行先增加而后趋于稳定，呈双峰型，在 29 年和 52 年有两个极大峰值；P 含量则逐渐减小而后趋于稳定。C∶P、N∶P 变化趋势与 TC、TN 相似，取决于 TC、TN 含量；C∶N 随演替进行逐渐增加。C∶N 通常被认为是土壤氮素矿化能力的标志，C∶N 低则利于微生物的分解。随着演替的进行，表层土壤变厚，土壤腐殖化程度增加，氮矿化速率增快，因而 C∶N 增加。相较峨眉冷杉成熟林土壤，冰川退缩区 121 年土壤表层 TC 含量与之相当，而 TN、P 含量则略低，这造成了较高的 C∶N、C∶P 和相近的 N∶P。经过 121 年的发育，土壤表层营养元素含量已接近成熟林水平，特别是碳含量。整个土壤序列上，C∶N 在 14.7～22.8，处于贡嘎山东坡土壤 C∶N 范围之内（7～25）（王琳等，2004），低于微生物分解的最佳值（25～30）。相对来说，贡嘎山东坡土壤碳氮比值较低，这与贡嘎山东坡湿冷的环境有关。

综上可知，经过 121 年的土壤发育，表层土壤 TC、TN、P 含量以及各元素之比已经与峨眉冷杉成熟林相近，但垂向上的土壤发育明显不如成熟林。

碳、氮主要通过植物的光合作用和固氮作用从大气中进入生态系统中，在演替过程中植物的粗木质物残体、凋落物等是土壤有机碳和氮的主要来源，微生物的分解作用与碳氮比有着密切关系。随着演替的进行，海螺沟冰川退缩区植被演替序列的土壤迅速积累有机碳和氮，表层土壤变厚，土壤腐殖化程度增加，氮矿化速率加速，C∶N减小。

由于演替过程植物竞争激烈，土壤各层次全碳、全氮含量变化较大。C 层全碳、全氮含量变化均表现为从底碛开始，随着土壤的发育和演替的进行，含量增加缓慢。土壤 C 层全碳、全氮含量均明显低于 A_0 层和 A 层。演替进展到在 29 年和 52 年时，先后有柳树和冬瓜杨大量死亡，土壤 C 层磷含量有一定的增加。

与贡嘎山海螺沟海拔 3000m 峨眉冷杉林成熟林土壤 C 层含量相比，冰川退缩区 121 年土壤 C 层全碳、全氮含量较低，全磷含量相当，C∶N 也较小，C∶P、N∶P 很低。冰川退缩区 121 年土壤与海螺沟海拔 3000m 处土壤的成土母质相同，是磷含量相近的主要原因，同时也表明植物对土壤 C 层磷的作用有限。冰川退缩区 121 年土壤 C 层全碳、全氮含量较低，是 C∶P、N∶P 低的原因。这一切表明，土壤 C 层发育不完善，土壤发育还在进行。

6.2.2.2　土壤发育状况

化学蚀变指数（CIA）通常用于判断源区化学风化程度。从图 6.8 看出，A 层 CIA 与 C 层接近，A_0 层 CIA 高于 C 层，说明 A_0 层土壤发育程度高。A_0 层 CIA 先减小再增加而后趋于稳定，随着演替向顶级群落发展，表层土壤发育速率逐渐减慢。土壤 C 层 CIA 在 29 年有一个极大值，而在其他年份上几乎相等。这可能是由于该样点为 1972 年冰川末端，冰川在此期间有一个 1~2 年的停顿过程，这导致该样点土壤风化程度较其他样点略高。通常，CIA 值介于 50~65，反映寒冷、干燥的气候条件下低等化学风化程度（Nesbitt and Young，1984，1989）。本书各样点 C 层与 A 层 CIA 在 42~50，A_0 层在 43~60，说明本区域土壤发育还处于很低的水平。对土壤大量矿质元素进行分析，Na、K、Fe、Mg、Ca、Al 等元素均表现为明显的表层淋溶现象，元素含量表现为 C 层>A 层>A_0 层。

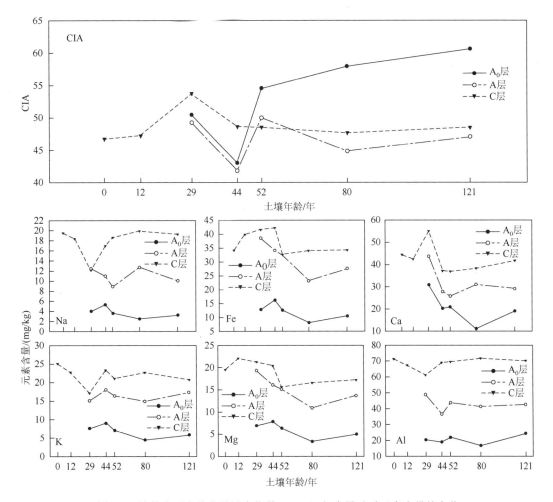

图 6.8　演替序列土壤化学蚀变指数（CIA）与大量矿质元素含量的变化

关于海螺沟冰川退缩区土壤序列发育的研究比较零散。除了用元素的方法外,何磊和唐亚(2007)用以土壤形态特征构建的土壤发育指数对本地区土壤 183 年内的发育状况进行了较全面的研究。研究发现,此区域土壤发育程度弱,年轻序列土壤层发育厚度低(均没有超过 1m),土壤发育剖面上部(40cm 以内)发育程度较高,土壤发育指数随成土时间呈对数形式增加。这种对数形式的增加,说明土壤发育速率逐渐变缓,拐点出现在 30~40 年,在 121 年时,土壤发育已处于一个较稳定的状态。

随着演替的进行,海螺沟冰川退缩区土壤表层 pH 从 7.8 下降到 4.3,Eh 值则从 127mV 逐渐升高到 290mV,随后略有下降。海螺沟湿冷环境造成演替序列上有机质的积累,再加上云冷杉根际分泌物的影响,土壤表层 pH 下降、Eh 值升高。

随着演替的进行,凋落物的不断归还、覆被与分解以及土壤母质风化积累引起 A_0、A 层土壤厚度均逐渐增加,这决定了土壤 A_0、A 层质量的增加。A_0 层土壤容重变化不大,而 A 层则表现为略有降低。由于风化和植被的共同作用,土壤母质由密实变得松软,C 层土壤容重随土壤年龄的增加而降低,因而 C 层土壤重量也降低。土壤各层容重大小为 A_0 层<A 层<C 层。A_0 层主要由轻质松软的凋落物决定,C 层由母质层决定,而 A 层则由二者共同决定。

经过 121 年的土壤发育,表层土壤 TC、TN、TP 含量以及各元素之比已经与地带性峨眉冷杉成熟林相近,但 C 层 TC、TN 含量以及 TC:TP、TN:TP 明显低于成熟林,说明其垂向上的发育还未达到成熟林的水平。化学蚀变指数(CIA)A 层与 C 层接近,而 A_0 层最高,反映出 A_0 层土壤发育程度高。各样点 CIA 在 42~60,说明本区域土壤发育还处于很低的水平。

无论是元素含量还是化学蚀变指数,在 29~44 年间均有明显的变化,而在 52 年以后,逐渐趋于稳定。整体来说,冰川退缩区土壤随着演替的进行逐渐发育,52 年以后发育减慢并趋于成熟。29~44 年是土壤发育的关键时期,需要对其进行进一步仔细的分析研究。

6.2.2.3 原生演替序列土壤微生物与土壤动物种群演替过程

土壤线虫作为全球最丰富的后生动物,是植物根际土壤中非常活跃的一类生物体,由于其与植物、土壤中的微生物及其他土壤动物关系密切,不仅对维持土壤生态系统稳定、促进物质循环和能量流动具有重要作用,而且是植物群落演替的重要驱动力之一,是土壤指示生物的典型代表。本书以土壤线虫作为指示生物,通过对其群落的鉴定和一系列的生态指数的计算,比较和评估了植物-土壤互作对冰川退缩迹地养分循环和食物网络结构等土壤生态系统过程的影响,研究结果有助于阐明山地生态系统营养元素生物地球化学循环与植被原生演替之间的关系。

表 6.10 是贡嘎山东坡 10 个典型土壤剖面采土后在实验室培养测得的三大微生物(细菌、放线菌和真菌)的数量状况。

表 6.10　贡嘎山东坡土壤剖面微生物分布特性

| 剖面地点 | 土壤类型 | 土层 | 深度/cm | 微生物数量与分布/(万个/g 干土) | | | 微生物碳量/(mg/kg) | pH |
				细菌	放线菌	真菌		
5 城门洞	冰碛湿润正常新成土（N4.9.1）	A_0	0~2	189	0.83	4.60	937.27	6.99
		A_1	2~10	120	0.45	1.17	309.03	7.25
		C	10~37	107	0.33	1.00	386.94	7.66
6 水文观测站	冰碛湿润砂质新成土（N4.9.1）	A_0	0~10	807	3.02	6.05	1 625.63	6.23
		A_1	10~23	101	0.45	1.80	263.48	7.11
		C	23~65	40	0.85	1.43	555.69	7.54
1 观景台	腐殖冷凉常湿雏形土（M4.1.1）	A_0	0~20	445	0.90	15.00	2 805.62	4.40
		A_1	20~37	400	0.34	7.80	2 580.83	5.56
		B_w	37~68	75	0.50	2.40	637.25	5.80
		C	68~110	40	0.27	1.20	142.92	5.74

　　在各典型剖面中，土壤微生物的分布数量多，特别是在上层土壤中。以细菌分布数量最为丰富，一般在 101 万~445 万个/g 干土，真菌在 1.17 万~15 万个/g 干土，放线菌在 0.34 万~3.02 万个/g 干土，表明土壤微生物活跃。

　　由于本区土壤微生物数量丰富，土壤微生物活跃，在生态系统中，对物质能量循环起到了积极的作用。这主要体现在：第一，本区有机残体的分解良好，在前述土壤微形态研究中，可以发现土壤有机质的迅速转化形态特征。第二，土壤腐殖质形成量较大。同时，土壤腐殖质中品质好的胡敏酸成分较丰富。所以本区丰富的土壤微生物状况，促进了本区生态系统的物能循环，产生了良好的生态环境影响。

　　（1）土壤线虫群落结构与生态指数

　　就营养级而言，食细菌线虫占据优势，超过 40%（图 6.9）。阶段 4 呈现最低的食细菌线虫和食真菌线虫比例，同时有最高的植食性和杂食/捕食性线虫。而阶段 1 中发现完全相反的格局，食真菌线虫比例最高，而植食性和杂食/捕食性线虫最低。

　　六个线虫生态指数均在阶段 1 中最低（图 6.10）。香农-威纳指数、线虫通道指数、植食性指数和富集指数表现出相似的变化格局：在演替早期阶段上升，随后有所降低，但最高值在不同的演替阶段出现，如香农-威纳指数在阶段 5 和阶段 6 出现，线虫通道指数在阶段 3 和阶段 4，植食性指数在阶段 4，富集指数在阶段 3、阶段 4 和阶段 5。而成熟度指数和结构指数在开始的三个阶段中逐渐升高，随后一直保持较高水平。

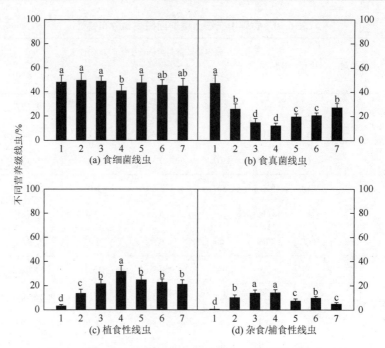

图 6.9　海螺沟冰川退缩迹地不同演替阶段线虫营养级丰度

不同字母代表演替阶段间显著差异（$p<0.05$）

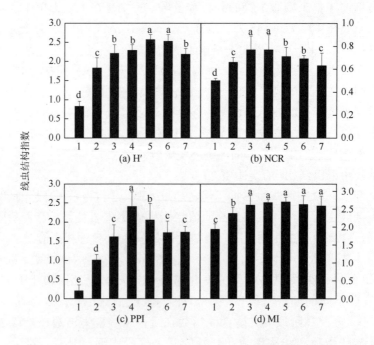

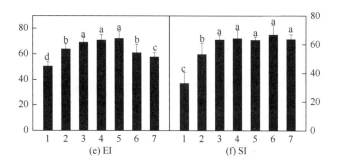

图 6.10　海螺沟冰川退缩迹地线虫生态指数

H′：香农-威纳多样性指数；NCR：线虫通道指数；PPI：植食性指数；MI：成熟度指数；EI：富集指数；SI：结构指数。
$n = 3$。不同字母代表演替阶段之间存在显著差异

（2）线虫群落结构与土壤性质的关系

冗余判别分析表明，RDA1 和 RDA2 分别能解释线虫群落变化的 53.67% 和 16.25%（图 6.11）。演替阶段可以分成三个阶段：阶段 1、阶段 2～4 和阶段 5～7。差异最显著的是阶段 1 和成熟阶段 5～7，其差异与微生物磷和凋落物 C/N 密切相关。而阶段 2 与阶段 3、4 的差异主要与土壤密度、pH 和凋落物量有关（图 6.11）。

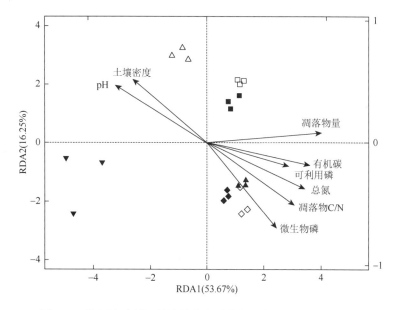

图 6.11　海螺沟冰川退缩迹地线虫群落与环境因子的 RDA 分析

阶段 1：▼；阶段 2：△；阶段 3：■；阶段 4：□；阶段 5：◆；阶段 6：◇；阶段 7：▲

线虫丰度与环境因子密切相关，与土壤密度呈显著负相关。而线虫丰度与 pH、凋落物量、有机碳和可利用磷间呈现单峰关系，峰值线虫为 600 条/100g 干土。另外，在整个演替阶段，线虫丰度随微生物磷呈线性增加。

6.2.2.4　原生演替与土壤发育的关系

海螺沟冰川位于中低纬度,存在于青藏高原东缘,属于季风海洋性冰川。与高纬度冰川相比,海螺沟冰川区气温高,降水量大,每年还受东南季风和西南季风影响,带来大量水分和热量,植被演替进程较快。海螺沟冰川退缩区域植被演替是群落更替的过程,表现为群落结构和功能及其环境的变化,是一个有序的、可以观测的连续过程。在演替的前期和中期,以冰碛物为母质的土壤特性发生迅速变化,林内各种温度指标日变化和年变化幅度减小。定居的植物使生境的空间变异性增加,随着演替的进展,生态系统稳定性逐步增加。从冰川退缩形成的原生裸地开始,植被演替进程中伴随着森林土壤的形成,反过来森林土壤又会对植被演替产生影响。

海螺沟冰川自小冰期开始退缩,20世纪30年代退缩加速。在冰川退缩区,沿冰川河约2000m范围内形成了一个完整的草本、灌草、落叶阔叶林、针阔混交林和针叶林植被群落原生演替序列。海螺沟冰川退缩后,底碛经过3年的裸露和地形变化,在第4年就有种子植物生长发育,形成了以豆科黄芪为优势物种的草地群落,并伴生有禾本科的大叶章(丛生)和柳叶菜科的柳兰,以及灌木大叶醉鱼草。整个草地群落呈现出以黄芪为中心斑块状态分布,这可能与黄芪的根瘤菌能固氮,以为其他植物的定居提供养分有关。随着演替的进行,在迹地形成14年左右,一些灌丛及乔木的幼苗进入草本群落,如同样有固氮作用的柳树、沙棘、冬瓜杨幼苗,最初形成的开敞先锋群落经过14年的演替,形成了相对密闭的植物群落。随后川滇柳和冬瓜杨数量迅速增加,生长加快,同时不断有沙棘进入群落,冬瓜杨高生长明显加快。在紧接着的20~60年,迹地逐步被冬瓜杨控制,进入以冬瓜杨为优势树种的落叶阔叶林阶段。随着冬瓜杨生态位的拓展,种间竞争加剧,群落内种群的自疏和竞争作用加强,川滇柳和沙棘大量死亡,此时林内生境有利于糙皮桦、峨眉冷杉和麦吊杉进入林地。因此,又经过近20年的演替,进入以冬瓜杨和峨眉冷杉为优势种的针阔混交林阶段,森林郁闭度显著增加,物种多样性增加。随后一段时期,冬瓜杨高和径生长保持较高水平,自疏作用进一步加强,种群数量减少,同时川滇柳和沙棘生长速度也逐步减慢,演变为衰退种群。林下针叶树净初级生产力逐步提高,生长加快,进入主林层,川滇柳、沙棘和冬瓜杨先后退出群落,最后植被群落演替形成与周围植被非常相似的顶级群落——麦吊云杉、峨眉冷杉针叶林。

从冰川退缩形成的原生裸地开始,植被演替进程伴随着森林土壤的形成。随着演替的发展,郁闭的森林逐渐形成,群落内空气湿度和温度逐渐上升,在针阔混交林内达到最大值,发展到针叶林其空气温度和湿度有所降低。而与之相反的是,土壤5cm和10cm深度的温度随着演替的进行逐渐降低,尽管针叶林阶段较针阔混交林阶段温度有所上升(表6.11)。土壤容重(单位体积内的土壤重量)表征了土壤结构和水平状体,土壤pH均随着演替的发展逐渐降低,C层土壤的容重呈现出在阔叶林和针阔混交林最低,在针叶林最高的变化趋势(表6.12)。同时,随着演替的进行,A_0层和C层的土壤均由碱性变成酸性。这与阿拉斯加冰川裸地上的结果有很多相似性。这些环境特征显示出植被演替群落由草本向森林发展的非生物因子变化特征,为物种在各阶段的定居提供了物质基础。

表 6.11 不同演替阶段土壤温度的变化

土壤年龄/年	空气湿度/%	空气温度/℃	−5cm 土温/℃	−10cm 土温/℃
13	86.1	4.68	6.24	5.72
19	88.8	5.36	6.09	5.61
50	93.5	5.45	5.81	5.29
70	96.7	5.28	5.42	5.28
120	93.8	5	5.49	5.33

表 6.12 不同演替阶段土壤 pH 和容重变化

土壤年龄/年	pH	容重/(g/cm^3)		
		A_0 层	A 层	C 层
0	7.8			1.804
12	6.8	0.126		1.731
29	6.4	0.116	0.376	1.501
44	5.4	0.112	0.329	1.534
52	5.6	0.119	0.245	1.432
80	5.2	0.196	0.294	1.286
121	4.3	0.215	0.299	1.334

植被原生演替受到生物与非生物因素的共同影响。生物因素包括种子传播的能力、对原生裸地环境的适应能力及物种之间的关系等,依靠风力传播,对早期裸地的极端环境具有较强适应能力的物种更容易成为原生裸地的早期定居者,冰川退缩、火山活动等干扰事件导致的原生演替过程的植被群落顺序发育表明养分贫瘠可能对演替的早期阶段物种定居起决定性作用。而这类环境中,某些微生物对于植物定居又可能具有非常重要的作用。非生物因素包括裸地表面的性状、粗糙度与岩石的距离等,这些微环境决定了植物定居的水分和养分条件,对植物早期演替有重要作用。植被原生演替是生物驱动因素与环境阻力相互作用的结果,二者的消长决定了原生演替进行的模式。

海螺沟冰川退缩后形成的原生裸地没有土壤、有机质及 N、P 等营养元素的积累,温度、水分条件变化剧烈,这些都不利于生物的进入和定居。而在冰川退缩后 4~6 年的区域上形成了以黄芪为优势物种的草本群落,呈斑块状分布,这可能是由于原生裸地的环境条件具有很高的异质性,其中某些地段的环境条件与其他地段相比更优越,有利于生物的定居,即所谓的"安全岛"。Kimmins(1987)在不列颠哥伦比亚海岸带的研究发现,在含氮量很低的立地上,草本植物很难正常生长,而具有固氮根瘤的红桤木能迅速占领该地段,形成茂密的红桤木群落;然而在肥沃的地段,红桤木的侵入和定居都要经过一段由草本和灌丛占有的阶段之后才发生。可见，原生演替的演替系列与裸地的环境特征以及植物的生物学和生态学特性息息相关。

不同物种生态位及适应性都不同，构成了不同演替阶段各自迥异的植物群落。演替就是朝着生态位不断分化，能够最大限度利用资源的方向发展，其中物种的替代过程实质上就是在生态位不断地分化与接近，激烈的种内与种间竞争的过程中进行着的。

6.2.3 植被原生演替的模拟

6.2.3.1 气候变化对原生演替土壤呼吸的影响

全球变暖是人类目前面临的主要环境问题之一。多数研究者认为，温室气体如 CO_2、CH_4、N_2O 等在大气中的浓度上升是全球气候变暖的主要原因，其中 CO_2 是最重要的温室气体，它对全球变暖的贡献率达 60%以上。土壤呼吸在全球碳循环中是仅次于总初级生产力（GPP）的第二大碳通量，据估计，全球土壤每年释放 $98\pm12Pg\ C$（$1Pg = 10^{12}kg$）。因此，土壤呼吸非常微小的变化都会对大气中 CO_2 浓度产生非常重大的影响。土壤 CO_2 释放主要由根呼吸、微生物呼吸和凋落物产生的 CO_2 组成，土壤 CO_2 的释放具有较大的空间异质性，并且会随着日、季节、年时间范围的变化而改变，使得对土壤 CO_2 释放的准确量化十分困难。生态模型是估计土壤 CO_2 释放通量的重要手段，在过去的几年中，李长生等构建了生物地球化学循环模型 Forest-DNDC，该模型能够模拟森林生态系统植被的生长和生产、土壤 C、N 动态和土壤产生的 CO_2 等温室气体的排放。

贡嘎山海螺沟冰川退缩区域发育有完整的植被原生演替序列，是研究土壤呼吸时间和空间异质性的理想区域。在这一典型区域利用 Forest-DNDC 模型可以模拟未来气候变化对不同演替阶段土壤呼吸的影响，加深对全球碳循环研究的理解。

海螺沟冰川自小冰期开始退缩，20 世纪 30 年代退缩加速，在冰川末端约 2000m 范围内形成了完整的植被原生演替系列，同一小区域内的不同样地之间光照、气温和土壤含水量差异很小，没有大风和强降水过程，为比较研究植被原生演替不同阶段土壤呼吸提供了很大方便。本书选择这一完整演替序列中三个典型的演替阶段：①演替初期（S1）——约 30 年的阔叶林分，主要群落组成有川滇柳、沙棘、冬瓜杨和糙皮桦小树以及峨眉冷杉幼苗；②演替中期（S2）——约 64 年的针阔混交林，主要群落组成为冷杉、冬瓜杨和糙皮桦；③演替末期（S3）——约 121 年的冷杉成熟林。

Forest-DNDC 已被广泛应用于世界各地的多种森林类型，并取得了良好的模拟效果。鲁旭阳等（2009）用 Forest-DNDC 模拟了贡嘎山峨眉冷杉林土壤温室气体的排放，结果表明该模型可以较好地模拟贡嘎山峨眉冷杉林的土壤 C 排放。本书用 2008 年不同演替阶段的土壤呼吸实测数据验证了 Forest-DNDC 在冰川退缩区域的适用性。模型所需数据包括气象数据、植被数据和土壤数据等。气象数据来自 2008 年贡嘎山海拔 3000m 生态站实测数据，部分植被和土壤的实测数据见表 6.13。结果表明（图 6.12），Forest-DNDC 较好地模拟了冰川退缩区的三个阶段（S1、S2、S3）的土壤呼吸（$R_{S1}^2 = 0.6$，$R_{S2}^2 = 0.69$，$R_{S3}^2 = 0.73$），该模型在研究区有较好的适用性。

表 6.13　冰川退缩区不同植被演替阶段的林分特征

	林分	S1	S2	S3
森林	类型	硬阔林	冷杉	冷杉
	年龄/年	30	64	125
土壤 （地被层/矿质层）	类型	半分解层/砂质土	全分解层/砂质土	全分解层/砂质土
	厚度/m	0.030 8/0.46	0.105 6/0.4	0.153 8/0.43
	pH	5.74/6.31	4.36/6.30	4.23/6.15
	5cm 土壤有机碳/(kg C/kg)	0.338 6/0.013 5	0.447 91/0.006 1	0.405 40/0.006 5
	土壤有机碳/(kg C/hm^2)	8 768.74/6 516.1	30 717.1/7 559.13	48 568/7 989.25
	容重/(g/cm^3)	0.894/1.314	0.113/0.919	0.124/1.50

注：S1、S2、S3 分别表示演替初期、演替中期、演替末期。

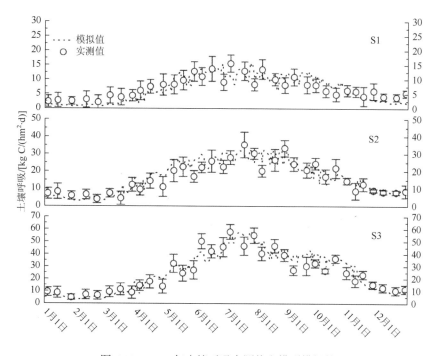

图 6.12　2008 年土壤呼吸实测值和模型模拟值

　　为模拟冰川退缩区原生演替土壤呼吸对未来气候变化的响应，本书中设计一个基线气候和三个 IPCC 预测的未来气候变化的情景 B1、A1B 和 A2。将 1990~1999 年贡嘎山站实测的气象数据作为基线水平（图 6.13）的气候输入 Forest-DNDC 模型，在 B1、A1B 和 A2 气候变化情景下计算得到的 2090~2099 年的数据作为未来的气候数据输入模型。三种气候的特征参数见表 6.14。

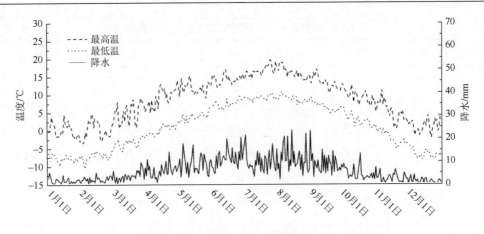

图 6.13　根据 1900～1999 年气象数据建立的基线气象数据

表 6.14　不同气候情景的特征参数

情景	CO_2 浓度	温度变化/℃	降水变化/%
基线	370ppm[*]	0	0
B1	550ppm	+ 1.8	+ 5
A1B	700ppm	+ 2.8	+ 10
A2	850	+ 3.4	+ 15

注：* 1ppm 表示 1×10^{-6}。

在基线气候下，三个演替阶段的土壤呼吸季节模式大体相同（图 6.14 和图 6.15）。土壤呼吸的峰值均出现在 7 月，其中演替初期的月土壤呼吸最大值 SR1 = 313.82kg C/hm^2，演替中期的月土壤呼吸最大值 SR2 = 805.49kg C/hm^2，演替末期的月土壤呼吸最大值 SR3 = 1568.59kg C/hm^2。三个演替阶段林分的年土壤呼吸量分别为 2154.83kg C/hm^2、5534.75kg C/hm^2 和 8094.95kg C/hm^2。可以看出，演替初期的年土壤呼吸量最小，这是因为在演替初期，林地的土壤有机质含量较少；随着演替的发展，森林的植被生产力和凋落物量不断增加，土壤呼吸也不断增加；在演替末期，植被群落达到稳定状态，土壤呼吸的量也达到了最大值。

在未来的三种气候情景下，除了 S1 林分，其他两个演替阶段林分的土壤呼吸日模式和月模式都和各自基线情景的土壤呼吸模式大体相同。在 A1B 情景下，S1 林分月土壤呼吸最大值出现在 8 月，达到 467.36kg C/hm^2。这表明，随着气候变化的加剧，冰川退缩区植被演替初期林分的土壤呼吸季节模式会发生变化。

从图 6.14 可以看出，不同季节气候变化对土壤呼吸的影响程度是不同的。夏季，气候变化很明显加剧了各个演替阶段林分的土壤呼吸，而冬季，气候变化对土壤呼吸的影响很小，这主要是由于积雪和冻土作用，不同气候情景下的土壤温度在冬季大体相同。

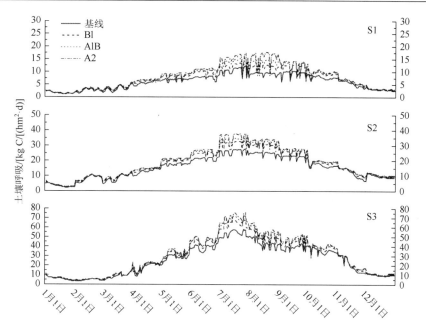

图 6.14　不同气候情景下三个演替阶段的日土壤呼吸数据模拟值

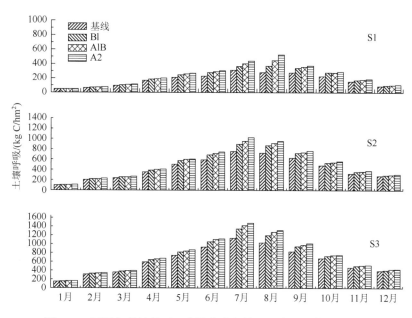

图 6.15　不同气候情景下三个演替阶段的月土壤呼吸数据模拟值

在未来气候情景模式下，三个演替阶段林分的年土壤呼吸量均随着温度和降水的增加而增加。温度和土壤呼吸之间关系的研究已有大量的报道，也有研究表明气候变化导致的降水量增加将促进土壤呼吸作用。然而，气候变化对各个演替阶段土壤呼吸的影响程度是不同的（表 6.15）。在演替初期，B1、A1B 以及 A2 情景下的年土壤呼吸分别比基线情景的年土壤呼吸高 18.56%、25.21% 和 32.71%；在演替中期，三种未来气候模式下的年土壤呼吸分别比基线情景的年土壤呼吸高 13.67%、17.70% 和 21.18%；在演替末期，年土壤呼吸分别高出 11.40%、15.71% 和 18.70%。上述结果表明，冰川退缩区植被原生演替初期的土壤呼吸对气候变化更加敏感。

表 6.15　不同气候情景下三个演替阶段的年土壤呼吸以及变化量

情景	S1	S2	S3
基线	2154.83	5534.75	8094.95
B1	2554.80（+18.56%）	6291.15（+13.67%）	9017.85（+11.40%）
A1B	2698.09（+25.21%）	6514.67（+17.70%）	9366.92（+15.71%）
A2	2859.72（+32.71%）	6706.78（+21.18%）	9608.45（+18.70%）

注：表中除括号内数据外，其余数据单位为 kg/hm^2。

6.2.3.2　气候变化对原生演替的影响

人类活动诱导的气候变化正在全球范围内影响物理和生物系统（Rosenzweig et al.，2008）。据 IPCC 第四次评估报告，地球表面平均温度在 21 世纪将升高 1.8～4.0℃（最佳估计值）（IPCC，2007）。如此强烈的增温，使得许多物种将由于不能及时地适应、进化和迁移而灭绝（Hansen et al.，2001），并最终危及人类的生存。森林作为最重要的陆地生态系统，是人类赖以生存的保障，因此，全球气候变化将对森林动态产生何种影响以及后者的反馈作用如何，引起了全世界的广泛关注。由于森林树木的长寿性，常规的观测实验方法很难预测未来气候变化对森林生长演替动态的长期影响，而运用计算机仿真模拟是一种有效的手段。林窗模型便是一类以气候因子（温度和降水）为主要驱动变量对森林动态进行模拟预测的方法。因其参数易于获得和估计，结构灵活而开放，便于研究者根据需要进行适当的修改，进而得到了迅速的发展，近年来广泛应用于全球气候变化研究中（Bugmann，2001）。

青藏高原东部的横断山区是我国第二大林区的中心，森林蓄积量和木材供应量仅次于东北林区。该区山高谷深，气候过渡特征明显，保存有非常原始的天然森林类型，因其位于多条大江大河的上游，还具有保持水土和涵养水源的重要生态功能。贡嘎山是横断山系的主峰，既发育有典型的海洋性冰川，又拥有非常完整的山地垂直自然带谱，对全球气候变化和人类活动反应极其敏感，是研究生态系统界面过程及其与气候变化相互作用的理想场所（钟祥浩等，1997）。本书主要通过研究未来三种气候变化情景对贡嘎山冰川退缩和泥石流迹地森林原生演替过程的影响，来揭示森林群落的演替机制，为西南地区的天然林保护和持续经营利用以及退化森林生态系统的恢复提供理论依据。

研究区位于贡嘎山东坡海螺沟（29°34′N，101°59′E），海拔 3000m。为东南季风的迎风坡，气候冷湿，属山地寒温带气候类型。年平均气温 3.9℃，7 月平均温 12.7℃，1 月平均温−4.5℃，年降水量 1903mm，年日照百分率为 20%，年平均相对湿度在 90% 以上。该区现代地貌作用强烈，冰川发育，崩塌、滑坡和泥石流十分活跃。海螺沟冰川自最后一次冰进（1580±60 年）以来，一直处于强退缩状态，于 1930～1988 年后退约 1000m，近年来退缩速度有加快趋势，平均 20m/a（李逊和熊尚发，1995）。20 世纪这里还曾暴发多次大型泥石流。冰川和泥石流可将原有森林完全毁灭，从而形成原生裸地。由于此处人类干扰较少，森林植被完全在自然状态下恢复，可以看到从迹地到先锋群落再到顶级群落的连续植被演替序列（钟祥浩等，1997），为模拟气候变化条件下植被的原生演替过程，提供了理想的场所。

　　贡嘎山森林演替模型（GFSM）是在 Newcop 模型基础上的一种改进版本。在保持原系统主要模块功能的基础上做了许多改进，尤其添加了林地土壤演替功能模块，可对森林凋落物的积累、分解、矿化和土壤形成进行详细模拟（程根伟和罗辑，2002）。GFSM 模型主要由 8 个子模块构成（图 6.16），其中，气候模块模拟与森林树木更新、生长、死亡和土壤过程有关的生物气候变量，根据林地月均气温和月降水量，计算年积温、蒸发能力和干旱历时等环境参数；更新模块模拟每年新进入林地的幼树（直径>2cm）种类和数量；生长模块模拟每株树的年胸径增长；死亡模块主要考虑幼树的随机死亡、生长速率不足导致的竞争死亡、老树的衰老死亡；林冠模块模拟影响树木更新和生长的林冠叶分布。这些模块的运行都由干扰模块提供随机数生成和统计试验控制，以考虑与气候波动、种子萌生和受压木竞争死亡有关的环境及树木个体不确定性。模型还筛选了四川西部有代表性的 24 个主要树种，根据对这些树种的生物学特性调查，选定了各树种的 10 个生态参数（如最大年龄、最大胸径、分布区的年积温范围、树种的耐荫性和种子繁殖能力等）。模型还有 8 个环境（气象、土壤、地形）参数，都进行了参数估计和率定，最后优选用于模型计算。该模型在贡嘎山东坡海拔 1800～4200m 内进行了验证，表明 GFSM 模型可以成功模拟：①贡嘎山冰川退缩和泥石流迹地的森林自然演替过程；②森林垂直分带特征；③林地土壤的演化。由于 GFSM 模型经过上述全面和广泛的验证，因此，本书将其应用于评估气候变化对当地森林演替产生的影响。

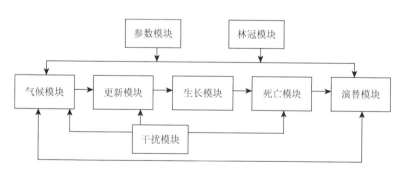

图 6.16　GFSM 模型结构

　　IPCC 第四次评估报告共给出了六种碳排放标志情景下，21 世纪末地球表面平均温度增加的最佳估计值及其可能性范围：B1，+ 1.8℃（1.1～2.9℃）；B2，+ 2.4℃（1.4～3.8℃）；A1B，+ 2.8℃（1.7～4.4℃）；A1T，+ 2.4℃（1.4～3.8℃）；A2，+ 3.4℃（2.0～5.4℃）；A1FI，+ 4.0℃（2.4～6.4℃），其中，人们对分别代表低、中和高 CO_2 排放的 B1、A1B 和 A2 三种情景尤其关注，相应的研究也较多（IPCC，2007）。因此，本书选用这三种情景下的温度最佳估计值作为模型的气候输入参数（表 6.16）。相对于温度估计而言，降水改变的估计更加复杂和不确定。IPCC 报告给出 A1B 情景下青藏高原年降水量将增加 10%（IPCC，2007）。因此，本书根据 A1B 情景下的降水增加量，人为将 B1 情景下的降水量增加设为 5%，A2 情景设为 15%（表 6.16）。

表 6.16　三种情景下地球表面平均温度和年降水相对于当前气候条件下的增量

情景	温度变化/℃	降水变化/%
CK	0	0
B1	+1.8	+5
A1B	+2.8	+10
A2	+3.4	+15

GFSM 模型以年为主时间步长，但气候数据（月均温和月降水）是按月来计算的。本书气候参数的具体输入过程为，把表 6.16 中的温度和降水数据平均分成 100 份，在模拟的前 100 年内将月均温和月降水逐渐增加一个固定的量（100 份中的一份），从 101 年起气候达到平衡状态，直到总共模拟的 500 年结束。

模拟样地的初始条件是从冰川退缩和泥石流形成的裸地开始。由于冰川退缩迹地和泥石流迹地的主要区别就是土壤的初始厚度不同，其后期植被演替过程十分相似（Cheng and Luo，2004），因此本书将这两种原因形成的迹地当成一类，直接设定裸地的初始土壤厚度为 50cm，主要研究从有森林植被开始的演替过程，并不考虑迹地土壤的形成过程。在不同气候变化情景下模拟时，只改变模型的气候输入参数，其他参数保持不变。比较分析不同气候情景下的森林树种组成、优势树种径级结构和土壤碳氮含量的演替动态。

气候变化将对海拔 3000m 的冰川退缩和泥石流迹地开始的森林原生演替过程产生重要影响。若维持当前气候状况（CK）不变，迹地将依次经过川滇柳、冬瓜杨和桦树分别占优势的先锋群落阶段，再经过一段时间的云冷杉混交林，最终演替为峨眉冷杉纯林。在低 CO_2 排放的 B1 气候变化情景下，迹地森林演替过程与气候没有发生变化时大体上类似，但发现森林树种组成在 B1 情景下存在明显的波动，稳定性下降。在 A1B 和 A2 气候变化情景下，在迹地演替的前 100 年内，峨眉冷杉林迅速消失，并且气候变化得越剧烈消失得越快，被高山松和桦树占优势的混交林所取代，此时林分总生物量比 CK 情景下降 60% 以上。

气候变化不仅可以改变各演替阶段林分优势树种类型，而且使优势树种的径级结构也发生明显变化。当演替进行到第 50 年时，在各种气候情景下峨眉冷杉都已逐渐确立了优势地位，与 CK 和 B1 情景相比，A1B 和 A2 情景下的峨眉冷杉明显缺乏较大径级（21～30cm、31～40cm）的树木。随着演替进行到第 100 年时，CK 和 B1 情景下的峨眉冷杉开始出现较多的大径级树木，A1B 和 A2 情景下的优势树种已由峨眉冷杉变为桦树，且以小径级的桦树居多。当演替到 150 年和 200 年时，在 CK 和 B1 情景下仍然由峨眉冷杉占绝对优势，不同的是 CK 条件下的大径木较 B1 情景略多，在 A1B 和 A2 情景下桦木的优势地位又被后来居上的高山松所取代，高山松径级结构良好。

气候变化将使迹地演替过程中土壤碳氮含量明显减少，在模拟的第 500 年时，A1B 和

A2 情景下的土壤碳含量比当前气候条件（CK）下的碳含量均低 44%（图 6.17）。在 CK 条件下，林地土壤碳氮含量随演替进程而稳定增加，但在 B1、A1B 和 A2 气候变化情景下，土壤的碳氮含量都有较大幅度的波动，B1 情景尤其明显，而且这种波动在气候变化越剧烈时发生的时间越早，其中 A2 发生最早，在 70～80 年，B1 发生最晚，其第一次波动发生在 110～120 年（图 6.17）。

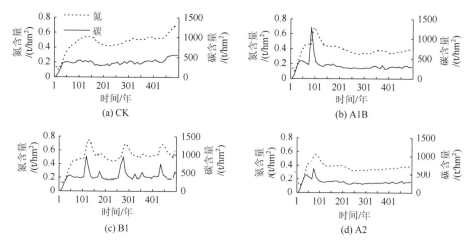

图 6.17　不同气候变化情景下林地土壤的碳氮动态

森林是陆地生态系统的主体，是人类赖以生存的保障。因其与气候之间存在密切的关系，气候变化将不可避免地对森林产生影响。森林的树种组成和结构是其稳定性的基础。在维持当前气候不变条件下，贡嘎山东坡海螺沟海拔 3000m 处的冰川退缩和泥石流迹地，将依次经过川滇柳、冬瓜杨、桦树先锋群落阶段，最后恢复到当地的顶级群落——峨眉冷杉林。这与前人观察试验得出的结果一致（钟祥浩等，1997）。在当前气候条件下，本书模拟 170 年（峨眉冷杉在 40 年后开始侵入迹地）时林分生物量为 471t/hm²，这与罗辑等（2000）实地测定 3 块海拔在 2920～3150m、林龄为 130 年的峨眉冷杉演替林生物量为 350～545t/hm² 相吻合。这表明贡嘎山森林演替模型（GFSM）模拟的当前气候条件下的迹地森林恢复演替过程是可以信赖的。研究还发现，气候变化 A1B 和 A2 情景下，林分总生物量在 60 年左右时有一突然下降过程，这主要是峨眉冷杉的突然大量死亡造成的，后来随着高山松和桦树的生长，林分总生物量逐渐恢复，但松桦混交林与峨眉冷杉林生产力的差距使得此时的林分总生物量明显下降。

已有研究发现，气候变暖将使一些树种的分布区北移或迫使树木逃向更高的海拔（Lenoir et al.，2008）。本书研究发现气候变化将改变冰川退缩和泥石流迹地的演替过程。轻度的气候变化（B1）虽然没有改变当地的顶级森林群落类型（峨眉冷杉林），但是使其明显处于波动状态，群落的稳定性大大降低。中度（A1B）和重度（A2）气候变化将导致峨眉冷杉林迅速消失并被高山松和桦树占优势的混交林所取代。峨眉冷杉喜冷湿，生长较快使其成为贡嘎山东坡海拔 2800～3600m 的优势树种，全球气候变暖时，破坏了其适生环境，而高山松和桦树的种子繁殖和传播能力极强，同时又耐干旱和贫瘠，有利于其在竞争中处于优势地位。类似的研究还有，延晓东等（2000）认为气候变化将使蒙古栎（*Quercus mongolica*）成为东北大、小兴安岭森林的最主要树种。值得指出的是，现在的林窗模型还缺乏足够的生理过程来模拟全球气候变化（如 CO_2 浓度升高）对树种生长的机理作用（Bugmann，2001），因此，目前的研究结果大多停留在定性的预测阶段。本书的预测结果也只能说是气候变化将对峨眉冷杉生存产生不利影响，以高山松和桦树为代表的这类繁殖能力和耐性强的树种在未来气候变化环境中可能占有一定优势。

优势树种的径级结构，可以更加真实地反映林分所处的状态。当迹地演替到第 50 年时，气候不变条件下，峨眉冷杉的径级分布均匀，林分较稳定。而气候变化情景下，较大径级的峨眉冷杉立木株数明显减少，表明气候变化已抑制其生长。在接下来的 3 个演替阶段（第 100 年、第 150 年和第 200 年），气候不变条件下峨眉冷杉径级结构进一步完整，大径级的树木占有绝对优势，同时小径级的幼树在 200 年时大量增加，这表明此时的峨眉冷杉已开始死亡，形成林窗幼树更新。钟祥浩和罗辑的研究发现 170 年生的天然峨眉冷杉林郁闭度为 0.7 时就开始有林木衰老死亡的现象。A1B 和 A2 气候变化情景下，到 100 年时，峨眉冷杉完全消失，桦树迅速更新和生长，占据优势，再过 50 年后，高山松生长逐渐超过桦树，成为优势种，并且其径级结构稳定，可长期占据优势地位。

森林土壤是一巨大的碳氮储存库。气候变化将通过改变林地上森林树种组成、结构、凋落物分解过程、土壤呼吸速率以及氮沉降速率等影响土壤中的碳氮储量（Vesterdal et al.，2007）。GFSM 模型新增加了土壤演替功能模块，它主要根据凋落物的碳氮输入和土壤碳氮的分解淋失，来对土壤的碳氮含量进行动态模拟。本书研究结果表明，当前气候条件下，贡嘎山东坡海螺沟海拔 3000m 处的冰川退缩和泥石流迹地土壤碳氮含量会稳定增加，并最终保持在较高的含量水平上。气候变化将使迹地土壤的碳氮含量随演替进程猛增后又突然下降，最后稳定在相对较低的含量水平上。气候变化下土壤碳氮含量的巨大波动主要与峨眉冷杉的突然大量死亡有关，向土壤中输入较多的枯枝落叶物，经过几年的分解积累，使得土壤中碳氮含量剧增。气候变化情景下的土壤碳氮含量在演替后期明显较气候不变条件下的含量低，这可能是地上树种的改变，造成凋落物的数量和性质发生改变以及凋落物分解速率增加。

当维持目前气候状况不变时，贡嘎山东坡冰川退缩区和泥石流迹地经过典型的川滇柳、冬瓜杨和桦树先锋群落演替阶段，最终将恢复为峨眉冷杉林。若气候变化情景（A1B 和 A2）发生，峨眉冷杉的生存将受到影响，而繁殖能力和耐性较强的树种，如高山松和桦树，可能成为这一地区的优势树种。届时，森林生物量和土壤碳氮含量将随优势树种的改变明显下降。不同气候情景之间的模拟结果存在一定的差别，若 B1 气候情景发生，峨眉冷杉林的稳定性将下降，易于遭受外界干扰的影响。总之，无论哪种气候情景发生，都将不利于峨眉冷杉林的恢复和更新。

原生演替开始时，在贫瘠生境上的养分积累是决定演替进程的重要因素（何磊等，2010）。最初的先锋植物对氮需求不高，在群落演替初期碳储量迅速增加，群落中的固氮植物和微生物的作用逐步增强。随后土壤氮储量迅速增加，植被演替动态取决于固氮植物的种类、密度、生活型以及 C/N。演替初期围绕着氮争夺，冬瓜杨、柳树、沙棘种间竞争剧烈，冬瓜杨光合速率高，碳积累较多，同时也可以获得更多营养元素，因此其在演替前期、中期处于优势地位；演替中期群落主要是冬瓜杨的种内斗争，产生大量死树和倒木，养分的生物循环加强，土壤有机质迅速增加；演替后期的暗针叶林优势种个体碳储量最大，乔木层和表土层储存了大量养分，而生态系统养分的生物地球化学循环与以前明显不同。

原生演替过程中生态系统的碳汇作用过程清晰，获得了原生演替的一些初步认识，原生演替的格局与机理还有待深入研究。目前，生态系统健康、植被恢复和生态系统管理是当前生态学发展的热点，原生演替的原理和方法有助于这些热点的发展，同时也有助于探索退化生态系统的形成原因与机理，讨论受害生态系统的恢复与重建等许多重要的生态学问题。如何恢复被破坏的天然植被，使次生林与生态环境重新融合为一体，并获得与天然植被相当的生态（服务）功能和生态产出效益，一直是一个既紧迫又为人们所忽视的问题。原生演替研究涉及生态系统的动态过程，包括物种如何定居、种间和种内竞争、群落动态变化等，这些都无疑对生态恢复具有指导作用。原生演替原理是植被恢复的理论基础，其指导作用在时间和空间上都非常丰富。例如，可依据迹地植被与土壤的情况提出具体方案，也可根据恢复林地的目标提出具体方案。如果是原生裸地，必须有外来客土，从培育光合速率较高、耐瘠薄的落叶阔叶林开始，营造混交林，增加生物多样性，将碳循环和养分循环维持在一个较高水平，缩短恢复时间；如果是采伐迹地，植被和土壤有较好基础，可直接引种目的树种，加速成林。

原生演替从起点、过程到演替顶级一直存在着广泛的争论，甚至有人认为不存在原生演替（Johnson and Miyanishi，2008）。以前对原生演替的研究都没有在一个连续完整的序列开展，这是形成这些问题的主要原因。海螺沟冰川退缩区植被演替是一个有序的、可观测的连续完整过程，经过 150 多年的发展，最终由裸地演替为以云冷杉为主的顶级群落。通过碳动态可以量化这一群落变化过程中种间、种内竞争关系和竞争的结果，量化凋落物和粗木质残体在土壤发育过程中的作用。今后需要深入研究植物营养元素循环和利用规律，揭示原生演替的碳素和养分共同驱动机制，丰富生态学理论。

6.3　氮在演替早期阶段的作用

植被演替是生态学里最古老的概念之一。早在 1747 年，法国植物学家 Buffon 就曾在他的著作中记载了森林植被演替的现象。但直到 19 世纪末，这一早期的概念才被美国的植物学家 Cowles 和 Clements 发展成为一个正式的生态学概念——植被演替。从此，有关植被演替的研究成为生态学研究中最为活跃的部分之一。

根据演替发生的起始条件，植被演替可分为原生演替和次生演替。原生演替开始于原生裸地或原生荒原（完全没有植被，也没有任何植物的繁殖体存在的裸露地点）。由于原生裸地一般都是在特殊的气候或地质条件下形成的，获得原生演替的事例相对较少。目前，有关原生演替的研究主要集中于以下几种类型的原生裸地上：冰川退缩后所形成的原生裸地、火山爆发后形成的原生裸地、因风力或水流的作用所形成的沙丘等。与次生演替相比，原生演替的速度缓慢得多，所以对植被原生演替的相关研究也较少。有学者认为，因为原生裸地受到的人为因素和历史因素的干扰更少，所以对原生演替的研究更为重要，更容易了解自然状况下植被发生发展的规律，并且由于原生演替早期阶段的物种组成较少，生物之间的关系较为简单，在研究特定的物种之间的关系时更容易排除其他生物的影响（Gerhard and Birgit，2001）。

　　植被原生演替过程主要受到生物因素及非生物因素的影响，其中原生演替过程中最关键的阶段是早期生物的定居阶段。在原生演替的早期阶段，生物的种类较少，并且它们的生产力及其对环境因素的影响也都比较微弱，这时非生物因素对植被演替过程的影响更大，而且在演替早期，群落还未能完全郁闭，因此光照充足、雨量均一、气候条件基本相似，对植物影响最大的外界因子主要是土壤，土壤养分成为植被原生演替过程的关键因子，是植被演替的重要驱动力（Jones and Henry，2003）。

　　植物群落中植株之间的相互作用是生态学家关注的一个重要问题，其中竞争关系是研究的重点。在环境条件恶劣的原生裸地上，生物之间的互助关系比竞争关系对演替进程的影响更大。而随着演替的进行，养分含量逐渐积累，种间相互关系（种间互助以及竞争关系）可能发生转变，进而影响群落演替过程。

　　极地或高山冰川消退所形成的冰川裸地是研究植被原生演替的理想场所，这是因为不同地段冰川裸地裸露的时间呈有规律的变化，所以生态学家在一个地点就可以观察到一个完整的植被演替系列。然而原生演替过程中，由于植被易受到原生裸地的环境特征以及植物的生物学和生态学特性的影响，植被变化可能十分复杂。

　　海螺沟冰川自小冰期以来开始退缩，冰川退缩后形成了大量原生裸地，由于此处受到的人为干扰少，在其长达 2km 的序列范围内生态因子变化小，形成了一个完整的从裸地到先锋群落再到顶级群落的连续植被原生演替序列，为研究原生演替过程与机制提供了一个天然试验场地。在海螺沟冰川消退大约 121 年的时间里，形成了长约 2km，宽 50～200m，海拔 2850～3000m 的原生演替系列，在这个长约 2km 的原生演替系列，形成了从先锋种到顶级植被群落等不同的五个原生演替阶段：裸地-草本地被、川滇柳（*Salix rehderiana*）-沙棘（*Hippophae rhamnoides*）-冬瓜杨（*Populus purdomii*）、冬瓜杨（*Populus purdomii*）-峨眉冷杉（*Abies fabri*）-糙皮桦（*Betula utilis*）-杜鹃（*Rhododendron simsii*）、峨眉冷杉（*Abies fabri*）及麦吊云杉（*Picea brachytyla*）。采用野外调查、控制试验和室内分析等方法，以贡嘎山海螺沟冰川退缩区原生演替初期树种川滇柳与冬瓜杨幼苗及后期峨眉冷杉与麦吊云杉幼苗为研究对象，解析海螺沟冰川退缩区原生演替过程中植被演替变化机制及驱动因子，为揭示海螺沟冰川退缩区原生演替的植被之间转化及竞争关系提供内在机理，为山地生态系统植被恢复、重建与管理提供理论依据。

6.3.1　研究背景

　　土壤养分、水分以及光照是三种限制植物生长的主要因素，也是植物之间激烈竞争的重要资源。在演替早期，群落还未能完全郁闭，因此光照充足、雨量均一，气候条件基本相似，对植物影响最大的外界因子主要是土壤因素，即土壤养分状况。土壤元素能够限制植物的生长，且不同元素之间的特性不同，而不同类型的土壤能够影响土壤元素的表现，不同物种对养分胁迫所做出的生理反应也有差异，这都会影响植物的竞争能力。植物对养分资源的竞争被认为是决定植物物种分布的一个重要因素，而土壤养分有效性也影响着植物生长特性的变化。土壤养分不足，不仅严重影响植物的生长，而且关系森林生态系统的稳定。为适应养分胁迫环境，植物将通过某些方式感知和传导营养胁迫信号，调节自身遗传形态、基因表达和生理生化特性等对环境做出应答。

　　植物种内竞争发生在群落发展的整个阶段，然而种间竞争经常发生在群落原生演替过程中（Monnier et al.，2013）。土壤常见大量元素 N、P、K 等，在原生演替初期肥力不高的土壤上是植株竞争的主要资源，能够获取更多营养元素的植株将会从竞争中获胜。植物在纯植和混植时对环境中营养状况有不同响应，竞争可能影响环境中实际的营养水平。在混植时，过多的营养刺激了群落中优势物种的生长，如具有快速生长特性的物种。虽然某些物种单独种植于高营养环境中其生长会加快，但是相邻物种的竞争可能会降低高水平营养的刺激生长效应。

　　对营养元素的竞争，除了在获取能力上的差异外，还可以降低或增加某元素对其他植物的有效性。有关植物竞争的机理仍存在争论：Tilman 认为，在其他条件均等同的条件下，能够将土壤中氮水平降低到最低水平的植物，可以取代那些将氮水平降低程度不高的植物（Tilman and Wedin，1991），此称为浓度降低假说（concentration reduction hypothesis）。但土壤中各元素并非均匀分布，对于植物来说，土壤中养分元素的平均浓度并不能代表土壤养分的有效性，而应该用能够提供到植物根系的养分含量代替。因此，供给优先利用假说（supply pre-emption hypothesis）否认植物通过降低环境中的养分浓度来战胜竞争对手，而是在与其他植物竞争时，优先获取和利用养分的植物更有利于生存。环境压力梯度假说（the stress gradient hypothesis）模型预测植物之间相互关系会随外界环境压力梯度的变化而在互助合作与种间竞争之间转化，这一现象在亚高山植物群落中表现更为明显。植物之间竞争关系会随着资源梯度的增加而发生明显变化。当外界环境相对温和时，植物会增强养分吸收利用能力，并抑制邻近植物对养分的吸收，从而产生明显竞争作用。研究表明，限制性资源的有效性会影响陆地植物的分布、多度、动态和多样性（Thuiller et al.，2008），土壤养分水平对植物的竞争能力有着深刻的影响。有研究对沼泽欧石南和天蓝沼泽草的肥料添加试验表明，这两种植物在不施肥条件下的竞争能力相当，但当氮肥和磷肥的供应提高时，天蓝沼泽草的竞争能力相对增强。这是因为天蓝沼泽草是营养的奢侈利用者，对土壤肥力的提高有较强和迅速的反应，而沼泽欧石南在资源利用上比较经济，能适应于贫瘠的生境，对养分的增加反应较为"迟钝"，因而土壤肥力的增加增强了天蓝沼泽草的相对竞争能力，土壤养分有效性或资源比率的改变打破了原有的植物竞争平衡（Berendse and Aerts，1984）。这一结果可以从理论上解释荷兰湿地石南灌丛的优势种沼泽欧石南被草本植物天蓝沼泽草取代的原因，有些杂草和作物对土壤养分有效性的反应也表现出类似的现象，在一些自然植被中不同植物物种也存在对资源反应的差异。对草原和石南矮灌群落资源养分与植物竞争关系的研究发现，资源养分的变化会对植物的资源获取能力、资源分配及其资源利用策略产生较大改变，进而影响植物间的竞争关系。可见，要认识植物之间养分竞争关系的本质，就要对植物对大范围营养有效性改变的反应进行研究。

　　贡嘎山海螺沟冰川退缩区经过 120 多年的原生演替发展，形成了比较典型的可以定龄的土壤序列，在不同的土壤龄级上生长着差异较大的植被群落，根据前人对海螺沟冰川退缩区土壤发育阶段的研究结果以及不同演替阶段植被群落生长分布特征，并参考贡嘎山站的长期记录结果，发现演替早期阶段的 20 年龄级表层土壤与 40 年龄级表层土壤（0～20cm）的原始理化性状如表 6.17 所示，从中可知，冰川退缩区 40 年土壤龄级的有机质和养分含量（尤其是氮）与 20 年土壤龄级相比有明显的积累。可见，植物群落演替促进了退缩迹地土壤养分的恢复和增加，表层土壤肥力所受影响最大。野外调查显示，原生演替早期在 20 年土壤龄级上主要生长着川滇柳（*Salix rehderiana*），在 40 年土壤龄级上主要生长着冬瓜杨（*Populus purdomii*），相比于川滇柳，冬瓜杨为较后期出现的树种。川滇柳与冬瓜杨存在一个较长的共存阶段，这段时间里它们之间的相互作用关系可能为互助合作，也可能为种间竞争。而随着演替的进行，演替后期的树种冬瓜杨取代川滇柳成为群落中的优势物种，这一过程中川滇柳与冬瓜杨之间的相互关系可能发生转变，土壤发育可能更有利于冬瓜杨的生长。这种物种交替生长很可能是土壤质量的明显变化所驱动。有研究发现植物对氮元素吸收利用存在生态位分化，演替早期的物种会优先利用氮资源，先入为主（preemption），或者其有更高的可塑性（plasticity）。NH_4^+ 和 NO_3^- 是植物吸收的主要氮源形态，不同时期的不同植物常表现出对不同形态氮的选择性吸收（Von et al.，1997）。研究发现先锋物种一般优先吸收硝酸盐，其生长的土壤环境以硝化为主，而演替晚期的植物优先吸收铵，土壤环境以氨化为主。从上可知，土壤养分（尤其是氮元素）很可能是原生演替的重要驱动力之一。土壤氮元素很可能在植物群落演替过程中扮演着重要角色，氮元素可能通过改变植物的种内种间相互关系进而影响群落演替过程。

表 6.17　20 年龄级与 40 年龄级原始土壤基本理化性状及微生物量碳氮特征

土壤性质	20 年龄级土壤	40 年龄级土壤
有机碳 SOC/(g/kg)	11.81±0.43	16.59±0.38[**]
全氮 TN/(g/kg)	0.34±0.05	0.54±0.02[**]
全磷 TP/(g/kg)	0.34±0.03	0.29±0.01
全钾 TK/(g/kg)	6.62±0.47	10.73±0.38[**]
速效氮 AN/(mg/kg)	40.73±3.05	61.76±3.61[*]
速效磷 AP/(mg/kg)	3.28±0.40	1.67±0.08[*]
速效钾 AK/(mg/kg)	36.22±0.59	57.64±1.58[***]
微生物量碳 MBC/(mg/kg)	124.12±3.09	130.42±3.49
微生物量氮 MBN/(mg/kg)	4.27±0.35	6.68±0.49[*]
pH	6.79±0.04	6.82±0.02

氮元素是植物光合作用和生存生长的主要限制因子，它的有效性会影响植物多样性、群落结构、种间竞争、生理活性以及 C-N-P 化学计量平衡关系。植物会对氮源吸收、同化和转运，而植物衰老时氮影响其养分循环、重吸收和分配。有研究表明在原生演替

中，土壤养分从早期的氮限制，随着时间的增加转变为后期的磷限制（Lei et al.，2015；Song et al.，2017）。同时有研究发现贡嘎山海螺沟冰川退缩区原生演替过程中土壤氮含量不断积累，磷含量降低，这势必会影响土壤 C：N、C：P 和 N：P，而这种变化可能会明显影响地上部植物 C、N、P 化学计量关系的稳定性。Song 等（2017）对冰川退缩迹地原生演替早期物种川滇柳和冬瓜杨的研究发现，土壤养分（N 元素）能够调控川滇柳与冬瓜杨的种间竞争优势关系。海螺沟冰川退缩区原生演替过程中，土壤氮元素在调控演替早期杨柳科植物间的相互关系方面起了重要作用。然而目前对冬瓜杨取代川滇柳并最终成为优势种的内在机理认知不足，这一过程可能发生种间竞争关系和互助合作关系，在这种紧密的相互作用过程中，植物的光合能力、氮吸收能力以及根系分泌物、叶肉细胞超微结构（如淀粉粒大小、叶绿体形态、基粒数量等）会发生哪些变化，这一过程也涉及植物-土壤互作关系、地上-地下相互关系、C-N-P 生态化学计量关系等，这些都值得深入研究。

基于以上研究背景，选择对竞争和外界环境压力比较敏感的植物幼苗设计试验，测定了植物幼苗一系列形态学和生理学指标（包括植物生物量积累与分配、C-N-P 生态化学计量关系、非结构性碳水化合物和叶肉细胞超微结构等），并利用 ^{15}N 稳定性同位素示踪法研究了川滇柳与冬瓜杨对不同 N 形态（NH_4^+ 和 NO_3^-）的吸收与利用差异，以探讨不同土壤类型（20 年龄级和 40 年龄级）、不同种植模式和不同施肥水平条件下植株的生理生态特征变化，进一步探究种内、种间互相关系转化特征及其与土壤养分含量的关系，分析山地生态系统养分循环及种内、种间关系随环境变化的转化关系，揭示不同演替阶段地下土壤养分含量对地上植被特征的影响，以及植被之间的竞争作用对土壤养分循环过程的影响，为山地生态系统植被恢复、重建与管理提供理论依据。

6.3.2　研究区概况

海螺沟冰川退缩区（29°34′21″N，102°59′42″E）位于贡嘎山东坡，青藏高原东南缘。该地区气候湿冷，属于山地寒温带气候类型，年平均气温 3.8℃，1 月平均气温最低（-4.38℃），7 月平均气温最高（11.9℃），年降水日数在 260 天以上，年平均降水量约 1960mm，年平均相对湿度约 90%。海螺沟冰川属于季风海洋性冰川，水热条件好，冰川消融速度快，近百年来没有冰进过程，土壤有连续成土过程。海螺沟是贡嘎山东坡最主要冰川河，也是我国最具代表性的季风海洋性山谷冰川之一，自小冰期开始退缩，20 世纪 30 年代退缩加速形成了大量原生裸地，在其长达 2km 的序列范围内形成了一个完整的从裸地到先锋群落再到顶级群落的连续植被原生演替序列。

6.3.3　试验材料

试验布置在青藏高原东缘的中国科学院贡嘎山高山生态系统观测试验站（海拔 3000m a.s.l；29°34′N，101°59′E），试验站与冰川退缩迹地相距 2km，气候条件基本相同。其中，此区域年平均温度为 4.2℃，年降水量为 1947mm，相对湿度为 90.2%。本试验以贡嘎山海螺沟冰川退缩迹地原生演替早期物种川滇柳（*Salix rehderiana*）与冬瓜杨（*Populus purdomii*）为材料。川滇柳与冬瓜杨均属于杨柳科植物，具有生长迅速、适应性强和易于繁殖等特征，川滇柳和冬瓜杨的花期均为 4 月，果期为 5～6 月，物候期相近，二者均为贡嘎山冰川退缩区原生演替早期的树种，在不同氮素水平下其形态和生理响应不同，原生演替过程中川滇柳先出现在群落，冬瓜杨随后出现，且二者在演替早期阶段的共存时间较长，因此是研究贡嘎山冰川退缩区植物相互关系的理想物种。选取株高和基径基本一致的一年生健康的川滇柳和冬瓜杨树苗各 60 株分别栽植于 20 年、40 年土壤龄级及均质土壤的花盆中，花盆直径为 30cm，高度为 25cm。20 年和 40 年龄级的土壤有机碳含量分别为 11.81g/kg 和 16.59g/kg，全氮含量分别为 0.34g/kg 和 0.54g/kg，微生物量碳含量分别为 124.12mg/kg 和 130.42mg/kg，微生物量氮含量分别为 4.27mg/kg 和 6.68mg/kg；均质土壤 pH 为 6.82，有机质含量为 28.6g/kg，全氮含量为 0.54g/kg，全磷含量为 0.29g/kg。试验选用 NH_4NO_3 作为氮源，施氮量为 35g N/(m²·a)，在植株生长季（6 月、7 月和 8 月）平均分三次添加。施氮水平参照贡嘎山年氮沉降量和冰川退缩基地土壤本底氮含量以及考量冰川退缩区域演替早期的氮水平特征。植株收获前对每棵植物样品进行 ^{15}N 同位素处理，每个处理的四个重复均施加 30mg$^{15}NH_4NO_3$ 或 30mg $NH_4^{15}NO_3$，氮同位素处理 72h 后，每个处理取相同部位的叶片测定氮同位素分馏（$\delta^{15}N$）。实验所有处理均为自然条件光照、降水及温度等外界因子基本相同。

6.3.4　土壤不同氮素水平对冬瓜杨和川滇柳生理生态的影响

6.3.4.1　土壤龄级、不同施氮水平分别与竞争模式对植物形态与生理特性的影响

图 6.18 显示了不同土壤龄级与竞争模式处理下，川滇柳和冬瓜杨地上部生物量（ADM）、地下部生物量（BDM）、总生物量（TDM）积累与分配以及根茎比（R/S）变化状况。20 年土壤龄级处理下，种间种植的冬瓜杨 ADM、BDM 和 TDM 分别高于种内种植的冬瓜杨，种间种植的川滇柳 ADM、BDM 和 TDM 也均显著高于种内种植的川滇柳（$p<0.05$）。40 年土壤龄级处理下，种间种植的冬瓜杨 ADM、BDM 和 TDM 均显著低于种内种植的冬瓜杨（$p<0.05$），而种间种植的川滇柳 ADM 和 TDM 均明显高于种内种植。另外，20 年土壤龄级处理下，川滇柳和冬瓜杨在种间种植时根茎比（R/S）与种内种植相比，没有明显变化，而在 40 年土壤龄级处理下，川滇柳和冬瓜杨在种间种植时 R/S 与种内种植相比，显著降低（$p<0.05$），表明植物根系生长受种间竞争胁迫作用明显减缓。40 年土壤龄级种内种植的川滇柳与 20 年土壤龄级种内种植的川滇柳相比，ADM 和 TDM 均显著降低（$p<0.05$），而 40 年土壤龄级种内种植的冬瓜杨与 20 年土壤龄级种内种植的冬瓜杨相比，BDM 和 TDM 均有明显提高。生长参数指标（ADM、BDM 和 TDM）显著受物种与龄级、物种与种植模式、龄级与种植模式交互作用的影响。

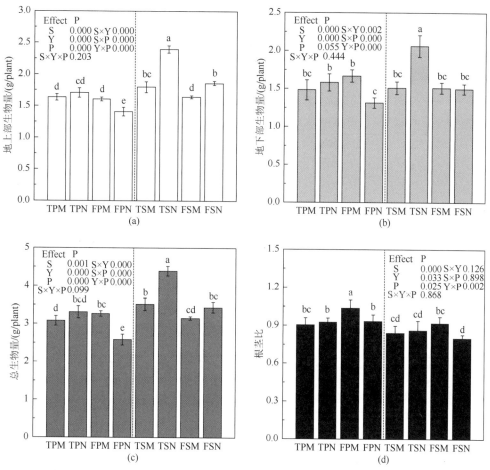

图 6.18　土壤龄级与竞争模式处理对川滇柳与冬瓜杨生物量积累与分配的影响

TPM：20 年土壤龄级下种内种植的冬瓜杨；TPN：20 年土壤龄级下种间种植的冬瓜杨；FPM：40 年土壤龄级下种内种植的冬瓜杨；FPN：40 年土壤龄级下种间种植的冬瓜杨；TSM：20 年土壤龄级下种内竞争的川滇柳；TSN：20 年土壤龄级下种间竞争的川滇柳；FSM：40 年土壤龄级下种内竞争的川滇柳；FSN：40 年土壤龄级下种间竞争的川滇柳。S：物种效应；Y：土壤年龄效应；P：竞争效应。柱子上不同小写字母表示不同土壤龄级与种植模式处理之间差异显著（根据 Tukey 检验，$p<0.05$）

　　如表 6.18 所示，不同施氮水平与竞争模式处理下，川滇柳和冬瓜杨的生长特征表现出明显差异。对照条件（未施氮处理）下，种间竞争的冬瓜杨（P/PS）与种内竞争（P/PP）相比，表现出低的地上部干生物量（SDM）、地下部干生物量（RDM）和总干生物量（TDM）积累，以及低的叶面积指数（SLA）和苗木高度（H）。然而，种间竞争的川滇柳（S/PS）与种内竞争（S/SS）相比，表现出高的 SDM、RDM 和 TDM 积累，以及高的 SLA 和 H。可以看出，对照条件和种间竞争处理下，演替早期的物种（川滇柳）与演替中期的物种（冬瓜杨）相比，表现出高的 RDM 和 TDM 积累，以及高的苗木高度（H）。然而施氮处理后，种间竞争的冬瓜杨（P/PSN）与种内竞争的冬瓜杨（P/PPN）相比，具有高的生物量积累，另外，种间竞争的川滇柳（S/PSN）与种内竞争的川滇柳（S/SSN）相比，表现出低的生物量积累。此外，多因素方差分析表明，川滇柳和冬瓜杨的生长特征显著受到物种与氮肥交互作用、物种与竞争交互作用的影响，而物种、氮肥和竞争三者交互作用显著影响 SDM、RDM、TDM、SLA 和 H。

表 6.18　不同施氮水平与竞争模式处理对川滇柳和冬瓜杨生长特征的影响

物种	竞争处理	SDM/(g/plant)	RDM/(g/plant)	TDM/(g/plant)	SLA/(cm²/g)	R/S	H/cm
冬瓜杨	P/PP	1.62±0.02e	1.60±0.20c	3.22±0.14de	125.19±9.27a	1.02±0.07a	24.4±1.7f
	P/PS	1.36±0.01f	1.27±0.19c	2.64±0.22e	104.89±2.74b	0.93±0.09ab	21.3±1.0g
	P/PPN	3.38±0.13c	2.90±0.32b	6.24±0.47c	81.63±7.98d	0.89±0.01bc	29.8±1.1cd
	P/PSN	4.17±0.15b	3.21±0.20ab	7.43±0.50b	84.01±4.20cd	0.78±0.01d	32.1±1.6c
川滇柳	S/SS	1.67±0.04e	1.56±0.23c	3.25±0.21de	95.62±6.76bc	0.95±0.11ab	26.6±1.4ef
	S/PS	1.82±0.08d	1.65±0.27c	3.49±0.30d	106.94±5.52b	0.82±0.05cd	28.1±1.4de
	S/SSN	5.43±0.18a	3.49±0.30a	9.11±0.56a	94.45±2.11bcd	0.66±0.03e	39.6±1.0a
	S/PSN	4.24±0.04b	2.79±0.27b	7.03±0.11bc	91.38±3.13cd	0.68±0.03e	36.5±1.5b
	$P>F_S$	***	ns	***	ns	***	***
	$P>F_N$	***	***	***	***	***	***
	$P>F_C$	***	ns	*	ns	***	ns
	$P>F_{S×N}$	***	ns	**	***	ns	**
	$P>F_{S×C}$	***	ns	***	**	ns	ns
	$P>F_{N×C}$	ns	ns	ns	ns	ns	ns
	$P>F_{S×N×C}$	***	***	***	***	ns	***

注：P/PP：种内竞争的冬瓜杨植株；P/PS：种间竞争的冬瓜杨植株；S/SS：种内竞争的川滇柳植株；S/PS：种间竞争的川滇柳植株；P/PPN：施氮处理下种内竞争的冬瓜杨植株；P/PSN：施氮处理下种间竞争的冬瓜杨植株；S/SSN：施氮处理下种内竞争的川滇柳植株；S/PSN：施氮处理下种间竞争的川滇柳植株。F_S，物种效应；F_N，氮肥效应；F_C，竞争效应；$F_{S×N}$，物种和竞争交互效应；$F_{S×C}$，物种和竞争交互效应；$F_{N×C}$，氮肥和竞争交互效应；$F_{S×N×C}$，物种、氮肥和竞争交互效应。SDM：地上部干生物量积累；RDM：地下部干生物量积累；TDM：总干生物量积累；SLA：叶面积指数；R/S：根冠比；H：苗木高度。同一列不同小写字母表示不同施氮水平与竞争模式处理之间差异显著（根据 Tukey 检验，$p<0.05$）。表中数值为平均值±标准误（$n=4$）。ns：差异不显著；*：$0.01<p<0.05$；**：$0.001<p≤0.01$；***：$p≤0.001$。

6.3.4.2　土壤龄级、不同施氮水平分别与竞争模式对非结构性碳水化合物的影响

如图 6.19 所示，20 年土壤龄级处理下，种间竞争的冬瓜杨（TPN）叶片淀粉含量和根系淀粉含量均显著高于种内种植的冬瓜杨（TPM）（$p<0.05$），而川滇柳在种间种植时（TSN）叶片和根系淀粉含量与种内种植（TSM）相比无显著变化。40 年土壤龄级处理下，种间种植冬瓜杨（FPN）的叶片和根系淀粉含量均显著高于种内种植的冬瓜杨（FPM）（$p<0.05$），而种间种植的川滇柳（FSN）叶片淀粉含量显著低于种内种植的川滇柳（FSM）（$p<0.05$）。20 年土壤龄级处理下种间种植的冬瓜杨（TPN）根系可溶性总糖含量显著高于20 年土壤龄级种内种植的冬瓜杨（TPM）（$p<0.05$），而 40 年土壤龄级种间种植的冬瓜杨（FPN）根系可溶性总糖含量显著低于 40 年土壤龄级种内种植的冬瓜杨（FPM）（$p<0.05$）。40 年土壤龄级冬瓜杨种间种植（FPN）的叶片及根系可溶性总糖含量显著低于 20 年土壤龄级种间种植的冬瓜杨（TPN）（$p<0.05$），而 40 年土壤龄级处理种间种植的川滇柳（FSN）叶片可溶性总糖含量显著低于 20 年土壤龄级下种间种植的川滇柳（TSN）（$p<0.05$）。40 年土壤龄级下种内种植的冬瓜杨叶片及根系蔗糖含量显著低于 20 年土壤龄级下种内种植的冬瓜杨。40 年土壤龄级处理下，种间种植的川滇柳叶片果糖含量显著低于种内种植的川

滇柳。40 年土壤龄级处理下种间种植的川滇柳与冬瓜杨根系果糖含量均显著低于 20 年土壤龄级处理下种间种植的川滇柳与冬瓜杨。

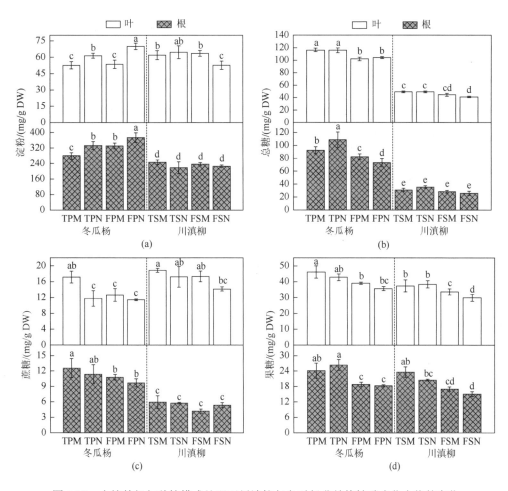

图 6.19　土壤龄级与种植模式处理下川滇柳与冬瓜杨非结构性碳水化合物的变化

　　如图 6.20 所示，在所有竞争处理中，冬瓜杨比川滇柳具有更高的可溶性总糖含量。在种间竞争和未施肥条件下，冬瓜杨比川滇柳表现出更高的根茎叶淀粉含量。在种间竞争和施肥条件下，演替早期的物种（柳树）比演替中后期的物种（杨树）表现出较低的根茎叶总糖和果糖含量、茎淀粉和蔗糖含量、根淀粉和蔗糖含量。未施肥条件下，杨树在种间竞争比在种内竞争中具有更高的根茎叶淀粉含量和根可溶性总糖含量，然而施氮条件下，杨树在种间竞争比在种内竞争中具有更低的叶总糖含量、叶蔗糖含量和茎淀粉含量。在施氮条件下，柳树在种间竞争比在种内竞争中表现出较低的叶淀粉和茎果糖含量。物种和竞争交互作用以及氮肥和竞争交互作用均显著影响根茎叶淀粉含量，而物种、氮肥和竞争三者交互作用显著影响根淀粉、根总糖、根蔗糖、茎淀粉、茎果糖、叶淀粉和叶总糖含量。

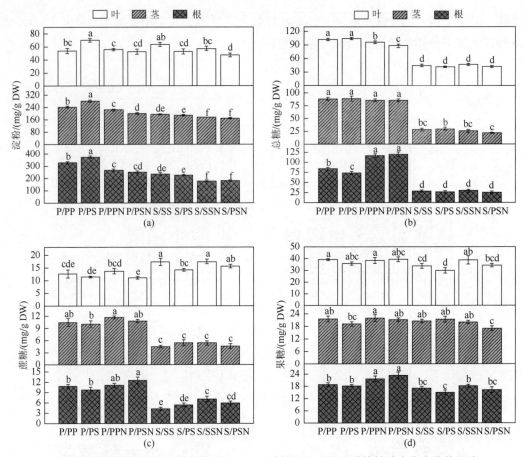

图 6.20　不同施氮水平与竞争模式处理对川滇柳和冬瓜杨非结构性碳水化合物的影响

各字母含义同表 6.18

6.3.4.3　土壤龄级、不同施氮水平分别与种植模式对养分利用和碳氮同位素组成的影响

如图 6.21 所示，川滇柳与冬瓜杨的叶片氮（N）、磷（P）含量明显高于根系中 N、P 含量，叶片中 C：N 明显低于根系，叶片中 N：P 高于根系。20 年土壤龄级处理下，川滇柳在种间种植时叶片中 N 含量显著高于种内种植时的叶片 N 含量，而种间种植的冬瓜杨叶片中 N 含量与种内种植相比无明显变化，这表明此阶段种间种植偏利于川滇柳对 N 元素的吸收，而对冬瓜杨生长无明显影响。40 年土壤龄级种间种植的冬瓜杨根系 N 含量与 20 年土壤龄级相比，显著增加（$p < 0.05$），这是土壤 N 元素明显积累所致。20 年土壤龄级处理下，冬瓜杨种间种植时根系 C：N 显著高于种内种植（$p < 0.05$），种间种植川滇柳根系的 C：N 显著高于种内种植川滇柳。冬瓜杨种间种植的叶片 N：P 与种内种植相比无显著变化，而种间种植的川滇柳叶片 N：P 与种内竞争相比显著升高（$p < 0.05$）。40 年土壤龄级处理种间种植的川滇柳与 20 年土壤龄级处理种间竞争的川滇柳相比，叶片 N：P 显著降低（$p < 0.05$）。40 年土壤龄级处理种内种植的川滇柳与 20 年土壤龄级处理种内种植的川滇柳相比，根系 N：P 显著降低（$p < 0.05$）。

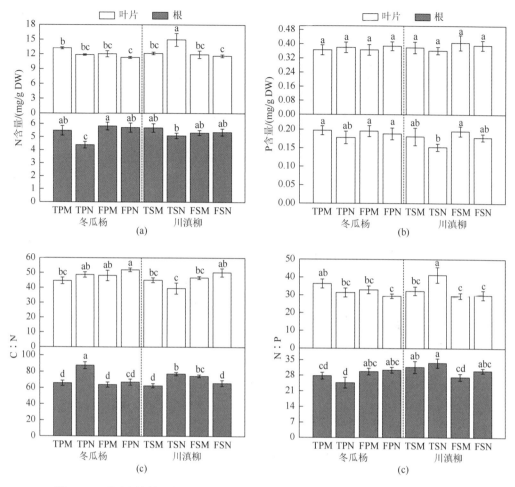

图 6.21　不同土壤龄级与种植模式处理对川滇柳和冬瓜杨养分吸收与利用的影响

图 6.22 为不同土壤龄级与种植模式下川滇柳与冬瓜杨碳氮（$\delta^{13}C$ 与 $\delta^{15}N$）变化情况。在 20 年与 40 年土壤龄级条件下，种间种植川滇柳与冬瓜杨的 $\delta^{15}N\text{-}NH_4^+$ 含量均显著低于种内种植。而 20 年土壤龄级处理，川滇柳与冬瓜杨种间种植的 $\delta^{15}N\text{-}NO_3^-$ 含量均显著高于种内种植。这表明种间种植条件下更有利于植物对 NO_3^--N 的吸收。40 年土

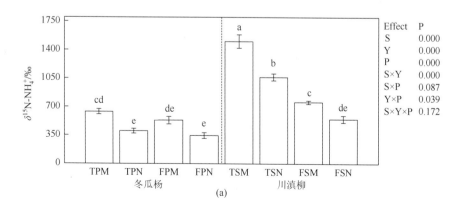

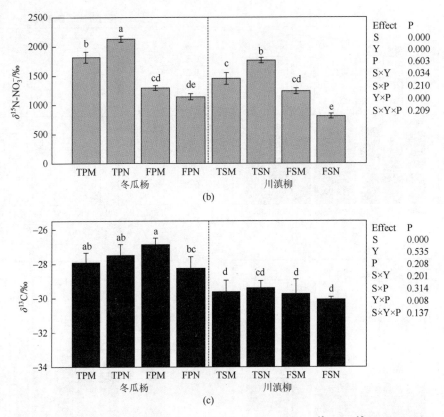

图 6.22　不同土壤龄级与种植模式下川滇柳与冬瓜杨碳氮（δ^{13}C 与 δ^{15}N）变化情况

壤龄级条件下，种间种植的川滇柳与冬瓜杨 δ^{15}N- NO_3^- 含量均明显降低。各处理冬瓜杨的 δ^{13}C 含量均明显高于川滇柳。40 年土壤龄级处理下，种间种植冬瓜杨（FPN）的 δ^{13}C 含量显著低于种内种植（FPM，$p < 0.05$）。而川滇柳各处理之间 δ^{13}C 含量差异不显著。

　　如图 6.23 所示，施氮处理后，川滇柳与冬瓜杨根、干、叶中的氮（N）含量均明显提高，N:P 也明显提高。对照条件（未施氮）下，种间竞争的冬瓜杨（P/PS）与种内竞争（P/PP）相比，表现出低的干 N 含量，而施氮处理后，种间竞争的冬瓜杨（P/PSN）与种内竞争的冬瓜杨（P/PPN）相比，具有高的叶 C 含量，以及低的根 N:P。另外，未施氮条件下，种间竞争的川滇柳（S/PS）与种内竞争的川滇柳（S/SS）相比，具有高的干 C:N 和低的根 C:N。然而施氮以后，种间竞争的川滇柳与种内竞争的川滇柳相比，具有较高的根 N:P。在种间竞争和施氮条件下，演替后期的物种（冬瓜杨）比演替早期的物种（川滇柳）有更高的叶 C 含量、叶 N 含量、叶 N:P、根 C:N 和干 C:N。多因素方差分析结果表明（表 6.19），物种和氮肥交互作用显著影响叶 N 含量、叶 C:N、叶 N:P，干 N 含量、干 C:N、干 N:P，根 N 含量、根 C:N。氮肥和竞争交互作用显著影响叶 N 含量、叶 C:N、干 C:N、根 C 含量。物种、氮肥和竞争三者交互作用显著影响叶 C 含量、根 C 含量、根 C:N 和 N:P。

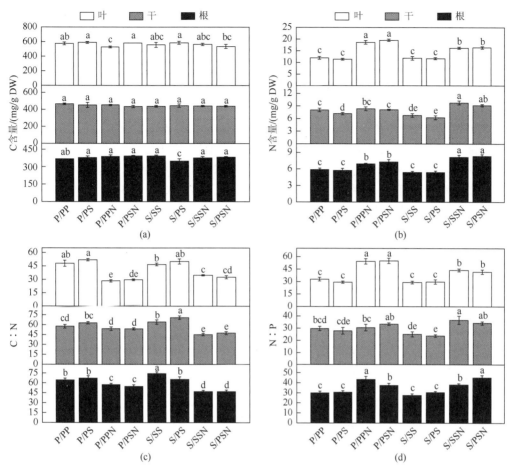

图 6.23 不同施氮水平与竞争模式处理对川滇柳和冬瓜杨养分吸收利用的影响

P/PP：种内竞争的冬瓜杨植株；P/PS：种间竞争的冬瓜杨植株；S/SS：种内竞争的川滇柳植株；S/PS：种间竞争的川滇柳植株；P/PPN：施氮处理下种内竞争的冬瓜杨植株；P/PSN：施氮处理下种间竞争的冬瓜杨植株；S/SSN：施氮处理下种内竞争的川滇柳植株；S/PSN：施氮处理下种间竞争的川滇柳植株。柱子上不同小写字母表示不同施氮水平与竞争模式处理之间差异显著（根据 Tukey 检验，$p < 0.05$）

表 6.19 多因子处理下对养分吸收利用状况进行多因素方差分析

	$P > F_S$	$P > F_N$	$P > F_C$	$P > F_{S \times N}$	$P > F_{S \times C}$	$P > F_{N \times C}$	$P > F_{S \times N \times C}$
叶 C	0.138	0.001	0.031	0.625	0.024	0.600	0.002
叶 N	0.000	0.000	0.900	0.000	0.602	0.010	0.091
叶 C：N	0.032	0.000	0.012	0.000	0.161	0.005	0.291
叶 N：P	0.000	0.000	0.180	0.000	0.749	0.599	0.052
干 C	0.033	0.095	0.212	0.258	0.086	0.442	0.785
干 N	0.516	0.000	0.000	0.000	0.992	0.289	0.199
干 C：N	0.936	0.000	0.000	0.000	0.169	0.007	0.626
干 N：P	0.600	0.000	0.343	0.000	0.128	0.256	0.057
根 C	0.062	0.001	0.139	0.418	0.003	0.006	0.000
根 N	0.002	0.000	0.304	0.000	0.809	0.196	0.310
根 C：N	0.027	0.000	0.052	0.000	0.027	0.358	0.001
根 N：P	0.763	0.000	0.119	0.059	0.000	0.291	0.000

如图 6.24 所示，在未施氮条件下，川滇柳和冬瓜杨均表现出更高的 $\delta^{15}N\text{-}NO_3^-$ 和 $\delta^{15}N\text{-}NH_4^+$ 值，种间竞争中的冬瓜杨（P/PS）比种内竞争的冬瓜杨（P/PP）表现出较低的 $\delta^{15}N\text{-}NH_4^+$ 和 PNUE 值，而施氮后，种间竞争的冬瓜杨（P/PSN）比种内竞争的冬瓜杨（P/PPN）表现出更高的 $\delta^{15}N\text{-}NO_3^-$ 和 $\delta^{15}N\text{-}NH_4^+$ 值。然而，未施氮条件下，种间竞争中的川滇柳（S/PS）相比于种内竞争中的川滇柳（S/SS）具有更高的 PNUE，但是施氮后，种间竞争中的川滇柳（S/PSN）比在种内竞争中的川滇柳（S/SSN）具有低的 PNUE 和 $\delta^{13}C$ 值。在种间竞争和未施氮条件下，冬瓜杨比川滇柳有更低的 $\delta^{15}N\text{-}NH_4^+$ 和 PNUE 值，更高的 $\delta^{15}N\text{-}NO_3^-$ 和 $\delta^{13}C$ 值。而在种间竞争和施氮条件下，冬瓜杨比川滇柳具有更高的 $\delta^{15}N\text{-}NO_3^-$、$\delta^{15}N\text{-}NH_4^+$ 和 $\delta^{13}C$。物种、氮肥和竞争均显著影响 $\delta^{15}N\text{-}NO_3^-$、$\delta^{15}N\text{-}NH_4^+$ 和 $\delta^{13}C$。物种与氮肥交互作用以及氮肥与竞争交互作用显著影响 $\delta^{15}N\text{-}NO_3^-$、$\delta^{15}N\text{-}NH_4^+$ 和 $\delta^{13}C$。而物种、氮肥和竞争三者交互作用显著影响 $\delta^{15}N\text{-}NO_3^-$、$\delta^{15}N\text{-}NH_4^+$、$\delta^{13}C$ 和 PNUE。

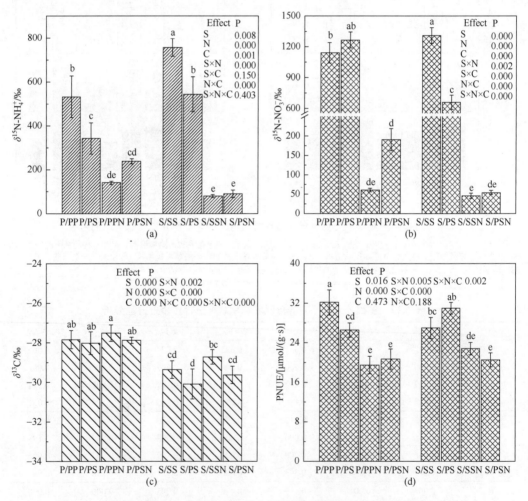

图 6.24　不同施氮水平与竞争模式处理对碳氮同位素组成及光合氮利用效率的影响

S：物种效应；N：氮肥效应；C：竞争效应；S×N：物种和氮肥交互效应；S×C：物种和竞争交互效应；
N×C：氮肥和竞争交互效应；S×N×C：物种、氮肥和竞争交互效应

6.3.4.4　施氮与竞争模式下川滇柳和冬瓜杨的气体交换参数

如表 6.20 所示，不同施氮水平与竞争模式处理下，川滇柳与冬瓜杨呈现出明显不同的气体交换参数。在对照处理条件下，种间竞争的冬瓜杨（P/PS）与种内竞争（P/PP）相比，表现出低的净光合速率（P_n）、气孔导度（gs）、胞间 CO_2 浓度（C_i）和蒸腾速率（E）。然而，在施氮处理后，种间竞争的冬瓜杨（P/PSN）与种内竞争（P/PPN）相比，表现出高的净光合速率、气孔导度、胞间 CO_2 浓度和蒸腾速率。这表明，施氮明显影响了冬瓜杨的光合作用。另外，对照处理条件下，种间竞争的川滇柳（S/PS）与种内竞争（S/SS）相比，表现出高的净光合速率、气孔导度、胞间 CO_2 浓度和蒸腾速率。然而在施氮处理条件下，种间竞争的川滇柳与种内竞争相比，表现较低的净光合速率、气孔导度和蒸腾速率。未施氮处理的种间竞争，演替早期的物种（川滇柳）与演替中期的物种（冬瓜杨）相比，具有更高的净光合速率、气孔导度、胞间 CO_2 浓度和蒸腾速率及较低的饱和水汽压差。多因素方差分析结果表明，物种与氮肥交互作用、物种与竞争交互作用显著影响净光合速率和蒸腾速率，而物种、施氮和竞争三者交互作用显著影响净光合速率、气孔导度、胞间 CO_2 浓度、蒸腾速率和饱和水汽压差。

表 6.20　施氮与竞争处理对川滇柳和冬瓜杨光合气体交换的影响

物种	竞争处理	净光合速率 /[μmol/(m²·s)]	气孔导度 /[mol/(m²·s)]	胞间 CO₂浓度 /[(μmol/mol)]	蒸腾速率 /[(mmol/mol)]	饱和水汽压差 /kPa
冬瓜杨	P/PP	14.88±0.90de	0.24±0.02e	266.42±13.28e	2.13±0.13d	0.64±0.03ab
	P/PS	14.45±0.58e	0.21±0.01e	264.17±12.08e	1.89±0.07d	0.65±0.03a
	P/PPN	16.41±0.23c	0.32±0.03d	296.88±13.57d	2.50±0.08c	0.59±0.03bc
	P/PSN	17.73±0.22b	0.36±0.03d	320.18±5.78cd	2.57±0.13c	0.58±0.03c
川滇柳	S/SS	14.95±0.59de	0.51±0.04c	320.71±13.96bcd	4.06±0.18b	0.62±0.03abc
	S/PS	15.53±1.01cd	0.65±0.07b	358.34±9.28a	5.07±0.15a	0.58±0.04c
	S/SSN	19.59±0.11a	0.76±0.04a	335.47±11.25abc	4.97±0.19a	0.47±0.01d
	S/PSN	18.47±0.16b	0.71±0.03ab	346.29±3.47ab	4.22±0.05b	0.50±0.03d
	P>F$_S$	***	***	***	***	***
	P>F$_N$	***	***	***	***	***
	P>F$_C$	ns	*	***	ns	ns
	P>F$_{S×N}$	***	ns	***	***	***
	P>F$_{S×C}$	*	ns	ns	**	ns
	P>F$_{N×C}$	ns	**	ns	***	ns
	P>F$_{S×N×C}$	***	***	**	***	***

6.3.4.5　施氮与竞争模式下川滇柳和冬瓜杨水解氨基酸含量

如表 6.21 所示，不同施肥水平与不同竞争模式下，川滇柳与冬瓜杨的各氨基酸含量具有明显差异。在未施氮条件下，川滇柳在种间竞争中的总氨基酸和各组分氨基酸含量显著高于种内竞争，而冬瓜杨在种间竞争中的总氨基酸和各组分氨基酸含量显著低于种内竞争，除了精氨酸和赖氨酸。另外，施氮条件下，种间竞争中的川滇柳与种内竞争中的川滇柳相比，具有更低的总氨基酸和各组分氨基酸含量，除了精氨酸。在养分不足条件下，后期演替的物种（冬瓜杨）与前期演替的物种（川滇柳）相比，表现出更低的总氨基酸、谷氨酸、甘氨酸、缬氨酸、异亮氨酸、亮氨酸、酪氨酸、组氨酸、赖氨酸和精氨酸含量。相反，养分充足条件下，川滇柳表现出更低的总氨基酸、苏氨酸、谷氨酸、甘氨酸、丙氨酸、缬氨酸、异亮氨酸、亮氨酸和精氨酸含量。

表 6.21　不同施氮水平与竞争模式处理下川滇柳和冬瓜杨水解氨基酸含量和组成的变化

氨基酸 /(mg/g DW)	冬瓜杨				川滇柳			
	P/PP	P/PS	P/PPN	P/PSN	S/SS	S/PS	S/SSN	S/PSN
天冬氨 Aspartic acid	10.76d	10.24e	19.2a	15.87c	9.79f	10.37e	16.4b	15.57c
苏氨酸 Threonine	4.92e	4.70e	8.41a	6.52c	4.28f	4.79e	6.88b	6.19d
丝氨酸 Serine	5.25d	4.69e	8.00a	6.46c	4.73e	4.83e	6.89b	6.33c
谷氨酸 Glutamic acid	12.63e	12.11f	23.5a	21.45b	11.4g	12.43e	19.10c	17.64d
甘氨酸 Glycine	5.91e	5.54g	10.1a	8.26c	5.33h	5.68f	8.59b	7.94d
丙氨酸 Alanine	6.78e	6.61e	12.2a	10.53c	6.42f	6.74e	10.8b	9.97d
缬氨酸 Valine	6.46e	6.28f	11.6a	9.15c	5.87g	6.47e	9.75b	8.97d
异亮氨酸 Isoleucine	4.98e	4.84f	9.00a	7.21c	4.44g	4.99e	7.65b	7.01d
亮氨酸 Leucine	9.62e	9.35f	17.5a	13.92c	8.63g	9.61e	14.7b	13.49d
酪氨酸 Tyrosine	2.63e	2.56e	5.0ab	3.64c	2.85e	3.17d	5.20a	4.82b
苯丙 Phenylalanine	5.31d	5.21d	10.4a	7.81bc	4.47e	5.30d	7.96b	7.60c
组氨酸 Histidine	2.56e	2.54e	3.59c	3.45c	3.02d	3.16d	4.40a	4.22b
赖氨酸 Lysine	2.02h	2.37g	3.68c	3.49d	5.65f	5.98e	8.65a	7.97b
精氨酸 Arginine	4.40f	4.62f	13.9b	14.16a	4.57f	5.11e	11.4d	11.76c
脯氨酸 Proline	6.23c	5.83d	10.6a	7.94b	5.42e	5.87b	7.80b	7.61b
总氨基酸 TAA	90.45f	87.4g	167.09a	139.86c	86.9g	94.49e	146.33b	137.10d

6.3.4.6　土壤龄级、不同施氮水平分别与种植模式对叶肉细胞超微结构的影响

图 6.25 所示为不同土壤龄级与种植模式处理下川滇柳与冬瓜杨的叶肉细胞超微结构。

其中，20 年土壤龄级处理下，种间种植的冬瓜杨（TPN）与种内种植（TPM）相比呈现出光滑较厚的细胞膜和细胞壁。此外，种间种植的川滇柳（TSN）与种内种植（TSM）相比呈现出更小的淀粉颗粒以及较少的质体小球。另外，40 年土壤龄级处理下川滇柳与冬瓜杨的叶肉细胞内均呈现出更大的淀粉颗粒。在 40 年土壤龄级处理下，种间种植的川滇柳和冬瓜杨与种内种植相比时，呈现出更少的线粒体、更大的质体小球以及出现质壁分离的现象。然而，在 20 年土壤龄级处理下，种间种植的川滇柳与冬瓜杨呈现出明显的互助合作关系，表现为叶肉细胞内具有典型的叶绿体结构、排列良好的类囊体膜以及连续较厚的细胞膜和细胞壁。40 年土壤龄级处理下，种内种植的冬瓜杨（FPM）呈现出更高数量且具有正常结构和清晰嵴的线粒体，然而种间种植的冬瓜杨（FPN）叶肉细胞呈现出较为严重的受损状态，表现为线粒体基本消失、叶绿体肿胀以及出现较多的质体小球。

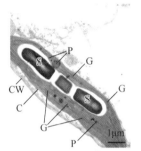
(a) 20年土壤龄级和种间竞争的冬瓜杨

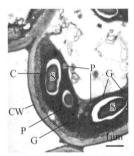
(b) 20年土壤龄级和种间竞争的川滇柳

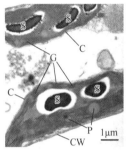
(c) 20年土壤龄级和种内竞争的冬瓜杨

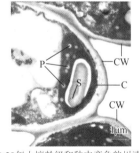
(d) 20年土壤龄级和种内竞争的川滇柳

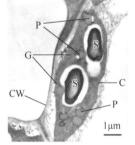
(e) 40年土壤龄级和种间竞争的冬瓜杨

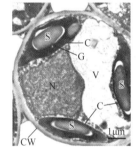
(f) 40年土壤龄级和种间竞争的川滇柳

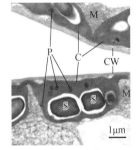
(g) 40年土壤龄级和种内竞争的冬瓜杨

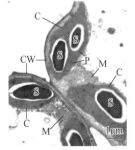
(h) 40年土壤龄级和种内竞争的川滇柳

图 6.25　不同土壤龄级与竞争模式处理下川滇柳与冬瓜杨的叶肉细胞超微结构

C：叶绿体；S：淀粉粒；P：质体小球；G：基粒；CW：细胞壁；V：液泡；M：线粒体；N：细胞核

　　图 6.26 为冬瓜杨和川滇柳的叶肉细胞在未施肥［图 6.26（a）～（d）］与施肥［图 6.26（e）～（h）］条件下种内、种间竞争过程中的叶片超微结构观察图谱。其中在未施肥条件下，种间竞争的冬瓜杨（P/PS）与种内竞争的冬瓜杨（P/PP）相比，叶肉细胞内呈现更多的质体小球［图 6.26（a）和（c）］。而种间竞争的川滇柳（S/PS）与种内竞争（S/SS）的川滇柳相比，叶肉细胞内叶绿体数量较少，且淀粉粒较大［图 6.26（b）和（d）］。但在施肥条件下，川滇柳与冬瓜杨叶肉细胞的细胞膜和细胞壁呈现出光滑与持续的细胞膜和细胞壁以及相对较大的叶绿体。冬瓜杨在施氮条件下受种内竞争的影响，呈现出不规则形状的叶绿体。在施氮和种间竞争条件下，川滇柳与冬瓜杨均具有典型的叶绿体形状，并且在叶绿体基粒上面有排列整齐的类囊体，且线粒体具有清晰的嵴结构［图 6.26（g）和（h）］。此外，施氮后，川滇柳与冬瓜杨的叶绿体均变大，在种间竞争条件下，冬瓜杨的淀粉粒明显比川滇柳小。

　　如图 6.27 所示，对不同施氮水平和竞争模式条件下川滇柳和冬瓜杨的生理生态指标进行主成分分析（PCA）。主成分分析结果表明，施氮处理后，川滇柳与冬瓜杨各竞争处理和对照处理相比明显分离，然而，在对照处理中，种内竞争的川滇柳与种间竞争相比没

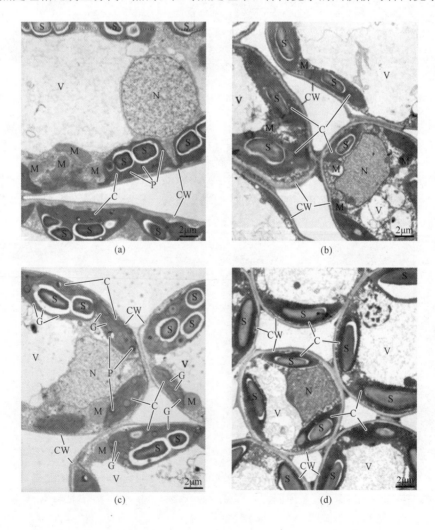

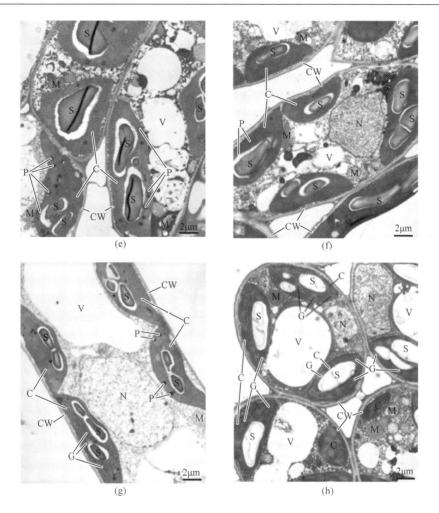

图 6.26　不同施氮水平与竞争模式处理下川滇柳和冬瓜杨的叶肉细胞超微结构观察

（a）P/PP，对照和种内竞争中的冬瓜杨；（b）S/SS，对照和种内竞争中的川滇柳；（c）P/PS，对照和种间竞争中的冬瓜杨；（d）S/PS，对照和种间竞争中的川滇柳；（e）P/PPN，施氮和种内竞争中的冬瓜杨；（f）S/SSN，施氮和种内竞争中的川滇柳；（g）P/PSN，施氮和种间竞争中的冬瓜杨；（h）S/PSN，施氮和种间竞争中的川滇柳；C，叶绿体；S，淀粉粒；M，线粒体；G，基粒；P，质体小球；N，细胞核；V，液泡；CW，细胞壁

有被明显分离。这一发现表明在土壤养分较低时川滇柳对种间竞争压力不敏感，而冬瓜杨则不同。第一主成分（PC1）和第二主成分（PC2）的贡献率分别为 61.8%和 30.7%，累积贡献率达到 92.5%，PC1 受到可溶性碳水化合物（可溶性总糖、淀粉、蔗糖和果糖）、气孔导度（gs）、胞间 CO_2 浓度（C_i）以及蒸腾速率（E）的影响较大，而 PC2 受到植物 C、N 含量、C/N、N/P 以及总生物量、地上部生物量、地下部生物量、根冠比（R/S）、比叶面积（SLA）和淀粉含量的影响相对较大。此外，根茎叶 N 含量和 N/P 与植物干物质积累和净光合速率（P_n）呈现明显的正相关，而与 C/N、R/S、SLA 和淀粉含量呈现负相关。

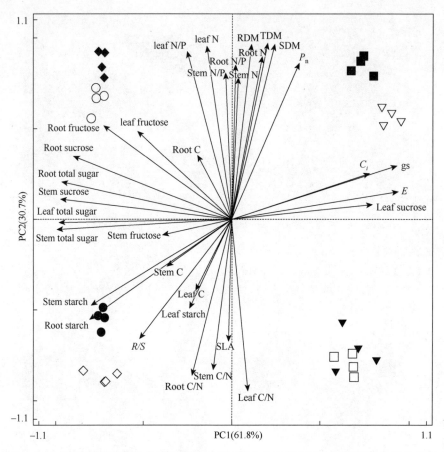

图 6.27 不同施氮水平与竞争模式处理下川滇柳与冬瓜杨生理生态指标的主成分分析

黑色圆形：P/PP；白色菱形：P/PS；白色方形：S/SS；黑色倒三角形：S/PS；白色圆形：P/PPN；黑色菱形：P/PSN；黑色方形：S/SSN；白色倒三角形：S/PSN。P_n：净光合速率；gs：气孔导度；C_i：胞间 CO_2 浓度；E：蒸腾速率；SDM：地上部生物量；RDM：地下部生物量；TDM：总生物量；SLA：比叶面积（叶的单位叶面积与其质量之比）；R/S：根茎比（地下部与地上部干重之比）

6.3.5　氮添加改变种间关系

高山生态系统植物与植物之间的相互关系有积极的影响和消极的影响。植物之间竞争作用与互助作用在自然界普遍发生，尤其是在高山生态系统，表明植物不可能独立存在。压力梯度假说预测植物之间的相互关系随着环境梯度的变化而变化，在相对较好的环境条件下更多地出现竞争关系；然而在严酷的环境中，互助关系经常发生。

如图 6.28 所示，不同土壤龄级之间川滇柳与冬瓜杨种间种植时的相对互作强度（RII）值差异显著。20 年土壤龄级处理下，川滇柳与冬瓜杨的 RII 值均大于 0，表明川滇柳与冬瓜杨种间种植产生积极的互助合作关系，双方生长均受益，从中还可以看出川滇柳的 RII 值显著高于冬瓜杨（$p<0.05$），进一步表明川滇柳在种间互助合作关系中获益更大。然而，在 40 年土壤龄级处理下，冬瓜杨的 RII 值为负，而川滇柳的 RII 值为正，表明川滇柳与冬瓜杨种间处理时，冬瓜杨受到川滇柳竞争胁迫的影响，处于劣势，而川滇柳在种间处理中占据优势地位。

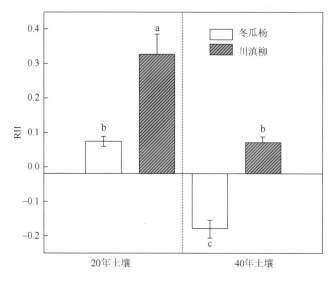

图 6.28　土壤龄级与竞争模式处理对川滇柳与冬瓜杨相对互作强度的影响

不同小写字母表示物种之间差异显著（根据 Tukey 检验，$p < 0.05$）

　　此外，当土壤养分资源贫瘠时（如 20 年土壤龄级），种间竞争的川滇柳与冬瓜杨和种内竞争的相比具有更高的地上和地下干物质积累、淀粉含量、根系 C∶N 以及 $\delta^{15}N\text{-}NO_3^-$。川滇柳与冬瓜杨生长于 20 年土壤龄级时，植物之间具有积极的相互关系（互助关系）。相反，当土壤养分资源适中时（如 40 年土壤龄级），种间竞争的川滇柳与冬瓜杨均呈现出更低的干物质积累速率和根茎比（R/S），这表明种间竞争明显抑制了根系的生长，植物之间呈现明显负相互关系。邻近植物之间的竞争关系会产生负干扰，而互助关系经常发生在一个物种改善另一个物种的生长环境过程中。本书研究结果表明，在亚高山冰川退缩迹地早期演替阶段，伴随着土壤养分的改善，川滇柳与冬瓜杨的种间关系从互助转变为竞争从而支撑了压力梯度假说，即随着外界压力和干扰强度的增加，积极的互助关系强度会增加，而消极的竞争关系强度会减弱。冰川退缩迹地原生演替过程中，土壤养分水平的变化可以调节植物之间相互关系从互助到竞争的转化。Graff 等（2007）研究表明，伴随放牧强度的变化，植物之间相互关系会在互助与竞争之间发生转化。

　　为深入考究川滇柳与冬瓜杨竞争能力改变的生理生化和形态结构易变因子，本章重点研究施加氮肥对原生演替过程植被种内、种间竞争关系的影响。如图 6.29 所示，对照处理与施氮（N）处理下川滇柳与冬瓜杨的相对互作强度（RII）值差异很大。未施氮处理下（对照），冬瓜杨的 RII 值小于 0，而川滇柳的 RII 值大于 0，表明冬瓜杨在种间竞争中受到川滇柳的抑制作用，而川滇柳在种间竞争中占据优势地位。然而，施氮处理后，冬瓜杨的 RII 值为正，而川滇柳的 RII 值为负，表明川滇柳与冬瓜杨种间竞争时，川滇柳受到竞争胁迫的影响，处于劣势，而冬瓜杨在种间竞争中占据优势。

　　对照处理下，种间竞争中的冬瓜杨与种内竞争相比，呈现出明显低的 SDM、RDM、TDM、H 和 SLA，川滇柳则出现了完全相反的结果；然而施氮处理下出现了相反的现象，

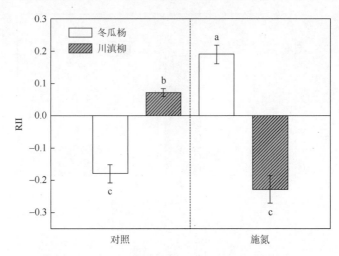

图 6.29　施氮水平与竞争模式处理对川滇柳与冬瓜杨相对互作强度的影响

不同小写字母表示物种之间差异显著（根据 Tukey 检验，$p < 0.05$）

种间竞争的冬瓜杨与种内种植相比呈现出明显高的干物质积累，这一发现表明，川滇柳比冬瓜杨具有更强的竞争能力，在氮缺乏的条件下，川滇柳会在与冬瓜杨的种间竞争中获益，而在施氮条件下，冬瓜杨会从与川滇柳的共存中获益。这些结果表明，在不同的氮水平条件下，川滇柳与冬瓜杨利用不同的生长策略，氮利用效率的增强能够反映原生演替过程中的物种更替。前人研究表明，当土壤养分受到限制时，地上部与地下部生物量比值减小，更多的碳和养分分配给根生长，增强了养分吸收和植物竞争能力（Bennett et al.，2012）。本书研究结果表明，在对照条件下，后期演替的物种（冬瓜杨）与早期演替的物种（川滇柳）相比呈现低的 RDM 积累；然而在种间竞争和施氮条件下，冬瓜杨与川滇柳相比具有高的 RDM 积累。

非结构性碳水化合物（NSC）是一种重要的光合产物，在植物信号传导机制、基因表达、光合过程、植被生长与生存过程中均扮演着十分重要的角色，非结构性碳水化合物含量在碳供应（光合作用）与碳需求（呼吸作用）的平衡方面可视为一个重要参数。本书研究结果显示，施氮处理与对照处理相比，川滇柳与冬瓜杨均呈现较低的淀粉含量。前人的研究表明非结构性碳水化合物的分配受到氮有效性的影响，而这反过来又影响碳的吸收与分配过程。另外，植物需要平衡能量储存或生长关系以应对复杂的外界环境变化。从对照和施肥处理来看，冬瓜杨与川滇柳相比均具有明显高的淀粉和总糖含量，这表明冬瓜杨具有更大的碳存储分配能力。保守的光合碳投入到生长，而更高水平的碳用于储存，这在应对环境胁迫条件下扮演着重要角色，如水分胁迫和草食动物的攻击。植被覆盖完成后，快速的空间占领已不能再提供一种长期的竞争优势,而其他一些重要因素促进了川滇柳到冬瓜杨的原生演替过程。

氮肥添加明显影响了川滇柳与冬瓜杨对氮的吸收能力，反过来又会影响 C-N-P 生态化学计量关系。低的氮利用效率会明显限制植物的生长状况以及优势植物的竞争能力，尤其是植物在光合氮利用效率方面。相关研究表明，氮添加增强了早期到中期演替物种（青杨）的竞争能力。另外，段宝利等研究指出后期演替的物种（岷江冷杉）能够改良氮的吸收状态，温度升高时与红桦等早期演替的物种竞争中具有更好的表现。本研究结果显示，施氮能显著提高植物根茎叶的氮含量。在对照处理下，川滇柳与冬瓜杨的叶片氮含量没有显著性差异，然而施加氮肥后，冬瓜杨与川滇柳相比具有显著高的叶片氮含量，这表明冬瓜杨比川滇柳具有更高吸收养分（N）的能力，而这也将会增强冬瓜杨在种间竞争过程中的竞争能力。种间竞争的冬瓜杨（P/PS）与种内竞争（P/PP）相比具有更低的光合氮利用效率（PNUE），然而川滇柳在种间竞争（S/PS）中具有更高的 PNUE。结果显示在种间竞争和氮限制条件下，川滇柳的 PNUE 值增加而冬瓜杨的则变小。此研究进一步强调了氮利用效率变化对植物生存的重要作用。

　　^{15}N 同位素示踪用于研究川滇柳与冬瓜杨在不同施氮水平和竞争模式处理下土壤氮形态的偏好吸收特征。研究结果显示，施氮后 $\delta^{15}N\text{-}NH_4^+$ 和 $\delta^{15}N\text{-}NO_3^-$ 显著减少，然而，在未施氮条件下每个处理均呈现出更高的 $\delta^{15}N\text{-}NO_3^-$ 含量。这一结果表明在氮限制条件下川滇柳与冬瓜杨更偏爱吸收 $NO_3^-\text{-}N$，此外，相比于其他处理，冬瓜杨则表现出最高的 $\delta^{15}N\text{-}NO_3^-$ 含量，而在种间竞争和施氮条件下川滇柳对 $NO_3^-\text{-}N$ 的吸收明显受到抑制。前人的研究也显示邻近植物之间会影响氮吸收总量以及不同氮形态的吸收比例，如 $NH_4^+\text{-}N$ 和 $NO_3^-\text{-}N$。同时，能够吸收更多 $NO_3^-\text{-}N$ 的物种，具有明显的竞争优势，而在本研究中，施氮与种间竞争条件下冬瓜杨被观察到吸收更多的 $NO_3^-\text{-}N$，这与冰川退缩区域原生演替进程具有较强的相关性。

　　未施氮条件下，种间竞争的川滇柳（S/PS）与种内竞争（S/SS）相比表现出更高的 P_n、gs、C_i 和 E，然而冬瓜杨则表现出相反的结果。但是，施氮处理下，种间竞争的川滇柳（S/PSN）与种内竞争相比具有更低的 P_n、gs 和 E，然而种间竞争的冬瓜杨（P/PSN）与种内竞争（P/PPN）相比具有更高的 P_n、gs、C_i 和 E。种间竞争和对照处理下，川滇柳较高的光合作用与较高的氮获取能力和较高的气孔导度紧密联系。这也同冬瓜杨比川滇柳具有更高的长期水分利用效率相联系。因此，在种间竞争和对照处理下，川滇柳在与冬瓜杨种间竞争中占据优势，由于川滇柳的水分消耗策略允许它具有更高的胞间 CO_2 浓度。但是，相反的结果出现在种间竞争和施氮处理条件下。然而，川滇柳在施氮条件下维持着一个高的气孔导度，因此，川滇柳同冬瓜杨的种间竞争降低了川滇柳的光合能力，增强了冬瓜杨的光合利用能力。种间竞争和施氮条件下，同川滇柳相比，冬瓜杨叶片面积显著增加，表明其具有更高的光合能力，表现为高的地下部生物量（RDM）、地上部生物量（SDM）和总生物量（TDM）。

　　水解氨基酸（HAA）属于光合产物的一种，在竞争压力条件下是驯化和保护策略的重要部分，其中包括渗透调节、作为可被利用的碳源和氮源、提高物种竞争能力。不同的施氮水平与竞争模式下，川滇柳与冬瓜杨水解氨基酸组成和含量的变化能够反映植物对竞争压力长期的响应以及植被生理生化过程的变化。研究显示，施氮处理后，总的氨基酸以及各组分氨基酸含量均明显增加，这一结果同前人的研究结果相一致，即施氮显著增加了青杨的氨基酸含量。此外，有研究表明，某些氨基酸具有潜在的化感特征，能够影响其周围植物的生长发育。研究表明对照处理下，演替后期的物种（冬瓜杨）与演替早期的物种（川滇柳）相比呈现出更低浓度的总氨基酸、甘氨酸、谷氨酸、缬氨酸、异亮氨酸、亮氨酸和精氨酸。可是，施氮处理下，冬瓜杨与川滇柳种间竞争过程中，冬瓜杨呈现显著高的总氨基酸、甘氨酸、谷氨酸、缬氨酸、异亮氨酸、亮氨酸和精氨酸水平。以上结果表明，施氮明显调控了川滇柳与冬瓜杨在种间竞争过程中水解氨基酸的组成与含量，这反过来影响蛋白质的合成以及渗透调节能力，并最终改变竞争关系。总的来看，冬瓜杨与川滇柳相比，能够更好地适应水资源缺乏的胁迫压力，尤其是在演替后期植被密集的情况下。

另外，研究对叶肉细胞超微结构观察发现，施氮与对照相比叶绿体变大。施氮处理下，种间竞争的川滇柳与种内竞争相比具有更少的叶绿体；种间竞争和对照处理下，冬瓜杨与川滇柳相比出现更多质体小球。叶绿体中质体小球的出现经常被视作衰老的症状，像类囊体降解过程中的脂滴露出。这一发现表明，在氮限制和种间竞争过程下，冬瓜杨呈现较差的生长特性。

总之，施氮处理后，演替后期物种（冬瓜杨）与演替早期物种（川滇柳）种间竞争过程中，冬瓜杨将会从中获益，同时也表明，施氮处理更有利于冬瓜杨的生长。海螺沟冰川退缩区域发生原生演替现象，从最原始地方的固氮草本植物，到演替中期的落叶阔叶树种，最后到常绿针叶树种的顶级群落，在这一过程中，演替后期的土壤养分（尤其是 N 含量）显著高于演替早期。研究表明，植物之间的竞争以及土壤氮的有效性是演替过程的重要驱动因素，而这一结果符合冰川退缩区域植被原生演替规律。

6.3.6 结论

全球气候变化，致使贡嘎山冰川退缩加剧，其明显改变着高海拔地区的土壤环境，这势必导致山地植物生理生态适应性发生变化，从而推动冰川退缩区发生植被原生演替。主要得到以下结论。

1）不同土壤龄级（20 年龄级和 40 年龄级）与种植模式（种内种植和种间种植）处理下川滇柳与冬瓜杨相互关系发生明显转化。环境压力梯度假说模型预测植物之间相互关系会随着外界环境压力梯度的变化而在互助合作与种间竞争之间转化，这一现象在亚高山植物群落中表现更为明显。研究表明，川滇柳与冬瓜杨之间的相互关系伴随着土壤龄级的增加（20 年龄级到 40 年龄级）出现由积极影响（positive effect）到消极影响（negative effect）的转变，同时发现土壤养分是群落中邻近植物之间竞争与合作相互关系转化的重要环境因子。在不同土壤龄级上，川滇柳与冬瓜杨种内、种间种植在生物量积累与分配、养分吸收与利用、非结构性碳水化合物、叶片超微结构等方面具有明显差异。研究发现，在 20 年土壤龄级处理下川滇柳与冬瓜杨种间种植与种内种植相比，具有更高的地上部、地下部和总的生物量积累。此外，^{15}N 稳定性同位素标记技术用于辨明川滇柳与冬瓜杨种内、种间种植下不同的氮吸收形态（$\delta^{15}N\text{-}NO_3^-$ 和 $\delta^{15}N\text{-}NH_4^+$），结果显示 20 年土壤龄级处理下川滇柳和冬瓜杨种间种植（PS）与种内种植（PP 和 SS）相比均呈现更高的 $\delta^{15}N\text{-}NO_3^-$ 水平。结果表明，在养分贫瘠的土壤（20 年土壤龄级）条件下，川滇柳与冬瓜杨之间相互关系表现为种间互助合作（facilitative interaction），而当土壤养分达到适中条件后（40 年土壤龄级），川滇柳与冬瓜杨之间相互关系转变为种间竞争关系（competitive interaction）。由上可知，在贡嘎山冰川退缩迹地原生演替过程中，土壤养分是驱动植物之间相互关系转化的关键因素。

2）土壤龄级的增加使川滇柳与冬瓜杨之间相互关系转变为种间竞争关系。土壤养分（氮元素）能够调控川滇柳与冬瓜杨种间竞争优势关系。在对照处理（未施氮）下，川滇柳与冬瓜杨种间竞争过程中，川滇柳占据竞争优势地位，而冬瓜杨生长受到竞争胁迫的影响，生长特征表现为川滇柳比冬瓜杨具有更高的生物量积累、光合能力、氮吸收能力、氨基酸含量以及光合氮利用效率（PNUE）。然而，在施氮处理后，情况发生了明显转变，川滇柳与冬瓜杨种间竞争过程中，冬瓜杨占据了竞争优势地位，具体表现为冬瓜杨比川滇柳具有更高的生长率、更高的碳获取能力、高的氨基酸含量以及水分利用效率，而川滇柳的生长显著减少。由此可知，海螺沟冰川退缩迹地原生演替过程中，土壤氮元素在调控演替早期杨柳科植物相互关系方面扮演了重要的角色。植物-植物相互关系与氮有效性是驱动贡嘎山冰川退缩迹地原生演替过程的关键机理。

总体来讲，贡嘎山冰川退缩迹地植物群落原生演替过程中川滇柳与冬瓜杨的相互关系明显受到土壤氮有效性的调控。冰川退缩迹地随着氮含量的逐渐积累（20 年龄级到 40 年龄级），川滇柳与冬瓜杨之间相互关系发生由互助合作到种间竞争的转化。当土壤氮缺乏时（对照组）川滇柳在种间竞争中占据优势，竞争能力较强，而当土壤氮丰富时（施氮组），冬瓜杨在竞争中占据优势。

6.4　磷在演替后期阶段的作用

6.4.1　研究概况

磷是植物生长发育所必需的大量营养元素之一，不仅在生物化学和生理生态的水平上直接参与代谢，包括光合作用、呼吸作用、能量运输、核酸合成、酶活化/失活、碳水化合物代谢、氮固定等，同时在生态系统的水平上改变竞争的交互关系（Yu et al.，2017）。尽管磷在土壤中很丰富，由于大部分磷是不溶性的而不能被植物吸收利用，因此磷也是所有生态系统里最常见的限制性元素之一，特别是在演替的后期阶段。土壤磷有效性的变化对植物个体的竞争力、物种多样性、生态系统的结构功能和动态变化有重要影响。当植物在土壤磷含量较低的环境里生长时，其叶片磷浓度也较低。通常较低的叶片磷浓度相应地伴随着不同的叶片特征，包括较低的光合碳同化能力、较低的比叶面积、较高的叶片 N：P、较高的磷再吸收效率以及较高的光合磷利用效率。磷能改变生物量的分配、生长或发育的形态或生理可塑性、耐受性，与外生菌根协作以增加营养吸收等。

近年来，人为因素导致氮沉降，增加了氮的有效性，导致磷的限制在生态系统里更为常见。磷的缺乏会对植物造成各种不利的影响。例如，磷能降低植物的光合作用和气孔导度，从而限制植物生长，并且影响叶片的角度、抑制叶片分蘖、延长植物的休眠期、使植物提前进入衰老期、减少开花和发芽的大小和数量等。土壤磷缺乏时，植物可以采取一系列的策略应对资源（如磷）的限制，包括上调磷的转录基因、增加植物对根部的生物量分配、改变根系形态及与菌根协作等。例如，①分配更多的光合产物到根部，增加根系的生长、提高根长和根毛数量、增加根系探索土壤的表面积（簇状根），不仅更加有效地探索更多的土壤空间，还能往具有较高磷有效性的地点进行挖掘；②提高磷转运蛋白的表达；

③增加有机酸、酸性磷酸酶的分泌，增加无机磷从土壤颗粒的移动和有机磷资源，提升植物从土壤溶液中吸收磷的效率等；④与菌根真菌形成一个互利的共生体，以增加其探索更多的土壤体积和吸收磷的能力。有研究表明施磷肥可以增加植物的光合能力，影响植物干物质的积累和分配。例如，Keith 等（1997）的施肥试验发现，与对照相比，施磷的样地内乔木的生物量增加 30%，而根系生物量则降低 19%。还有研究表明，施磷肥会对植物的根系形态、根长和根毛等产生影响。Chandler 和 Dale（1993）对北美云杉（*Picea sitchensis*）的研究发现，施磷能增加单位叶重的 Rubisco 酶活性，并且施磷能提高植物对干旱的耐受性，如三叶草、乌头叶大豆、大麦以及大豆等，还能影响植物对硝态氮（NO_3^-）和铵态氮（NH_4^+）的吸收，导致植物碳和氮代谢的改变，影响其达到最优化的生长状态。另外，由于施磷肥增加了资源的有效性，磷的有效性可以影响生态系统的丰富度和物种组成。由于磷元素是沉积型循环，在成熟林或演替后期的森林中，更容易发生磷的缺乏。长期的生态观测与试验表明，在原生演替时发生的植物生长的养分限制，从早期氮有效性的限制转变为后期磷有效性的限制（Lei et al.，2015）。

　　研究者们将贡嘎山原生演替系列划分为不同的演替阶段。野外调查显示，海螺沟冰川退缩后原生演替后期土壤年龄为 50～80 年的优势种为峨眉冷杉，海螺沟冰川退缩后土壤年龄为 80～120 年的优势种为麦吊云杉。在一个由冰川退缩形成的原生演替中，土壤水分有效性会随着离冰川距离的增大而减少，并且植被的耗水量会增大，而磷的有效性从演替早期阶段到后期显著地减少（Zhou et al.，2013；Lei et al.，2015）。因此，在演替过程中或许存在水分与磷利用效率的权衡。土壤磷有效性可能会相应地改变峨眉冷杉与麦吊云杉的竞争结果，从而对原生演替后期植物峨眉冷杉与麦吊云杉之间的竞争关系起到重要的作用，或许会影响海螺沟冰川退缩区的优势物种峨眉冷杉与麦吊云杉的转化过程。然而，现如今关于相邻植物的交互作用对磷吸收的影响以及在原生演替上土壤磷有效性的变化对植物种内与种间竞争的影响研究，特别是在冰川退缩区形成的原生演替的研究，还很少见。

　　由于进行植物之间竞争关系的方法并不能表现出植物生长和竞争的过程与动态变化。本书基于以上相关研究，采用野外调查、控制试验和室内分析等方法，以贡嘎山海螺沟冰川退缩区原生演替后期树种峨眉冷杉与麦吊云杉幼苗为研究对象，进行了连续两年的竞争试验，测定植物幼苗一系列形态学和生理学指标（包括植物生物量积累与分配、C-N-P 生态化学计量关系、非结构性碳水化合物和叶肉细胞超微结构等），并利用 ^{15}N 稳定性同位素示踪法研究峨眉冷杉与麦吊云杉对不同 N 形态（NH_4^+ 和 NO_3^-）的吸收与利用差异。主要探讨不同土壤类型（分别采集自峨眉冷杉与麦吊云杉为优势种的林下土壤，简称为冷杉土与云杉土）、不同种植模式（种内竞争与种间竞争）和不同施肥水平（对照与施磷）条件下，峨眉冷杉与麦吊云杉的生理生态特征变化，进一步探究峨眉冷杉与麦吊云杉种内、种间互相关系转化特征，解释植物之间的相互作用机制以及竞争关系的变化过程，分析山地生态系统养分循环及种内种间关系随环境变化的转化关系，揭示不同演替阶段地下土壤养分含量对地上植被特征的影响以及植被之间的竞争作用对土壤养分循环过程的影响。

6.4.2　试验材料

试验布置在青藏高原东缘的中国科学院贡嘎山高山生态系统观测试验站（海拔3000m a.s.l；29°34′N，101°59′E），试验站与冰川退缩迹地相距 2km，气候条件基本相同。其中，此区域年平均温度为 4.2℃，年降水量为 1947mm，相对湿度为 90.2%。本试验以贡嘎山海螺沟冰川退缩迹地原生演替后期物种峨眉冷杉（Abies fabri）与麦吊云杉（Picea brachytyla）为材料，为了让幼苗充分适应环境，在施磷肥处理前大约 7 个月的缓苗期种植，从海螺沟冰川退缩区采集健壮、无病虫害且长势均匀的峨眉冷杉与麦吊云杉幼苗，种植在塑料盆里。塑料盆的直径为 32cm，高 25cm。试验用的土壤来自海螺沟冰川退缩区内的峨眉冷杉为优势种的林下原生土壤（简称冷杉土），理化性质见表 6.22。种植前土壤充分混匀过筛（去除石块等），种植后，进行苗期管理，每隔一天浇水以保持充足的水分供应。进行施肥处理时，每年每盆施加 1.55g NaH_2PO_4（0.40g P），也就是50kg P（$hm^2·a$）。共进行四次施肥处理，每次 0.10g P，另外，在 ^{15}N 同位素示踪试验中，每个处理的五个重复均添加 30mg $^{15}NH_4NO_3$ 或 30mg $NH_4{}^{15}NO_3$，氮同位素处理 72h 后，每个处理取相同部位的叶片测定氮同位素分馏（$\delta^{15}N$）。在幼苗生长旺季（5～8 月）测定各项生理生化指标。

表 6.22　两种土壤（冷杉土与云杉土）的理化性质

土壤类型	pH	有机碳/(g/kg)	总氮/(g/kg)	总磷/(g/kg)
冷杉土	5.98±0.07	51.52±3.61	0.81±0.02	0.90±0.02
云杉土	5.33±0.03	79.56±6.66	1.36±0.04	0.57±0.03

6.4.3　土壤不同磷素水平对峨眉冷杉和麦吊云杉生理生态的影响

6.4.3.1　施磷和竞争处理对植株形态、生物量积累与分配的影响

冷杉土种植时，施磷与竞争对峨眉冷杉和麦吊云杉的生物量积累有显著的影响（图 6.30）。在没有施磷时，种间竞争的麦吊云杉的叶生物量、茎生物量、根生物量和总生物量均低于种内竞争，而峨眉冷杉的这些指标在这两种竞争模式下没有显著差异（Mon vs. Mix）。另外，在施磷处理时，相比种内竞争，种间竞争的峨眉冷杉显著增加了叶生物量、茎生物量和总生物量的积累，而麦吊云杉的叶生物量、茎生物量和总生物量在这两种竞争模式下没有差异（Mon + P vs. Mix + P）[图 6.30（a）、（b）和（d）]。

在不同处理之间，峨眉冷杉与麦吊云杉的生物量分配情况，并不像植株的生物量积累一样变化明显（表 6.23），物种作用显著影响了植株的叶：干、叶：根及干：根。施磷则对叶：根、干：根及地下部生物量：地上部生物量产生显著影响。例如，施磷显著增加了这两种松科植物的叶：根和干：根，但降低了地下部生物量：地上部生物量（表 6.23），说明在施

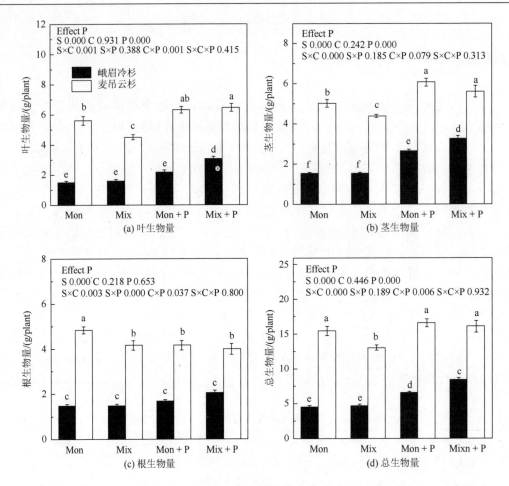

图 6.30　冷杉土种植时，不同施磷水平和竞争模式下峨眉冷杉与麦吊云杉的生物量积累

数据为平均值±标准误（$n=5$）。每个柱子上不同的小写字母表示峨眉冷杉与麦吊云杉在每个处理间的参数在 $p<0.05$ 水平上的显著性差异（Tukey 检验）。用多因素方差分析来检验物种、竞争与磷肥的交互作用。S：物种；C：竞争影响；P：磷肥影响；S×C：物种与竞争交互影响；S×P：物种与磷肥交互影响；C×P：竞争与磷肥交互影响；S×C×P：物种、竞争与磷肥交互影响。Mon：种内竞争；Mix：种间竞争；Mon＋P：施磷处理的种内竞争；Mix＋P：施磷处理的种间竞争

磷处理时，植株分配更多的地上部生物量（叶和干）。物种与磷肥的交互作用（S×P）显著影响了植株的叶：干和干：根。

表 6.23　冷杉土种植时不同施磷水平和竞争模式下峨眉冷杉与麦吊云杉的生物量分配

物种	处理	叶：干	叶：根	干：根	地下部生物量：地上部生物量
峨眉冷杉	Mon	0.97±0.03abc	1.01±0.06c	1.05±0.05c	0.49±0.03a
	Mix	1.06±0.07ab	1.09±0.04c	1.03±0.04c	0.47±0.01a
	Mon＋P	0.82±0.06c	1.29±0.07b	1.59±0.05a	0.35±0.01b
	Mix＋P	0.94±0.05bc	1.50±0.05a	1.60±0.04a	0.33±0.01b

续表

物种	处理	叶∶干	叶∶根	干∶根	地下部生物量∶地上部生物量
麦吊云杉	Mon	1.12±0.04ab	1.16±0.03bc	1.04±0.01c	0.45±0.01a
	Mix	1.03±0.05ab	1.09±0.04c	1.07±0.06c	0.47±0.02a
	Mon + P	1.04±0.03ab	1.51±0.04a	1.46±0.04ab	0.34±0.01b
	Mix + P	1.15±0.02a	1.62±0.04a	1.41±0.0b	0.33±0.02b
	P∶F_S	0.000	0.001	0.015	0.204
	P∶F_C	0.063	0.020	0.780	0.345
	P∶F_P	0.092	0.000	0.000	0.000
	P∶$F_{S×C}$	0.132	0.075	0.944	0.245
	P∶$F_{S×P}$	0.018	0.152	0.004	0.256
	P∶$F_{C×P}$	0.067	0.018	0.626	0.469
	P∶$F_{S×C×P}$	0.185	0.680	0.404	0.539

注：Mon：种内竞争；Mix：种间竞争；Mon + P：施磷处理的种内竞争；Mix + P：施磷处理的种间竞争。

云杉土种植时，在没有施磷时，峨眉冷杉与麦吊云杉的茎生物量、总根生物量、总生物量、细根生物量以及根茎比在种内与种间竞争之间没有显著差异（Mon *vs.* Mix）[图 6.31（b）～（f）]。施磷处理显著增加了峨眉冷杉与麦吊云杉的叶生物量、茎生物量以及总生物量，并且种间竞争的峨眉冷杉具有更高的各个器官（根茎叶）生物量以及总生物量，而麦吊云杉的生物量在这两种竞争模式之间没有显著差异［图 6.31（a）～（e）］。另外，在施磷处理时，峨眉冷杉的根茎比显著降低，但是麦吊云杉的根茎比没有显著变化［图 6.31（f）］。竞争与磷肥（C×P）以及物种、竞争和磷肥的交互作用（S×C×P）显著影响根茎叶以及总生物量；物种与磷肥的交互作用（S×P）显著影响根茎比。

在没有施磷时，峨眉冷杉与麦吊云杉的平均根直径、比根尖密度和外生菌根侵染率在种内与种间竞争之间没有显著差异（Mon *vs.* Mix），然而与种内竞争相比，种间竞争显著增加了这两种松科植物的比根长。施磷处理显著降低了这两种松科植物的比根长和外生菌根侵染率，减少了麦吊云杉的比根尖密度，而平均根直径在不同处理之间没有显著变化，施磷处理对其有增加的趋势。另外，物种、竞争和磷肥（S×C×P）的交互作用显著影响比根长；竞争与磷肥（C×P）的交互作用显著影响外生菌根侵染率。

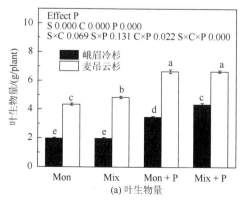

(a) 叶生物量

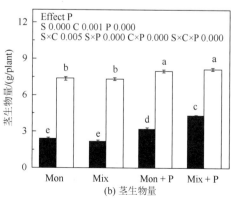

(b) 茎生物量

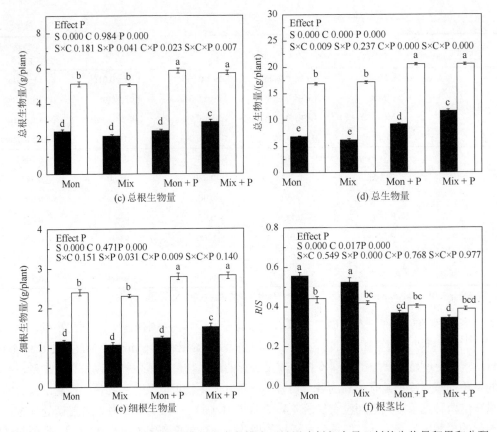

图 6.31　云杉土种植时，不同施磷水平和竞争模式下峨眉冷杉与麦吊云杉的生物量积累和分配

数据为平均值±标准误差（$n = 5$）。每个柱子上不同的小写字母表示峨眉冷杉与麦吊云杉在每个处理间的参数在 $p < 0.05$ 水平上的显著性差异（Tukey 检验）。用多因素方差分析来检验物种、竞争与磷肥的交互作用。S：物种；C：竞争影响；P：磷肥影响；S×C：物种与竞争交互影响；S×P：物种与磷肥交互影响；C×P：竞争与磷肥交互影响；S×C×P：物种、竞争与磷肥交互影响。Mon：种内竞争；Mix：种间竞争；Mon + P：施磷处理的种内竞争；Mix + P：施磷处理的种间竞争

6.4.3.2　施磷和竞争处理对叶片光合特征的影响

冷杉土种植时，如图 6.32 所示，物种与磷肥的交互作用（S×P）显著影响 P_n、F_v/F_m 和 PNUE ［图 6.32（a）～（c）］，只有磷肥对 PPUE 有显著的影响 ［图 6.32（d）］。不论哪种竞争组合，施磷显著增加了峨眉冷杉与麦吊云杉的 P_n 和 F_v/F_m ［图 6.32（a）和（b）］，并且增加了峨眉冷杉的 PNUE，而对麦吊云杉的 PNUE 没有影响 ［图 6.32（c）］。施磷处理时，峨眉冷杉在种间竞争下有更高的 P_n，但是麦吊云杉的 P_n 在种内和种间竞争中没有显著差异（Mon + P *vs.* Mix + P）［图 6.32（a）］。另外，施磷处理时，麦吊云杉的 PPUE 有减小的趋势，特别是在种间竞争下（Mix + P）［图 6.32（d）］。

云杉土种植时，在没有施磷时，两种松科植物的 $\delta^{13}C$ 和 SLA 在种内与种间竞争之间没有显著的差异 ［图 6.33（c）和（d）］，并且种间竞争降低了麦吊云杉的 P_n 值，增加了峨眉冷杉的 TChl（Mon *vs.* Mix）［图 6.33（a）和（b）］。在施磷处理时，两种松科植物的 P_n、TChl 和 SLA 均显著增加，并且在施磷和种间竞争条件时，峨眉冷杉具有最高的 P_n、$\delta^{13}C$、

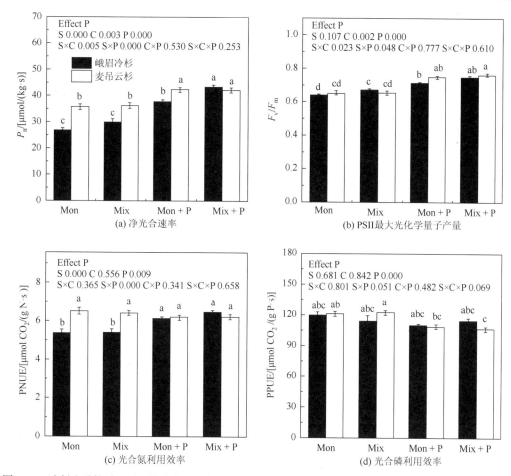

图 6.32　冷杉土种植时，不同施磷水平和竞争模式下峨眉冷杉与麦吊云杉的气体交换及光合氮磷利用效率

数据为平均值±标准误（$n=5$）。每个柱子上不同的小写字母表示峨眉冷杉与麦吊云杉在每个处理间的参数在 $p<0.05$ 水平上的显著性差异（Tukey 检验）。Mon：种内竞争；Mix：种间竞争；Mon + P：施磷处理的种内竞争；Mix + P：施磷处理的种间竞争

TChl 和 SLA（Mix + P）［图 6.33（a）～（d）］。另外，物种与竞争（S×C）以及竞争与磷肥的交互作用（C×P）显著影响 P_n 和 TChl；物种、竞争和磷肥三者的交互作用（S×C×P）显著影响 δ^{13}C 和 SLA。

6.4.3.3　施磷和竞争处理对养分元素及非结构碳水化合物浓度的影响

冷杉土种植时，如图 6.34 所示，峨眉冷杉与麦吊云杉的各器官 C 浓度在不同处理之间的变化不大，然而，不管在哪种竞争模式下，施磷增加了这两种松科植物叶和根的 N 浓度及 P 浓度［图 6.34（b）和（c）］，降低了 C∶N 与 N∶P［图 6.34（d）和（e）］。施磷增加了峨眉冷杉在种间竞争下的叶片 N 和 P 浓度，但是麦吊云杉的叶片 N 和 P 浓度在两种竞争模式间没有差异（Mon + P *vs.* Mix + P）［图 6.34（b）和（c）］。磷肥显著影响了峨眉冷杉与麦吊云杉各器官的 C、N、P 浓度及 C∶N 和 N∶P。

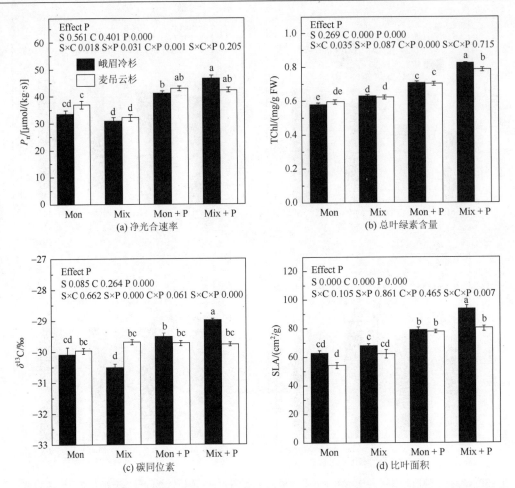

图 6.33 云杉土种植时，不同施磷水平和竞争模式下，峨眉冷杉与麦吊云杉的叶片光合特征

图中显示的是平均值±标准误差（$n = 5$）。不同的小写字母表示峨眉冷杉和麦吊云杉在每个处理间的参数在 $p < 0.05$ 水平上的显著性差异（Tukey 检验）。用多因素方差分析来检验物种、竞争与磷肥的交互作用。S：物种；C：竞争影响；P：磷肥影响；S×C：物种与竞争交互影响；S×P：物种与磷肥交互影响；C×P：竞争与磷肥交互影响；S×C×P：物种、竞争与磷肥交互影响。Mon：种内竞争；Mix：种间竞争；Mon+P：施磷处理的种内竞争；Mix+P：施磷处理的种间竞争

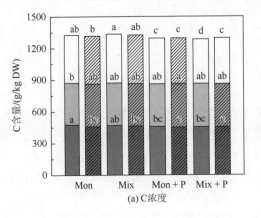

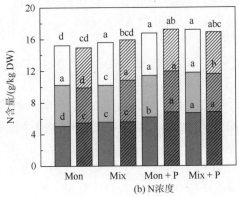

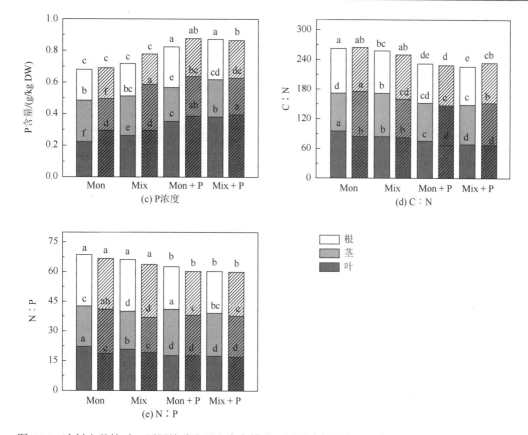

图 6.34 冷杉土种植时，不同施磷水平和竞争模式下峨眉冷杉与麦吊云杉的叶、茎和根中 C、N 和
P 元素及 C∶N 与 N∶P 的变化

数据为平均值±标准误（n=5）。每个柱子上不同的小写字母表示峨眉冷杉与麦吊云杉在每个处理间的参数在 p<0.05 水平上
的显著性差异（Tukey 检验）。柱子中没有斜线的是峨眉冷杉，有斜线的是麦吊云杉。柱子中白色、灰色与黑色的部分
分别表示根、茎和叶。DW：干重；Mon：种内竞争；Mix：种间竞争；Mon＋P：施磷处理的种内竞争；
Mix＋P：施磷处理的种间竞争

冷杉土种植时，如图 6.35 所示，不管在哪种竞争模式下，施磷增加了峨眉冷杉与麦吊云杉叶片的可溶性总糖、淀粉及 NSC 浓度［图 6.35（a）～（c）］。在施磷处理时，种间竞争的峨眉冷杉与麦吊云杉叶片可溶性总糖、淀粉及 NSC 浓度均低于其种内竞争（Mon＋P vs. Mix＋P）。另外，施磷增加了峨眉冷杉在种间竞争下的根部可溶性总糖、淀粉及 NSC 浓度，但是麦吊云杉根部的这三种糖在种间竞争下显著地降低（Mon＋P vs. Mix＋P）（图 6.35）。磷肥显著影响了峨眉冷杉与麦吊云杉各器官的可溶性总糖、淀粉及 NSC 浓度（除了茎的淀粉浓度）。物种与磷肥的交互作用（S×P）对各器官的可溶性总糖、淀粉及 NSC 浓度均有显著影响（除了茎的可溶性总糖浓度）。

云杉土种植时，在没有施磷时，种间竞争显著增加了两种松科植物的叶和根的氮浓度（除了峨眉冷杉的叶片氮浓度）（Mon vs. Mix）［图 6.36（a）和（b）］，而这两种松科植物的叶片和根系的磷浓度在种内和种间竞争下没有显著差异［图 6.36（c）和（d）］。在施磷处理时，麦吊云杉的叶片氮浓度降低了（Mix＋P vs. Mon＋P），然而这两种松其根系氮浓度具有相反的变化［图 6.36（a）和（b）］。施磷处理显著增加了这两种松科植物的叶片

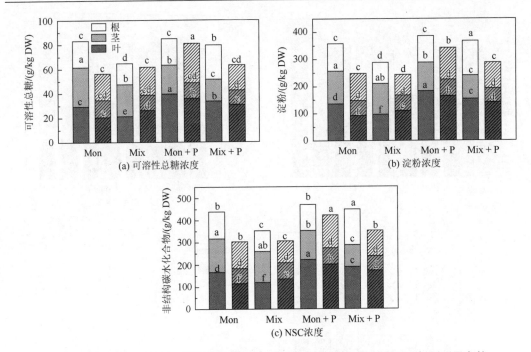

图 6.35　冷杉土种植时，不同施磷水平和竞争模式下峨眉冷杉与麦吊云杉不同器官的非结构碳水化合物浓度

数据为平均值±标准误（$n=5$）。每个柱子上不同的小写字母表示峨眉冷杉与麦吊云杉在每个处理间的参数在 $p<0.05$ 水平上的显著性差异（Tukey 检验）。柱子内没有斜线的是峨眉冷杉，有斜线的是麦吊云杉。柱子中白色、灰色和黑色的部分分别表示根、茎和叶。DW：干重；Mon：种内竞争；Mix：种间竞争；Mon + P：施磷处理的种内竞争；Mix + P：施磷处理的种间竞争

和根系磷浓度，并且峨眉冷杉在种间竞争和施磷条件时，具有最高的叶片和根系磷浓度（Mix + P *vs.* Mon + P）[图 6.36（c）和（d）]。另外，竞争与磷肥（C×P）以及物种、竞争和磷肥三者的交互作用（S×C×P）显著影响叶片和根系的氮和磷浓度。

物种、竞争和磷肥三个因子以及各因子之间的交互作用显著影响了叶片和根系的非结构碳水化合物浓度 [图 6.36（e）和（f）]。在没有施磷时，与种内竞争相比，种间竞争降低了峨眉冷杉与麦吊云杉的叶片非结构碳水化合物浓度 [图 6.36（e）]。在施磷处理时，

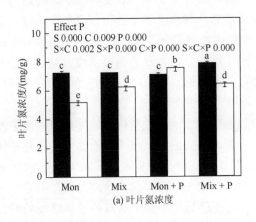

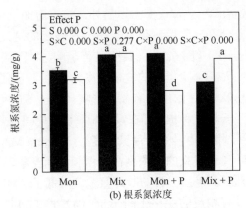

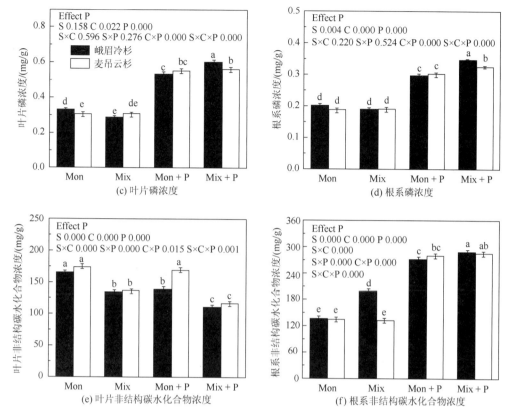

图 6.36　云杉土种植时不同施磷水平和竞争模式下峨眉冷杉与麦吊云杉的氮磷元素及
非结构碳水化合物浓度

图中显示的是平均值±标准误（$n = 5$）。不同的小写字母表示峨眉冷杉和麦吊云杉在每个处理间的参数在 $p < 0.05$ 水平上的显著性差异（Tukey 检验）。用多因素方差分析来检验物种、竞争与磷肥的交互作用。S：物种；C：竞争影响；P：磷肥影响；S×C：物种与竞争交互影响；S×P：物种与磷肥交互影响；C×P：竞争与磷肥交互影响；S×C×P：物种、竞争与磷肥交互影响。Mon：种内竞争；Mix：种间竞争；Mon + P：施磷处理的种内竞争；Mix + P：施磷处理的种间竞争

不管在哪种竞争模式下，这两种松科植物的根系非结构碳水化合物浓度均显著增加。并且施磷处理时，峨眉冷杉在种间竞争的根系非结构碳水化合物浓度显著高于其种内竞争，而麦吊云杉的根系非结构碳水化合物浓度在这两种竞争模式之间没有显著差异（Mix + P *vs.* Mon + P）[图 6.36（f）]。

6.4.3.4　施磷和竞争处理对碳同位素和氮同位素组成的影响

冷杉土种植时，磷肥、物种与竞争（S×C）、物种与磷肥（S×P）以及竞争与磷肥（C×P）的交互作用对峨眉冷杉与麦吊云杉的 $\delta^{13}C$ 均有显著影响，施磷降低了两者的 $\delta^{13}C$ 值 [图 6.37（a）]。在施磷处理时，峨眉冷杉在种间竞争的 $\delta^{13}C$ 小于其种内竞争，而麦吊云杉的 $\delta^{13}C$ 在两种竞争模式之间没有差异（Mon + P *vs.* Mix + P）。峨眉冷杉与麦吊云杉的 $\delta^{15}NH_4^+$-N 与 $\delta^{15}NO_3^-$-N 在不同处理之间的变化非常大，物种、竞争与磷肥及其相互之间的交互作用（S×C×P）均显著地影响 $\delta^{15}NH_4^+$-N 与 $\delta^{15}NO_3^-$-N [图 6.37（b）和（c）]。在没有施磷时，种

间竞争的峨眉冷杉比麦吊云杉有更大的 $\delta^{15}NO_3^-$-N（Mon *vs.* Mix）。类似地，施磷降低了这两种松科植物的 $\delta^{15}NO_3^-$-N，并且种间竞争下，峨眉冷杉的 $\delta^{15}NO_3^-$-N 显著高于麦吊云杉（Mix + P）。在施磷处理时，峨眉冷杉的 $\delta^{15}NH_4^+$-N 在种间竞争显著高于其种内竞争，而麦吊云杉的 $\delta^{15}NH_4^+$-N 在种间竞争显著低于其种内竞争，呈现相反的变化（Mon + P *vs.* Mix + P）。

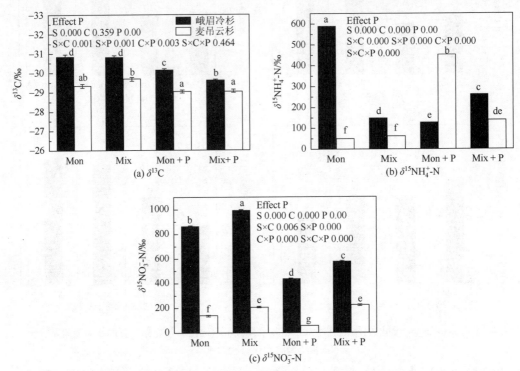

图 6.37　冷杉土种植时，不同施磷水平和竞争模式下峨眉冷杉与麦吊云杉的 $\delta^{13}C$ 和 $\delta^{15}N$ 同位素的变化

数据为平均值±标准误（$n = 5$）。每个柱子上不同的小写字母表示峨眉冷杉与麦吊云杉在每个处理间的参数在 $p < 0.05$ 水平上的显著性差异（Tukey 检验）。Mon：种内竞争；Mix：种间竞争；Mon + P：施磷处理的种内竞争；Mix + P：施磷处理的种间竞争

云杉土种植时，物种、竞争和磷肥三个因子以及各因子之间的交互作用显著影响了不同形态的氮同位素 $\delta^{15}NH_4^+$-N 和 $\delta^{15}NO_3^-$-N（图 6.38）。在没有施磷时，与种内竞争相比，种间竞争降低了峨眉冷杉与麦吊云杉的 $\delta^{15}NH_4^+$-N 和 $\delta^{15}NO_3^-$-N（除了麦吊云杉的 $\delta^{15}NO_3^-$-N）（Mon *vs.* Mix）[图 6.38（a）和（b）]。在施磷处理时，与种内竞争相比，种间竞争显著降低了峨眉冷杉与麦吊云杉的 $\delta^{15}NH_4^+$-N（Mix + P *vs.* Mon + P）。另外，在施磷和种间竞争条件下，峨眉冷杉与麦吊云杉的 $\delta^{15}NO_3^-$-N 均显著增加，并且峨眉冷杉具有最高的 $\delta^{15}NO_3^-$-N（Mix + P *vs.* Mon + P）[图 6.38（b）]。

6.4.3.5　施磷和竞争处理下叶片超微结构的变化

冷杉土种植时，如图 6.39 所示，在不施磷条件下，峨眉冷杉与麦吊云杉在种内与种间竞争的叶片超微结构差别不大，它们的叶绿体结构较为完整，很少观察到淀粉粒的存在[图 6.39（a）～（d）]。在施磷处理时，种间竞争的峨眉冷杉与麦吊云杉均出现了块状的

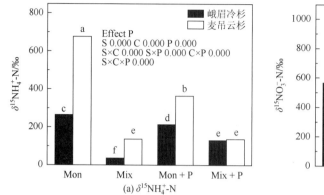
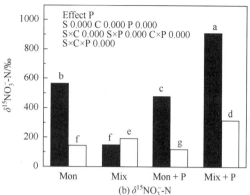

图 6.38　云杉土种植时，不同施磷水平和竞争模式下峨眉冷杉与麦吊云杉的氮同位素组成

图中显示的是平均值±标准误（$n=5$）。不同的小写字母表示峨眉冷杉和麦吊云杉在每个处理间的参数在 $p<0.05$ 水平上的显著性差异（Tukey 检验）。用多因素方差分析来检验物种、竞争与磷肥的交互作用。S：物种；C：竞争影响；P：磷肥影响；S×C：物种与竞争交互影响；S×P：物种与磷肥交互影响；C×P：竞争与磷肥交互影响；S×C×P：物种、竞争与磷肥交互影响。Mon：种内竞争；Mix：种间竞争；Mon + P：施磷处理的种内竞争；Mix + P：施磷处理的种间竞争

淀粉粒积累［图 6.39（e）和（g）］；种内竞争的这两种松科植物，在施磷处理下表现出相对正常的细胞器和更为完整的叶绿体片层结构，以及光滑、连续的细胞壁［图 6.39（f）和（h）］。

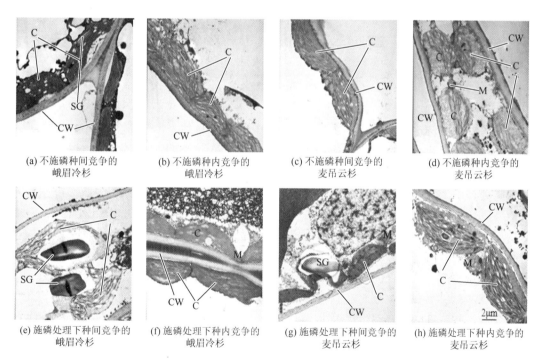

图 6.39　冷杉土种植时，不同施磷水平和竞争模式下，峨眉冷杉与麦吊云杉的叶肉细胞观察

C：叶绿体；CW：细胞壁；SG：淀粉粒；M：线粒体。
标尺适用于所有版图，表示 2μm

6.4.3.6　施磷和竞争处理对生长速率的影响

冷杉土种植时，施磷肥以及物种与竞争的交互作用（S×C）显著影响了这两种松科植物的株高与基径的生长速率（图6.40）。在没有施肥（对照处理）时，峨眉冷杉与麦吊云杉的株高生长速率（HGR）和基径生长速率（DGR）在种内与种间竞争之间均没有显著差异（Mon *vs*. Mix）。施磷处理后，峨眉冷杉的株高生长速率和基径生长速率在种间竞争显著大于其种内竞争，而麦吊云杉的这两个生长指标在两种竞争模式下没有差异（Mon + P *vs*. Mix + P）。

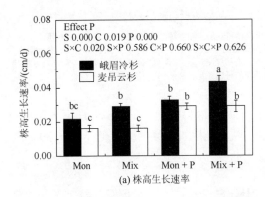
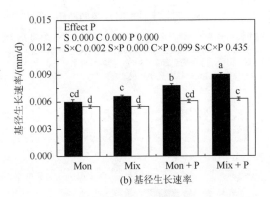

图 6.40　冷杉土种植时，不同施磷水平和竞争模式下峨眉冷杉与麦吊云杉的株高与基径生长速率

数据为平均值±标准误（*n* = 5）。每个柱子上不同的小写字母表示峨眉冷杉与麦吊云杉在每个处理间的参数在 *p* < 0.05
水平上的显著性差异（Tukey检验）。Mon：种内竞争；Mix：种间竞争；Mon + P：施磷处理的种内竞争；
Mix + P：施磷处理的种间竞争

如图6.41所示，基于各生理生化指标，结合峨眉冷杉与麦吊云杉在不同施磷条件下，种内与种间竞争的主成分分析，这两种松科植物在不同处理下均有明确的分界。不考虑竞争模式，不论哪个物种，施磷与对照处理都有很好的分界，被第一主成分（PC1）所分离。在施磷处理下，峨眉冷杉的种内与种间竞争有较好的分界［图6.41（a）］，而麦吊云杉在这两种竞争处理下分界不明确［图6.41（b）］，说明施磷处理下，竞争作用对峨眉冷杉的影响更为显著。在没有施磷时，不论峨眉冷杉还是麦吊云杉，种内与种间竞争处理均有很好的分界，被第二主成分（PC2）所分离。主成分分析的结果表明，前两个主成分含量分别解释了峨眉冷杉总差异的86.21%［图6.41（a）］和麦吊云杉的76.20%［图6.41（b）］。对于峨眉冷杉，第一主成分（PC1，70.05%）主要受到根和叶片可溶性总糖含量、根和干淀粉含量、根和干 NSC 含量、干根比、叶根比、PNUE、P_n、叶 N 含量、根干叶及总的生物量、叶 C : N、叶 N : P、根 C : N、根冠比、叶 C 含量、根 C 含量、根 N : P、DGR、HGR及 PPUE 等的影响［图6.41（a）］。对于麦吊云杉，第一主成分（PC1，59.75%）主要受到根和叶可溶性糖含量、根和叶淀粉含量、根和叶 NSC 含量、叶 N 含量、叶 P 含量、干根比、叶根比、P_n、叶 C 含量、叶 N : P、PPUE、根 C 含量、根 N : P、根 N 含量、根冠比、叶 C : N、根 C : N、DGR、HGR、根 P 含量、PNUE、F_v/F_m 等的影响［图6.41（b）］。

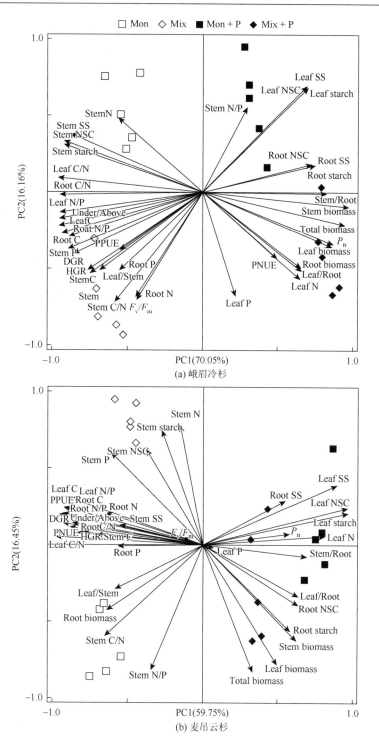

图 6.41　冷杉土种植时，不同施磷水平和竞争模式下峨眉冷杉和麦吊云杉生理生态特征的主成分分析

P_n：光合速率；Leaf C：叶片碳含量；Leaf N：叶片氮含量；Leaf P：叶片磷含量；Stem C：干碳含量；Stem N：干氮含量；Stem P：干磷含量；Root C：根碳含量；Root N：根氮含量；Root P：根磷含量；Leaf SS：叶片可溶性总糖含量；Stem SS：干可溶性总糖含量；Root SS：根可溶性糖含量；Leaf/Stem：叶干比；Leaf/Root：叶根比；Stem/Root：干根比；Under/Above：地下部生物量与地上部生物量之比（根冠比）；HGR：株高生长速率；DGR：基径生长速率

6.4.4　磷添加改变种间关系

如图 6.42 所示，峨眉冷杉和麦吊云杉的相对竞争强度（RCI）受到不同竞争模式与磷肥水平的影响，并且 2015～2016 年，两种松科植物 RCI 的趋势相似，有较小的时间动态变化。2015 年对照处理下，峨眉冷杉的生长受到麦吊云杉的促进作用，这种促进作用在施磷时更为强烈，具体表现为峨眉冷杉有显著高的 RCI，而麦吊云杉的 RCI 升高，施磷肥缓解了其竞争压力［图 6.42（a）］。2016 年两种松科植物的相对竞争强度变化趋势与 2015 年类似，并且 2016 年麦吊云杉的 RCI 与 2015 年相比有所升高［图 6.42（b）］。无论如何，2015 年和 2016 年两年间，峨眉冷杉均表现出早期的种间竞争优势，具体表现为麦吊云杉促进了峨眉冷杉的生物量积累而其本身的生长受到抑制（峨眉冷杉的相对竞争强度为正值，而麦吊云杉的相对竞争强度为负值），峨眉冷杉表现为较高的种间竞争强度［图 6.42（a）和（b）］。施磷土壤营养增强，2015 年和 2016 年两年间，峨眉冷杉的相对竞争强度显著升高，该结果支持胁迫梯度假说，而麦吊云杉的相对竞争强度也有所升高，说明施磷缓解了麦吊云杉受到的（峨眉冷杉的种间）生长抑制，该部分结果支持 Tilman 的竞争理论：在土壤营养贫瘠时，植物之间竞争激烈；而在土壤肥沃时，竞争强度相对减轻。

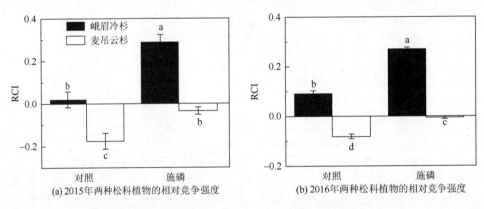

图 6.42　2015 年与 2016 年峨眉冷杉与麦吊云杉相对竞争强度

不同字母表示峨眉冷杉和麦吊云杉在每个处理间的参数在 $p < 0.05$ 水平上的显著性差异（Tukey 检验）

在没有施磷（对照处理）时，峨眉冷杉的叶生物量、干生物量、细根生物量、总根生物量和植株总生物量在种内竞争（Mon）与种间竞争（Mix）之间没有显著差异［图 6.43（a）～（e）］，然而麦吊云杉的这五个生长指标在种间竞争（Mix）显著低于其种内竞争（Mon）。表明在没有施磷时，峨眉冷杉与麦吊云杉相比具有更强的生长优势。在施磷处理时，处于种间竞争下（Mix＋P）的峨眉冷杉的叶生物量、干生物量、细根生物量、总根生物量和植株总生物量均显著高于其种内竞争（Mon＋P），然而麦吊云杉的这五个生长指标在两种竞争模式下没有显著差异［图 6.43（a）～（e）］。说明在施磷处理下峨眉冷杉是更强的竞争者，它的生长受到麦吊云杉的促进作用，即在不同的施磷梯度（对照或施磷肥）时，峨眉冷杉与麦吊云杉会利用不同的生长策略。

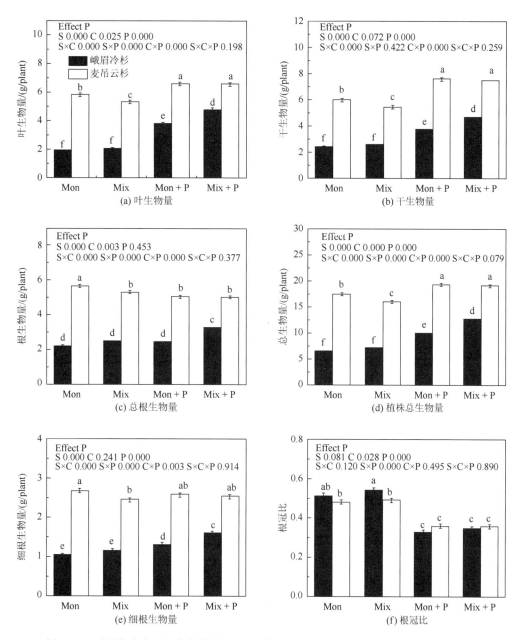

图 6.43　不同施磷水平和竞争模式下峨眉冷杉与麦吊云杉的生物量积累和分配的变化

图中显示的是平均值±标准误（$n = 5$）。不同的字母表示峨眉冷杉和麦吊云杉在每个处理间的参数在 $p < 0.05$ 水平上的显著性差异（Tukey 检验）。用多因素方差分析来检验物种、竞争与磷肥的交互作用。S：物种；C：竞争影响；P：磷肥影响；S×C：物种与竞争交互影响；S×P：物种与磷肥交互影响；C×P：竞争与磷肥交互影响；S×C×P：物种、竞争与磷肥交互影响。
　　Mon：种内竞争；Mix：种间竞争；Mon + P：施磷处理的种内竞争；Mix + P：施磷处理的种间竞争

优化资源分配理论认为植物具有形态和生理可塑性,可以改变自身的生物量分配以应对外界环境因子的变化,很多研究已经证明了该理论(Zhao et al.,2012)。本研究发现,在没有施磷时,峨眉冷杉与麦吊云杉均具有较高的根冠比,表明植物生长在贫瘠的土壤时,其会分配相对较多的生物量到根部,以获取更多的营养。该结果支持优化资源分配理论,植物将投入更多的生物量到可以吸收更多的有限资源的部位。另外,施磷处理显著增加了峨眉冷杉与麦吊云杉的叶根比和茎根比,但降低了根冠比,改变了植物的生物量分配。植物的这种可塑性反应会提高其对限制性土壤资源的获取能力,因此可以增加植物的竞争和生产能力。

不论在哪种竞争模式下,施磷处理都增加了峨眉冷杉与麦吊云杉的净光合速率(P_n)、最大光化学量子产量(F_v/F_m)以及叶片和根的氮磷含量,而降低了它们的碳氮比和氮磷比。在没有施磷的条件下,峨眉冷杉与麦吊云杉的净光合速率、PNUE、PPUE及δ^{13}C在种内与种间竞争之间没有差异。在施磷处理时,与种内竞争相比,峨眉冷杉在种间竞争有更高的净光合速率、总叶绿素含量(TChl)和叶片氮磷含量,而麦吊云杉的这三个指标在种内与种间竞争没有显著差异。峨眉冷杉可以维持相对较高的PPUE,特别是种间竞争下(Mix + P),然而麦吊云杉的PPUE则无显著变化。因此,峨眉冷杉在施磷和种间竞争条件下的较强光合能力,与更强的氮磷吸收能力和更高的叶绿素含量密切相关。这也同峨眉冷杉比麦吊云杉具有更高的长期水分利用效率相关。施磷处理时,(与种内竞争相比)种间竞争的峨眉冷杉具有更高的比叶面积(SLA),而麦吊云杉的比叶面积在这两种竞争模式之间没有差异(Mon + P vs. Mix + P)。通常,物种具有较高的比叶面积,则也具有较高的生长速率,这有利于其在资源丰富的条件下提高地上资源的吸收能力。本研究结果与其相似,例如,在施磷和种间竞争条件(Mix + P)的峨眉冷杉具有较高的生长速率(Yu et al.,2017)和比叶面积。竞争和磷肥不仅影响了叶片形态特征(比叶面积),同样也影响了根系形态特征(比根长、平均根直径和比根尖密度)。前人的研究结果表明比根长与植物根系的水分和养分吸收能力密切相关。本部分试验发现施磷显著降低了这两种松科植物的比根长,并且施磷和种间竞争条件下的峨眉冷杉比根长不显著地高于麦吊云杉(Mix + P)。

相关研究表明,植物的根部非结构碳水化合物可以为其营养吸收提供能量。在施磷处理时,种间竞争的峨眉冷杉与麦吊云杉的叶片可溶性总糖、淀粉和非结构碳水化合物浓度均低于其种内竞争。另外,在施磷处理时,种间竞争的峨眉冷杉(Mix + P vs. Mon + P)根可溶性总糖、淀粉和非结构碳水化合物浓度显著高于其种内竞争;然而麦吊云杉呈现相反的趋势,其根可溶性总糖和淀粉含量在种间竞争显著低于其种内竞争。因此,在施磷处理时,种间竞争的峨眉冷杉(Mix + P vs. Mon + P)根可溶性总糖、淀粉和非结构碳水化合物浓度增加。说明在资源充足的环境下,峨眉冷杉在满足其生长需求的同时,将更多的碳存储起来,表明其拥有更强的根营养吸收能力,导致其拥有更强的竞争能力。

前人的研究发现能够吸收更多NO_3^--N的物种具有明显的竞争优势(Song et al.,2017),施磷肥可以改变植物对碳同位素组成和氮同位素组成的吸收偏好。在不施磷与种间竞争条件下峨眉冷杉具有最高的$\delta^{15}NO_3^-$-N。因此,峨眉冷杉的更强NO_3^--N吸收能力或许会影响其生长和生理过程,如光合作用与新陈代谢,导致其在不施磷条件下的竞争优势。施磷均降低了这两种松科植物的 $\delta^{15}NO_3^- -N$，并且种间竞争的峨眉冷杉 $\delta^{15}NO_3^- -N$ 显著高于麦吊云杉（Mix + P）。在施磷处理时，峨眉冷杉的 $\delta^{15}NH_4^+ -N$ 在种间竞争显著高于其种内竞争，而麦吊云杉的 $\delta^{15}NH_4^+ -N$ 在种间竞争显著低于其种内竞争，呈现相反的变化（Mon + P *vs.* Mix + P）。表明种间竞争的峨眉冷杉在施磷条件下，具有更强的资源获取能力。同样，在施磷处理时，峨眉冷杉的 $\delta^{13}C$ 在种间竞争时显著低于其种内竞争，而麦吊云杉的 $\delta^{13}C$ 在这两种竞争模式之间没有差异。因此，种间竞争的峨眉冷杉在施磷条件下，具有更高的水分利用效率，许多其他树种具有相似的结果（Duan et al.，2014）。另外，本试验中的主成分分析（PCA）表明，植物的生物量与净光合速率和叶片氮磷含量之间具有显著的正相关关系。当土壤磷的有效性不受限制时，植物利用磷的能力是一种优势，然而随着演替系列的进行，磷的有效性慢慢降低直至受限制时，植物的这种竞争优势将会消失。

总之，在施磷处理时，峨眉冷杉具有更强的保持碳平衡能力（如更高的水分利用效率和光合能力、更高的 PNUE 以及更强的氮吸收能力），因此，其比麦吊云杉具有更强的竞争能力，是竞争的优胜者。施磷显著影响了植物种间的竞争关系。

6.4.5　结论

植物的竞争作用及其与环境因子之间的相互作用是植物群落动态变化的主要驱动力，本研究结合竞争作用和磷的有效性来研究原生演替的植物群落组成和变化，探究地下限制性元素磷在植被原生演替后期的作用。主要得到以下结论。

1）在冷杉土上，峨眉冷杉与麦吊云杉对施磷和竞争的生理生态响应。种内与种间竞争以及施磷可以调节峨眉冷杉与麦吊云杉的生物量积累和分配、碳氮磷元素含量和利用效率、非结构碳水化合物的浓度以及对不同形态氮的吸收，并且施磷肥改变了这两种松科植物的竞争结果。在没有施磷肥时，麦吊云杉的总生物量在种间竞争低于其种内竞争，而峨眉冷杉的总生物量在这两种竞争模式之间没有显著差异。在施磷处理时，峨眉冷杉在种间竞争的叶和茎以及总生物量显著大于种内竞争，而麦吊云杉的这些指标在这两种竞争模式之间没有差异，表明峨眉冷杉的生长受到麦吊云杉的促进作用。在施磷处理时，种间竞争的峨眉冷杉具有更强的保持碳平衡能力、更高的光合氮利用效率以及更强的氮吸收能力、更快的生长速率。因此施磷处理时，峨眉冷杉比麦吊云杉具有更强的竞争能力。

2）在云杉土上，施磷和竞争对峨眉冷杉和麦吊云杉的叶片与根系特征的影响。在施磷处理时，与麦吊云杉相比，峨眉冷杉具有更高的总叶绿素含量、比叶面积、叶片氮磷浓度，以及更高的水分利用效率和氮吸收能力。施磷处理显著降低了这两种松科植物的比根长和外生菌根侵染率，减小了麦吊云杉的比根尖密度，但平均根直径在同处理之间没有显著变化。

总的来说，海螺沟冰川退缩区植被原生演替过程中峨眉冷杉与麦吊云杉的竞争关系明显受到土壤磷有效性的影响。在施磷处理时，峨眉冷杉具有竞争优势，其生长受到麦吊云杉的促进作用，并且施磷增加了峨眉冷杉与麦吊云杉的比叶面积但降低了比根长。

6.5　生物化学计量平衡变化过程

通过年龄序列的方法探索冰川退缩迹地上阔叶林碳动态以及 C∶N 计量学关系，结果显示：①地上植被、森林地表物和矿质土壤随着演替的进行积累碳和氮；②地上植被碳库对生态系统碳库的相对贡献率随着演替的进行而增加，然而矿质土壤的贡献率却逐渐降低；③随着演替的进行，更多的氮积累于矿质土壤中。以上结果阐明了该落叶阔叶林群落中，地上植被是生态系统的主要碳库。

6.5.1　落叶阔叶林演替各阶段及其植被特征

选择演替前期落叶阔叶林为研究对象，根据其演替发生时间的先后，分为五个阶段：阶段 1（幼树，冰川退缩 20 年）、阶段 2（小树，冰川退缩 30 年）、阶段 3（中树，冰川退缩 40 年）、阶段 4（大树，冰川退缩 50 年）和阶段 5（成熟林，冰川退缩 60 年），样地详情见图 6.44 和表 6.24。

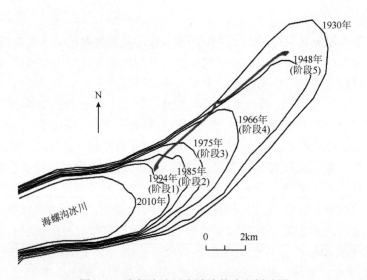

图 6.44　海螺沟冰川末端演替阶段样地图

表 6.24　落叶阔叶林演替各阶段上主要物种名录

演替阶段	1	2	3	4	5
冬瓜杨	+	+	+	+	+
沙棘	+	+	+		
硬叶柳	+	+	+		
银背柳	+	+		+	
川滇柳	+				

续表

演替阶段	1	2	3	4	5
乌柳	+				
川南柳		+			
绵穗柳			+		
冰川茶藨子				+	
陕甘花楸				+	+
桦叶荚蒾				+	+
唐古特忍冬				+	
川西樱桃					+
峨眉冷杉					+
杜鹃					+

根据各物种重要值排序（图 6.45，纵坐标为重要值），此落叶阔叶林各个演替阶段均为冬瓜杨占据优势，并在早期阶段主要有银背柳、川滇柳、沙棘等固氮的灌木，蜀西黄

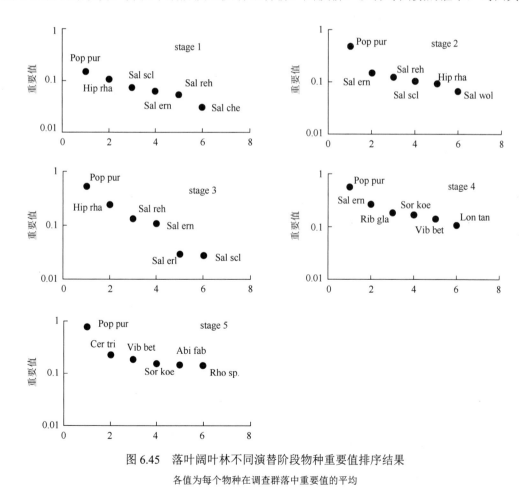

图 6.45　落叶阔叶林不同演替阶段物种重要值排序结果

各值为每个物种在调查群落中重要值的平均

芪也有出现，但是其不再是草本层的优势物种。小树阶段中，群落中同样伴生有少量的柳树，沙棘的优势已经不再明显，草本植物数量明显增加。中树阶段，灌木层依然有少量的柳树存在，但是其种数和数量明显减少，草本层物种数量增加。大树阶段，灌木层的物种数量显著增加，桦叶荚蒾、唐古特忍冬、陕甘花楸和冰川茶藨子均有出现。冬瓜杨成熟林阶段，整个群落的物种数量达到最大，峨眉冷杉和红桦的幼树侵入到该群落，层间植物如挂苦绣球、猕猴桃铁线山柳出现。

尽管冬瓜杨于此落叶阔叶林群落的各个演替阶段显示出强烈的优势，但是并未使各个阶段保持一致的群落结构（表 6.25）。前三个演替阶段的群落显示出很高的树种密度，却高度很低。大树和成熟林阶段却显示出低的树种密度、相对较高的树种高度和群落各片层多样性指数。同时，发现在所有演替阶段上，成熟林拥有最高的胸径值。随着演替的发展，各植被群落各片层的多样性指数呈现逐渐升高的趋势。

表 6.25　落叶阔叶林各演替阶段群落结构特征

林分类型		幼树	小树	中树	大树	成熟林
样地年龄/年		20	30	40	50	60
密度/(株/hm^2)		4400（693）a	3200（400）b	2000（400）c	542（63）d	358（52）d
高度/m		2.6（0.4）d	4.8（0.7）d	10.4（1.8）c	19.3（0.7）b	24.3（2.4）a
底面积/(m^2/hm^2)		10.95（0.68）b	14.73（1.28）b	12.85（3.48）b	12.06（1.10）b	20.18（1.61）a
多样性	乔木	0.28（0.02）b	0.35（0.02）b	0.33（0.01）b	0.59（0.08）a	0.73（0.15）a
	灌木	1.01（0.19）c	1.57（0.27）c	0.95（0.30）c	2.48（0.17）a	2.06（0.11）a
	草本	1.25（0.20）b	1.44（0.29）ab	1.56（0.27）ab	1.69（0.28）ab	2.07（0.07）a

6.5.2　不同生态系统组分中碳和氮库特征

各个生态系统组分中碳库均随着演替的发展逐渐递增，显示出一致的变化格局（图 6.46）。地上植被碳库随着演替的进行，从 2.21kg/m^2 增加到 10.7kg/m^2。其中，地上植被碳库的98%来自于林木地上生物量碳积累。然而，研究结果显示，生态系统碳库的分配主要取决于矿质土壤，其在演替初期阶段（第一阶段）积累了生态系统 49%的碳，而当演替到成熟林（最后一阶段）时，仅有31%的矿质土壤碳贡献给生态系统，68%的碳累积存在于地上植被中，剩余的1%碳累积于森林地表层中［图 6.47（a）］。可见，矿质土壤对生态系统总碳的贡献率随着演替的进行逐渐降低。

随着演替的进行，土壤总氮急剧增加，从演替初期的 668kg/hm^2 增加到演替末期的3185kg/hm^2。森林地表物也展示出相同趋势的氮积累变化。而矿质土壤也是土壤总氮积累的主要来源，大约占据了整个土壤氮库的 98%。同样，地上植被的氮累积也从演替初期的765kg/hm^2 急剧增加至演替末期的3037kg/hm^2，显示出与地下部分相同的随演替进行的变化模式。而地上植被氮的 98%都累积于森林树种中，且其氮累积量在演替末期几乎与矿质土壤中氮累积相当。

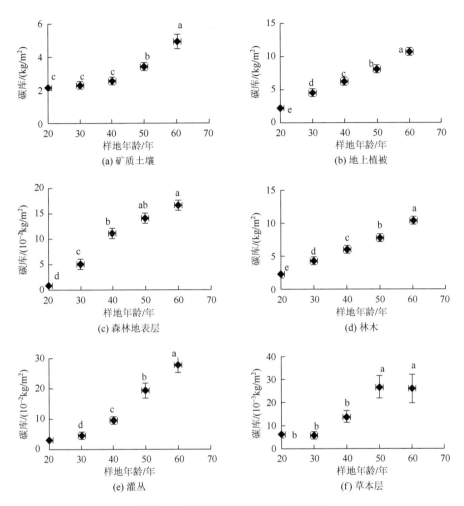

图 6.46　各演替阶段上碳库变化特征

不同字母意味着不同演替阶段上结果在统计学上的显著差异

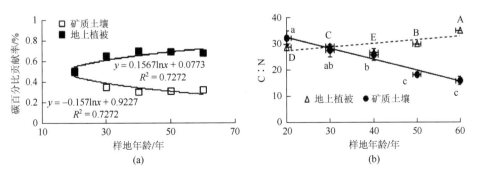

图 6.47　随着演替的进行矿质土壤和地上植被对生态系统碳库的贡献率（a）和 C：N（b）

6.5.3　N-C 化学计量关系以及 C∶N

各个生态系统组分均展示出与演替年龄的正相关关系。发现森林地表物、地上植被、林木以及灌丛的 C∶N 相对变化速率的斜率接近于 1，然而矿质土壤（1.2591）和草本层（1.4118）的碳氮相对变化速率远远大于 1，根据等速异变的理论，可以认为矿质土壤和草本层相对氮变化速率大于碳的变化（图 6.48）。随着演替的进行，地上植被的 C∶N 基本恒定，而矿质土壤的 C∶N 显著降低 [图 6.47（b）]。

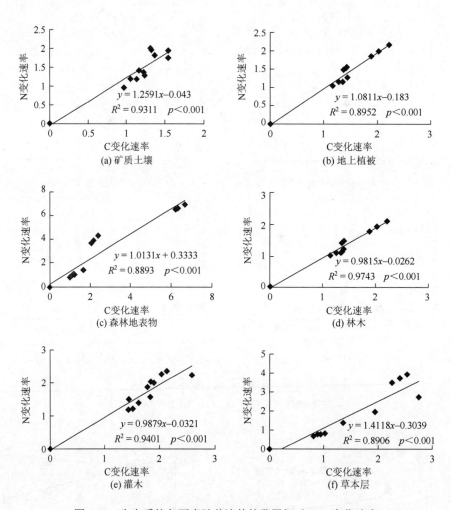

图 6.48　生态系统各要素随着演替的发展相对 N-C 变化速率

随着时间递增，正向物种替换格局意味着高海拔寒冷地区植被能够顺利正向地演替。正是这些地上植被（胸径和高度增加）随着演替的逐渐积累，导致了演替末期地上植被的C 累积 2 倍于土壤碳积累，进而呈现出地上植被碳积累主导着落叶阔叶林生态系统的碳累积，尽管土壤碳库也随着演替逐渐积累。从演替初期到末期，落叶阔叶林矿质土壤中的氮累积增加了 60kg N/(hm²·a)，远远高于该区域大气氮沉降观测速率 [8.46kg N/(hm²·a)]，可见大气氮沉降只是土壤氮累积的一部分。Morris 等（2007）也报道了再造森林中土壤氮的累积量超越了大气和自然来源的氮累积，并认为生态系统中氮输入的重要来源没有被了解，有待进一步研究。尽管如此，本书中矿质土壤中氮累积量高于地上植被的结果，依然支持土壤是储存大气氮沉降的主要氮库的结论。

土壤碳氮比是衡量土壤有机物质转化强度的重要指标。随着演替的进行，土壤 C∶N 逐渐降低，这可能是由于演替后期土壤中氮相对累积速率高于氮转化速率。这些变化也与演替后期群落结构改变相关。演替后期，尤其是大树和成熟林阶段，其树木的胸径和高度显著增加，形成了高郁闭度的森林。因此，环境表现出土壤和空气温度降低，湿度增加，光强降低。这样的环境条件直接降低了有机体和凋落物的降解，进而降低了输入土壤中有机碳的含量。另外，各演替阶段的固氮植物（冬瓜杨和柳树）不停歇地从大气中固定氮到土壤中。纵观前人对原生演替研究的结果，土壤 C∶N 随着演替发展，有的增加（如阿拉斯加和美国），有的不变（夏威夷的火山岛和加拿大阿尔伯塔的洪水冲积平原），但是本书中降低的 C∶N 相似于阿拉斯加冰川末端研究结果。可见，气候和成土母质共同影响着土壤养分积累，进而推动演替的进行。

参 考 文 献

程根伟, 罗辑. 2002. 贡嘎山亚高山森林自然演替特征与模拟. 生态学报, 22（7）: 1049-1056.

程根伟, 罗辑. 2003. 贡嘎山亚高山林地碳的积累与耗散特征. 地理学报, 58（2）: 179-185.

何磊, 唐亚. 2007. 海螺沟冰川退化迹地土壤序列的发育速率. 西南大学学报（自然科学版）, 29: 139-145.

何磊, 唐亚, 张继娟, 等. 2010. 原生演替及其在生态恢复中的应用. 四川师范大学学报（自然科学版）, 33（3）: 393-402.

蒋有绪. 1982. 川西亚高山森林植被的区系、种间关联和群落排序的生态分析. 植物生态学与地植物学丛刊, （4）: 281-301.

李家洋, 陈泮勤, 马柱国, 等. 2006. 区域研究: 全球变化研究的重要途径. 地球科学进展, 21（5）: 441-450.

李逊, 熊尚发. 1995. 贡嘎山海螺沟冰川退却迹地植被原生演替. 山地学报, 13（2）: 109-115.

鲁旭阳, 霍常富, 范继辉, 等. 2009. 气候变化对亚高山暗针叶林土壤温室气体排放的影响. 生态环境学报, 18（6）: 2194-2199.

罗辑. 1996. 贡嘎山东坡植被原生演替的种间协变. 山地研究, 14（4）: 235-238.

罗辑, 杨忠, 杨清伟. 2000. 贡嘎山森林生物量和生产力的研究. 植物生态学报, 24（2）: 191-196.

罗辑, 宋孟强, 李伟. 2003. 贡嘎山峨眉冷杉林凋落物的特征. 植物生态学报, 27（1）: 59-65.

石磊, 张跃, 陈艺鑫, 等. 2010. 贡嘎山海螺沟冰川沉积的石英砂扫描电镜形态特征分析. 北京大学学报（自然科学版）, 46: 96-102.

王根绪, 程国栋, 刘光秀, 等. 2000. 论冰缘寒区景观生态与景观演变过程的基本特征. 冰川冻土, 22（1）: 29-35.

王琳, 欧阳华, 周才平. 2004. 贡嘎山东坡土壤有机质及氮素分布特征. 地理学报, 59: 1012-1019.

王绍强, 周成虎. 1999. 中国陆地土壤有机碳库的估算. 地理研究, 18（4）: 349-356.

吴宁. 1995. 贡嘎山麦吊杉群落优势种群的分布格局及相互关系. 植物生态学报, 19（3）: 270-279.

吴艳宏, 周俊, 邴海健, 等. 2012. 贡嘎山海螺沟典型植被带总磷分布特征. 地球科学与环境学报, 34（4）: 70-74.

延晓冬, 赵士洞, 于振良. 2000. 中国东北森林生长演替模拟模型及其在全球变化研究中的应用. 植物生态学报, 24（1）: 1-8.

张祥松. 1980. 喀喇昆仑山公路沿线冰川的近期进退变化. 地理学报, 35（2）: 149-160.

郑远昌, 张建平, 殷义高. 1993. 贡嘎山海螺沟土壤环境背景值特征. 山地研究（现山地学报）, 11（1）: 23-29.

钟祥浩, 罗辑, 吴宁, 等. 1997. 贡嘎山森林生态系统研究. 成都: 成都科技大学出版社.

钟祥浩, 罗辑. 2001. 贡嘎山山地暗针叶林带自然与退化生态系统生态功能特征. 山地学报, 19（3）: 201-206.

周广胜, 王玉辉, 蒋延玲. 2002. 全球变化与中国东北样带（NECT）. 地学前缘, 1（9）: 198-216.

周玉荣，于振良，赵士洞. 2000. 我国主要森林生态系统碳贮量和碳平衡. 植物生态学报，24（5）：518-522.

Bechtold J S，Naiman R J. 2009. A quantitative model of soil organic matter accumulation during floodplain primary succession. Ecosystems，12（8）：1352-1368.

Bennett E, Roberts J A, Wagstaff C. 2012. Manipulating resource allocation in plants. Journal of Experimental Botany, 63: 3391-3400.

Berendse F，Aerts R. 1984. Competition between Erica-Tetralix L. and Molinia-Caerulea（L.）Moench as affected by the availability of nutrients. Acta Oecological，5：3-14.

Bugmann H. 2001. A review of forest gap models. Climatic Change，51（3-4）：259-305.

Campbell C. 2006. Soil Microbiology，ecology，and biochemistry. European Journal of Soil Science，59（5）：1008-1009.

Castle S C，Lekberg Y，Affleck D，et al. 2016. Soil abiotic and biotic controls on plant performance during primary succession in a glacial landscape. Journal of Ecology，104（6）：1555-1565.

Chandler J，Dale J. 1993. Photosynthesis and nutrient supply in needles of Sitka spruce（Picea sitchensis（Bong.）Carr.）. New Phytologist，125：101-111.

Chapin F S，Walker L R，Fastie C L，et al. 1994. Mechanisms of primary succession following deglaciation at Glacier Bay，Alaska. Ecological Monographs，64：149-175.

Chapin F S，Matson P A，Vitousek P M. 2002. Principles of Terrestrial Ecosystem Ecology. Berlin：Springer.

Cheng G，Luo J. 2004. Succession features and dynamic simulation of subalpine forest in the Gongga Mountain，China. Journal of Mountain Science，1（1）：29-37.

Dixon R K, Brown S, Houghton R E A, et al. 1994. Carbon pools and flux of global forest ecosystems. Science, 263(5144): 185-189.

Duan B L，Dong T F，Zhang X，et al. 2014. Ecophysiological responses of two dominant subalpine tree species Betula albo-sinensis and Abies faxoniana to intra-and interspecific competition under elevated temperature. Forest Ecology and Management，323：20-27.

Gerhard W，Birgit F. 2001. Primary succession in post—mining landscapes of lower lusatia—chance or necessity. Ecological Engineering，17：199-217.

Gleason H A. 1939. The individualistic concept of the plant association. Amer Midl Nat，21：92-110.

Graff P，Aguiar M R，Chaneton E J. 2007. Shifts in positive and negative plant interactions along a grazing intensity gradient. Ecology，88：188-199.

Hansen A J，Neilson R P，Dale V H，et al. 2001. Global Change in Forests：Responses of Species，Communities，and Biomes interactions between climate change and land use are projected to cause large shifts in biodiversity. Bioscience，51（9）：765-779.

Heim A. 1936. The glaciation and solifluction of Minya Gongkar. The Geographical Journal，87（5）：444-450.

Hobbie S E，Schimel J P，Trumbore S E，et al. 2000. Controls over carbon storage and turnover in high-latitude soils. Global Change Biology，6（S1）：196-210.

Huang Y H，Li Y L，Xiao Y，et al. 2011. Controls of litter quality on the carbon sink in soils through partitioning the products of decomposing litter in a forest succession series in South China. Forest Ecology and Management，261（7）：1170-1177.

IPCC. 2007. Climate Change The Physical Science Basis. Agu Fall Meeting.

Johnson E A，Miyanishi K. 2008. Testing the assumptions of chronosequences in succession. Ecology Letters，11（5）：419-431.

Johnson E A，Martin Y E. 2016. A Biogeoscience Approach to Ecosystems. Cambridge：Cambridge University Press.

Jones G A，Henry G H. 2003. Primary plant succession on recently deglaciated terrain in the Canadian High Arctic. Journal of Biogeography，30：277-296.

Jumpponen A，Trappe J M，Cázares E. 2002. Occurrence of ectomycorrhizal fungi on the forefront of retreating Lyman Glacier（Washington，USA）in relation to time since deglaciation. Mycorrhiza，12：43-49.

Keith H，Raison R J，Jacobsen K L. 1997. Allocation of carbon in a mature eucalypt forest and some effects of soil phosphorus availability. Plant and Soil，196：81-99.

Kimmins J P. 1987. Forest Ecology. New York：Macmillan Publishing Company.

Lei Y B，Zhou J，Xiao H F，et al. 2015. Soil nematode assemblages as bioindicators of primary succession along a 120-year-old chronosequence on the Hailuogou Glacier forefield，SW China. Soil Biology and Biochemistry，88：362-371.

Lenoir J, Gegout J C, Marquet P A, et al. 2008. A significant upward shift in plant species optimum elevation during the 20th century. Science, 320 (5884): 1768-1771.

Lieth H. 1974. Primary Productivity of Successional Stages. Berlin: Springer.

Lin H J, Huang C H, Hwang G W, et al. 2016. Hydrology drives vegetation succession in a tidal freshwater wetland of subtropical Taiwan. Wetlands, 36 (6): 1109-1117.

Monnier Y, Bousquet-Mélou A, Vila B, et al. 2013. How nutrient availability influences acclimation to shade of two (pioneer and late-successional) Mediterranean tree species? European Journal of Forest Research, 132: 325-333.

Morris S J, Bohm S, Haile-Mariam S, et al. 2007. Evaluation of carbon accrual in afforested agricultural soils. Global Change Biol, 13: 1145-1156.

Nesbitt H W, Young G M. 1984. Prediction of some weathering trends of plutonic and volcanic rocks based on thermodynamic and kinetic considerations. Geochimica et Cosmochimica Acta, 48 (7): 1523-1534.

Nesbitt H W, Young G M. 1989. Formation and diagenesis of weathering profiles. The Journal of Geology, 97 (2): 129-147.

Palmer W H, Miller A K. 1961. Botanical evidence for the recession of a glacier. Oikos, 12: 75-86.

Pardoe H S. 2001. The representation of taxa in surface pollen spectra on apline and sub-apline glacier foreland in southern Norway. Review of Palaeobotany and Palynology, 117: 63-78.

Paul E A. 2006. Soil Microbiology, Ecology and Biochemistry. Pittsburgh: Academic Press.

Prescott C E, Vesterdal H N C. 2001. Nitrogen turnover in forest floors of coastal douglas-fir at sites differing in soil nitrogen capital. Ecology, 81 (7): 1878-1886.

Prescott C H. 2000. ChappellandL. Vesterdal. Nitrogen turnover in forest floors of coastal Douglas-fir at sites differing in soil nitrogen capital. Ecology, 81: 1878-1886.

Rosenzweig C, Karoly D, Vicarelli M, et al. 2008. Attributing physical and biological impacts to anthropogenic climate change. Nature, 453 (7193): 353-357.

Song M Y, Yu L, Jiang Y L, et al. 2017. Nitrogen-controlled intra- and interspecific competition between *Populus purdomii* and *Salix rehderiana* drive primary succession in the Gongga Mountain glacier retreat area. Tree Physiology, 37: 799-814.

Thuiller W, Albert C, Araújo M B, et al. 2008. Predicting global change impacts on plant species' distributions: future challenges. Perspectives in Plant Ecology Evolution and Systematic, 9: 137-152.

Tilman D, Wedin D. 1991. Dynamics of nitrogen competition between successional grasses. Ecology, 72: 1038-1049.

Vesterdal L, Schmidt I K, Callesen I, et al. 2007. Carbon and nitrogen in forest floor and mineral soil under six common European tree species. Forest Ecology and Management, 255 (1): 35-48.

Von W N, Gazzarrini S, Frommer W B. 1997. Regulation of mineral nitrogen uptake in plants. Plant and Soil, 196: 191-199.

Wang L, Ou H, Zhou C P, et al. 2005. Soil organic matter dynamics along a vertical vegetation gradient in the Gongga Mountain on the Tibetan Plateau. Journal of Integrative Plant Biology, 47 (4): 411-420.

Yan X D, Zhao S D. 1996. Simulating the responses of Changbai Mt. forests to potential climate change. Journal of Environmental Science, 8 (3): 354-366.

Yu L, Song M Y, Lei Y B, et al. 2017. Effects of phosphorus availability on later stages of primary succession in Gongga Mountain glacier retreat area. Environmental and Experimental Botany, 141: 103-112.

Zhao H X, Li Y P, Zhang X L, et al. 2012. Sex-related and stage-dependent source-to-sink transition in Populus cathayana grown at elevated CO_2 and elevated temperature. Tree Physiology, 32: 1325-1338.

Zhou J, Wu Y H, Prietzel J, et al. 2013. Changes of soil phosphorus speciation along a 120~year soil chronosequence in the Hailuogou Glacier retreat area (Gongga Mountain, SW China). Geoderma, 195-196: 251-259.

第7章 亚高山森林生态系统碳过程与模拟

7.1 亚高山森林生态系统现存生物量与 NPP 分布格局

森林生物量是林业问题和生态问题的基础，是量度森林结构和功能变化的重要指标，同时也是生态系统碳储量的重要数据来源和全球循环关键组成部分。因此，准确获取森林生物量数据在森林经营管理上极为重要，在生态系统碳素循环、全球气候生态系统碳素循环及全球气候变化研究中具有重要意义。

7.1.1 生物量模型

依据样点调查所得数据，选取适合研究区内各类树种的单株生物量模型计算各类树木的单株生物量。由于样地内树种繁多，根据资料将样地内所有树种进行分类，将针叶树分为冷杉、云杉，阔叶树分为桦树、槭树、杨树以及其他阔叶树种进行生物量估算（表 7.1）。

表 7.1 主要树种的器官生物量与胸径、树高的关系

树种名称	器官	异速生长方程	相关系数	文献来源
冷杉 *Abies* spp.	干 Stem 枝 Branch 叶 Leaf $D<40cm$ $D>40cm$ 根	$W = 0.0139 (D^2H) 1.0075$ $W = 0.0014 (D^2H) 1.0503$ $W = 0.0003 (D^2H) 1.2032$ $W = 11.506\ln (D^2H) -74.733$ $W = 0.1530 (D^2H) 0.5208$	$R^2 = 0.9986$ $R^2 = 0.9118$ $R^2 = 0.9341$ $R^2 = 0.7539$ $R^2 = 0.989$	Zhou 等，2008
云杉 *Picea* spp.	干 Stem 枝 Branch 叶 Leaf $D<40cm$ $D>40cm$ 根	$W = 0.0405D2.5680$ $W = 0.0037D2.7386$ $W = 0.0014D2.9302$ $W = 29.541\ln D-63.15$ $W = 0.0077 (D^2H) 0.9316$	$R^2 = 0.9890$ $R^2 = 0.9450$ $R^2 = 0.9419$ $R^2 = 0.7574$ $R^2 = 0.9920$	Trofymow 等，1995
桦树 *Betula* spp.	干 Stem 枝 Branch 叶 Leaf 根	$W = 0.14114 (D^2H) 0.7234$ $W = 0.00724 (D^2H) 1.0225$ $W = 0.01513 (D^2H) 0.8085$ $W = 0.0301 (D^2H) 0.8568$	$R^2 = 0.9801$ $R^2 = 0.7744$ $R^2 = 0.8281$ $R^2 = 0.9823$	Gurney 等，2002
槭树 *Acer* spp.	干 Stem 枝 Branch 叶 Leaf 根	$W = 0.3274 (D^2H) 0.7218$ $W = 0.01349 (D^2H) 0.7198$ $W = 0.02347 (D^2H) 0.6929$ $W = 0.0639D0.1473$	$R^2 = 0.9325$ $R^2 = 0.9114$ $R^2 = 0.8917$ $R^2 = 0.9717$	Ciais 等，1995
杨树 *Populus* spp.	干 Stem 枝 Branch 叶 Leaf 根	$W = 0.0537 (D^2H) 0.927$ $W = 0.01245 (D^2H) 0.9504$ $W = 0.0221 (D^2H) 0.7583$ $W = 0.0415 (D^2H) 0.7757$	$R^2 = 0.9870$ $R^2 = 0.8630$ $R^2 = 0.7860$ $R^2 = 0.9010$	Woodbury 等，2007
其他阔叶树种	干 Stem 枝 Branch 叶 Leaf	$W = 0.0097 (D^2H) + 5.8252$ $W = 0.0051 (D^2H) + 3.508$ $W = 0.0004 (D^2H) + 0.7563$	$R^2 = 0.9914$ $R^2 = 0.9825$ $R^2 = 0.9333$	

注：W：干物质重量（dry matter weight/kg）；D：胸径（diameter at breast height/cm）；H：树高（tree height/m）。

7.1.2　不同自然垂直带谱的生物量

不同垂直带森林总生物量（表 7.2）分别为 290.75t/hm²、605.35t/hm²、481.13t/hm² 和 28.96t/hm²。随着海拔的增加，地上部分生物量呈先上升后下降的趋势。不同植被类型间的植被生物量差异极显著（$p<0.01$），表现为针阔叶混交林＞暗针叶林＞阔叶混交林＞高山灌丛。

表 7.2　贡嘎山地区不同垂直带谱的生物量与枯落物量

植被类型	植被生物量/(t/hm²)			地上生物量/地下生物量	枯枝落叶/(t/hm²)
	地上部分	地下部分	合计		
阔叶混交林	233.49±36.30	57.26±4.62	290.75±40.83	4.08	2.22±0.10
针阔叶混交林	524.55±34.86	80.80±17.58	605.35±52.18	6.49	2.40±0.16
暗针叶林	415.81±127.40	65.32±34.38	481.13±94.14	6.37	3.28±0.07
高山灌丛	20.86±0.22	8.10⊥2.42	28.96±2.20	2.58	4.33±0.17

研究所采集的枯落物主要是各植被类型中的枯枝落叶，不包括群落中的立枯木和倒立木。不同植被类型间的枯落物现存量差异极显著（$p<0.01$），灌木林枯落物量大于森林，各种类型枯枝落叶现存量的大小顺序为：高山灌丛＞暗针叶林＞针阔叶混交林＞阔叶混交林。高山灌丛由于所处位置海拔较高，年平均温度较低，且凋落量较大，其枯落物现存量最大。枯落物化学成分决定了分解的难易程度，也是枯落物现存量的主要影响因素，暗针叶林和针阔叶林中的针叶都难分解，阔叶林的枯落物易分解，所以针叶林枯落物现存量要大于阔叶林。

7.1.3　不同垂直带植被的生物量层次构成

不同植被类型样地的生物量层次构成不同（表 7.3）。研究区内不同类型的乔木林分主要由乔木层、灌木层、草本层构成，海拔从低到高的三个垂直带谱乔木层生物量比例分别为 98.13%、97.76%、97.03%，灌木层比例为 1.63%、2.14%、2.69%，草本层比例为 0.24%、0.1%、0.28%。灌木林分一般由灌木层与草本层构成，高山灌丛的灌木层生物量比例为 82.88%，草本层生物量比例为 17.12%。森林的乔木层生物量比例高低顺序为阔叶混交林＞针阔叶混交林＞暗针叶林，这一定程度上与林冠郁闭度有关，高郁闭度林分的林下灌草发育较差。阔叶混交林林冠郁闭度最高，暗针叶林林冠郁闭度最小，而阔叶混交林灌草发育最差，暗针叶林灌草最为发育。

表 7.3　不同植被垂直带生物量构成

植被类型	乔木层		灌木丛		草本层		生物量合计/(t/hm²)
	生物量/(t/hm²)	比例/%	生物量/(t/hm²)	比例/%	生物量/(t/hm²)	比例/%	
阔叶混交林	285.33±41.65	98.13	4.73±0.52	1.63	0.69±0.36	0.24	290.75
针阔叶混交林	591.76±54.17	97.76	12.95±1.79	2.14	0.63±0.23	0.1	605.34

续表

植被类型	乔木层		灌木丛		草本层		生物量合计/(t/hm²)
	生物量/(t/hm²)	比例/%	生物量/(t/hm²)	比例/%	生物量/(t/hm²)	比例/%	
暗针叶林	466.84±93.01	97.03	12.95±1.44	2.69	1.34±0.38	0.28	481.13
高山灌丛	—	—	24.00±0.29	82.88	4.95±2.42	17.12	28.95

7.1.4　不同垂直带植被的生物量器官分配

各林分类型乔木层的生物量器官分配见表 7.4。阔叶混交林与针阔叶混交林植被的器官生物量分配比例均表现为干＞枝＞根＞叶，亚高山针叶林中器官生物量分配表现为干＞根＞枝＞叶。海拔从低到高的垂直带谱中，树干生物量比例分别为 53.52%、69.57%、69.74%，枝生物量比例分别为 23.14%、15.21%、12.74%，根生物量比例为 19.59%、13.25%、13.24%，叶生物量比例为 3.74%、2.00%、4.28%。除树干比例在不同植被类型间差异显著（$p < 0.05$）外，其他器官的比例无明显差异。

表 7.4　不同垂直带森林乔木层生物量的器官分配　　　（单位：t/hm²）

植被类型	干	枝	叶	根	合计
阔叶混交林	152.72±25.90	66.02±8.81	10.67±2.50	55.91±4.88	285.32
针阔叶混交林	411.69±17.29	90.01±21.25	11.65±2.79	78.41±17.91	591.76
暗针叶林	325.60±111.16	59.49±22.51	19.96±6.60	61.79±34.96	466.84

不同样地灌木层生物量（表 7.5）的 70%～76%集中于枝干，15%～22%在根系，叶的生物量比例占 6%～10%，其中林下灌木的比例与高山灌丛样地没有显著差异。

表 7.5　不同垂直带灌木层生物量的器官分配

植被类型	枝干		叶		根		地上生物量/地下生物量
	生物量/(t/hm²)	比例/%	生物量/(t/hm²)	比例/%	生物量/(t/hm²)	比例/%	
阔叶混交林	3.42±0.45	72.29	0.34±0.01	7.13	0.97±0.06	20.58	3.88
针阔叶混交林	9.73±1.82	75.09	1.19±0.24	9.19	2.04±0.22	15.72	5.35
暗针叶林	9.29±0.31	71.77	0.89±0.89	6.84	2.77±0.47	21.39	3.68
高山灌丛	17.71±0.43	73.78	2.12±0.08	8.82	4.17±0.39	17.4	4.76

不同样地草本层生物量的分配见表 7.6。地上生物量比例占 20%～46%，地下占 54%～80%，地上生物量/地下生物量随着海拔升高逐渐减小，这主要与气候环境有关，也可能与种类有关。

表 7.6　不同垂直带草本层生物量地上地下分配

植被类型	地上		地下		生物量总计 /(t/hm²)	地上生物量/ 地下生物量
	生物量/(t/hm²)	比例/%	生物量/(t/hm²)	比例/%		
阔叶混交林	0.31±0.13	45.58	0.37±0.26	54.42	0.68	0.84
针阔叶混交林	0.28±0.06	44.52	0.35±0.18	55.48	0.63	0.8
暗针叶林	0.58±0.13	43.16	0.76±0.28	56.84	1.34	0.76
高山灌丛	1.03±0.24	20.77	3.93±2.33	79.23	4.96	0.26

7.1.5　讨论

在贡嘎山东坡地区,随着海拔的升高,垂直带谱植被的生物量呈先上升后下降的趋势,在海拔 2500~2800m 的针阔叶混交林带谱中达到最大,为 605.35t/hm²。不同气候带的热带雨林、高山栎和橡胶林等均发现生物量在海拔梯度上表现为一定的规律性,但是趋势不尽相同(Alves et al., 2010)。这种差异的原因有:不同研究区内海拔不同,造成各研究是在不同尺度进行的;研究区内气候不同,使得各研究的植被类型及其生长条件各异;研究区植物物种的差异也会造成植被生物量的差别。

森林地上生物量在不同的气候带有很大的差异:热带森林为 62~398t/hm²,亚热带森林为 102~252t/hm²,暖温带为 169~554t/hm²,寒带森林为 20~144t/hm²(Vogt et al., 1995)。本书中针阔叶混交林属寒温带气候,但其生物量已经超过暖温带的最大值,这与贡嘎山东坡的气候以及树种有很大关系。分布广泛的云冷杉林需要温凉的气候和分明的四季,冬季有一定的雪覆被,生长季具有充分的湿度。云冷杉抗寒能力强,但对湿度较为敏感,需要空气相对湿度达 60%以上及较多的冬季降水量。生长地区年平均气温较低,降水十分丰富,实际蒸散量只占年平均降水的 27%,这为云冷杉的生长提供了有利的气候条件。

当环境条件趋于严酷时,植物种群通过调整投资策略实现生存繁衍空间的最大化,增强对环境的适应。随海拔升高,树木通过增加冠层叶片生物量比重来获得生长优势,加大叶面积来截获光照,补偿较低的光合速率;延缓叶片凋落和分解,减缓养分的循环,增加养分利用效率。Körner 和 Renhardt(1987)在瑞士阿尔卑斯山的研究显示,叶片所占比重在海拔梯度上基本保持一定的比例,说明高山植物通过稳定的光合器官的投入维持其光合面积和碳供给。灌木林枝干、叶的比重也没有表现出明显的规律,灌木林与林下灌木之间也没有显著性差别。不同于我国六盘山地区和祁连山地区,贡嘎山的灌木地上生物量分配在乔木层以及海拔因素的共同影响下并没有明显的规律变化。

一般认为,低温限制下生态系统(极地和高山环境)的植被对气候变化很敏感。海拔变化引起的环境因子尤其是温度因子的变化会对植物生长、发育及各种生理代谢产生影响,进而影响植被的干物质及生物量积累。在贡嘎山东坡垂直剖面上,可以看到受温度和降水限制而形成的由森林到灌木及草甸的明显过渡界线。本书的相关分析表明,贡嘎山东坡不同植被垂直带生物量分布与年平均降水量呈极显著相关,与年平均气温、1月平均气温、7月平均气温相关性并不显著。降水量是贡嘎山东坡植被地上生物量格局形成的重要因素。阔叶混交林带与高山灌丛带年平均降水量均相对偏少,其生物量也均小于降水量更为丰富的针阔叶混交林带与暗针叶林带。而针阔叶混交林带的平均生物量大于暗针叶林带主要受温度的影响,研究指出贡嘎山东坡海拔3000m附近植被(暗针叶林)生长的限制性因子是温度。因此,在降水量不是植物生长限制性因子的情况下,适宜的温度条件有利于植被地上生物量的积累。

7.2　亚高山主要森林生态系统碳库格局

森林生态系统碳库是陆地生态系统碳库的主体,维持着陆地生态系统植被碳库的86%以上和土壤碳库的73%,每年所固定的有机碳量约占整个陆地生态系统固碳量的2/3,森林碳库发生细微的变化就会对全球气候系统产生巨大的影响(Waring and Running,2010)。森林生态系统的碳素储量是研究森林生态系统与大气圈之间碳交换的基本参数,是正确估算和解释森林生态系统向大气吸收与排放含碳气体的关键因子,也是碳循环研究的基础。因此,准确地估算森林生态系统碳储量及其变动引起的全球陆地生态系统碳储量变化受到科学家们的普遍关注。然而,由于森林生态系统碳循环的复杂性,森林生态系统碳库和碳汇的大小及其分布在当前学术界中仍存在一定的不确定性。本节主要分析峨眉冷杉成熟林、中龄林生态系统碳素储量的空间分布及其动态变化,为区域尺度乃至国家尺度的森林生态系统碳素分布状况的研究和碳素储量的估算提供基础数据,以求最大限度地减小森林生态系统碳循环研究中的不确定性。

7.2.1　碳密度变化

利用贡嘎山站峨眉冷杉林永久调查样地1999年、2005年、2010年和2015年四期的森林清查数据,分别分析了冷杉成熟林和中龄林乔木层地上部分碳密度的变化。结果表明,峨眉冷杉成熟林1999～2005年碳密度增加,随后碳密度呈现逐年降低趋势,自2005年131.0t C/hm^{2}降至2015年的122.0t C/hm^2(图7.1)。主要原因是在2005年之后,成熟林样地位于侧碛堤上,峨眉冷杉生长位置处,根茎比不足以支撑更大的树木个体,导致冷杉树木倒伏,而倒伏个体胸径分布范围在20～60cm,说明倒伏不完全是树木的自然死亡造成的。另外,由于冷杉树心腐朽的比例较高,空心树加剧了成熟个体的倒伏现象。"林窗"更新是冷杉林维持其连续性的机制之一,也是群落发生波动的重要途径,虽然林分密度增加(表7.7),但是增加的主要是更新的幼龄林,因个体较小,增加的碳储量不足以抵消成熟林倒伏形成的碳损失,进而导致成熟林样地的碳密度在2005年之后逐年减小。对比四个时期相同编号的树木个体,1999～2015年,个体生物量是逐年增加的,其仍然具有固碳能力。相反,峨眉冷杉中龄林碳密度自1999

年的 102.5t C/hm² 增加至 2015 年的 138.4t C/hm²（图 7.1），具有较强的固碳潜力。虽然峨眉冷杉中龄林的森林密度在逐年降低（表 7.7），但是单位面积的胸径面积在逐年增加，进而保证了其碳密度的增加。峨眉冷杉中龄林碳密度的增加，也表明成熟林样地受侧碛堤影响，其并未达到峨眉冷杉样地尺度的最大碳密度，森林的固碳潜力仍然较大，同时也说明，成熟林树木死亡对碳汇潜力的负影响要大于自然更新的正反馈作用。峨眉冷杉林的生长、发育、更新规律，一方面取决于自身的遗传性，另一方面在很大程度上受外界环境条件的支配，不同生境条件下峨眉冷杉林树种组成、林分结构、生长状况和更新状况都有较大差别。因此，保护天然林，制定合理的森林管理措施是维持森林固碳功能的重要手段。

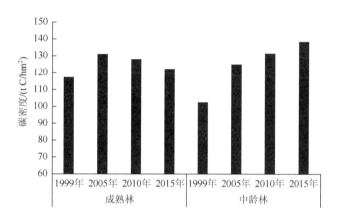

图 7.1　贡嘎山亚高山峨眉冷杉成熟林、中龄林 1999 年、2005 年、2010 年和 2015 年乔木层碳密度变化

表 7.7　峨眉冷杉成熟林和中龄林样地林分密度变化　　　　（单位：株/hm²）

类型	1999 年	2005 年	2010 年	2015 年
成熟林	236	236	316	476
中龄林	1958	1617	1500	1183

7.2.2　峨眉冷杉林植物各器官碳储量

峨眉冷杉林分现存量中各器官的生物量与其相应碳素含量的乘积，即林分各器官的碳素储量。从表 7.8 可以看出，峨眉冷杉林分植被层的生物量和碳素储量均随着林分年龄的增长而增加，成熟林的植被生物量为 590.6t/hm²，是中龄林植被生物量的 2.2 倍，成熟林植被层碳储量为 288.3t C/hm²，是中龄林植被碳储量的 2.2 倍。结果比罗辑等（1999）计算的峨眉冷杉近熟林要大，这也反映出峨眉冷杉林随着林龄的增长在不断累积生物量和碳储量。

表 7.8　峨眉冷杉林植被层生物量和碳储量

类型	器官	成熟林		中龄林	
		生物量/(t/hm²)	碳储量/(t C/hm²)	生物量/(t/hm²)	碳储量/(t C/hm²)
乔木	叶	73.4	37.8	24.3	12
	枝	184.9	86.7	27.4	13.1
	干	229.4	113.4	163.4	83.2
	根	85.4	42.6	43.9	22
	合计	573.1	280.5	259	130.3
灌木	叶	0.7	0.3	0.6	0.3
	枝	10.9	5	4.2	2
	根	3.7	1.6	1.3	0.6
	合计	15.3	6.9	6.1	2.9
草本	地上部分	0.4	0.2	0.3	0.1
	地下部分	1.8	0.7	0.8	0.3
	合计	2.2	0.9	1.1	0.4
总计		590.6	288.3	266.2	133.6

从表 7.8 还可以得出,在成熟林和中龄林,乔木层占据了植被生物量和碳储量的绝大部分:成熟林乔木层生物量和碳储量分别占了整个植被生物量和碳储量的 97.0% 和 97.3%;中龄林乔木层生物量和碳储量分别占整个植被层的 97.3% 和 97.5%。两个林分的林下灌木和草本生物量、碳储量都仅占整个植被的 3% 左右。在乔木层中,树干的生物量和碳储量所占比例最大,成熟林乔木层树干生物量和碳储量分别占整个乔木层的 40.0% 和 40.4%,中龄林乔木层树干生物量和碳储量分别占整个乔木层的 63.1% 和 63.9%。

7.2.3　峨眉冷杉林凋落物、倒木碳储量

森林中的植物通过光合作用吸收大气中的 CO_2,并将部分碳素固定体内,同时又以凋落物形式每年向土壤中输入有机碳。成熟林林分结构稳定,落叶是凋落物中的主要成分。中龄林还在进行群落演替,林分结构不稳定,林内有大量植物死亡,产生许多枯木和倒木,凋落物中枯枝落叶各占一定比例。

从表 7.9 可以看出,成熟林凋落物和枯倒木生物量分别是 4.2t/hm² 和 7.3t/hm²,中龄林凋落物和枯倒木生物量分别为 2.9t/hm² 和 19.5t/hm²。根据各自对应的碳素含量,可得出成熟林凋落物和枯倒木的碳储量分别是 1.9t C/hm² 和 3.5t C/hm²,中龄林凋落物和枯倒木碳储量分别为 1.4t C/hm² 和 8.7t C/hm²。

表 7.9　峨眉冷杉林死地被物层生物量和碳储量

林分	凋落物		枯倒木	
	生物量/(t/hm²)	碳储量/(t C/hm²)	生物量/(t/hm²)	碳储量/(t C/hm²)
成熟林	4.2	1.9	7.3	3.5
中龄林	2.9	1.4	19.5	8.7

7.2.4　峨眉冷杉林土壤碳储量

土壤中的有机碳主要来源于每年凋落物、植物枯死脱落部分，以及根系分泌物中的碳素。泥石流形成的原生裸地无有机碳，植被演替进程中伴随着森林土壤的形成，向土壤中输入不断增多的凋落物对土壤形成有着重要作用。中龄林土壤类型属于粗骨土，土壤结构不完整，还未形成土壤 B 层，土壤 A 层薄，分化不明显，土壤母质中有机质含量很少，成熟林土壤类型属于山地棕色暗针叶林土，土壤结构完整，土壤各层有机质含量都比较高。

单位面积的土层重量与其相应土壤碳素含量的乘积，即各土层的碳素储量。由表 7.10 可知，贡嘎山东坡峨眉冷杉成熟林的土壤碳储量为 291.8t C/hm²，其值明显高于我国森林土壤平均碳素密度（193.6t C/hm²）和世界土壤平均碳素密度（189.0t C/hm²），也高于罗辑等（1999）报道的贡嘎山峨眉冷杉近熟林的土壤碳储量（143.2t C/hm²），但低于周玉荣等（2000）报道的我国云冷杉林土壤的碳密度（360.8t C/hm²）。中龄林土壤碳储量为 63.8t C/hm²，其值低于我国和世界土壤碳素密度，但比罗辑等（1999）计算的 1999 年峨眉冷杉中龄林土壤碳储量（30.7t C/hm²）高，这反映出随着林龄的增长，中龄林的土壤在不断累积碳。峨眉冷杉林区成熟林和中龄林两个林分土壤碳储量均值为 177.8t C/hm²，低于我国和世界土壤碳素密度，但高于尖峰岭热带森林土壤碳素密度（102.6t C/hm²）、云南热带区几种阔叶林林地土壤碳素密度（61.3～93.3t C/hm²）、暖温带落叶阔叶林土壤碳素密度（96.0t C/hm²）（吴仲民等，1998；桑卫国等，2002）。这可能是因为贡嘎山地区长年温度较低，凋落物分解释放较少，而转移到土壤中的积累量较多。

表 7.10　峨眉冷杉成熟林、中龄林土壤碳素储量的垂直分布　　　（单位：t C/hm²）

林分	0～10cm	10～20cm	20～30cm	30～50cm	50～100cm	总计
成熟林	37.7	33.6	27	91.1	102.4	291.8
中龄林	20.8	11.5	8	23.5	—	63.8

7.2.5　峨眉冷杉林生态系统碳储量空间分布

利用各组分的生物量或土壤各层的质量及其相应的碳素含量,得出峨眉冷杉林生态系统中各组成部分碳素储量的空间分布。表 7.11 列出了峨眉冷杉成熟林、中龄林生态系统碳储量在各组分中的分配。峨眉冷杉成熟林生态系统总碳储量为 584.8t C/hm², 其值远高于我国森林生态系统的平均碳储量 258.8t C/hm², 也高于我国针叶林生态系统的平均碳储量 408.0t C/hm²（周玉荣等, 2000）。

表 7.11 峨眉冷杉林生态系统碳储量空间分布

类型	成熟林		中龄林	
	碳储量/(t C/hm²)	百分比/%	碳储量/(t C/hm²)	百分比/%
乔木层	280.6	48.0	130.3	63.0
灌木层	6.9	1.2	2.9	1.4
草本层	0.9	0.1	0.4	0.2
合计	288.4	49.3	133.6	64.6
凋落物	1.9	0.3	1.4	0.7
枯倒木	3.5	0.6	8.7	4.2
土壤	291.0	49.8	63.8	30.7
总计	584.8	100.0	207.5	100.0

注: 因四舍五入百分比之和不等于 100%。

峨眉冷杉成熟林植被层碳素储量明显大于中龄林植被层的碳素储量, 在成熟林和中龄林生态系统中, 植被层的碳素储量分别为 288.4t C/hm² 和 133.6t C/hm², 分别占整个生态系统碳素储量的 49.3% 和 64.6%。植被层中乔木碳储量最大, 成熟林和中龄林乔木层碳储量分别占整个生态系统的 48.0% 和 63.0%。两个林分的林下植被碳储量所占比例相似, 灌木分别为 1.2% 和 1.4%, 草本分别为 0.1% 和 0.2%。由此可见, 在峨眉冷杉林生态系统中, 植被层的碳素储量主要取决于乔木层的碳素储量。凋落物成熟林碳储量（1.9t C/hm²）大于中龄林的碳储量（1.4t C/hm²）, 而枯倒木成熟林的碳储量（3.5t C/hm²）低于中龄林的碳储量（8.7t C/hm²）, 这也反映了处于不同演替阶段的林分结构特征。林地土壤层的碳素储量是相当可观的, 成熟林土壤碳储量为 291.0t C/hm², 中龄林土壤碳储量为 63.8t C/hm², 分别占整个生态系统的 49.8% 和 30.7%。

综合以上结果可知, 峨眉冷杉林成熟林生态系统的碳储量为 584.8t C/hm², 中龄林生态系统的碳储量为 207.5t C/hm²。成熟林生态系统中各组成部分的碳素储量按大小顺序为土壤层＞植被层＞死地被物层（凋落物和枯倒木）; 中龄林生态系统中各组分的碳储量大小顺序为植被层＞土壤层＞死地被物层。森林生态系统中的林地植被层和土壤层是碳的一个极重要的储存库, 这表明保护好现有的森林植被在维持陆地生态系统的碳素储量中有着重要的意义。死地被物层的碳素储量虽远小于土壤层和植被层的碳素储量, 但死地被物层是森林生态系统碳素循环的联结库, 对森林生态系统的碳素循环起着极为重要的作用。森林生态系统碳储量是一个动态连续的变化过程, 随着时间的推移, 这种变化是极大的, 在区域或国家尺度森林生态系统碳循环研究中, 在用历史数据推算森林未来某一时段碳库大小时必须十分小心, 否则将会产生较大的误差。

7.3　暗针叶林生态系统呼吸及其时空变化规律

土壤呼吸是全球碳素平衡的重要过程，是研究森林生态系统碳循环和全球变化的基础，土壤呼吸特别是森林土壤呼吸作为大气 CO_2 重要的来源越来越受关注。全球森林面积虽仅占陆地面积的 26%，但森林的年生长量却占全部陆地植物年生长量的 65%。森林每生产 10t 干物质，便可吸收 16t CO_2，其碳储量占整个陆地植被碳储量的 80% 以上，森林每年的固碳量约占整个陆地生物固碳量的 2/3（项文化等，2003）。我国林地面积为 22 778 $\times 10^4 hm^2$，森林覆盖率达到 13.92%，约占全国土地面积的 23.7%，约占全球森林的 2.6%。随着植树造林步伐的加快和森林经营管理水平的提高，预计到 2040 年我国森林覆盖率将达到 27.38%。这样一个庞大的森林生态系统对大气 CO_2 浓度增加究竟将有什么样的作用？是碳的源还是汇？源/汇功能的大小是多少？这是我国和世界许多国家政府和学者十分关注的问题。

国外对土壤呼吸相关的研究较多，如影响森林土壤呼吸的因素（温度、湿度、土壤肥力条件、植被类型等）、营林措施（采伐、灌溉等）、大气 CO_2 浓度升高、全球升温、氮沉降等对其影响有较多的报道（Conant et al.，2004）。全球变化条件下土壤呼吸的响应是目前国外有关土壤呼吸研究的另一热点。多数研究表明，大气中 CO_2 浓度升高将使土壤呼吸增加，释放更多的碳使变暖加剧（Lin et al.，2008）。这主要是因为大气 CO_2 浓度升高，促使植物光合产物更多地流向根系，导致植被中地下碳分配增加，同时伴随着根系分泌物增加，地上、地下部分凋落物及土壤微生物活性的增强，从而又导致土壤呼吸增加。现阶段由于观测资料的不足以及模型的不完善等，森林土壤呼吸对全球变化的最终响应还没有统一的定论，森林土壤呼吸对全球变化的响应需要继续深入研究。国内土壤呼吸研究取得了很多研究成果。各研究虽然采用方法不同，但对不同地区、不同森林类型的土壤呼吸研究为我国乃至全球碳平衡的估算提供了宝贵的基础数据。已有森林土壤呼吸的研究为进一步深入研究土壤呼吸提供了一定的理论基础，但仍需在测量方法、研究领域、对温室效应的贡献、对全球变化的响应以及土壤呼吸各组分区分等方面进一步探索。在陆地生态系统中，土壤蓄积了大量的碳，而土壤呼吸作为仅次于总初级生产力的第二大碳通量，是全球碳循环中一个关键的生态过程。因其巨大的通量，土壤呼吸速率的微小变化都会对大气 CO_2 浓度产生巨大影响。因此，准确地量化土壤呼吸对未来气候变化研究至关重要。

峨眉冷杉是四川特有的森林树种。天然林分布面积约 23 万 hm^2，蓄积量近 8000 万 m^3。贡嘎山位于青藏高原东缘，该区域地球各圈层相互作用剧烈，对全球气候变化也极为敏感。鉴于森林生态系统在全球碳循环中的重要作用，本书以贡嘎山东坡峨眉冷杉林这一典型生态系统为对象，分析贡嘎山东坡峨眉冷杉成熟林、中龄林生态系统碳现存量及各个碳库间的碳流动，对比成熟林和中龄林的源/汇功能，补充和完善贡嘎山峨眉冷杉林碳循环研究，为全球变化背景下碳循环研究提供基础数据，同时为冷杉天然林保护和可持续发展提供决策依据。

7.3.1 土壤呼吸研究方法

土壤呼吸量的测定主要基于两种原理：①土壤呼吸过程中 O_2 的消耗量；②土壤呼吸过程中 CO_2 的产生量。具体的测量方法有：静态气室法、动态气室法、微气象法等。

（1）静态气室法

静态气室法是指用观测箱盖住一定面积的被测表面并密封，使观测箱内部空气与外界没有任何交换，然后对箱内气体的浓度进行分析。依据箱内气体浓度的不同，分析方法又可分为静态碱液吸收法、静态箱红外线分析法和气相色谱法。

静态气室法有操作简单、测定费用低、便于野外测定，而且可重复的优点，适用于空间变异很大的土壤，其缺点是密闭箱体会对被测土壤表面的自然状态产生干扰，而且测量面积也相对较小。

（2）动态气室法

动态气室法又称气流法（air current method），用一定体积的呼吸室罩住选择的样点，以一定的气流量通过呼吸室，测量进气和出气中 CO_2 的浓度，便可得到土壤呼吸速率。

动态气室法可连续测量土壤呼吸的变化过程，其比静态方法得到的结果要高 10%～40%，被认为能较好地反映土壤呼吸的实际水平。但是该方法不能同时进行多样点的测量。

（3）微气象法

微气象法是通过测量近地层的湍流状况和微量气体的浓度变化来推算土壤呼吸气体的排放通量。利用微气象原理测定 CO_2 交换通量的主要方法有：空气动力学法、热平衡法和涡度相关法。其中，涡度相关法是目前国际上的主流方法。微气象法可测定较大范围内的气体通量，避免了密闭系统带来的误差，对土壤系统几乎不造成干扰。同时，可获得较长时间内的气体变化规律，在下垫面均匀且尺度较大的区域获得的数据具有较好的代表性。但是，微气象法对土壤表面的异质性和地形条件要求相对苛刻，对仪器灵敏度要求较高，目前造价又非常高，还不能完全替代静态气室法的应用。

（4）土壤呼吸的测定及土壤非根呼吸计算

在成熟林和中龄林设置 5 个重复采样点，土壤呼吸的测定采用美国 LI-COR 公司生产的 LI-6400-09。测量前提前 24 小时在采样点埋设土壤环。每月中旬选择 1～3 天进行测定。在测定土壤呼吸的同时，测定 5cm 土壤温度。根据每月实验测定的土壤呼吸速率，计算出成熟林和中龄林全年的土壤碳排放。

由于实验时间和实验条件的限制，在埋设土壤环时，未对土壤进行去根处理，因此所测出的土壤呼吸为总土壤呼吸量，其中包括了土壤根呼吸和非根的异样呼吸。本书将成熟林土壤根呼吸取值土壤总呼吸的 50%，中龄林土壤根呼吸占总呼吸的 42%，即成熟林非根呼吸为总呼吸的 50%，中龄林非根呼吸为总土壤呼吸的 58%。

7.3.2 峨眉冷杉中龄林、成熟林植被层碳素含量特征

7.3.2.1 乔木层碳素含量特征

贡嘎山东坡峨眉冷杉成熟林和中龄林乔木层冷杉各组分碳素含量的测定结果见表 7.12。冷杉成熟林碳素含量变化范围为 49.4%~53.4%，冷杉中龄林各组分碳素含量变化范围为 49.3%~50.9%。通过方差分析（ANOVA）可知，冷杉成熟林叶片的碳素含量（53.4%）显著高于其他各组分（$p<0.05$），而枝、干、根的碳素含量之间无显著性差异；冷杉中龄林的叶、干、根碳素含量之间无显著性差异。这一结果表明碳素在成熟林和中龄林峨眉冷杉各组分之间的分布仅有细微的差别。

表 7.12 峨眉冷杉各器官含碳率

林分	叶	枝	干	根	CV
成熟林	53.4%±2.0%	50.3%±0.9%	49.4%±0.8%	49.9%±0.7%	3.2%
中龄林	50.5%±0.6%	49.3%±0.9%	50.9%±0.6%	50.1%±0.7%	1.2%

变异系数（CV）可以衡量观测值离散程度，由表 7.12 得出，两林分乔木层不同组分含碳率的变异程度很小。变异系数的计算公式：

$$CV = \frac{S}{\overline{X}} \times 100\%$$

式中，S 为样本的标准差；$\overline{X}$ 为样本的平均值。

比较成熟林和中龄林冷杉对应各组分碳素含量发现（图 7.2）：成熟林峨眉冷杉叶

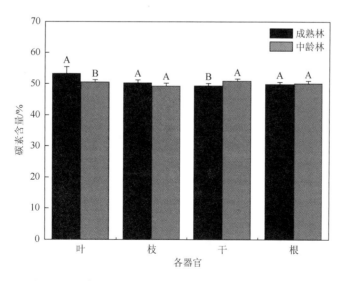

图 7.2 成熟林和中龄林峨眉冷杉各器官碳素含量对比

的碳素含量显著大于中龄林峨眉冷杉叶的碳素含量（$p < 0.05$），而成熟林干的碳素含量显著低于中龄林干的碳素含量（$p < 0.05$）；成熟林峨眉冷杉和中龄林峨眉冷杉其余各组分的碳素含量差异不显著（$p > 0.05$）。

峨眉冷杉成熟林和中龄林其他乔木树种的各器官含碳率见表 7.13。成熟林桦木各器官的含碳率在 44.3%~51.3%，槭树各器官的含碳率在 41.5%~50.0%；中龄林桦木各器官的含碳率在 44.2%~48.4%。三种乔木的叶片含碳率显著大于其他各器官的含碳率（$p < 0.05$）。对比成熟林、中龄林乔木层中各树种之间的碳素含量可发现，除成熟林的叶子外，针叶树各器官的碳素含量均显著大于阔叶树相应器官的碳素含量（图 7.3）。

表 7.13　峨眉冷杉林乔木层其他树种器官含碳率

林分	树种	叶	枝	干	根
成熟林	桦木	51.3%±0.5%	45.6%±0.7%	44.3%±0.4%	45.2%±0.2%
	槭树	50.0%±1.2%	44.7%±0.6%	41.5%±1.5%	44.3%±0.1%
中龄林	桦木	48.4%±0.2%	46.3%±1.0%	44.2%±0.9%	45.2%±0.5%

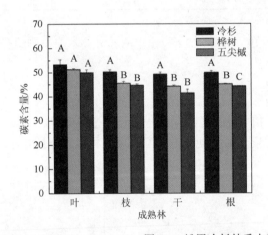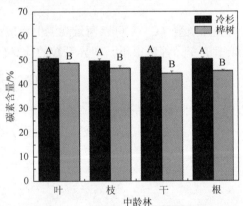

图 7.3　峨眉冷杉林乔木层各树种碳素含量比较

综合以上分析可见，同一种森林类型，采用同样的测定方法，由于其所处的地理位置、年龄阶段不同，各器官的碳素含量存在一定的差异。在估算区域或国家尺度上冷杉生物量的碳素储量时，如果都以 45% 或 50% 作为平均碳素含量来估算，则可能会造成估算结果偏低或偏高。因此，根据气候带与年龄阶段采用不同的平均碳素含量才可准确地估算冷杉林的碳素储量。

7.3.2.2　林下植被及凋落物、倒木碳素含量特征

取样成熟林和中龄林灌木层的优势种，分析出灌木层各组分碳素含量，如表 7.14 所

示。成熟林灌木层的碳素含量变化范围为 42.6%～46.1%，中龄林灌木层的碳素含量变化范围为 44.1%～47.0%。

表 7.14　峨眉冷杉林灌木优势种各器官碳素含量

林分	灌木种	叶	枝	根	CV
成熟林	针刺悬钩子	42.6%±1.3%	46.1%±0.6%	42.9%±1.4%	4%
	宝兴茶藨子	43.5%±1.3%	44.9%±0.4%	45.6%±1.6%	2%
中龄林	桦叶荚蒾	44.1%±1.4%	47.0%±0.3%	45.4%±0.9%	3%

通过方差分析可知，成熟林灌木层针刺悬钩子的植物器官间存在显著性差异：枝的碳素含量显著高于叶和根（$p<0.05$）；宝兴茶藨子的各器官碳素含量差异不显著。中龄林灌木层桦叶荚蒾枝的碳素含量显著高于叶和根（$p<0.05$）（图 7.4）。不同灌木相同器官含碳率特征也不尽相同，其中成熟林针刺悬钩子枝的碳素含量显著高于宝兴茶藨子枝的碳素含量（$p<0.05$），而其根的碳素含量显著低于宝兴茶藨子根的碳素含量（$p<0.05$）。灌木种间的含碳率差异主要是由于不同灌木的生物学、生态学习性和碳同化途径不同，也与灌木在整个群落中所处生境密切相关；灌木不同器官间的含碳率差异则是由各器官碳积累方式、叶绿体含量及对光能的利用效率不同产生的。因此，按统一含碳率计算不同灌木的碳储量，会掩盖灌木种类和器官含碳率对碳储量的影响。

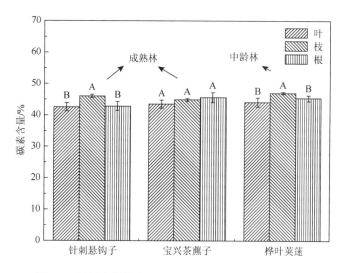

图 7.4　峨眉冷杉林灌木层优势种各器官碳素含量比较

贡嘎山东坡峨眉冷杉林成熟林和中龄林的草本层、凋落物及不同分解程度倒木的碳素含量如表 7.15 所示。

表 7.15　峨眉冷杉林草本、凋落物及倒木碳素含量

成分		成熟林	中龄林
草本	地上部分	41.0%±0.8%	42.4%±0.7%
	地下部分	39.8%±1.0%	38.9%±0.6%
凋落物		44.0%±1.1%	48.0%±1.3%
倒木	重度	—	43.5%±0.4%
	中度	48.2%±1.2%	45.0%±0.3%
	轻度		45.4%±0.9%

　　从表 7.12～表 7.15 可以看出，林下植被层各器官的碳素含量明显低于乔木层中相应器官的碳素含量。这除了与林下植物种类有关外，也可能与林下的光环境条件有关，乔木层中的冷杉枝、叶处于林冠上部，有较长的日照时间和充足的光能，从而可以截获较多的太阳能，有利于光合作用，合成、积累较多的有机物，因而其碳素含量较高；而灌木层中的树叶基本上长期处于荫蔽生境，不仅光照强度有所减弱，而且光质与林冠上的也有所不同，特别是林下的生理辐射光明显减少，因此林下灌木光合强度较弱，有机物合成、积累少，碳素含量下降。

　　成熟林冷杉碳素含量变化范围为 49.4%～53.4%，中龄林冷杉各组分碳素含量变化范围为 49.3%～50.9%。成熟林冷杉叶片的碳素含量显著高于其他各组分，而枝、干、根的碳素含量之间无显著性差异；中龄林冷杉的叶、干、根碳素含量之间无显著性差异，但值要显著高于枝的碳素含量。成熟林峨眉冷杉叶的碳素含量显著大于中龄林峨眉冷杉叶的碳素含量，而成熟林峨眉冷杉干的碳素含量显著低于中龄林峨眉冷杉干的碳素含量；成熟林峨眉冷杉和中龄林峨眉冷杉其余各组分的碳素含量差异不显著。

　　成熟林桦木各器官的含碳率在 44.3%～51.3%，槭树各器官的含碳率在 41.5%～50.0%；中龄林桦木各器官的碳素含量在 44.2%～48.4%。成熟林和中龄林中针叶树的各器官碳素含量均显著大于阔叶树相应器官的碳素含量（成熟林的叶子除外）。

　　成熟林灌木层的碳素含量变化范围为 42.6%～46.1%，中龄林灌木层的碳素含量变化范围为 44.1%～47.0%。灌木种间和灌木不同器官间的碳素含量均存在不同程度的差异性。

　　成熟林和中龄林林下植被层各器官的碳素含量明显低于乔木层中相应器官的碳素含量。这除了与林下植物种类有关外，也可能与林下的光环境条件有关。

7.3.3　峨眉冷杉林土壤有机碳含量特征

（1）成熟林和中龄林土壤剖面形态特征

　　土壤中的各种物质都是以一定的形态存在着，土壤剖面形态特征反映了土壤物质存在的状态，是土壤肥力因素的外部表现。通过挖掘两种不同林地类型土壤剖面并进行比较，得出结果如下。

　　成熟林土壤土层较厚，一般可达 1～1.2m。土壤发育较好，腐殖层有机质丰富，腐化特征明显，土壤有较多团粒结构，土质疏松。但土温较低，土壤湿度大，土壤中有较多为分解有机质。

　　A0 层，0～5cm，枯枝落叶层。

　　A1 层，5～37cm，土壤呈暗红棕色，中壤，细团粒结构，疏松，湿润，根系多。

　　AB 层，37～68cm，土壤呈暗红棕色，中壤，小团块结构，湿润。

　　BC 层，68～110cm，棕色，中壤，土壤稍紧实，块状结构，潮湿。

　　C 层，110～120cm，浊黄棕色，中壤，无结构，多风化岩石碎屑。

　　中龄林土壤土层较厚，一般可达 0.7～1.0m。土壤发育较浅，腐质层较薄。土壤结构较差，土壤较紧实。土温较低，土壤湿度大。土壤肥力较低。

　　A0 层，0～2cm，枯落物根层，土壤呈黑棕色。

　　A1 层，2～22cm，腐殖质层，浊黄色，根系多，小团块状结构。

　　AC 层，22～33cm，过渡层，浊黄色，无结构，多风化岩石碎屑。

　　C 层，33～78cm，母质层，淡黄色。

（2）各土壤层的碳素含量

　　对成熟林和中龄林土壤按固定距离采样，元素分析结果如表 7.16 所示。成熟林土层碳素含量的变化范围为 2.28%～8.73%，中龄林土层碳素含量的变化范围为 0.78%～3.92%。两个林分的土壤碳素含量在垂直分布上均表现为随土壤深度的增加而降低的趋势。成熟林 0～10cm 土壤的碳含量是 8.73%，分别为 10～20cm 的 1.60 倍，20～30cm 的 2.55 倍，30～50cm 的 2.14 倍，50～100cm 的 3.83 倍；中龄林 0～10cm 土壤的碳含量是 3.92%，分别为 10～20cm 的 2.42 倍，20～30cm 的 5.03 倍，30～50cm 的 3.63 倍。Jobbágy 等（2000）研究指出，植物根系的分布直接影响土壤中有机碳的垂直分布，大量死根的腐烂分解为土壤提供了丰富的碳源。此外，大量的地表枯落物也是表层土壤有机碳重要的碳源物质。

表 7.16　峨眉冷杉林各层土壤性质

林分	土层/cm	碳含量/%	全氮/%	pH
成熟林	0～10	8.73	0.67	4.83
	10～20	5.46	0.44	4.74
	20～30	3.42	0.26	5.78
	30～50	4.07	0.25	6.55
	50～100	2.28	0.19	6.94
中龄林	0～10	3.92	0.11	5.22
	10～20	1.62	0.09	6.16
	20～30	0.78	0.04	7.27
	30～50	1.08	0.03	7.1

　　不同发育阶段的峨眉冷杉林土壤含碳率存在差异,表现为成熟林土壤各层的碳素含量都明显高于中龄林土对应土层的碳素含量。例如,成熟林 0~10cm 土壤碳素含量为中龄林 0~10cm 土壤碳含量的 2.23 倍,成熟林 10~20cm 土壤碳含量为中龄林的 3.37 倍。土壤有机碳含量直接取决于地上凋落物与地下细根周转量的输入和有机质的分解。峨眉冷杉成熟林地上的枝叶凋落物和地下根系凋落物积累较多,这就导致了其土壤碳含量高于中龄林的土壤碳含量。

　　(3) 土壤碳含量与土壤全氮

　　土壤理化特性在局部范围内影响土壤有机碳的含量。由图 7.5 可知,无论是在峨眉冷杉成熟林还是中龄林,土壤各层次有机碳含量与土壤全氮含量之间均存在显著的相关性。成熟林土壤有机碳含量与土壤全氮(TN)之间的关系方程为 SOC = 0.27 + 12.5TN;中龄林土壤有机碳含量与土壤全氮之间的关系方程为 SOC = −0.28 + 31.5TN;综合考虑成熟林和中龄林,得到土壤碳含量与土壤全氮之间的关系方程为 SOC = 0.86 + 11.37TN。在一定程度上,土壤中的氮素含量大体上决定了土壤有机碳的含量,土壤碳含量在很大程度上取决于土壤氮素的水平,土壤中碳和氮的相互关系是通过微生物连接起来的,当土壤氮素增加时,可以促进微生物的活动,提高土壤有机质的分解速率。

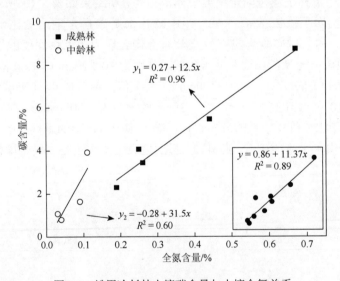

图 7.5　峨眉冷杉林土壤碳含量与土壤全氮关系

　　(4) 土壤碳含量与土壤 pH

　　土壤 pH 是土壤的一个基本性质,也是影响土壤物理化学性质的一个重要化学指标,它直接影响着土壤中各种元素的存在形态、有效性及迁移转化。研究发现,不同层次土壤的 pH 在 4.74~7.27 变化,成熟林和中龄林各层土壤 pH 自上而下呈上升趋势。由图 7.6 可知,成熟林土壤有机碳含量与土壤 pH 之间的关系方程为 SOC = 16.42−2.02pH;中龄林土壤有机碳含量与土壤 pH 之间的关系方程为 SOC = 11.08−1.43pH;综合考虑成熟林和中龄林,得到土壤碳含量与土壤 pH 之间的关系方程为 SOC = 16.35−2.12pH。成熟林和中龄林各层土壤 pH 和土壤有机碳含量之间呈明显的负相关。其原因主要是，在酸性土壤中，微生物种类受到限制，以真菌为主，从而减慢了土壤有机质的分解。随着土壤 pH 的下降，微生物活性减弱，土壤有机碳周转下降，表现为土壤的碳积累（石福臣等，2007）。

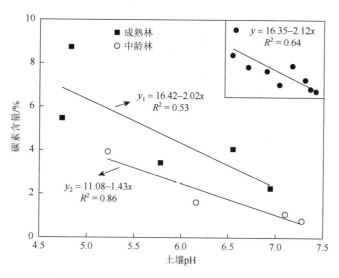

图 7.6　峨眉冷杉林土壤碳素含量和土壤 pH 关系

峨眉冷杉林生态系统碳储量见 7.2.2 节～7.2.5 节。

7.3.4　峨眉冷杉中龄林、成熟林土壤呼吸

本节主要依据贡嘎山东坡峨眉冷杉成熟林、中龄林内土壤碳释放进行的定位观测，分析不同林龄林地土壤呼吸率及规律。

7.3.4.1　土壤呼吸率的季节变异

研究发现，土壤呼吸主要来自土壤微生物和动物的呼吸（异样呼吸）以及植物根系呼吸。而这些组分释放的 CO_2 会随着土壤温度等外界因子的季节变化而有较强的季节变异。

从图 7.7 可以看出，峨眉冷杉成熟林和中龄林土壤呼吸率均表现一定的季节变异规律，即土壤呼吸率在生长季（5～10 月）较高，在非生长季（11 月～次年 4 月）较低。成熟林土壤呼吸率的季节变差系数（CV）为 50.6%，释放率最低月均值出现在 12 月，为 0.8μmol/(s·m²)，最高月均值出现在 7 月，为 5.8μmol/(s·m²)；中龄林土壤呼吸率的季节变差系数为 48.5%，最低月均值出现在 1 月，为 0.5μmol/(s·m²)，最高月均值出现在 6 月，为 3.5μmol/(s·m²)。

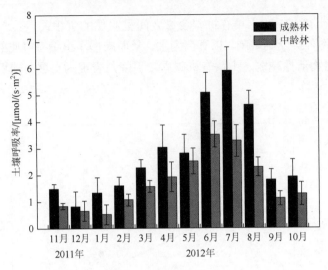

图 7.7 土壤呼吸月均值

土壤温度的季节变异和土壤呼吸的季节变异规律相似（图 7.8），成熟林土壤温度的季节变差系数为 56.0%，土壤温度最低月均值出现在 2 月，为 0.2℃，最高月均值出现在 6 月，为 12.3℃；中龄林土壤温度的季节变差系数为 49.1%，最低月均值出现在 1 月，为 −0.3℃，最高月均值出现在 6 月，为 13.3℃。

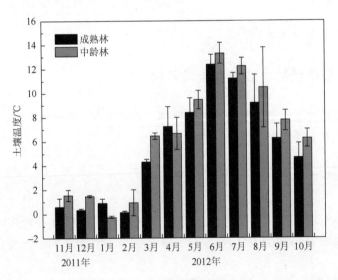

图 7.8 土壤温度月均值

7.3.4.2 土壤呼吸与土壤温度的关系

影响土壤呼吸的因素很多，既有土壤理化性质，也有温度、降水等环境因子，还有对土地的干扰、凋落物状况等其他因素，且影响土壤呼吸的因素可能会随着研究时间和地点的不同而发生变化。大量研究表明，温度是影响土壤呼吸的主要因子，特别是在气候湿润的地区。土壤温度是限制土壤微生物和凋落物分解、植物根系活性、植物生长和光合作用的重要生态因子，而土壤呼吸的释放则与土壤微生物和植物根系活性以及植物生长密切相关（Zheng et al.，2009）。土壤呼吸率与土壤温度之间的关系多用如下指数方程来描述：

$$R_s = \alpha \exp（\beta T）$$

式中，R_s 为土壤呼吸速率；T 为土壤温度；α 和 β 为系数。

从图 7.9 可以看出，峨眉冷杉成熟林和中龄林的土壤呼吸速率与 5cm 土壤温度均有极显著的正相关关系（$p < 0.001$）。成熟林土壤呼吸速率与 5cm 土壤温度之间的关系为 $R_s = 1.27 e^{0.115T}$；中龄林土壤呼吸速率与 5cm 土壤温度之间的关系为 $R_s = 0.9 e^{0.097T}$。基于土壤温度的指数模型可以分别解释成熟林和中龄林土壤呼吸速率 66% 和 60% 的变异。

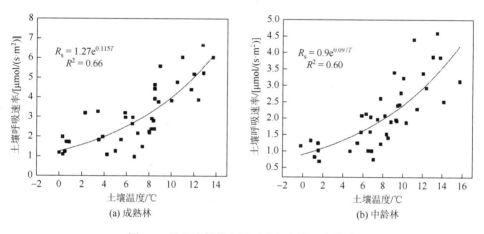

图 7.9　峨眉冷杉林土壤呼吸与土壤温度关系

另外，Q_{10} 通常用来描述土壤呼吸速率对温度的敏感性：

$$Q_{10} = \exp（10\beta）$$

式中，Q_{10} 值表示温度每升高 10℃，土壤呼吸率变化的程度。Q_{10} 值越大，土壤呼吸对温度变化越敏感。经计算，贡嘎山东坡峨眉冷杉成熟林和中龄林土壤呼吸率的 Q_{10} 值分别为 3.2 和 2.6。这表示，当 5cm 地温升高 10℃ 时，峨眉成熟林土壤呼吸速率要增加 320%，中龄林土壤呼吸速率要增加 260%，成熟林土壤呼吸的释放对温度变化更敏感。

7.3.4.3　峨眉冷杉林林地总土壤呼吸量及非根呼吸量

用每月中旬所测得的土壤呼吸速率的均值代表本月的平均土壤呼吸速率，各月的均值与时间相乘得到各月的土壤呼吸量（t C/hm²），最后将各月量累加求和，得到贡嘎山东坡峨眉冷杉成熟林和中龄林土壤呼吸的年总量（表 7.17）。

表 7.17　土壤呼吸量　　　　　　　　　　　　（单位：t C/hm²）

林分	11 月	12 月	1 月	2 月	3 月	4 月	5 月	6 月	7 月	8 月	9 月	10 月	总量
成熟林	0.46	0.27	0.43	0.48	0.73	0.94	0.90	1.58	1.89	1.49	0.56	0.61	10.34
中龄林	0.27	0.21	0.17	0.32	0.50	0.60	0.81	1.09	1.05	0.73	0.35	0.41	6.51

从表 7.17 可以看出，成熟林总土壤呼吸全年排放量为 10.34t C/hm²，其中 7 月最高，为 1.89t C/hm²，占全年总排放量的 18.3%，其次是 6 月，排放量为 1.58t C/hm²，占全年的 15.3%，12 月的土壤呼吸量最小，仅占全年总排放量的 2.6%；中龄林总土壤呼吸全年排放量为 6.51t C/hm²，其中 6 月最高，其次为 7 月，分别占全年总排放量的 16.7% 和 16.1%，1 月的排放量最小，仅占全年总量的 2.6%。峨眉冷杉成熟林土壤呼吸的年总排放量比中龄林的高出 58.8%。

最终，按照成熟林和中龄林非根呼吸占总呼吸量的比例，可计算出峨眉冷杉成熟林非根土壤呼吸量为 5.17t C/hm²，中龄林土壤非根呼吸量为 3.78t C/hm²（表 7.18）。

表 7.18　成熟林和中龄林总土壤呼吸量与非根呼吸量　　　　（单位：t C/hm²）

林分	总土壤呼吸	非根土壤呼吸
成熟林	10.34	5.17
中龄林	6.51	3.78

注：成熟林非根呼吸占总土壤呼吸比例取值 0.5；中龄林非根呼吸占总呼吸取值 0.58。

成熟林土壤呼吸率的季节变差系数 CV 为 50.6%，释放率最低月均值出现在 12 月，为 0.8μmol/(s·m²)，最高月均值出现在 7 月，为 5.8μmol/(s·m²)；中龄林土壤呼吸率的季节变差系数为 48.5%，最低月均值出现在 1 月，为 0.5μmol/(s·m²)，最高月均值出现在 6 月，为 3.5μmol/(s·m²)。

成熟林土壤呼吸速率与 5cm 土壤温度之间的关系为 $R_s = 1.27e^{0.115T}$；中龄林土壤呼吸速率与 5cm 土壤温度之间的关系为 $R_s = 0.9e^{0.097T}$。基于土壤温度的指数模型可以分别解释成熟林和中龄林土壤呼吸速率 66% 和 60% 的变异。贡嘎山东坡峨眉冷杉成熟林和中龄林土壤呼吸率的 Q_{10} 值分别为 3.2 和 2.6。

成熟林土壤呼吸全年排放量为 10.34t C/hm²，其中 7 月最高，其次是 6 月，12 月的土壤呼吸量最小；中龄林土壤呼吸全年排放量为 6.51t C/hm²，其中 6 月最高，其次为 7 月，1 月的排放量最小。峨眉冷杉成熟林土壤呼吸的年总排放量比中龄林的高出 58.8%。最终，按照成熟林和中龄林非根呼吸占总呼吸量的比例，计算出峨眉冷杉成熟林非根土壤呼吸量为 5.17t C/hm²，中龄林土壤非根呼吸量为 3.78t C/hm²。

7.4　凋落物分解与碳归还

凋落物的分解不仅是森林生态系统内养分循环的关键过程之一，也是森林生态系统生物地球化学循环的重要环节,其在维持土壤肥力,保证植物再生长养分的可利用性,促进森林生态系统正常的物质生物循环和养分平衡方面起着重要的作用,也是土壤动物、微生物的能量和物质的来源。凋落物在分解过程中元素发生迁移,其主要模式有:①淋溶—富集—释放;②富集—释放;③直接释放。不同树种和生态系统的养分固定和释放模式有所差异,不是所有凋落物类型在分解过程中都存在这 3 个模式。

近年来,在全球尺度上研究凋落物分解与气候变化、凋落物基质质量等之间关系的长期实验已相继展开,如比较著名的美国长期埋藏分解实验、欧洲的分解实验、加拿大的埋藏分解实验等。在全球气候变化的背景下,我国也开始开展凋落物长期分解研究,中国长期分解实验始于 2002 年,包括 8 个站点、12 个森林类型(8 个阔叶林、3 个针叶林和 1 个人工阔叶林),目的在于研究凋落物质量和环境因子对凋落物分解的影响,三年的初步研究结果表明,气候是控制凋落物分解的主要因子,年平均温度和实际蒸散是主导因子,而年平均降水量次之(Zhou et al.,2008)。本节主要依据贡嘎山站开展的针对峨眉冷杉凋落物分解的长期观测试验结果,分析寒温带亚高山针叶林凋落物的分解规律及其影响因素。

7.4.1　凋落物分解研究方法

最常见的方法是凋落物袋法,即利用不可降解和柔软材料的袋装入一定的凋落物,留在土壤表面或埋置于 5～10cm 土壤里。有研究表明,土壤类型对有机物的分解影响依赖于所用凋落物袋的孔径大小,小的网孔由于袋内不同的微环境导致较高的分解率(Knacker et al.,2003)。网孔越小,通气性越差,且妨碍小动物的破碎活动,结果差异也越大。为使研究手段尽量反映野外条件,以获得接近自然状态的结果,有人采用网罩法消除影响。小容器法是凋落物袋法的小型化,即用体积约 1.5cm^3、孔径 1.6mm 的聚乙烯盒装有机物。小容器法已经用于评定有机物分解中各种因子的影响,如耕地和紧实土壤的影响。同位素法是近年来广泛采用的方法,如 ^{15}N 和 ^{14}C 法主要应用在实验室条件下,同位素方法不会有容器法造成的任何约束。

贡嘎山地区常年温度较低,凋落物分解速度较慢,因此利用贡嘎山站峨眉冷杉林区(峨眉冷杉演替林)的多年(2007～2011 年)定位观测数据,对峨眉冷杉林凋落物分解进行初步的研究。由于演替林和成熟林以及中龄林的地理位置接近,所处的气候环境基本一致,该林分的凋落物分解状况也可以近似反映成熟林和中龄林凋落物的分解状况。实验开始于2007 年 4 月 6 号,取新鲜、自然风干凋落物中的枝、叶各 20g 装入已编号的 25cm×25cm尼龙网袋中,随机将其放置在林地内经过清除枯枝落叶的林地表面上,使试样直接与土壤接触。每个样地置阔叶、针叶和枯枝各 24 袋,一次放置,供连续观测使用。实验结束于2011 年 10 月,期间共取样 8 次。每次取回样品后清除袋外物,倒出残渣,置 80℃下烘干至恒重,称重后计算凋落物的失重,测定其中的碳素含量。在布设随机样点的同时,取样测定其含水率,并进行基准分析。

凋落物的分解速率因不同组分而异,常用分解常数来描述,即

$$x_t = x_0 \mathrm{e}^{-kt}$$

式中，x_t 为 t 时刻凋落物中残留干物质的量；x_0 为初始凋落物干物质的量；k 为分解常数。

凋落物中碳素的释放率可以反映分解过程中的碳素释放状况，用下式表示：

$$碳素释放率(\%) = \frac{凋落物初始碳素 - 某一时刻碳素残留量}{凋落物初始碳素量} \times 100\%$$

7.4.2　峨眉冷杉林凋落物量动态及碳储量

（1）峨眉冷杉林凋落物量月动态

峨眉冷杉林的凋落物主要由阔叶、针叶、地衣/苔藓、树皮、球果、枝和其他碎屑物质组成。有研究表明，影响森林凋落物的因素很多，其中气候森林演替阶段和林分类型是主要影响因素。森林凋落物量的月动态会因气候条件、林分类型和树种组成的不同而不同。本书中，峨眉冷杉中龄林凋落物在 11 月～次年 4 月的积累最高，占全年的 36.2%；其次是 5 月和 10 月，分别占全年的 20.8% 和 17.8%；处于生长旺盛的 6～9 月各月的凋落量均较少，凋落物在各月的分配很不均匀。成熟林凋落物总量的月动态和中龄林略有不同。成熟林凋落物在 10 月的累积量最大，占到全年的 33.0%；其次是 11 月～次年 4 月的累积量，占全年凋落量的 20.8%；整个生长季的凋落量均较小。贡嘎山地区每年 5 月气温升高、降水量增加，林木进入生长季，老叶中的养分大量转入新生枝叶，老叶老化脱落，造成凋落物量增加；10 月以后，该地区温度骤降，地温刺激植物合成脱落酸，促进大量老化枝叶脱落。一般来说，森林凋落物量季节动态模式有单峰、双峰或不规则等类型（王凤友，1989）。峨眉冷杉中龄林月凋落物量变化呈双峰型（图 7.10），而成熟林月凋落物量变化

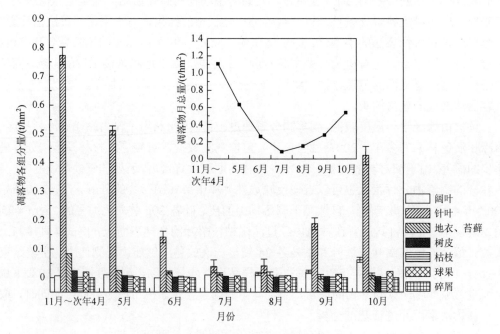

图 7.10　峨眉冷杉中龄林凋落物月动态

呈单峰型（图 7.11），说明在植被演替的不同阶段，森林月凋落物量也存在着变化。中龄林和成熟林凋落物月动态的差异可能是由于在中龄林阶段，峨眉冷杉种内竞争加剧，冠幅变小，针叶叶龄较短。

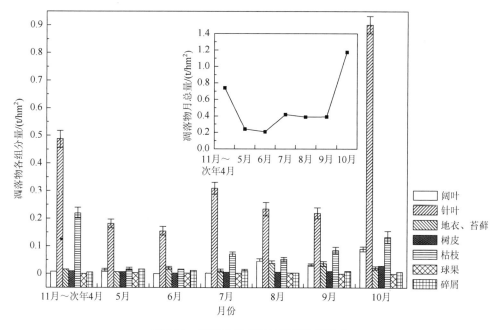

图 7.11　峨眉冷杉成熟林凋落物月动态

（2）峨眉冷杉林凋落物各组分月动态

峨眉冷杉中龄林的凋落物主要由阔叶、针叶、地衣/苔藓、树皮、枝和其他碎屑物质组成，林地内只有极少量的球果凋落。从图 7.10 中可以看出，除了 7 月、8 月，其他各月峨眉冷杉中龄林的凋落物均主要以针叶为主；而由于 7 月、8 月是贡嘎山峨眉冷杉的生长旺季，林地内各组分凋落物都很少。中龄林针叶凋落物的月动态和其凋落物总量的月动态一致（图 7.10），此结果反映了针叶凋落量在一定程度上主导了贡嘎山峨眉冷杉中龄林的凋落总量。

成熟林凋落物也主要以针叶为主，并且针叶的月凋落动态也和凋落物总量的月动态一致（图 7.11）。但与中龄林不同的是，凋落物中枯枝成分有所增加，且主要集中在生长季的末期以及整个非生长季。凋落物中球果成分增加，主要集中在 5～8 月。全年成熟林月凋落物总量中针叶都占有较大组分（图 7.11）。

（3）峨眉冷杉林凋落物年总量

如表 7.19 所示，峨眉冷杉中龄林年凋落物量为 3.12t/hm²。凋落物中枯叶（针叶和阔叶）量占有较大比例，其中针叶占 67.9%，阔叶占 4.2%；其次是枯枝，占 16.0%。此阶段的峨眉冷杉开始性成熟，在林缘个别生长较好的植株产生球果，凋落物中只有极少量的球果凋落。根据贡嘎山站全年森林小气候观测，峨眉冷杉中龄林林内小气候比较阴冷、潮湿，地衣、苔藓凋落量在凋落物总量中所占比例也较高，为 5.1%。

表 7.19　峨眉冷杉林凋落物各组分量　　　　　　　　　　（单位：t/hm^2）

林分	阔叶	针叶	地衣、苔藓	树皮	枯枝	球果	碎屑	合计
中龄林	0.13	2.12	0.16	0.10	0.50	—	0.11	3.12
成熟林	0.19	2.49	0.15	0.09	0.60	0.01	0.06	3.59

峨眉冷杉成熟林的年凋落物量为 $3.59t/hm^2$。凋落物中枯叶也占有很大比例，其中针叶为 69.4%，阔叶为 5.3%；其次，由于峨眉冷杉林树木染腐朽病比例较高，林木成熟后枯枝、短梢较多，这样在凋落物中枯枝所占比例较大，为 16.7%。成熟林凋落物中地衣、苔藓占 4.2%，仅次于枯叶和枝的凋落量，反映了研究区湿度很大、气温较低的气候特点。

（4）峨眉冷杉林凋落物碳含量与碳归还量

对贡嘎山东坡峨眉冷杉中龄林和成熟林凋落物各组分碳素含量的测定分析结果如表 7.20 所示。通过方差分析发现，中龄林凋落物中地衣、苔藓的碳含量显著低于其他各组分的碳含量，而其他各组分的碳含量之间无显著性差异；成熟林的凋落物各组分之间均无显著性差异。

表 7.20　峨眉冷杉林凋落物各组分含碳率及碳储量

组分	碳含量/%		碳素量/(t C/hm^2)	
	中龄林	成熟林	中龄林	成熟林
阔叶	48.32±4.23	48.76±3.11	0.06	0.09
针叶	51.09±5.21	52.31±4.56	1.08	1.3
地衣、苔藓	40.52±3.22	45.36±4.25	0.06	0.07
树皮	48.56±3.68	47.12±5.45	0.02	0.03
枯枝	52.63±5.29	51.77±4.69	0.26	0.31
球果	—	50.62±4.55	—	0.01
碎屑	50.33±3.25	51.22±4.02	0.06	0.03

根据各组分的年凋落量及相应的碳含量可计算出贡嘎山东坡峨眉冷杉中龄林和成熟林凋落物的碳素归还量。中龄林凋落物碳素的年归还量约为 1.54t C/hm^2，成熟林凋落物碳素的年归还量约为 1.84t C/hm^2。碳素的归还都主要分配在针叶和枯枝这两个组分（中龄林，87.0%；成熟林，87.5%），其他各组分所占比例很小。

7.4.3　峨眉冷杉林凋落物分解规律

贡嘎山地区常年温度较低，凋落物分解速度较慢。由于演替林和成熟林以及中龄林的地理位置接近，所处的气候环境基本一致，该林分的凋落物分解状况也可以近似反映成熟林和中龄林凋落物的分解状况。峨眉冷杉演替林毗邻冷杉中龄林，林龄约 47 年，群落发生比峨眉冷杉中龄林晚 20 多年，林分密度达 2318 株/hm^2。林中冬瓜杨与峨眉冷杉占优势，部分糙皮桦也位于主林层。在演替过程中，沙棘和高山柳已经先后死去，林中留下已经部分分解的枯立木。演替林在生长季郁闭度较高，林分组成、结构以及生物量在各层中的分配与成熟林、中龄林不同，乔木层和地被层的生物量在林分中所占的比例低，草本层生物量较高，乔木层落叶乔木生物量较高（罗辑等，1999）。

7.4.3.1　凋落物分解动态

将凋落物初始阶段的凋落物的干物质重与各试验阶段的残重相比较，结果如图 7.12 所示。阔叶凋落物的分解最快，其分解过程可分为两个阶段：第一阶段为 0～460 天，干重快速损失，到 460 天时，干重损失 29.7%，天数分解率为 0.065%；第二阶段为 460 天至试验结束，截至试验结束，干重损失率为 48.5%，天数分解率为 0.0158%。针叶和枯枝凋落物的分解比较稳定，但明显低于阔叶凋落物的分解速率。在整个试验阶段，针叶凋落物的干重损失率为 32.14%，天数分解率为 0.0195%，枯枝凋落物的干重损失率为 26.10%，天数分解率为 0.0158%，枯枝的分解速率要低于针叶的分解速率。

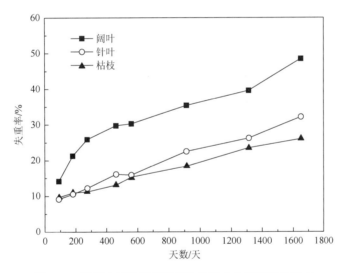

图 7.12　峨眉冷杉演替林凋落物各组分失重率变化动态

凋落物的分解是一个动态过程，通常用指数衰减模型描述凋落物的分解。指数模型 $Y = ae^{-kt}$ 中，Y 为凋落物的残留率（%）；a 为初始残留率，此处为 100；t 为分解时间；k 为凋落物的分解系数。根据这一模型，可得到峨眉冷杉演替林凋落物分解残留率随时间的指数回归方程（表 7.21）。从表 7.21 中可以看出，凋落物的分解系数是阔叶＞针叶＞枯枝，这也说明了凋落物的分解速率是阔叶＞针叶＞枯枝。峨眉冷杉林阔叶、针叶和枯枝凋落物的半衰期分别为 3.8 年、7.3 年和 8.6 年，周转期分别为 16.4 年、30.4 年和 37.3 年。窦荣鹏报道了 9 个树种凋落物（毛竹、青冈、木荷、马尾松、杉木、水杉、桫椤、苏铁和铁芒萁）在千岛湖的分解，分解的半衰期为 1.26～5.78 年，周转期为 5.45～24.96 年。也有报道樟子松人工林凋落物的周转期为 7～9 年；天童地区大多数常见树种的周转期也为 1～4 年；鼎湖山落叶周转期为 2～8 年。可见，本书的研究结果明显大于这些相关研究的结果。这可能与本研究区的常年低温气候有关。

表 7.21　峨眉冷杉演替林凋落物各组分干物质衰减方程、分解系数及分解时间

组分	衰减方程	分解系数	半衰期	周转期(95%)
阔叶	$Y=100e^{-0.0005t}$	0.0005	3.8 年	16.4 年
针叶	$Y=100e^{-0.00027t}$	0.00027	7.3 年	30.4 年
枯枝	$Y=100e^{-0.00022t}$	0.00022	8.6 年	37.3 年

7.4.3.2　峨眉冷杉林凋落物分解碳素释放

森林生态系统每年将凋落物输入林地，经微生物分解后，碳元素一部分以 CO_2 的形式释放到大气中，另一部分重新归还土壤，又重新被植被吸收利用，在植被-土壤-大气之间进行着不断的循环，使森林土壤中的有机质和营养元素不断积累。由图 7.13、图 7.14 及表 7.22 看出，分解过程中的碳素含量变化，既存在时间上的差异，也存在组分之间的差别。从时间上看，无论阔叶还是针叶、枯枝，其碳素含量均随着时间的推移而下降；从组分上看，阔叶的碳素释放速率明显高于针叶和枯枝的碳素释放速率，而针叶中碳素的释放速率又明显高于枯枝中碳素的释放速率，经过 4 年半的分解，阔叶碳素含量下降 15.3%，针叶碳素含量下降了 13.6%，枯枝碳素含量下降了 10%。由图 7.14 可知，阔叶、针叶和枯枝的碳素释放率均随着时间而增大。其中，阔叶凋落物的碳素释放在前期释放较快，而后期放缓；针叶和枯枝的凋落物碳素释放相对较稳定。

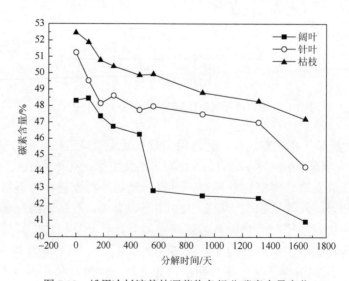

图 7.13　峨眉冷杉演替林凋落物各组分碳素含量变化

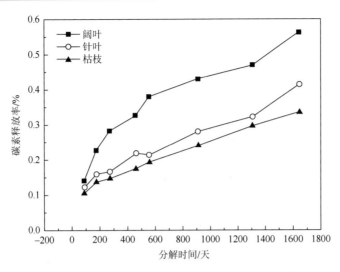

图 7.14　峨眉冷杉演替林凋落物各组分碳素释放率变化

表 7.22　峨眉冷杉林演替林凋落物各组分分解过程中干物质及碳素释放动态

时间/天	阔叶			针叶			枯枝		
	残重/g	碳含量/%	碳素释放率/%	残重/g	碳含量/%	碳素释放率/%	残重/g	碳含量/%	碳素释放率/%
0	20.00	48.32	0.00	20.00	51.26	0.00	20.00	52.45	0.00
91	17.17	48.44	13.93	18.19	49.53	12.12	18.08	51.88	10.57
179	15.76	47.38	22.74	17.89	48.15	15.96	17.82	50.79	13.71
274	14.83	46.74	28.26	17.58	48.61	16.64	17.75	50.42	14.69
460	14.07	46.26	32.66	16.79	47.74	21.83	17.37	49.86	17.45
560	13.96	42.83	38.13	16.81	47.97	21.36	16.97	49.93	19.22
913	12.93	42.55	43.06	15.51	47.51	28.13	16.32	48.80	24.10
1312	12.09	42.37	47.00	14.77	46.99	32.29	15.29	48.28	29.62
1648	10.30	40.95	56.34	13.57	44.28	41.38	14.78	47.20	33.49

　　同样利用指数衰减模型，分析碳素的残留率和分解时间之间的关系。经统计分析得到峨眉冷杉演替林凋落物碳素残留率随时间的指数回归方程（表 7.23）。从表 7.23 中可以看出，凋落物碳素的分解系数是阔叶＞针叶＞枯枝，这也说明了凋落物中碳素的分解速率是阔叶＞针叶＞枯枝。峨眉冷杉林阔叶、针叶和枯枝凋落物碳素的半衰期分别为 3.0 年、5.3 年和 6.5 年，周转期分别为 12.8 年、22.8 年和 28.3 年。由此可见，凋落物中碳素的释放规律与总干物质的分解速度并不完全一致。这主要与凋落物本身的质地结构有关，含碳物质早期易被分解的是粗脂肪、可溶性糖和丹宁等，到后期主要是一些较难分解的木质素等有机物。

表 7.23　峨眉冷杉演替林凋落物各组分碳素衰减方程、分解系数及分解时间

组分	衰减方程	分解系数	半衰期	周转期(95%)
阔叶	$Y=100e^{-0.00064t}$	0.000 64	3.0 年	12.8 年
针叶	$Y=100e^{-0.00036t}$	0.000 36	5.3 年	22.8 年
枯枝	$Y=100e^{-0.00029t}$	0.000 29	6.5 年	28.3 年

7.4.3.3　凋落物分解过程中 C、N、P 含量的变化

凋落物 C 含量变化趋势在分解样地类型间具有明显差异。暗针叶林样地中，峨眉冷杉和杜鹃凋落物 C 含量在起初 16 个月内逐渐下降，随后增加；而赤茎藓 C 含量则总体呈下降的趋势（表 7.24）。高山灌丛中三种凋落物 C 含量随分解时间的延长均逐渐下降。虽然经过三年的分解期后三种凋落物 C 含量均低于初始值，但具体的下降幅度随样地及凋落物类型的不同具有差异。暗针叶林样地中，赤茎藓和峨眉冷杉凋落物 C 含量分别下降了 8.80% 和 8.71%，而杜鹃凋落物 C 含量下降幅度较低，仅 5.90%，高山灌丛三种凋落物 C 含量的下降幅度则为：赤茎藓（14.58%）＞峨眉冷杉（7.94%）＞杜鹃（5.66%）。

表 7.24　三种凋落物分解过程中 C、N 和 P 含量变化

种类	分解时间/月	C/(g/kg) 暗针叶林	C/(g/kg) 灌丛	N/(g/kg) 暗针叶林	N/(g/kg) 灌丛	P/(g/kg) 暗针叶林	P/(g/kg) 灌丛	C∶N 暗针叶林	C∶N 灌丛
峨眉冷杉	0	498.95	498.95	10.48	10.48	0.66	0.66	47.63	47.63
	4	507.07	507.08	11.44	9.93	0.60	0.52	44.34	51.06
	10	496.27	491.94	11.96	9.86	0.61	0.45	41.49	49.88
	16	442.54	499.27	11.56	10.59	0.69	0.56	38.29	47.17
	29	475.38	479.84	14.38	10.89	0.78	0.64	33.06	44.05
	36	455.48	459.34	14.89	12.10	0.86	0.72	30.59	37.96
杜鹃	0	497.92	497.92	6.37	6.37	0.40	0.40	78.13	78.13
	4	479.02	499.76	8.41	4.85	0.40	0.29	56.96	103.11
	10	442.00	488.66	6.68	5.45	0.37	0.24	66.17	89.72
	16	416.79	491.01	10.89	5.55	0.51	0.23	38.29	88.47
	29	459.05	475.46	19.17	6.58	0.61	0.37	23.95	72.22
	36	468.53	469.75	7.85	7.71	0.50	0.46	59.72	60.90
赤茎藓	0	414.59	414.59	11.78	11.78	1.03	1.03	35.18	35.18
	4	386.07	427.80	10.16	10.22	0.68	0.44	38.01	41.88
	10	432.95	400.32	10.26	11.04	0.44	0.60	42.22	36.26
	16	384.01	404.88	12.75	10.28	0.79	0.65	30.12	39.39
	29	393.59	376.43	18.76	12.83	0.88	0.82	20.99	29.33
	36	378.10	354.14	13.67	12.54	0.84	0.77	27.67	28.23

随分解时间的延长，同一植被带中三种凋落物 N 含量具有相似的变化趋势；而同一凋落物 N 含量的变化在两个植被带间则有明显差别（表 7.24）。暗针叶林样地中，杜鹃凋落物 N 含量在分解初期先增加，而后略微减少，随后在分解的 16～36 个月又大幅增加，

29~36 个月期间再次减少，峨眉冷杉呈先增加后减少的趋势，赤茎藓呈先减少后增加再减少的趋势；但试验结束时凋落物 N 含量高于初始含量。高山灌丛样地中，虽然分解结束时三种凋落物 N 含量也高于初始含量，但在分解初期其 N 含量低于初始值，此后 N 含量呈现缓慢的增加趋势，总体变化幅度较小。

三种凋落物 P 含量在两个植被带中大致呈先减少后增加的趋势。与峨眉冷杉和杜鹃凋落物相比，赤茎藓凋落物 P 含量具有较大的变幅，且其 P 含量在试验结束时低于初始含量；相反，试验结束时峨眉冷杉和杜鹃凋落物 P 含量高于初始含量。

整个试验过程中，暗针叶林样地中三种凋落物 C：N 随时间的变化趋势不一致。随分解时间的延长，峨眉冷杉凋落物 C：N 逐渐下降，而杜鹃和赤茎藓凋落物 C：N 则在下降的过程中略有波动。高山灌丛样地中三种凋落物 C：N 在分解初期均略微上升，这可能是分解初期微生物对外源性 N 的利用增加造成的；随着分解时间的延长，凋落物 C：N 逐渐下降，最终均低于其初始值。

7.4.3.4 峨眉冷杉演替林年凋落物碳素释放量估算

峨眉冷杉演替林每年归还的凋落物中阔叶、针叶和枯枝占了绝大比例。分别利用阔叶、针叶和枯枝凋落物碳素残留率及分解时间之间的关系方程，估算峨眉冷杉演替林年凋落物分解过程中碳素的年释放量，结果如表 7.25 所示。由表 7.25 可知，在一年的时间内演替林阔叶、针叶和枯枝经分解后当年释放的碳素量分别为 $6.72kg/hm^2$、$66.50kg/hm^2$ 和 $13.20kg/hm^2$，凋落物各组分在分解过程中碳素的总年释放量约为 $86.42kg/hm^2$，占凋落时碳素量的 6.7%。释放的碳素一部分以 CO_2 的形式释放到大气中，另一部分以腐殖质的形式进入土壤中，成为土壤有机碳的重要来源，再以土壤呼吸和有机质的氧化分解回归到大气中。由于实验时间和条件的限制，本书未能区分出碳素以 CO_2 形式和腐殖质形式各自所占的比例，但实验结果仍可为未来更细致研究峨眉冷杉林的碳循环提供参考。

表 7.25 峨眉冷杉演替林年凋落物分解过程中的碳素释放量

月份	阔叶			针叶			枯枝		
	初始碳素量/(kg/hm²)	分解天数/天	碳素释放量/(kg/hm²)	初始碳素量/(kg/hm²)	分解天数/天	碳素释放量/(kg/hm²)	初始碳素量/(kg/hm²)	分解天数/天	碳素释放量/(kg/hm²)
5	4.87	330	0.93	258.90	330	29.00	29.99	330	2.74
6	0.05	300	0.01	69.91	300	7.16	32.89	300	2.74
7	4.30	270	0.68	18.49	270	1.71	5.47	270	0.41
8	6.22	240	0.89	18.89	240	1.56	40.30	240	2.71
9	8.90	210	1.12	83.88	210	6.11	26.37	210	1.56
10	27.07	180	2.95	188.43	180	11.82	21.87	180	1.11
11 月~次年 4 月	3.04	75*	0.14	343.29	75*	9.14	89.67	75*	1.93
合计	54.45		6.72	981.79		66.50	246.56		13.20

注：*表示平均分解天数。

7.4.3.5　峨眉冷杉成熟林和中龄林凋落物碳素释放估算

演替林和成熟林以及中龄林的地理位置接近，所处的气候环境基本一致，因此该林分的凋落物分解状况也可以近似反映成熟林和中龄林凋落物的分解状况。结合成熟林和中龄林年凋落物数据，按照同样的方法，计算出峨眉冷杉成熟林和中龄林年凋落物（主要取阔叶、针叶和枯枝）分解过程中的碳素释放量分别为 116.92kg/hm^2 和 96.35kg/hm^2（表 7.26）。

表 7.26　峨眉冷杉成熟林、中龄林年凋落物分解过程中的碳素释放量　　（单位：kg/hm^2）

林分	阔叶	针叶	枯枝	总量
成熟林	13.12	87.17	16.63	116.92
中龄林	8.89	73.37	14.09	96.35

7.4.4　总结

峨眉冷杉中龄林凋落物在 11 月～次年 4 月的积累最高，占全年的 36.2%；其次是 5 月和 10 月，分别占全年的 20.8% 和 17.8%；处于生长旺盛的 6～9 月各月的凋落物量均较少，凋落物在各月的分配很不均匀。成熟林凋落物在 10 月的累积量最大，占到全年的 33.0%；其次是 11 月～次年 4 月的累积量，占全年凋落量的 20.8%；整个生长季的凋落物量均较小。峨眉冷杉中龄林月凋落物量变化呈双峰型，而成熟林月凋落物量变化呈单峰型，说明在植被演替的不同阶段，森林月凋落物量也存在着变化。

成熟林和中龄林的凋落物均以针叶为主，并且针叶的月凋落动态和凋落物总量的月动态一致。但不同的是，成熟林与中龄林相比，凋落物中枯枝成分有所增加，且主要集中在生长季的末期以及整个非生长季。凋落物中球果成分增加，主要集中在 5～8 月凋落。全年成熟林月凋落物总量中针叶都占有较大组分。

峨眉冷杉中龄林年凋落物量为 3.12t/hm^2。凋落物中枯叶（针叶和阔叶）量占有较大比例，其中针叶占 67.9%，阔叶占 4.2%；其次是枯枝，占 16.0%；地衣、苔藓凋落量在凋落物总量中所占比例也较高，为 5.1%。峨眉冷杉成熟林的年凋落物量为 3.59t/hm^2。其中针叶为 69.4%，阔叶为 5.3%；林木成熟后枯枝、短梢较多，这样在凋落物中枯枝所占比例较大，为 16.7%；地衣、苔藓占 4.2%。

中龄林凋落物中地衣、苔藓的碳含量显著低于其他各组分的碳含量，而其他各组分的碳含量之间无显著性差异；成熟林的凋落物各组分之间均无显著性差异。最终计算出中龄林凋落物碳素的年归还量为 1.54t C/hm^2，成熟林凋落物碳素的年归还量为 1.84t C/hm^2。

贡嘎山地区常年温度较低，凋落物分解速度较慢，因此利用贡嘎山峨眉冷杉林区（峨眉冷杉演替林）的多年定位观测数据，对峨眉冷杉林凋落物分解进行初步的研究。结果显示，峨眉冷杉林凋落物在林地的分解过程是很缓慢的。随着时间的推移，凋落物的干物质重越来越小，即其损失量随时间的增加而加大。分解过程中碳素含量的变化，既存在时间上的差异，也存在组分之间的差别。从时间上看，无论是阔叶、针叶的碳素含量，还是枯枝的碳素含量均随时间的推移而下降，而其释放率均随时间的推移而增大；从组分上看，凋落物中碳素的释放速率为阔叶＞针叶＞枯枝。

阔叶凋落物干物质的半衰期为 3.8 年，周转期为 16.4 年，碳素的半衰期为 3.0 年，周转期为 12.8 年；针叶凋落物干物质的半衰期为 7.3 年，周转期为 30.4 年，碳素的半衰期为 5.3 年，周转期为 22.8 年；枯枝凋落物干物质的半衰期为 8.6 年，周转期为 37.3 年，碳素的半衰期为 6.5 年，周转期为 28.3 年；凋落物中碳素的释放规律与总干物质的分解速度并不完全一致。

每年演替林阔叶、针叶和枯枝经分解后当年释放的碳素量分别为 6.72kg/hm²、66.50kg/hm² 和 13.20kg/hm²，凋落物各组分在分解过程中碳素的总年释放量约为 86.42kg/hm²，占凋落时碳素量的 6.7%。结合成熟林和中龄林年凋落物数据，计算出峨眉冷杉成熟林和中龄林年凋落物（主要取阔叶、针叶和枯枝）分解过程中的碳素释放量分别为 116.92kg/hm² 和 96.35kg/hm²。未能区分出碳素以 CO_2 形式和腐殖质形式各自所占的比例，但本实验结果仍可为未来进一步研究峨眉冷杉林的碳循环提供参考。

7.5　氮添加对亚高山森林土壤有机碳的影响与机制

土壤有机碳（SOC）库的动态变化与环境变化有关，包括全球范围内广泛的大气活性氮（N）沉降增加等因素的影响（Entwistle et al.，2017）。目前 N 沉降对 SOC 影响的报道存在一定争议，有正响应、负响应和中性响应的不同报道，但越来越多的证据支持正响应的结论（Entwistle et al.，2017；Zak et al.，2016），不过关于可溶性有机碳（DOC）在氮添加下的吸附及其在碳积累中的作用尚不清楚。

SOC 分解的抑制与降解木质素的胞外酶活性以及分解木质素真菌的丰度下降有关（Du et al.，2014；Entwistle et al.，2017；Xiao et al.，2018）。同样，SOC 分解的抑制也可能与 N 添加下土壤 pH 降低有关，土壤 pH 降低可显著抑制土壤微生物生长从而抑制土壤碳的分解（Averill and Waring，2017）。除了土壤碳分解受到抑制外，保护机制可能同样对氮添加下土壤碳的积累作用有重要影响。例如，金属离子的络合作用对土壤碳的保护被认为是氮添加促进土壤碳积累的关键因素。除此之外，土壤团聚体的物理保护作用同样对土壤碳的积累和稳定具有重要影响（Jastrow，1996；Blanco-Canqui and Lal，2004）。然而，目前对氮添加下土壤团聚体形态和团聚体中 SOC 积累响应的报道较少，认识上存在较大不足。

本书在较低氮沉降背景的我国西南亚高山针叶林中进行短期（2 年）氮添加实验，采用连续采样（在不同时间重复采样）和配对比较（对比同一时间段不同处理土壤样品）来测量和分析 SOC 的变化。实验的目的是检测氮添加是否可以在短期内改变亚高山针叶林土壤碳储量，并确定哪部分碳库（全碳、团聚体碳和黏粉粒吸附碳）变化明显。

7.5.1　材料和方法

7.5.1.1　氮添加实验与实验室采样分析

氮添加实验位于青藏高原东缘贡嘎山东坡峨眉冷杉林长期实验样地（29°34′N，101°0′E，海拔 3000m.asl）。研究区域主要受东南（太平洋）季风的影响，年平均气温（MAT）为 3.8℃，年平均降水量（MAP）为 1940mm，其中 6～9 月降水量约为全年的 60%。研究样地坡度小于 6°，建群种为峨眉冷杉（*Abies fabri*（*Mast.*）*Craib*），林龄 70～80 年。土壤类型为雏形土（Cambisol，WRB 标准）。该区域的大气沉降速率约为 8.0kg N/(hm²·a)（Liu et al.，2008）。2013 年，在该长期样地随机选择了 5 个 6m×6m 的样方，并在每个样方中设立了 3 个 2m×2m 的小样方，每个小样方实施一种氮添加水平的处理。氮添加水平是基于背景大气氮沉降速率进行设置，分别为对照处理［0kg N/(hm²·a)添加，仅有背景氮沉降］、低氮添加 ［8.0kg N/(hm²·a)］ 和高氮添加 ［40kg N/(hm²·a)］。在 2014 年和 2015 年的夏季分别进行了 3 次氮添加处理。氮添加利用 $^{15}NH_4$$^{15}NO_3$ 水溶液进行：固体硝酸铵溶于 500mL 去离子水（约 0.1mm 的降水量）充分混合，之后用喷灌方式均匀喷洒到土壤表面。对照处理利用去离子水进行喷洒。

2013 年 4 月，每个小样方内，分别在有机层（O 层）和矿物层（O 层＋20cm 矿物质土壤）下方布设两个硅制的零负压渗透仪（每个蒸渗仪 755cm²）用于收集土壤淋溶液。O 层和矿物层淋溶收集器交错放置，从而消除上层淋溶收集器对下层的影响。每个淋溶液收集器连接到 4L 瓶子用以收集淋溶液。在 2014 年和 2015 年，从每年的 3 月下旬到 12 月下旬，间隔 5～7 天收集一次淋溶液运送到实验室仅进行分析测试，而在一年内剩余时间则以 15 天的间隔收集渗滤液。同时保证在大雨后第二天也收集水样，以免收集瓶子满溢。在每个采样时间记录每次淋溶液的体积，并立即将水输送到贡嘎山站实验室进行 DOC 分析。每次收集后，用去离子水洗涤所有收集器。每次淋溶液样品在用 0.45μmPTFE 过滤器过滤后，使用液体 CN 分析仪（Vario TOC，Elementar Instruments Inc，Germany）分析所有水样品的 DOC 浓度。另外，在每个小样方内布设一个土壤环（直径 21.4cm，地表出露 2～3cm）用于测定土壤呼吸。从 2015 年 11 月到 2016 年底，用激光光谱分析仪（PicarroGasScouter G4301，Picarro Inc.USA）以每间隔 7 天的频率测量土壤 CO_2 排放量。每次在当地时间 9：00～11：30 以随机顺序测量土壤 CO_2 排放量，表示每日平均排放量（每次在每个样方中测量一次）。

在氮添加前的 2014 年 6 月和氮添加后的 2016 年 6 月下旬,使用相同的方法重复收集 O 层和矿质土壤样本,用于土壤理化性质分析的样品分成两份:一份用于土壤团聚体分级,一份用于土壤理化性质分析。通过湿筛法分离土壤团聚体,具体方法参考 del Galdo 等（2003）的研究。简而言之,新鲜土壤样品过 8mm 筛筛分,风干,并尽量挑除植物残留物。将 150g 风干土放于孔径 2000μm 筛上,加入去离子水,浸没 5 分钟。之后,在 2 分钟内手动匀速将筛子上下振荡（移动幅度在 3cm 左右）,重复 50 次。收集筛子上超大聚集体

（2000～8000μm）。将水倒在 250μm 筛上，并重复上述步骤，分离出大团聚体（250～2000μm），再利用 53μm 筛重复上述步骤，获得筛上的微团聚体（53～250μm）和筛下的黏粉粒组分。将所有粒径的团聚体在 60℃下烘干，称重。将三种粒径团聚体（>53μm 团聚体）轻轻研磨以破坏团聚体，并利用 53μm 筛分离土壤和砂砾，称重砂砾。收集通过筛子的不含砂砾的土壤用于进一步的 C 和 N 同位素和浓度分析。使用式（7.1）和式（7.2）校正团聚体的元素含量：

$$不包含砾石的团聚体重量 = 团聚体重量 - 砾石重量 \tag{7.1}$$

$$碳（氮）储量 = \frac{不包含砾石的团聚体重量}{湿筛法回收的土壤重量} \times 土壤容重 \times 土壤深度 \times 碳（氮）含量 \times 10 \tag{7.2}$$

式中，碳（氮）储量是指不包含砾石的碳或氮储量，g C/m^2(g N/m^2)；土壤容重，g/cm^3；土壤深度，cm；碳（氮）含量是指不包含砾石的 SOC 或 STN（土壤总氮）含量，g/kg；10 是换算因子。

利用元素分析仪（ElementarVario Macro，Germany）测试 2014 年和 2016 年的矿质土壤总有机碳、O 层有机碳、不同粒径团聚体有机碳和黏粉粒有机碳、全氮。此外，利用连续流动同位素质谱仪（IsoPrime 100，Isoprime Ltd，UK）分析 2016 年采样的总有机碳和不同粒径团聚体有机碳中的 C 和 N 同位素比。C 和 N 同位素分析的精度优于 0.2‰。C 和 N 同位素值以千分之几（‰）表示。使用 pH 电极（HASH，HQ30D，American）测定土壤 pH（水土比 2.5∶1）。

为了检验 N 添加对土壤微生物量碳（MBC）和胞外酶活性的影响，于 2015 年 9 月收集另一份新鲜有机和矿物土壤样品（取样方法与 2014 年取样方法一致）。使用氯仿熏蒸提取法，用 1∶4 土壤∶溶液（w/v）测定 MBC，用 0.5mol/L K$_2$SO$_4$ 萃取，在计算 MBC 时需要考虑提取效率系数（0.45）。采用 Guan 等（1986）的方法测量 Saccharase（EC 3.2.1.26）、纤维素酶（EC 3.2.1.4）、过氧化物酶（EC 1.11.1.7）和酚氧化酶（EC 1.10.3.1）活性。

7.5.1.2　数据分析和统计

土壤容重在氮添加下变化不大，因此在对比土壤碳氮储量时采用等深度法进行比较，而没有采用等质量法。团聚体碳氮库包括超大型大团聚体、大团聚体和微团聚体碳氮库之和，而三个粒径团聚体的平均质量加权 SOC 和 STN 含量以及 δ^{15}N 和 δ^{13}C 值代表团聚体的 SOC、STN 含量和 δ^{15}N 和 δ^{13}C 值。

每个采样时间获取的 O 层和矿质土壤层 DOC 淋失量通过淋溶液体积乘以 DOC 浓度来估算。矿物土壤中的 DOC 吸附量利用 O 层和矿质土壤层 DOC 通量的差值估算，其依据是以下假设：DOC 在流经矿质土壤层时流速较快（优先流为主），且矿质土层中微生物较低。CO$_2$ 通量利用其呼吸速率和呼吸室的体积估算，累计年 CO$_2$ 排放量利用曲线面积估算（CO$_2$ 日均呼吸速率和测定时间的曲线）。通常用平均重量直径（mean weight diameter，MWD）来表示土壤团聚体的形成和稳定性，一般较大的 MWD 意味着较高的聚集体形成速率和较高的稳定性（Tripathi et al.，2008）。MWD 采用 DeGryze 等（2008）的方法计算：

$$
\text{平均重量直径} = \left(\frac{8000\mu m + 2000\mu m}{2}\right) \times P_1 + \left(\frac{2000\mu m + 250\mu m}{2}\right) \times P_2 \\
+ \left(\frac{250\mu m + 53\mu m}{2}\right) \times P_3 + \frac{53\mu m}{2} \times P_4
\tag{7.3}
$$

式中，P_1、P_2、P_3 及 P_4 分别表示不含砂砾的超大型团聚体、大团聚体、微团聚体及黏粉粒组分占全土（bulk soil）的重量百分比。

使用重复测量混合线性模型（mixed linear model with repeated measures）分析氮添加对 DOC 淋溶、矿质土壤 DOC 吸附以及 CO_2 排放量的影响。3 个水平的处理（对照、低氮、高氮添加）作为固定因子；采样日期和小样方作为随机因子，且采样日期采用一阶自相关回归协方差方法进行分析。同时，采用 LSD 对比方法比较不同氮添加水平间的 DOC 淋溶、吸附以及 CO_2 排放量。此外，同样采用重复测量混合线性模型分析氮添加对不同土壤组分，即团聚体组分、黏粉粒组分、全土和 O 层的 SOC（STN）含量和储量以及土壤 MWD 的影响。土壤 pH、MBC 和酶活性采用双因素 ANOVA 进行分析。不同土壤组分的 $\delta^{13}C$ 采用一般线性模型（GLM）进行分析。ANOVA 和 GLM 分析中，氮添加水平、土壤深度以及二者间的交互作用作为固定因子，采用 LSD 对比因子的作用，且在分析前进行必要的数据转换以满足数据的正态性、方差齐性等需求。

7.5.2　研究结果

7.5.2.1　添加氮对 SOC 的影响

表土 SOC 和 STN 对氮添加的敏感性高于下层土壤，因而仅展示表土 5cm 的结果。高氮添加显著促进了团聚体和黏粉粒组分的 SOC 和 STN 含量（图 7.15），表现为相比于添加实验前（2014 年），2 年后高氮添加下 SOC 和 STN 显著增加，而对照组变化不明显。此外，与对照相比，高氮添加处理下 SOC 和 STN 含量更高（图 7.15）。相比之下，氮添加在短时间内对全土 SOC 和 STN 影响较小（图 7.15）。同样，除了高氮添加显著增加了 O 层 STN 外，不同处理对 SOC 影响不明显，而且低氮添加对 SOC 及 STN 均没有明显影响（图 7.15）。

与 SOC 和 STN 含量的变化相似，添加前后对照组 SOC 和 STN 储量变化不明显，而氮添加下二者均显著增加。在添加后，高氮添加的碳氮储量均高于对照（图 7.16），且表土碳氮储量分别增加 206.1g C/m^2 和 13.5g N/m^2，占整个剖面 20cm 碳氮增加量的 80%。高氮和低氮添加对表土 5cm 和 20cm 的 SOC 和 STN 储量影响均不明显（图 7.16）。

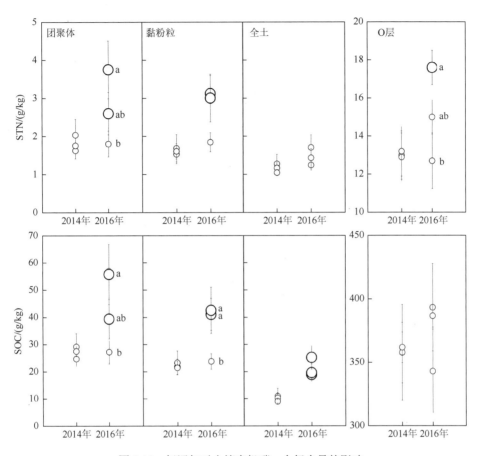

图 7.15　氮添加对土壤有机碳、全氮含量的影响

黑、蓝和红分别代表对照、低氮和高氮添加；图中圆圈表示平均值，误差线为 1 倍的标准误（样本数为 5）；对于同一个处理，
不同年份间的显著差异用不同大小圆圈表示；对于同一年份，不同处理间的显著差异用不同字母表示

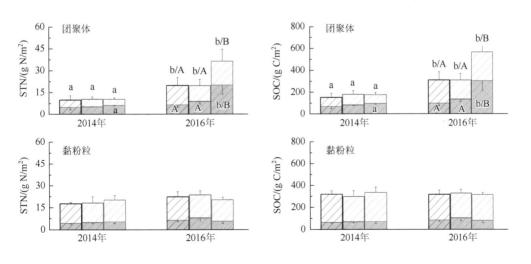

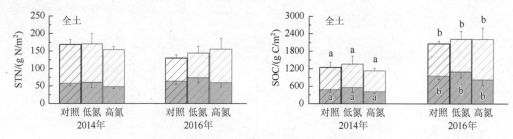

图 7.16　氮添加对土壤有机碳和全氮储量的影响

黑、蓝、红框分别代表对照、低氮、高氮添加；图中框图表示表土 20cm 内储量（平均值±1 倍标准误，样本数为 5），其中阴影部分为表土 5cm 内储量；不同小写字母表示同一处理在不同年份间存在显著差异；不同大写字母表示同一年份中不同处理间存在显著差异

7.5.2.2　氮添加下土壤碳增量的来源

与对照相比，高氮添加显著降低了表土 5cm 中团聚体 SOC 的 δ^{13}C 值，而且随着 SOC 含量增加，团聚体 δ^{13}C 值呈线性下降趋势（图 7.17）。结果表明，氮添加引起的 SOC 储量增加可能是来源于地上凋落物和细根新碳的增加，这是因为凋落物和细根的 δ^{13}C 偏负（图 7.18，而且地上凋落物和根系的 δ^{13}C 没有明显差异）。同样，δ^{13}C 和 δ^{15}N 之间负线性关系也表明随氮积累增加，较低 δ^{13}C 的新碳逐渐增加（图 7.17）。

7.5.2.3　氮添加下土壤碳积累机制

与对照相比，高氮添加降低了 O 层淋溶 DOC 通量损失，但对矿质土壤 DOC 淋失没有影响（图 7.19）。低氮添加对 O 层和矿质土壤淋溶 DOC 通量均没有显著影响。氮添加

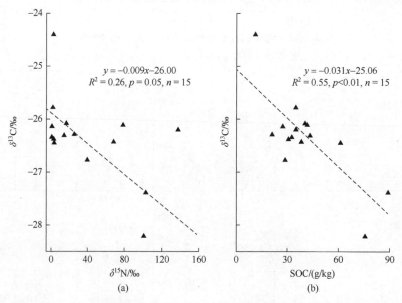

图 7.17　土壤团聚体碳同位素与氮同位素和有机碳含量的关系

黑、蓝、红分别代表对照、低氮、高氮添加；δ^{13}C、δ^{15}N 和有机碳值分别是超大团聚体、大团聚体和微团聚体 δ^{13}C、δ^{15}N 和有机碳的质量加权平均值

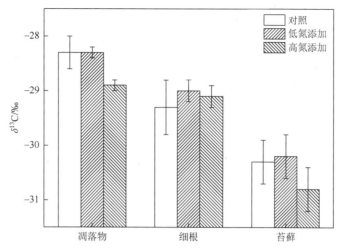

图 7.18 不同植物组分碳同位素组成

图中框图为平均值±1 倍标准误，样本数为 5

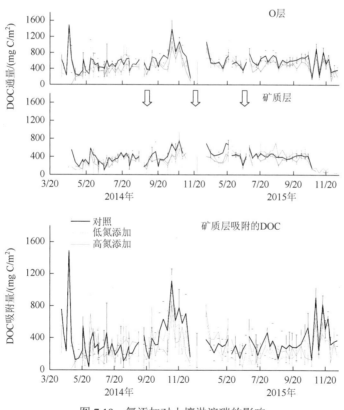

图 7.19 氮添加对土壤淋溶碳的影响

对矿质土壤 DOC 吸附作用较小（图 7.19）。对照处理下，矿质土壤的年均 DOC 吸附量大约为 16.0g C/(m²·a)，低氮添加下大约为 11.2g C/(m²·a)，而高氮添加下大约为 12.5g C/(m²·a)。不管是哪种氮添加水平，DOC 的吸附量均不超过年均 CO_2 排放量的 3%〔对照

年均 CO_2 排放量约为 772g C/(m²·a)，低氮添加约 800g C/(m²·a)，高氮添加约 540g C/(m²·a)]。结果表明，与 CO_2 释放相比，DOC 在碳循环中的作用有限。与对照相比，高氮添加显著降低了 CO_2 的排放，而低氮添加对 CO_2 排放没有影响（图 7.20）。该结果表明，高氮添加对土壤呼吸的抑制可能是土壤碳积累的主要原因。

2014 年在氮添加实验前，表土 5cm 的 MWD 没有差异（$p > 0.1$），但氮添加两年后 MWD 显著增加，并且高氮添加的 MWD 显著高于低氮添加 [图 7.20（b）]，说明氮添加促进了土壤团聚体形成。MWD 与团聚体质量加权 $\delta^{15}N$ 值的正向线性关系同样也说明氮

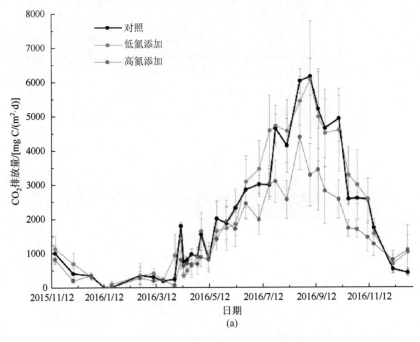

(a)

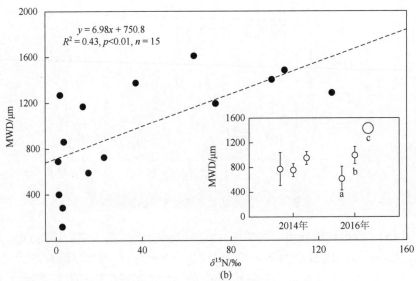

(b)

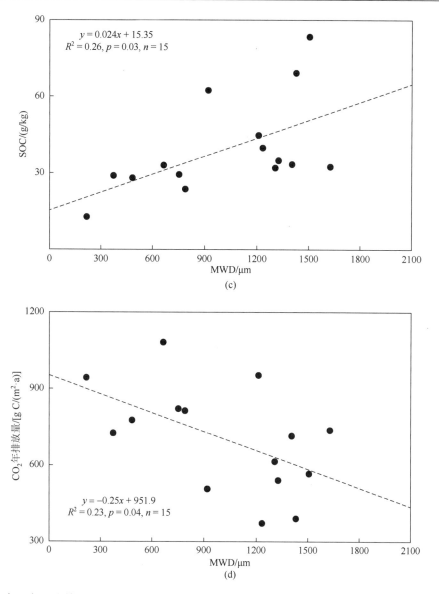

图 7.20 氮添加对土壤呼吸影响（a）、氮添加对土壤团聚体的影响（b）、土壤团聚体形成指标与土壤呼吸（c）以及有机碳的关系（d）

黑、蓝和红圆圈（实心圈和空心圈）分别代表对照、低氮和高氮添加；（b）图内的小图中，对于同一个处理，不同年份间的显著差异用不同大小圆圈表示，对于同一年份，不同处理间的显著差异用不同字母表示

添加对团聚体形成的促进作用（图 7.20）。表土 5cm 层的 MWD 与土壤呼吸之间也存在显著负相关关系（图 7.20），而且团聚体质量加权 SOC 含量随 MWD 增加而呈线性增加，表明氮添加下土壤团聚体形成加速，对 SOC 起到了保护作用，进而抑制了 SOC 分解并促进了 SOC 积累。

氮添加下土壤 pH 略有下降，但并未达到显著水平。与对照相比，高氮添加显著降低了 O 层的 MBC，但对矿质土壤 MBC（微生物量碳）没有显著影响，低氮添加对 O 层及矿质土壤的 MBC 均没有显著影响。氮添加降低了蔗糖酶和纤维素酶活性，但对过氧化物酶和酚氧化酶活性没有影响（图 7.21）。

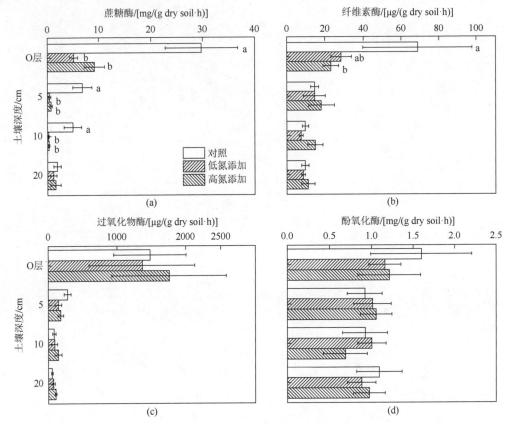

图 7.21　氮添加对酶活性影响

7.5.3　结果讨论

在较低氮沉降的西南亚高山森林中，高氮添加显著促进了表土 5cm 团聚体 SOC 增加，大约每克氮可增加 15g 碳。该证据同样表明，氮添加可促进森林土壤碳积累，尽管短期内对全土的影响较小。与此类似，在一项温带森林的 Meta 分析中，结果显示，短期氮添加对全土碳含量及储量影响较小（Nave et al.，2009），其他一些研究表明短期氮添加可显著促进团聚体碳的积累（Chang et al.，2018；Riggs et al.，2015；Tripathi et al.，2008）。这些结果表明，土壤碳对氮添加的响应与土壤组分密切相关，其中团聚体碳的响应较为快速。本项研究表明，氮添加下土壤团聚体碳的增加与团聚体快速形成来源于凋落物和细根新碳的保护作用。与此相反，土壤酸度变化或木质素降解酶活性对土壤碳分解的抑制作用对土壤碳积累的作用有限，而且矿质土壤对淋溶 DOC 吸附作用对土壤碳积累的作用也不大。

（1）生物机制

抑制土壤有机碳分解通常被认为是氮添加下土壤碳积累的主要机制（Entwistle et al.，

2017；Hagedorn et al.，2003；Zak et al.，2016）。当前氮添加抑制土壤碳分解主要有两种解释：生物机制和非生物机制。生物机制中一个解释是因为氮添加抑制了土壤酶活性，如过氧化物酶和酚氧化酶等（Du et al.，2014；Xiao et al.，2018；Zak et al.，2016）。而且，最近，Entwistle 等（2017）进一步发现氮添加可抑制分解木质素真菌的丰度及木质素的分解。但是本书中，并未发现过氧化物酶和酚氧化酶在氮添加处理下发生显著变化。与此相反，蔗糖酶和纤维素酶活性显著降低，这可能是氮添加下土壤呼吸抑制的重要原因。类似地，有研究显示除了氧化酶活性，其他胞外酶活性，如 b-1，4-葡糖苷酶对土壤呼吸的贡献也非常显著（Ramirez et al.，2012；Sinsabaugh et al.，2002）。此外，Riggs 和 Hobbie（2016）认为氮添加减少微生物生物量在抑制 SOC 分解中起主导作用，而微生物碳利用效率或木质素分解酶活性的作用较小。本书同样发现微生物生物量碳在氮添加下显著降低，这可能是氮添加抑制土壤呼吸，增加土壤碳积累的重要因素。

C∶N 是影响土壤分解速率的一个重要因素。本实验中，与对照相比，高氮添加下 O 层的 C∶N 显著降低，因此，高氮添加下 O 层较低的 C∶N 可能是导致土壤呼吸变慢的一个原因。

（2）非生物机制

有研究提出非生物控制与降低的 pH 对微生物生物量、SOM（土壤有机质）分解和氮添加下转换的约束效应相关（Averill and Waring，2017）。在 Averill 和 Waring（2017）提出的概念模型中，土壤碳积累与氮添加下土壤酸度变化有关。当氮添加降低土壤酸度时，如模型中所述，微生物减少，从而降低对颗粒有机物质（particulate organic matter，POM）的分解和利用，造成 POM 积累，同时微生物来源碳也是难分解的矿物质吸附碳（mineral-associated organic matter，MAOM）的主要组成，微生物的减少也会降低 MAOM 储量。相反，当土壤酸度在氮添加下没有发生变化时，微生物、POM 及 MAOM 的变化则正好相反。然而，该机制并不能很好解释本书中氮添加下土壤酸度没有变化而土壤微生物显著下降、土壤团聚体碳显著增加的情况。也有其他证据表明氮添加促进了土壤团聚体形成和团聚体碳的积累。此外，笔者利用 $\delta^{13}C$ 的变化进一步表明氮添加是通过促进新碳的保护和积累而提高土壤碳库储量的。为了估算氮添加下团聚体中新碳来源的比例，使用 Bernoux 等（1998）推荐的方法，见式（7.4）：

$$F_{new} = \frac{\delta_{treatment} - \delta_{ambient}}{\delta_{input} - \delta_{ambient}} \tag{7.4}$$

式中，F_{new} 为由于低氮或高氮添加而产生的植物来源新碳的比例；$\delta_{treatment}$ 为在低或高氮添加下团聚体的 $\delta^{13}C$ 值；$\delta_{ambient}$ 为对照的团聚体 $\delta^{13}C$ 值（高氮添加、低氮添加和对照的 $\delta^{13}C$ 分别为 –26.87‰、–26.38‰和–25.81‰）；δ_{input} 为凋落物和细根的 $\delta^{13}C$ 值（地上凋落物和细根的平均值为–28.79‰）。

与对照相比，表土 5cm 中高氮和低氮添加下团聚体植物来源新碳增加分别为 35.6% 和 19.1%，在表土 20cm 内分别增加 29.2% 和 12.1%。因此，团聚体形成及其保护作用是氮添加下土壤碳积累的重要机制。

（3）DOC 吸附作用

矿质土壤对 DOC 吸附作用在土壤碳形成和积累中发挥着重要作用（Kalbitz and Kaiser，2008；Kramer et al.，2012；Marin-Spiotta et al.，2011）。例如，在添加铵盐的研究中发现矿质土壤对 DOC 吸附增强，导致氮添加下矿质土壤碳增加。本书中，O 层淋失的 DOC 减少，可能是因为 O 层微生物降低、蔗糖酶和纤维素酶活性下降，从而抑制了 SOC 的分解以及 DOC 的生产（DOC 的主要来源是 SOC 的分解产物、微生物等）。O 层 DOC 淋失下降，因此矿质土壤层中 DOC 的来源降低，从一定程度上降低了矿质土壤的吸附量。另外，本书中短期氮添加并没有显著改变土壤酸度，即对矿质土壤的吸附能力没有影响。因此，结果表明，矿质土壤对 DOC 的吸附在土壤碳积累中发挥的作用有限。

7.6　变化环境下亚高山森林生态系统碳氮变化模拟

森林生态系统通过全球碳、氮循环与气候变化联系起来，一方面，气候变化将不可避免地对森林生态系统产生一定程度的影响，反过来，因为全球森林生态系统是一个巨大的温室气体库，受气候变化的影响，它对大气中的温室气体起着源或汇的作用，从而进一步加强或者抵消未来气候的变化。因此，未来气候的变化对森林生态系统碳、氮循环的影响及其对气候变化的反馈作用已引起人们极大的关注，并进行了大量的研究（Grant et al.，2006）。本书中利用已经经过校准和检验的 Forest-DNDC 模型，预测未来气候变化情景下贡嘎山峨眉冷杉林生态系统碳、氮的吸收、土壤中碳、氮的动态以及土壤温室气体（CO_2、N_2O 和 NO）排放等的变化。

7.6.1　气候变化情景

设计基线气候和 3 个 IPCC（2000）预测的未来气候变化情景 B1、A1B 和 A2。将 1990～1999 年贡嘎山生态站实测的气象数据作为基线水平的气候输入 Forest-DNDC 模型，在 B1、A1B 和 A2 气候变化情景下计算得到 2090～2099 年的数据作为未来的气候数据输入模型。情景 B1、A1B 和 A2 分别代表较低的、中等的和较高水平的 CO_2 排放和温度变化。由于对降水量预测十分复杂并且具有较高的不确定性，本书中，设定降水量在 B1 情景下增加 5%，在 A1B 情景下增加 10%，在 A2 情景下增加 15%，四种未来气候情景如表 7.27 所示。

表 7.27　四种气候情景下大气 CO_2 浓度、温度和降水量

情景	CO_2 浓度/ppm	温度/℃	降水/%
B1	550	+ 1.8	+ 5
A1B	700	+ 2.8	+ 10
A2	850	+ 3.4	+ 15
基线	370	0	0

7.6.2 碳循环对气候变化的响应

（1）碳通量

气候变化对峨眉冷杉林碳通量有较大的影响，如图 7.22 所示，随着未来气候的变化，即温度的升高、降水量的增加以及大气中 CO_2 浓度的升高，总初级生产力（GPP）呈增加的趋势，气候变化的程度越大，GPP 增加得越多。在基线水平下 GPP 为 21 570kg C/(hm²·a)，在 B1 气候情景下，GPP 增加到 25 589kg C/(hm²·a)，同基线相比增加了 18.63%；在 A1B 气候情景下，GPP 为 27 821kg C/(hm²·a)，相比于基线增加了 28.98%；而在气候变化程度最强烈的 A2 情景下，GPP 为 29 168kg C/(hm²·a)，和基线相比增加了 35.22%。在未来气候变化的情景下，温度的升高和降水量的增加，使植物的光合作用增加，固定大气中的 CO_2 相应增加，同时也使得植物的呼吸作用和光合作用一样增强，从而排放更多的 CO_2 进入大气中。

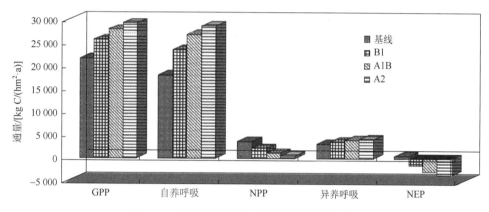

图 7.22 四种气候情景下峨眉冷杉林的碳通量

从图 7.22 可以看出，植被自养呼吸的变化趋势与 GPP 相同，在基线水平为 17 932kg C/(hm²·a)，在未来气候 B1、A1B 和 A2 情景下分别为 23 444kg C/(hm²·a)、26 680kg C/(hm²·a)、28 665kg C/(hm²·a)，分别比基线水平增加 30.74%、48.78%、59.52%。由此可见，植物自养呼吸增加的幅度远大于 GPP 增加的幅度，从而使植被的净初级生产力（NPP）呈下降的趋势。NPP 从基线水平的 3638kg C/(hm²·a)，下降到 B1 情景下的 2145kg C/(hm²·a)，到 A1B 情景下降到 1141kg C/(hm²·a)，再到 A2 情景下，NPP 仅为 563kg C/(hm²·a)，同基线水平相比下降 84.52%。在 B1、A1B 和 A2 三种气候改变情景下，峨眉冷杉林生态系统异养呼吸释放的碳量分别为 3663kg C/(hm²·a)、3985kg C/(hm²·a) 和 4160kg C/(hm²·a)，均高于基线水平 [3086kg C/(hm²·a)]。峨眉冷杉林的净生态系统生产力（NEP）在基线水平为 552kg C/(hm²·a)，未来气候变化情景下，NEP 均为负值，也就是气候的改变使峨眉冷杉林从碳汇转化为碳源，并且气候改变的幅度越大，向大气中净排放的碳越多，在 B1 气候情景下，NEP 为 –1518kg C/(hm²·a)，在 A1B 气候情景下，NEP 为 –2844kg C/(hm²·a)，相对于 B1 水平的净释放提高了 87.35%，在气候变化最为剧烈的 A2 情景，NEP 为 –3597kg C/(hm²·a)，比 A1B 情景又增加了 26.48%。由此可见，未来气候的改变（温度的升高、降水量的增加和大气中 CO_2 浓度的升高）使峨眉冷杉林的 GPP 增加，同时也使生态系统的自养呼吸和异养呼吸以更高的速率增加，从而造成 NPP 和 NEP 的下降，并且在未来气候变化情景下，峨眉冷杉林从净碳汇转化为净碳源，向大气中释放更多的碳，进一步加剧了气候的变化。

（2）土壤碳库动态

气候变化变化情景下 Forest-DNDC 模拟的峨眉冷杉林土壤碳库动态变化如图 7.23 所示，在基线情境下，峨眉冷杉林有机土壤层中的土壤有机碳（SOC）和枯落物碳的年际变化分别为 1471kg C/(hm²·a) 和 1522kg C/(hm²·a)，在未来气候变化情景下（2090～2099 年），随着气候变化的加剧，土壤有机层的 SOC 和枯落物碳均呈下降的趋势。在气候变化比较

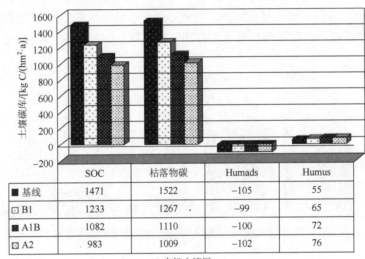

	SOC	枯落物碳	Humads	Humus
■ 基线	1471	1522	−105	55
□ B1	1233	1267	−99	65
■ A1B	1082	1110	−100	72
☒ A2	983	1009	−102	76

(a) 有机土壤层

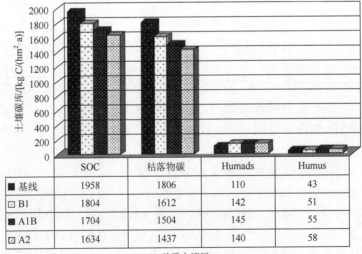

	SOC	枯落物碳	Humads	Humus
■ 基线	1958	1806	110	43
□ B1	1804	1612	142	51
■ A1B	1704	1504	145	55
☒ A2	1634	1437	140	58

(b) 矿质土壤层

图 7.23　气候变化情境下峨眉冷杉林土壤的碳库动态变化

轻缓的 B1 情景下,年际增加的 SOC 和枯落物碳分别为 1233kg C/(hm²·a)和 1267kg C/(hm²·a),与基线情景相比分别下降了 16.18%和 16.75%;在中等气候变化 A1B 情景下,年际增加的 SOC 和枯落物碳分别为 1082kg C/(hm²·a)和 1110kg C/(hm²·a),与基线情景相比分别下降了 26.45%和 27.07%;而在气候变化程度最强烈的 A2 情景下,年际增加的 SOC 和枯落物碳分别为 983kg C/(hm²·a)和 1009kg C/(hm²·a),与基线情景相比分别下降了 33.17%和 33.71%。在未来气候变化情景下,有机土壤层中易降解的腐殖质年际减少量和基线情景相比均有微弱的下降,但总体上变化不大;而难降解的腐殖质在气候变化情景下均高于基线水平,在 B1、A1B 和 A2 三种情景下,峨眉冷杉林土壤难降解腐殖质的增加量分别为 65kg C/(hm²·a)、72kg C/(hm²·a)和 76kg C/(hm²·a),与基线水平相比分别增加了 18.18%、30.91%和 38.18%。

随着未来气候的变化,即温度的升高,降水量的增加以及大气中 CO_2 浓度的升高,峨眉冷杉林矿质土壤层的 SOC 和枯落物 C 也均呈下降趋势,在基线水平,年际增加 SOC 为 1958kg C/(hm²·a);在 B1 气候情景下,年际增加 SOC 下降为 1804kg C/(hm²·a),为基线水平的 92.13%;在 A1B 气候情景下,年际增加的 SOC 为 1704kg C/(hm²·a),为基线水平的 87.03%;在 A2 情景下,SOC 为 1634kg C/(hm²·a),为基线水平的 83.45%。矿质土壤层枯落物碳在气候变化条件下的变化趋势与 SOC 相同,年际增加的枯落物碳从基线水平的 1806kg C/(hm²·a),下降到 B1 情景下的 1612kg C/(hm²·a),到 A1B 情景下降到 1504kg C/(hm²·a),再到 A2 情景下,下降为 1437kg C/(hm²·a),与基线水平相比下降 20.43%。在未来气候变化情景下,矿质土壤层的易降解和难降解的腐殖质的变化与有机土壤层有所不同,均高于基线水平。在 B1、A1B 和 A2 三种情景下,峨眉冷杉林土壤易降解腐殖质的年际增加量分别为 142kg C/(hm²·a)、145kg C/(hm²·a)和 140kg C/(hm²·a),与基线水平相比分别增加了 29.09%、31.82%和 27.27%;难降解的腐殖质年际增加量分别为 51kg C/(hm²·a)、55kg C/(hm²·a)和 58g C/(hm²·a),与基线水平相比分别增加了 18.60%、27.91%和 34.88%。由此可见,随着气候变化的加剧,峨眉冷杉林有机土壤层和矿质土壤层中年际累加的 SOC 和枯落物碳均呈下降趋势,这是因为随着温度的升高和降水量的增加,土壤降解加快,通过气体或者流失的碳量增加;而降解过程的加快引起腐殖质碳含量的增高,从而随着气候变化的加剧,使有机土壤层和矿质土壤层中的腐殖质呈增加趋势。

（3）土壤 CO_2 释放

未来气候的变化对峨眉冷杉林土壤 CO_2 的释放有较大的影响,如图 7.24 所示。不论是在基线气候情景还是在气候变化情景下,土壤 CO_2 释放的季节变化趋势均与温度和降水的季节变化基本上保持一致,在夏季保持较高的排放,而在冬季土壤 CO_2 释放较少,在基线水平,夏季土壤 CO_2 释放总量为 1899.61kg C/(hm²·a),而冬季释放总量为 1011.26kg C/(hm²·a),与夏季相比减少了 46.77%。在基线水平上,全年 CO_2 释放总量是 8419.95kg C /hm²,平均每天的释放量为 23.07kg C/(hm²·d)。在未来气候变化情景下（2090～2099 年）,随着气候变化的加剧,土壤 CO_2 释放呈增加的趋势,在气候变化轻缓的 B1 情景下,年际释放的 CO_2 总量为 11 090.22kg C/hm²,平均每天释放为 30.38kg C/(hm²·d),高出基线水平 1.71%;在气候变化中等水平的 A1B 情景下,土壤

CO_2 释放的年际总量为 12 553.30kg C/hm^2，平均每天 CO_2 释放为 34.39kg C/(hm^2·d)，高出基线水平的 49.09%；而在气候变化最为剧烈的 A2 情景下，年际释放的总量为 13 311.06kg C/hm^2，平均每天释放为 36.47kg C/(hm^2·d)，达到基线水平的 158.09%。由此可见，随着气候的变化（温度的升高、降水量的增加和大气中 CO_2 浓度的升高），在带来较高的初级生产力的同时，也使土壤中微生物的分解和根的呼吸速率加快，从而使土壤 CO_2 的释放明显增加，释放更多的 CO_2 到大气中，进一步引起温室效应，加速气候的变化。

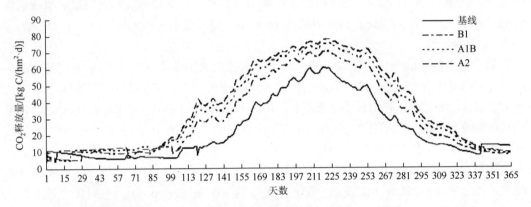

图 7.24　气候变化情景下峨眉冷杉林土壤 CO_2 的释放

7.6.3　氮循环对气候变化的响应

（1）氮生物循环

峨眉冷杉林生态系统氮的生物循环在未来气候变化情景下变化较大，如图 7.25 所示，随着气候变化程度的增加（温度的升高、降水量的增加和大气中 CO_2 浓度的升高），在土壤和植物系统之间，植物从土壤中吸收的营养元素氮，在基线水平，年际吸收的氮量为 174.81kg N/(hm^2·a)；在气候变化较为轻缓的 B1 情景下，植物年际吸收的氮总量为 177.50kg N/(hm^2·a)；在气候变化中等水平的 A1B 情景下，年际吸收的氮为 179.11kg N/(hm^2·a)；在

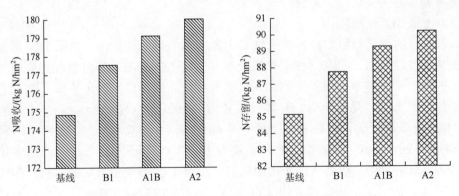

图 7.25　气候变化情景下峨眉冷杉林植被对氮的吸收和存留

气候变化中等水平的 A2 情景下，年际吸收的总氮量为 179.98kg N/(hm²·a)，与基线相比高 2.96%。植物归还到土壤中的氮量在基线水平为 89.70kg N/(hm²·a)，在气候变化情景下，年际归还的氮量略高于基线水平，在 B1、A1B 和 A2 情景下分别为 89.93kg N/(hm²·a)、89.95kg N/(hm²·a) 和 89.97kg N/(hm²·a)；植物留存在体内的氮在气候变化情景下，随着程度的增强也呈增加的趋势，在 B1、A1B 和 A2 气候变化情景下，植物年际留存的氮量分别为 87.57kg N/(hm²·a)、89.16kg N/(hm²·a) 和 90.01kg N/(hm²·a)，分别高于基线水平 2.89%、4.76% 和 5.76%。

在未来气候变化条件下，氮的生物循环系数和基线水平相比有所降低，并随着气候变化的加剧而下降，基线水平氮的生物循环系数为 0.513，到 B1 情景下降为 0.507，再到 A1B 情景的 0.502，在气候变化最剧烈的 A2 情景下降到 0.499。由此可见，气候变化越剧烈，植物从土壤吸收的氮量越多，但向土壤中归还的比例越少，在植物体内留存的越多。

（2）土壤氮动态

气候变化引起森林生态系统土壤氮转化和土壤含氮气体释放的改变，如图 7.26 所示。随着气候变化的加剧（温度的升高、降水量的增加和大气中 CO_2 浓度的升高），年际净硝化的氮呈增加趋势，在基线水平时，硝化的氮的总量为 199.58kg N/(hm²·a)，平均净硝化速率为 0.55kg N/(hm²·d)；在气候变化较为轻缓的 B1 情景下，年硝化的氮量为 238.45kg N/(hm²·a)，高于基线水平 19.48%，平均净硝化速率为 0.65kg N/(hm²·d)；当气候变化到 A1B 水平时，硝化的氮的总量为 259.51kg N/(hm²·a)，高于基线水平 30.03%，平均净硝化速率为 0.71kg N/(hm²·d)；在气候变化最为剧烈的 A2 水平，年际硝化的氮总量为 270.22kg N/(hm²·a)，比基线水平高 35.39%，平均每天净硝化速率为 0.74kg N/(hm²·d)；可见，气候变化的程度越剧烈，净硝化的速率也就越高。氮矿化作用将土壤中的有机氮转化为植物可以吸收的无机氮形式，是植物吸收氮的重要前提，未来气候的变化使峨眉冷杉林土壤氮矿化也随之改变，在基线水平，全年矿化的氮的总量为 181.51kg N/(hm²·a)，平均净矿化速率为 0.50kg N/(hm²·d)，在未来气候变化的 B1、A1B 和 A2 情景下，年际矿化的氮总量依次增加到 219.73kg N/(hm²·a)、240.40kg N/(hm²·a) 和 251.32kg N/(hm²·a)，每天平均净矿化的氮分别为 0.60kg N/(hm²·d)、0.66kg N/(hm²·d) 和 0.69kg N/(hm²·d)，年际矿化的氮总量与基线水平相比分别增加了 21.06%、32.44% 和 38.46%。

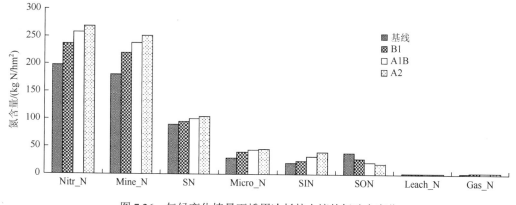

图 7.26　气候变化情景下峨眉冷杉林土壤的氮动态变化

土壤总氮库在未来气候变化情景下和基线水平相比略有增加，在 B1、A1B 和 A2 情景下年际增加的土壤氮（SN）分别为 95.74kg N/(hm^2·a)、100.55kg N/(hm^2·a) 和 106.09kg N/(hm^2·a)，分别比基线水平高 7.94kg N/(hm^2·a)、9.75kg N/(hm^2·a) 和 15.29kg N/(hm^2·a)。在年际增加的 SN 中，微生物固定和土壤无机氮（SIN）的变化趋势与土壤 SN 的变化趋势相同，均随着气候变化的加剧而增高；而土壤有机氮（SON）随着气候变化的加剧呈下降的趋势，在 B1 情景下，年际 SON 增加 28.85kg N/(hm^2·a)，与基线水平相比减少了 27.31%，在 A1B 情景下，年际 SON 增加量减至 23.18kg N/(hm^2·a)，与基线水平相比减少了 42.60%，在气候变化最为剧烈的 A2 情景下，年际 SON 增加量减至 19.78kg N/(hm^2·a)，仅为基线水平的 49.84%。土壤氮的淋溶随着气候的改变变化不明显，而含氮气体的释放在 B1、A1B 和 A2 三种情景下分别为 3.87kg N/(hm^2·a)、4.48kg N/(hm^2·a) 和 4.97kg N/(hm^2·a)，分别比基线水平高 20.79%、40.15% 和 55.45%。

（3）土壤 N_2O 和 NO 的释放

土壤 N_2O 和 NO 释放随着气候变化的变化趋势如图 7.27 所示，在基线水平时，峨眉冷杉林土壤年际释放的 N_2O 总量为 1.26kg N/(hm^2·a)，平均每天的释放量为 3.45g N/(hm^2·d)；在 2090～2099 年气候变化较为轻缓的 B1 情景下，年际排放的 N_2O 总量为 1.27kg N/(hm^2·a)，平均每天的释放量为 3.47g N/(hm^2·d)，与基线水平相比仅有微弱的增加；

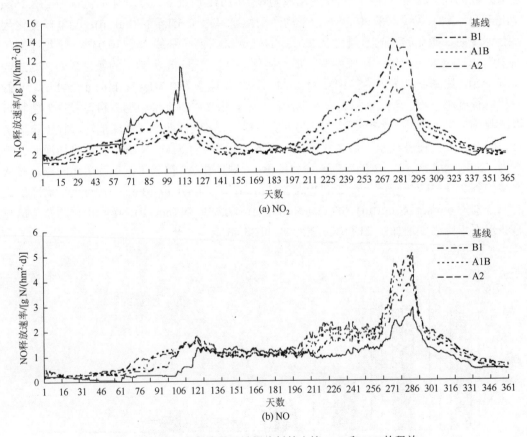

图 7.27　气候变化情景下峨眉冷杉林土壤 N_2O 和 NO 的释放

在 A1B 气候变化情景下，土壤年际向外释放的 N_2O 总量为 1.35kg $N/(hm^2 \cdot a)$，每天平均释放量为 3.70g $N/(hm^2 \cdot d)$，比基线水平高 7.04%；而当气候变化较为剧烈，达到 A2 情景时，年际释放的 N_2O 总量为 1.44kg $N/(hm^2 \cdot a)$，平均每天释放量为 3.94g $N/(hm^2 \cdot d)$，与基线水平相比高 14.10%。由此可见，未来随着气候变化程度的加剧会向大气中释放更多的 N_2O。Forest-DNDC 模型模拟的结果显示，在气候变化情景下，土壤 NO 的释放均高于基线水平，并与 N_2O 变化趋势相同，随着气候变化程度的加剧向大气中释放的量增加，并与土壤中硝化作用的增加保持一致。在基线水平，全年释放的 NO 的总量为 0.33kg $N/(hm^2 \cdot a)$，平均每天的排放量为 0.90g $N/(hm^2 \cdot d)$；在 B1、A1B 和 A2 三种气候变化情景下，土壤年际释放的 NO 总量分别为 0.42kg $N/(hm^2 \cdot a)$、0.47kg $N/(hm^2 \cdot a)$ 和 0.50kg $N/(hm^2 \cdot a)$，平均每天的释放量为 1.14g $N/(hm^2 \cdot d)$、1.28g $N/(hm^2 \cdot d)$ 和 1.36g $N/(hm^2 \cdot d)$，分别比基线水平高 26.08%、41.90% 和 51.25%。

7.6.4　讨论

大气中 CO_2 和其他一些温室气体浓度水平的增加引起的气候变化会使气温和降水量的季节变化趋势和量发生改变，温度和水分是森林生态系统的重要驱动因子，影响生态系统的碳和氮的转化、有机质的降解、硝化作用和反硝化作用的过程，从而进一步改变土壤碳、氮的动态和土壤温室气体的排放（Gorissen et al.，2004）。利用 HadCM2 气候模式模拟的气候变化情景下对德国森林的碳收支进行研究发现，虽然森林和土壤储存的碳以及释放的碳均呈增加的趋势，但直到 2050 年德国的森林一直是一个碳汇，不过这个碳汇逐渐变小，从 1995 年的 1.7Mg C/hm^2 减少到 2050 年的 0.7Mg C/hm^2，分析其原因是森林的老化，老龄的树林的碳汇能力要比幼龄林小（Karjalainen et al.，2002）。Ju 等（2007）利用陆地生态系统碳模型 InTEC 模拟未来气候变化 B2 和 A2 两种情境下中国森林的碳动态，结果表明，在气候不发生改变的情景下，中国森林的碳汇在 1990 年平均为 189Tg C/a，大约为全球的 13%，到 2020 年碳汇达到顶点之后开始下降，到 2091～2099 年下降为 33.5Tg C/a；在未来气候变化的 A2 和 B2 情景下，中国森林的净初级生产力（NPP）到 2091～2099 年分别下降 29% 和 18%，土壤中的碳储存分别下降 16% 和 11%，另外，到 2091～2099 年中国大部分森林将由碳汇转变为碳源，在气候变化轻缓的 B2 情景下，每年净释放的碳为 50g/$(cm^2 \cdot a)$，在气候变化较为剧烈的 A2 情景下，每年的净碳为 50～200g/$(cm^2 \cdot a)$。在未来气候变化（温度的升高、降水量的增加和大气中 CO_2 浓度的升高）情景下，芬兰北方林的碳收支特征发生较大的变化，使森林的生长提高 24%～53%，并且北部的增长要比南部明显（Briceno-Elizondo et al.，2006）。对欧洲 27 个国家 128.5hm^2 的森林进行研究发现，1990 年总的森林碳储量为 12 869Tg（1Tg = 10^9kg），其中 94% 储存在植物生物量和土壤中，其余的 6% 转化为生产力；在 1995～2000 年的基线气候水平，森林净初级生产力（NPP）为 409Tg C/a，净生态系统生产力（NEP）为 164Tg C/a，每年净吸收 C 为 87.4Tg C/a；当到 2050 年温度升高 2.5℃，降水量增加 5%～15% 时，森林碳的储存和净碳的吸收均比基线气候水平有明显的增加。

本书利用 Forest-DNDC 模型模拟 2090～2099 年 B1、A1B 和 A2 三种气候情景下贡嘎山峨眉冷杉林碳的动态变化，结果显示，气候的变化使峨眉冷杉林的 GPP 增加，但同时也使生态系统的自养呼吸和异养呼吸以更高的速度增加，从而造成 NPP 和 NEP 的下降，并且在未来气候变化情景下，峨眉冷杉林从净碳汇转化为净碳源，向大气中释放更多的碳，进一步加剧气候的变化。气候改变会通过土壤有机质降解速率的变化和凋落物的变化影响土壤的碳动态（Ågren and Hyvönen，2003）。峨眉冷杉林生态系统中有机土壤层和矿质土壤层中年际累加的 SOC 和枯落物在未来气候变化情景下均呈下降趋势，这是因为随着温度的升高和降水量的增加，土壤的降解加快，通过气体或者流失的碳量增加；而降解过程的加快引起腐殖质碳含量的增高，从而随着气候变化的加剧，使有机土壤层和矿质土壤层中的腐殖质呈增加趋势。气候的变暖会对陆地生态系统产生正的反馈从而促使生态系统尤其是土壤释放更多的 CO_2 到大气中，土壤 CO_2 的释放是土壤温度、水分、土壤性质、降解底物的质量和数量等因素联合作用的结果，而气候的改变将会通过对这些因素的影响而使土壤 CO_2 的释放发生改变。在未来气候变化情景下（2090～2099 年），随着气候变化的加剧，峨眉冷杉林土壤 CO_2 释放呈增加的趋势，如在气候变化最为剧烈的 A2 情景下，年际释放的总量为 13 311.06kg C/hm^2，平均每天释放为 36.47kg $C/(hm^2·d)$，达到基线水平的 158.09%。由此可见，气候变化带来较高初级生产力的同时，也使土壤中微生物的分解和根的呼吸速率加快，从而使土壤 CO_2 的释放明显增加，更多的 CO_2 到大气中，进一步引起温室效应，加速了气候的变化。

气候的变化通过改变营养元素、生态因子等方面对森林生态系统氮循环产生较大的影响（Verburg，2005）。对瑞士农田的氮流失研究发现，气候变化对农田氮流失的影响主要取决于生物对气候变化的生理反应，而地域分布和植被的生产力并不是关键的因子，合理的耕作可以减缓气候变化造成的农田氮的流失（Dueri et al.，2007）。在未来（2090～2099 年）气候变化情景下，峨眉冷杉林生态系统氮循环的模拟结果显示，气候的变化越剧烈，植物从土壤吸收的氮量越多，但向土壤中归还的比例越少，在植物体内留存的越多。年硝化的氮量随着气候变化的程度而提高，在气候变化 B1、A1B 和 A2 情景下，分别高于基线水平的 19.48%、30.03%和 35.39%，氮的矿化作用和基线水平相比分别增加了 21.06%、32.44%和 38.46%。土壤总氮库在未来气候变化情景下和基线水平相比略有增加，在年际增加的 SN 中，微生物固定和土壤无机氮（SIN）的变化趋势与土壤 SN 的变化趋势相同，均随着气候变化的加剧而增高；而土壤有机氮（SON）随着气候变化的加剧呈下降的趋势。土壤氮的淋溶随着气候的改变变化不明显，而含氮气体的释放在 B1、A1B 和 A2 三种情景下分别为 3.87kg $N/(hm^2·a)$、4.48kg $N/(hm^2·a)$和 4.97kg $N/(hm^2·a)$，分别比基线水平高 20.79%、40.15%和 55.45%。土壤含氮气体的释放是土壤中氮元素生产、消费和转化交互作用的结果，通过硝化作用和反硝化作用的序列反应产生 N_2O 和 NO 等含氮的温室气体，而这些过程均受气候变化的影响（Kiese et al.，2005）。Forest-DNDC 模型模拟的结果显示，在气候变化情景 B1、A1B 和 A2 条件下，峨眉冷杉林土壤 N_2O 和 NO 的释放均高于基线水平，随着气候变化程度的加剧向大气中释放的量增加，温度的升高、降水量的增加和大气中 CO_2 浓度的升高使土壤中的硝化作用和反硝化作用都增强，从而释放更多的含氮温室气体。

参 考 文 献

李克让. 2002. 土地利用变化和温室气体排放与陆地生态系统碳循环. 北京：气象出版社.

罗辑，赵义海，李林峰. 1999. 贡嘎山东坡峨眉冷杉林 C 循环的初步研究. 山地学报，17（3）：250-254.

刘彦春，张远东，刘世荣，等. 2009. 川西亚高山针阔混交林乔木层生物量、生产力随海拔梯度的变化. 生态学报，30（21）：5810-5820.

桑卫国，马克平，陈灵芝. 2002. 暖温带落叶阔叶林碳循环的初步估算. 植物生态学报，26（5）：543-548.

石福臣，李瑞利，王绍强. 2007. 三江平原典型湿地土壤剖面有机碳及其全氮分布于积累特征. 应用生态学报，18（7）：1425-1431.

王凤友. 1989. 森林凋落量研究综述. 生态学进展，6（2）：82-89.

王绍强，周成虎，罗承文. 1999. 中国陆地自然植被碳量空间分布特征探讨. 地理科学进展，18（3）：238-244.

吴仲民，李意德，曾庆波，等. 1998. 尖峰岭热带山地雨林 C 素库及皆伐影响的初步研究. 应用生态学报，9（4）：341-344.

项文化，田大伦，闫文德. 2003. 森林生物量与生产力研究综述. 中南林业调查规划，22（3）：57-64.

周玉荣，于振良，赵士洞. 2000. 我国主要森林生态系统碳贮量和碳平衡. 植物生态学报，24（5）：518-522.

Ågren G I，Hyvönen R. 2003. Changes in carbon stores in Swedish forest soils due to increased biomass harvest and increased temperatures analysed with a semi-empirical model. Forest Ecology and Management，174（1-3）：25-37.

Alves L F，Vieira S A，Scaranello M A，et al. 2010. Forest structure and live aboveground biomass variation along an elevational gradient of tropical Atlantic moist forest（Brazil）. Forest Ecology and Management，260（5）：679-691.

Averill C，Waring B. 2017. Nitrogen limitation of decomposition and decay：How can it occur? Global Change Biology，24：1417-1427.

Bernoux M，Cerri C C，Neill C，et al. 1998. The use of stable carbon isotopes for estimating soil organic matter turnover rates. Geoderma，82：43-58.

Blanco-Canqui H，Lal R. 2004. Mechanisms of Carbon Sequestration in Soil Aggregates. Critical Reviews in Plant Sciences，23：481-504.

Briceno-Elizondo E，Garcia-Gonzalo J，Peltola H，et al. 2006. Sensitivity of growth of Scots pine，Norway spruce and silver birch to climate change and forest management in boreal conditions. Forest Ecology and Management，232（1-3）：152-167.

Chang R，Li N，Sun X，et al. 2018. Nitrogen addition reduces dissolved organic carbon leaching in a montane forest. Soil Biology and Biochemistry，127：31-38.

Ciais P，Tans P，Trolier M，et al. 1995. A large northern hemisphere terrestrial CO_2 sink Indicated by the $^{13}C/^{12}C$ ratio of atmospheric CO_2. Science，269：1098-1098.

Conant R T，Dalla-Betta P，Klopatek C C，et al. 2004. Controls on soil respiration in semiarid. Soil Biology and Biochemistry，36（6），945-951.

DeGryze S，Six J，Paustian K，et al. 2008. Soil organic carbon pool changes following land-use conversions. Global Change Biology，10：1120-1132.

del Galdo I，Six J，Peressotti A，et al. 2003. Assessing the impact of land-use change on soil C sequestration in agricultural soils by means of organic matter fractionation and stable C isotopes. Global Change Biology，9：1204-1213.

Du Y，Guo P，Liu J，et al. 2014. Different types of nitrogen deposition show variable effects on the soil carbon cycle process of temperate forests. Global Change Biology，20：3222-3228.

Dueri S，Calanca P L，Fuhrer J. 2007. Climate change affects farm nitrogen loss—A Swiss case study with a dynamic farm model. Agricultural Systems，93（1-3）：191-214.

Entwistle E M，Zak D R，Argiroff W A. 2017. Anthropogenic N deposition increases soil C storage by reducing the relative abundance of lignolytic fungi. Ecological Monographs，88：225-244.

Gorissen A，Tietema A，Joosten N N，et al. 2004. Climate change affects carbon allocation to the soil in shrublands. Ecosystems，7（6）：650-661.

Grant R F，Black T A，Gaumont-Guay D，et al. 2006. Net ecosystem productivity of boreal aspen forests under drought and climate change：Mathematical modelling with Ecosys. Agricultural and Forest meteorology，140（1-4）：152-170.

Guan S，Zhang D，Zhang Z. 1986. Soil Enzymes and Their Research Methods. Beijing：Agriculture Press.

Gurney K R，Law R M，Denning A S，et al. 2002. Towards robust regional estimates of CO_2 sources and sinks using atmospheric transport models. Nature，415（6872）：626-630.

Hagedorn F，Spinnler D，Siegwolf R. 2003. Increased N deposition retards mineralization of old soil organic matter. Soil Biology and Biochemistry，35：1683-1692.

Jastrow J D. 1996. Soil aggregate formation and the accrual of particulate and mineral-associated organic matter. Soil Biology and Biochemistry，28：665-676.

Jobbágy E G，Jackson R B. 2000. The vertical distribution of soil organic carbon and its relation to climate and vegetation. Ecological Applocations，10（2）：423-436.

Ju W M，Chen J M，Harvey D，et al. 2007. Future carbon balance of China's forests under climate change and increasing CO_2. Journal of Environmental Management，85（3）：538-562.

Kalbitz K，Kaiser K. 2008. Contribution of dissolved organic matter to carbon storage in forest mineral soils. Journal of Plant Nutrition and Soil Science，171：52-60.

Karjalainen T，Pussinen A，Liski J，et al. 2002. An approach towards an estimate of the impact of forest management and climate change on the European forest sector carbon budget：germany as a case study. Forest Ecology and Management，162（1）：87-103.

Kiese R，Li C，Hilbert D W，et al. 2005. Regional application of PnET-N-DNDC for estimating the N_2O source strength of tropical rainforests in the wet tropics of Australia. Global Change Biology，11（1）：128-144.

Knacker T，Förster B，Römbke J，et al. 2003. Assessing the effects of plant protection products on organic matter breakdown in arable fields-litter decomposition test systems. Soil Biology and Biochemistry，35（10）：1269-1287.

Körner C H，Renhardt U. 1987. Dry matter partitioning and root length/leaf area ratios in herbaceous perennial plants with diverse altitudinal distribution. Oecologia，74（3）：411-418.

Kramer M G，Sanderman J，Chadwick O A，et al. 2012. Long-term carbon storage through retention of dissolved aromatic acids by reactive particles in soil. Global Change Biology，18：2594-2605.

Lin G，Ehleringer J R，Rygiewicz P，et al. 2008. Elevated CO_2 and temperature impacts on different components of soil CO_2 efflux in douglas-fir terracosms. Global Change Biology，5（5）：157-168.

Liu X，Xiao H，Liu C，et al. 2008. Stable carbon and nitrogen isotopes of the moss Haplocladium microphyllum in an urban and a background area（SW China）：The role of environmental conditions and atmospheric nitrogen deposition. Atmospheric Environment，42：5413-5423.

Marin-Spiotta E，Chadwick O A，Kramer M，et al. 2011. Carbon delivery to deep mineral horizons in Hawaiian rain forest soils. Journal of Geophysical Research：Biogeosciences，116，G03011，doi：10.1029/2010JG001587.

Nave L E，Vance E D，Swanston C W，et al. 2009. Impacts of elevated N inputs on north temperate forest soil C storage，C/N，and net N-mineralization. Geoderma，153：231-240.

Raich J W，Tufekcioglu A. 2000. Vegetation and soil respiration：correlations and controls. Biogeochemistry，48：71-90.

Ramirez K S，Craine J M，Fierer N. 2012. Consistent effects of nitrogen amendments on soil microbial communities and processes across biomes. Global Change Biology，18：1918-1927.

Riggs C E，Hobbie S E. 2016. Mechanisms driving the soil organic matter decomposition response to nitrogen enrichment in grassland soils. Soil Biology and Biochemistry，99：54-65.

Riggs C E，Hobbie S E，Bach E M，et al. 2015. Nitrogen addition changes grassland soil organic matter decomposition. Biogeochemistry，125：203-219.

Risk D，Kellman L，Beltrami H. 2002. Carbon dioxide in soil profiles：production and temperature dependence. Geophysical Research Letters，29，1087.

Siegenthaler U，Sarmiento J L. 1993. Atmospheric carbon-dioxide and the ocean. Nature，365（6442）：119-125.

Sinsabaugh R L，Carreiro M M，Repert D A. 2002. Allocation of extracellular enzymatic activity in relation to litter composition，N deposition，and mass loss. Biogeochemistry，60：1-24.

Tripathi S K，Kushwaha C P，Singh K P. 2008. Tropical forest and savanna ecosystems show differential impact of N and P additions on soil organic matter and aggregate structure. Global Change Biology，14：2572-2581.

Verburg P S J. 2005. Soil solution and extractable soil nitrogen response to climate change in two boreal forest ecosystems. Biology and Fertility of Soils，41（4）：257-261.

Vogt K A，Vogt D J，Palmiotto P A，et al. 1995. Review of root dynamics in forest ecosystems grouped by climate，climatic forest type and species. Plant and Soil，187（2）：159-219.

Waring R H，Running S W. 2010. Forest Ecosystems：Analysis at Multiple Scales. Elsevier.

Woodbury P B，Smith J E，Heath L S. 2007. Carbon sequestration in the us forest sector from 1990 to 2010. Forest Ecology and Management，241（1）：14-27.

Xiao W，Chen X，Jing X，et al. 2018. A meta-analysis of soil extracellular enzyme activities in response to global change. Soil Biology and Biochemistry，123：21-32.

Zak D R，Freedman Z B，Upchurch R A，et al. 2016. Anthropogenic N deposition increases soil organic matter accumulation without altering its biochemical composition. Global Change Biology，23：933-944.

Zheng Z M，Yu G R，Fu Y L，et al. 2009. Temperature sensitivity of soil respiration is affected by prevailing climatic conditions and soil organic carbon content：a trans-china based case study. Soil Biology & Biochemistry，41（7）：1531-1540.

Zhou G，Guan L，Wei X，et al. 2008. Factors influencing leaf litter decomposition：an intersite decomposition experiment across China. Plant and Soil，311，61-72.

第8章 亚高山森林苔藓演变与生态效应

苔藓是一种结构简单的高等植物，是水生向陆生的一种过渡形式，是高等植物中最原始的类群。它生命力强，能忍受恶劣的环境条件，能在高温、高寒、干旱和弱光等其他陆生植物难以生存的环境中生长繁衍，被誉为"先锋植物"和"拓荒者"。苔藓植物通常个体低矮，解剖构造简单，只由单层或少数几层细胞组成，无真正的根（只有具支撑作用的假根）和维管束组织，表面积大，植物体表无蜡质的角质层被覆。此外，还具有植物体近轴端腐烂等特殊生理现象，组织几乎不与地表接触，所以不从土壤或基质中吸收水分和营养成分，而直接在体表进行气、水、营养物质等的交换，其营养物质主要来自雨水、露水以及大气尘埃的沉积物，因而对环境因子的反应十分敏感。据研究，苔藓植物对环境因子变化的敏感度是种子植物的 10 倍（马德等，1984）。另外，由于苔藓植物分化程度低，植物细胞长势相对旺盛，常在茎、枝先端生长点休眠或死亡之后，又刺激茎、枝下部的分生组织的发育，促使迅速发展出新的枝条，以保持终年常绿，因此可提供具代表性与应用性的全年性指示与预报。

苔藓植物本身也是生态系统结构和功能的重要组成部分。即使在养分限制和生态系统总体生产力下降的情况下，苔藓的生长依然不受影响，甚至能形成厚达 10～20cm 的垫层（Chapin et al.，1987），成为许多森林生态系统中最优势的地被植物和非常重要的组分之一（Ingerpuu et al.，2005；Peckham et al.，2009）。苔藓植物首先以广泛的盖度在生态系统中占据重要地位，其中温带雨林地面苔藓的盖度能达到 62%，许多针叶林林下甚至几乎全为苔藓覆盖（汪庆和贺善安，1995）。这些大量覆盖在地表、岩石、腐木和树干的苔藓成为森林生态系统主要的生产者之一。研究报道，寒温带针叶林下苔藓的年净生产量为 100g/m^2，占总年净生产量的 6.7%～50%。温带森林的年净生产量为 400～2500g/m^2，其中苔藓的年产量可达 200g/m^2。Díaz 等（2010）表明，苔藓植物的存在能使森林光合组织生物量增加 41%～145%。我国长白山暗针叶林苔藓生物量达 500～600g/m^2，是草本生物量的 4.6～5.3 倍（曹同等，1995）。贺兰山青海云杉林苔藓生物量达 915g/m^2，占林下总生物量的 95.3%，约占青海云杉林总生物量的 7.2%（白学良等，1998）。祁连山青海云杉林下苔藓层生物量为 2418g/m^2，占地被层生物量的 99.30%，约占森林总生物量的 9.95%（王金叶等，1998）。这些大量存在于地表的苔藓植物，在森林生态系统养分循环、水源涵养、种子萌发、幼苗生长甚至是森林的演替过程中均起着重要作用（吴玉环等，2003；Turetsky，2003；刘俊华等，2006；Suzuki et al.，2007；Bond-Lamberty et al.，2009）。

本章主要介绍贡嘎山高山生态系统苔藓植物物种组成、分布格局，以及典型植被带地面苔藓植物对气候变化的响应特征及其在碳循环中的作用。

8.1　西南山地（贡嘎山）藓类物种及区系特征

8.1.1　贡嘎山藓类物种组成

贡嘎山苔藓植物资源丰富，东坡海拔 1640～3650m 范围内藓类植物有 40 科 144 属 359 种（李祖凰，2012），其中包含四川省新纪录种 10 科 12 属 12 种（李祖凰等，2011）。贡嘎山藓类植物种数占四川省藓类植物总科数的 68%，总属数的 49%，总种数的 32%。各科的大小和组成相差较大，包含 10 个属以上的科仅 4 个，却含有 49 属 107 种，约占总属数和总种数的 1/3（表 8.1）。

表 8.1　贡嘎山藓类植物物种组成

科	属	种
柳叶藓科 Amblystegiaceae	7	11
牛舌藓科 Anomodontaceae	1	2
皱蒴藓科 Aulacomniaceae	1	1
珠藓科 Bartramiaceae	2	7
青藓科 Brachytheciaceae	9	47
真藓科 Bryaceae	5	21
万年藓科 Climaciaceae	2	2
隐蒴藓科 Cryphaeaceae	1	1
曲尾藓科 Dicranaceae	10	35
牛毛藓科 Ditrichaceae	3	4
绢藓科 Entodontaceae	2	6
碎米藓科 Fabroniaceae	2	2
凤尾藓科 Fissidentaceae	1	7
紫萼藓科 Grimmiaceae	3	15
虎尾藓科 Hedwigiaceae	1	1
油藓科 Hookeriaceae	1	1
塔藓科 Hylocomiaceae	8	9
灰藓科 Hypnaceae	11	29
孔雀藓科 Hypopterygiaceae	2	7
薄罗藓科 Leskeaceae	2	3
白齿藓科 Leucodontaceae	2	5
蔓藓科 Meteoriaceae	12	14
提灯藓科 Mniaceae	5	28
平藓科 Neckeraceae	3	7
木灵藓科 Orthotrichaceae	4	8

科	属	种
棉藓科 Plagiotheciaceae	1	11
金发藓科 Polytrichaceae	3	11
丛藓科 Pottiaceae	16	29
蕨藓科 Pterobryaceae	2	2
缩叶藓科 Ptychomitriaceae	1	1
桧藓科 Rhizogoniaceae	1	1
锦藓科 Sematophyllaceae	5	8
泥炭藓科 Sphagnaceae	1	3
壶藓科 Splachnaceae	1	1
硬叶藓科 Stereophyllaceae	1	2
四齿藓科 Tetraphidaceae	1	1
木藓科 Thamnobryaceae	2	3
鳞藓科 Theliaceae	2	3
羽藓科 Thuidiaceae	6	9
扭叶藓科 Trachypodaceae	1	1

在贡嘎山藓类植物 40 个科中，只含 1 种藓类植物的科有 9 个、含 2~5 个藓种的科有 11 个、含 6~10 种的较大科有 9 个、含 10 种以上的优势科有 11 个（表 8.1）。优势科中，青藓科（Brachytheciaceae）含有 9 属 47 种，占贡嘎山总种数的 13%，为第一大科。排在青藓科之后的分别是曲尾藓科（Dicranaceae）（10 属、35 种）、丛藓科（Pottiaceae）（16 属、29 种）和灰藓科（Hypnaceae）（11 属、29 种），是世界广布科。含 10 种以上的优势科占贡嘎山地区总科数的 27%，包含了 82 属 251 种，分别占总属数总种数的 57% 和 70%。这些优势科中，既有典型的北方常见科，如曲尾藓科、紫萼藓科（Grimmiaceae），也有如青藓科、曲科尾藓这些世界广布的种类，同时还有在热带地区常见的蔓藓科（Meteoriaceae）种类的出现，说明了贡嘎山藓类植物区系成分从温带向热带的过渡性特点。耐旱的紫萼藓科、丛藓科、真藓科（Bryaceae），以及水湿生境中极为典型的扭叶藓科（Trachypodaceae）种类的出现，更充分地体现了贡嘎山区藓类植物生境的多样性与复杂性。

从贡嘎山藓类植物的属来看，含 10 种及以上种的优势属共有 7 个，依次为青藓属（Brachythecium）（27 种）、曲尾藓属（Dicranum）（13 种）、灰藓属（Hypnum）（11 种）、棉藓属（Plagiothecium）（11 种）、匐灯藓属（Plagiomnium）（11 种）、砂藓属（Racomitrium）（10 种）、对齿藓属（Didymodon）（10 种）。这些优势属占贡嘎山总属数的 5%，却含有占总种数 26%（73 种）的种类。7 个优势属中，青藓属是包含种数最多的极大属；曲尾藓属、棉藓属、匐灯藓属等都为温带分布的属，说明贡嘎山区藓类植物中温带分布的种类比较多。

贡嘎山藓类植物中，属于四川藓类植物新纪录的种包括：

（1）毛叶曲尾藓（Dicranum setifolium Card.）（曲尾藓科）：主要分布在贡嘎山海拔 2790m、2972m、3065m、3563m、3650m，基质类型包括石面、树干和腐木附生。

（2）孔网青毛藓（*Dicranodontium porodictyon* Card.et Ther.）（曲尾藓科）：主要分布在贡嘎山海拔 2750m、2972m，基质类型主要为树干附生。

（3）长叶曲柄藓（*Campylopus atrovirens* De Not.）（曲尾藓科）：主要分布在贡嘎山海拔 3650m，基质类型包括流水腐木附生。

（4）爪哇石灰藓（*Hydrogonium javanicum*（Doz.Et Molk.）Hilp.）（丛藓科）：主要分布在贡嘎山海拔 2600m，基质类型包括流水石生。

（5）无齿卷叶藓（*Ulota gymnostoma* Guo Shui-liang，Enroth&Virtanen）（木灵藓科）：主要分布在贡嘎山海拔 2980m，基质类型主要为树干附生。

（6）云南灰气藓（*Aerobryopsis yunnanensis* X.J.Li et D.C.Zhang）（蔓藓科）：主要分布在贡嘎山海拔 1830m，基质类型主要为砂土生。

（7）台湾孔雀藓（*Hypopterygium formosanum* Nog.）（孔雀藓科）：主要分布在贡嘎山海拔 1980m，基质类型主要为砂土生。

（8）尖叶拟草藓（*Pseudoleskeopsis tosana* Card.）（薄罗藓科）：主要分布在贡嘎山海拔 1980m，基质类型主要为石生。

（9）短尖燕尾藓（*Bryhnia hultenii* Bartr.）（青藓科）：主要分布在贡嘎山海拔 3083m，基质类型主要为土生。

（10）狭叶拟绢藓（*Entodontopsis wightii*（Mitt.）Buck et Ireland）（硬叶藓科）：主要分布在贡嘎山海拔 1980m，基质类型主要为树枝悬挂。

（11）多毛灰藓（*Hypnum recurvatum*（Lindb.et Arn.）Kindb.）（灰藓科）：主要分布在贡嘎山海拔 3083m，基质类型主要为树干附生。

（12）爪哇南木藓（*Macrothamnium javense* Fleisch.）（塔藓科）：主要分布在贡嘎山海拔 2750m，基质类型主要为树干附生。

8.1.2 贡嘎山藓类植物区系特征

贡嘎山地区藓类植物区系成分复杂。根据吴征镒先生"中国种子植物属的分布区类型"（吴征镒，1991；吴征镒和王荷生，1983）以及"世界种子植物科的分布区类型"（吴征镒等，2003），并结合四川省贡嘎山地区藓类植物区系地理成分的自身特点，将本区藓类植物区系划分为 9 个大分布区类型［种的分布资料来源为《中国苔藓志》（1~8 卷）］（表 8.2），其中既有温带成分，也有一定的热带成分，主要以北温带成分（占总种数 34%）和东亚成分（占总种数 33%）为主，中国特有成分（占总种数 11%）和热带亚洲成分（占总种数 9%）次之。

表 8.2 贡嘎山藓类植物地理区系成分

地理区系成分	种数	比例
北温带	117	34%
东亚	109	33%
中国特有	37	11%

地理区系成分	种数	比例
热带亚洲	30	9%
东亚-北美	16	5%
旧世界温带	11	3%
泛热带	10	3%
旧世界热带	8	2%
世界广布成分*	29	—

注：*表示未计入百分比。

　　贡嘎山区虽地处亚热带地区，但海拔较高，年均气温较低，因而呈现出温带成分占主体、亚热带向温带过渡的典型区域特点，天然分布成分南北互相融合交流，这与其周围的很多高海拔山区情况非常相似。另外，这种藓类植物地理区系成分分布的复杂性反映了该区藓类植物与世界各部分藓类植物有着广泛的不同程度的关联。贡嘎山地区藓类植物区系总体性质是温带性的，热带残遗性和亲缘性明显。

　　（1）北温带成分

　　北温带成分（North temperate element）是指广泛分布于欧、亚、北美洲大陆温带地区的种类。由于地理和历史的原因，有些种沿山脉向南延伸到热带地区，甚至远达南半球温带，但其原始类型或分布中心仍在北温带。此成分是贡嘎山区的最主要地理区系成分之一，共 117 种，隶属 25 科 66 属，占总种数的 34%。随海拔的增加，北温带成分所占比重逐步增大。种类主要包括狗牙藓（*Cynodontium gracilecens*）、硬叶对齿藓（*Didymodon rigidulus*）、长枝砂藓（*Racomitrium ericoides*）、长叶提灯藓（*Mnium lycopodioioides*）、万年藓（*Climacium dendroides*）、细叶小羽藓（*Haplocladium microphyllum*）、弯叶青藓（*Brachythecium reflexum*）、拟垂枝藓（*Rhytidiadelphus squarrosus*）和弯叶灰藓（*Hypnum hamulosum*）等。从该成分分科的分布来看，它们主要集中在青藓科、曲尾藓科、灰藓科、提灯藓科、丛藓科等，这些科都是北方地区常见科。

　　（2）东亚成分

　　东亚成分（East Asia element）是从东喜马拉雅地区一直分布到日本地区的地理区系成分类群。其分布区向东北一般不超过俄罗斯境内的阿穆尔州，并从日本北部至萨哈林，向西南不超过越南北部和喜马拉雅东部，向南最远达菲律宾、苏门答腊和爪哇，向西北一般以我国各类森林边界为界。它们和温带亚洲的一些种类有时很难区分，但本类型一般分布区较小，几乎都有森林区系成分，并且分布中心不超过喜马拉雅至日本的范围。贡嘎山区东亚成分共有 109 种，隶属 26 科 63 属，占总种数的 33%，仅次于北温带成分，占重要地位。常见种类有东亚孔雀藓（*Hypopterygium japonicum*）、齿边缩叶藓（*Ptychomitrium dentatum*）、日本曲尾藓（*Dicranum japonicum*）、喜马拉雅砂藓（*Racomitrium himalayanum*）、尖叶匍灯藓（*Plagiomnium acutum*）、中华白齿藓（*Leucodon sinensis*）、东亚羽枝藓（*Pinnatella makinoi*）、野口青藓（*Brachythecium noguchii*）、尖叶美喙藓（*Eurhynchium eustegium*）和东亚灰藓（*Hypnum fauriei*）等。东亚成分种类的分布又可细分成偏于东亚区的西南部的中国-喜马拉雅成分（Sino-Himalayan element）、偏于东北部的中国-日本成分（Sino-Japanese element）和从东北到西南均有分布的喜马拉雅-日本成分（Himalayan-Japanese element）的三种分布区变形。

1）中国-喜马拉雅成分。中国-喜马拉雅成分的分布中心在东亚西南部至喜马拉雅，虽有时可分布于东北或台湾，但不见于日本。该类群藓类植物在贡嘎山区共有 17 科 28 属 34 种，占东亚成分总数的 31%。常见种有阿萨姆曲尾藓（*Dicranum assamicum*）、孔网青毛藓、兜叶砂藓（*Racomitrium cucullatulum*）、卷叶真藓（*Bryum thomsonii*）、皱叶匐灯藓（*Plagiomnium arbusculum*）、毛叶珠藓（*Bartramia subpellucida*）、粗卷叶藓（*Ulota robusta*）、尖叶悬藓（*Barbella spiculata*）、黄雉尾藓（*Cyathophorella burkillii*）、锦丝藓（*Actinothuidium hookeri*）、长蒴粗枝藓（*Gollania cylindricarpa*）等。

2）中国-日本成分。中国-日本成分分布中心集中于日本至华东，虽然有时可分布到云南西北部，但不见于喜马拉雅地区。该类群藓类植物在贡嘎山区共有 19 科、34 属、5 种，占东亚成分总数的 51%。常见种有东亚砂藓（*Racomitrium japonicum*）、扇叶毛灯藓（*Rhizomnium hattorii*）、卵叶隐蒴藓（*Cryphaea obovatocarpa*）、尖叶假悬藓（*Pseudobarbella attenuata*）、短齿平藓（*Neckera yezoana*）、东亚孔雀藓（*H. japonicum*）、粗疣藓（*Fauriella tenuis*）、短枝羽藓（*Thuidium submicropteris*）、无疣同蒴藓（*Homalothecium laevisetum*）、勃氏青藓（*Brachythecium brotheri*）、日本细喙藓（*Rhynchostegiella japonicaum*）、螺叶藓（*Sakuraia conchophylla*）、钙生灰藓（*Hypnum calcicolum*）、细尖鳞叶藓（*Taxiphyllum aomoriense*）、羽枝梳藓（*Ctenidium pinnatum*）、东亚仙鹤藓（*Atrichum yakushimense*）等。

3）喜马拉雅-日本成分。喜马拉雅-日本成分指广泛分布于东亚地区的藓类植物种类。该类群在贡嘎山区共有 13 科 18 属 19 种，占东亚成分总数的 18%。包括卷叶丛本藓（*Anoectangium thomsonii*）、平肋提灯藓（*Mnium laevinerve*）、侧枝匐灯藓（*Plagiomnium maximoviczii*）、小毛灯藓（*Rhizomnium parvulum*）、细叶泽藓（*Philonotis thwaitesii*）、川滇蔓藓（*Meteorium buchananii*）、毛尖孔雀藓（*Hypopterygium aristatum*）、多胞绢藓（*Entodon caliginosus*）、强肋偏蒴藓（*Ectropothecium nervosum*）等。

贡嘎山藓类植物中东亚成分海拔梯度格局呈现出"双峰曲线"，在海拔 2360m 处达到峰值后逐渐降低，而后在 3650m 的高山草甸地区略有回升。这与东亚成分的形成原因有着较大的关系。东亚成分三个亚型中，中国-喜马拉雅成分所占比例总体上少于中国-日本成分，其峰值出现在 3020m 的暗针叶林带，在 3650m 的高山草甸带有大幅回升；与之相反，东亚成分的另一亚型，中国-日本成分的峰值则出现在 2360m 的常绿落叶阔叶混交林带上，之后随着海拔的上升虽均有分布但一直处于下降趋势。两种亚型在海拔垂直分布格局上的明显差异体现了中国-日本成分与中国-喜马拉雅成分在海拔和地域上的分化，再次印证了"贡嘎山是中国-日本成分与中国-喜马拉雅成分的分界线"这一观点，同时也证明了沈泽昊等（2001）对贡嘎山种子植物区系分析中总结的"中国-日本成分多分布在水热梯度的中段，而中国-喜马拉雅成分的种更趋凉"的观点。

（3）中国特有成分

中国特有成分（Endemic to China）是泛指以中国整体的自然植物区为中心而分布界

限不越出国境很远的一类藓类植物地理区系成分，主要以云南或西南诸省区为中心，向东北、向东或向西北方向辐射并逐渐减少，主要集中在秦岭—山东以南的亚热带和热带地区，个别科突破国界到临近各国，中国特有成分是评价具体植物区系的重要方面。贡嘎山藓类植物中中国特有成分共有 37 种，隶属 15 科 27 属，占总种数的 11%，包括疣齿曲尾藓（*Dicranum papillidens*）、毛叶青毛藓（*Dicranodontium filifolium*）、异叶红叶藓（*Bryoerythrophyllum hostile*）、陕西白齿藓（*Leucodon exaltatus*）、中华疣齿藓（*Scabridens sinensis*）、云南灰气藓、台湾青藓（*Brachythecium formosanum*）、贡山绢藓（*Entodon kungshanensis*）、绢光拟灰藓（*Hondaella entodontea*）和双珠小金发藓（*Pogonatum pergranulatum*）等。中国特有成分的存在主要与该地区的地质历史有关。贡嘎山复杂的高山峡谷地形地貌和南北的山脉走向，成了阻挡冰川来袭的天然屏障，使得冰川对植被的影响从北到南逐渐减小，为动植物提供了良好的"避难所"，古老物种越向南保存下来的概率越大。另外，随着冰川的反复进退，植物的回流往返，既扩大了其分布区，又使植被类群繁盛多样，并在适应环境的过程中产生了进一步的分化，进而演化成新的物种。因此，这些古老物种也就成为地区特有种，或者演化为新生类群而成为特有种。贡嘎山藓类植物中中国特有成分随海拔的升高，其所占比例呈现先下降再攀升再下降的复杂曲线特征，其原因有待进一步的考证和探究。

（4）热带亚洲成分

热带亚洲成分（Tropical Asia element）即印度-马来西亚成分，是旧大陆热带的中心部分，也是世界上植物地理区系成分最丰富的地区之一，保存了大量的古近纪-新近纪古热带植物区系的后裔或残遗。这一成分的范围包括印度、斯里兰卡、中南半岛、印度尼西亚、菲律宾及新几内亚岛等，东面可到斐济等南太平洋岛屿，但不到澳大利亚大陆。其分布区的北部边缘，到达我国西南、华南及台湾甚至更北的地区。贡嘎山区藓类植物属于热带亚洲成分的有 30 种，隶属 17 科 26 属，占总种数的 9%。主要包括大曲柄藓（*Campylopus hemitrichius*）、南亚合睫藓（*Symblepharis reinwardtii*）、爪哇凤尾藓（*Fissidens javanicus*）、柔叶立灯藓（*Orthomnion dilatatum*）、阔叶桧藓（*Pyrrhobryum latifolium*）、鞭枝新丝藓（*Neodicladiella flagellifera*）、散生细带藓（*Trachycladiella sparsa*）、刀叶树平藓（*Homaliodendron scalpellifolium*）、弯叶小锦藓（*Brotherella falcata*）和爪哇南木藓（*Macrothamnium javense*）等。

随海拔增加，热带亚洲成分所占比例逐步降低。除海拔 3563m 的索道上站点外，各海拔均有记录。其分布趋势与吴征镒先生在 1965 年提出的观点"我国西南山地是许多亚洲热带、亚热带分布种的起源地或分化中心"相一致（吴征镒，1991）。因此，虽然热带亚洲成分在贡嘎山藓类植物地理区系成分中优势性不明显，但是由于第四纪冰川影响，热带成分有向高海拔地区分布的趋势，可以一直分布到高达高山草甸地区的海拔区域。

（5）东亚-北美成分

东亚-北美成分（EastAsia-NorthAmerica disjunctive element）指间断分布于东亚与北美洲温带及亚热带地区的种类。贡嘎山藓类植物中东亚-北美成分共有 11 科 15 属 16 种，占总种数的 5%。主要包括鞭枝直毛藓（*Orthodicranum flagellare*）、长叶拟白发藓（*Paraleucobryum longifolium*）、高山大丛藓（*Molendoa sendtneriana*）、毛尖紫萼藓（*Grimmia* pilifera）、黄砂藓（*Racomitrium anomodontoides*）、异枝皱蒴藓（*Aulacomnium heterostichum*）、树藓（*Pleuroziopsis ruthenica*）、皱叶牛舌藓（*Anomodon rugelii*）、石地青藓（*Brachythecium glareosum*）和拳叶灰藓（*Hypnum circinale*）等。

（6）旧世界温带成分

旧世界温带成分（Old world temperate element）指广泛分布于欧洲、亚洲中-高纬度的温带和寒温带，或最多有个别种延伸到北非及亚洲-非洲热带山地甚至澳大利亚的种类。旧世界温带在贡嘎山藓类植物区系地理成分中共有 11 种，占本区总种数的 3%，隶属 5 科 7 属，主要有大曲尾藓（*Dicranum drummondii*）、棕色曲尾藓（*Dicranum fuscescens*）、直毛藓（*Orthodicranum montanum*）、大叶藓（*Rhodobryum roseum*）、密集匐灯藓（*Plagiomnium confertidens*）、赤根青藓（*Brachythecium erythrorrhizon*）、扁平棉藓（*Plagiothecium neckeroideum*）和阔叶棉藓（*Plagiothecium platyphyllum*）等。

（7）泛热带成分

泛热带成分（Pantropic element）指普遍分布于东、西两半球热带地区的种类，最远可达到亚热带（甚至温带），但分布中心或原始类型仍在热带范围内的种也属于这　成分。贡嘎山藓类植物中含有泛热带成分的藓类植物有 9 科 10 属 10 种，占总种数的 3%。主要包括曲肋凤尾藓（*Fissidens oblongifolius*）、偏叶砂藓（*Racomitrium subsecundum*）、疣齿丝瓜藓（*Pohlia flexuosa*）、近高山真藓（*Bryum paradoxum*）、扭叶藓（*Trachypus bicolor*）和羽叶锦藓（*Sematophyllum subpinnatum*）等。

（8）旧世界热带成分

旧世界热带成分（Old world tropical element）指分布于亚洲、非洲和大洋洲热带地区及其临近岛屿的种类（也称古热带），与美洲新大陆、新热带相区别。与泛热带分布区类型相比具有更强烈的热带性质，具有古老和保守的色彩。这一成分贡嘎山有 8 种 7 属 5 科的藓类植物，占本区总种数的 2%。主要包括暖地大叶藓（*Rhodobryum giganteum*）、短月藓（*Brachymenium nepalense*）、宽叶短月藓（*Brachymenium capitulatum*）、偏叶泽藓（*Philonotis falcata*）、反叶粗蔓藓（*Meteoriopsis reclinata*）、多疣藓（*Sinskea phaea*）和西南树平藓（*Homaliodendron montagneanum*）等。

（9）世界广布成分

世界广布成分（Cosmopolitan element）指几乎遍及世界各大洲而没有特殊分布中心的种，或是虽有一个或数个分布中心，但遍布世界各地的类群。在贡嘎山藓类植物中，属于世界广布成分的共有 21 种、15 属、12 科。常见的种有银藓（*Anomobryum julaceum*）、亮叶珠藓（*Bartramia halleriana*）、直叶珠藓（*Bartramia ithyphylla*）、真藓（*Bryum argenteum*）、丛生真藓（*Bryum caespiticium*）、细叶真藓（*Bryum capillare*）、双色真藓（*Bryum dichotomum*）、角齿藓（*Ceratodon purpureus*）、对叶藓（*Distichium capillaceum*）、小凤尾藓（*Fissidens bryoides*）、曲肋凤尾藓、鳞叶凤尾藓（*Fissidens taxifolius*）、具缘提灯藓（*Mnium marginatum*）、阔边匐灯藓（*Plagiomnium ellipticum*）、多蒴匐灯藓（*Plagiomnium medium*）、泛生丝瓜藓（*Pohlia cruda*）、疣齿丝瓜藓、黄丝瓜藓（*Pohlia nutans*）、虎尾藓（*Hedwigia ciliata*）、卷叶藓（*Ulota crispa*）、八齿碎米藓（*Fabronia ciliaris*）、三洋藓（*Sanionia uncinata*）、大羽藓（*Thuidium cymbifolium*）、厚角绢藓（*Entodon concinnus*）、灰藓（*Hypnum cupressiforme*)、塔藓（*Hylocomium splendens*）、拟金发藓（*Polytrichastrum alpinum*）等。然而，世界广布成分在贡嘎山各个海拔均有分布，总的说来在中部森林地带分布较少，峰值大约出现在海拔 2600m 和 3563m。

8.1.3 贡嘎山藓类植物生态群落分析

植物群落是环境和植物群体的矛盾统一体，植物群落是环境因子的综合反映结果，反过来，植物群落类型也体现着其周围生态环境的特点。苔藓植物也不例外，虽然其个体微小，但对生存环境却有着十分敏感的反应，要求的条件在种与种之间也有差异。群落的形成不仅与藓类植物本身的生长特点有关，而且与其所处的外界条件和生态环境有着极为密切的关联。因此，藓类植物的群落类型能够恰当地体现出其所处生存环境的特征。

（1）水生群落

水生群落（Hydrophytia）是指生长在河边、山涧溪流、水湿地、水塘、沼泽地等环境条件下的苔藓植物群落。贡嘎山东坡海螺沟地区年均降水充沛，大气湿度很大，加之在海拔 2870m 地区的草海子有类似沼泽的生境、海拔 3650m 的高山草甸带的长草坝地区有冰川融化后形成的流水石面生境，这里都是水生苔藓植物生长的理想场所，因此藓类植物中的水生群落在贡嘎山地区有一定的分布，共包含 12 科、20 属、27 种藓类植物。

按照贡嘎山自身的生境特点，贡嘎山藓类植物水生群落又可分为固着群落（Nareidia）和沼泽群落（Helodia）两种。

1）固着群落。水生的固着群落在苔藓植物中为数不多，但在山涧溪流中则属常见类型，且经常为纯一的苔藓植物群落，但贡嘎山地区采集到的水生的固着群落类型一般由多种苔类和藓类植物组成，如砂藓群落、三洋藓群落、三洋藓-褶叶藓-小金发藓-曲尾藓-砂藓群落以及镰刀藓-曲尾藓群落。

2）沼泽群落。主要是泥炭藓群落和泥炭藓-塔藓群落，分布在海拔 2870m 草海子地区的类似沼泽的生境中。

（2）石生群落

石生群落（Petrophytia）主要指生长在岩石表面或石质基质上，或岩石薄土上的苔藓植物群落。根据土层条件、水分条件和光照条件的不同，贡嘎山藓类植物土生群落包括 29 科、85 属、188 种，又可以分为以下几个类型。

1）湿润石生群落（Hygro-Petrophytia）。湿润石生群落多生长在湿润的岩石表面。在贡嘎山多种生境群落中，珠藓-合叶苔所组成的群落生长在滴水大石壁的近水阴暗石面上；大叶藓组成的群落和由孔雀藓-青藓-羽藓组成的群落在贡嘎山地区海拔 2360m 的阴湿石面上也较为常见。

2）高山石生群落（Alpino-Petrophytia）。高山石生群落多指生长于高山的空旷地上的干燥、坚硬、裸露的岩石表面，受阳光直射强烈，生长条件极其恶劣，完全依赖降水和空气中的水分生存的苔藓植物群落。在贡嘎山区此类型群落多生长在海拔 3560～3600m 的高山草甸带，主要以砂藓-真藓群落、真藓-丛藓-连轴藓群落、砂藓-曲柄藓群落、单一真藓群落、单一砂藓群落构成。

3）岩石薄土群落（Geo-Petrophytia）。岩石薄土群落是指在岩石表面经若干年的成土作用而形成的薄层土壤上分布着的种类繁多的苔藓植物群落。由于水湿条件、土壤和遮阴情况差异，群落的种类组成、生长情况也各不相同。该类群在贡嘎山也有少量分布，常呈片状群落分布，常见的主要有真藓群落、青藓群落、提灯藓群落等。

（3）土生群落

土生群落（Geophytia）是指生长在土地上或石壁上的苔藓植物群落，贡嘎山土生群落包括藓类植物 21 科、46 属、83 种，根据该区自然条件，加之藓类植物群落生长情况、土壤差异和水湿情况又可分为以下几种类型。

1）短命土生群落（Ephemero-geophytia）。短命土生群落是指那些一年生的小型苔藓植物，有季节性的繁茂和衰败现象，以适应寒冷干燥的外部条件。贡嘎山最常见的有真藓群落，此外还有生长在干燥土表的凤尾藓小型种群落、丛藓小型藓群落。

2）林地群落（Hylo-geophytia）。森林林地是大多数苔藓植物生长较适合的环境，所以林地的苔藓植物群落往往种类复杂多样，层次众多。林地的环境条件如光照、土壤条件、水分等的不同都对藓类植物群落构成显著的影响。贡嘎山针阔混交林带、暗针叶林带为藓类植物的生长提供了大量的生存空间。常见群落种类包括青藓-羽藓群落，其中有些群落还夹杂着提灯藓属（*Mnium*）、匍灯藓属以及金发藓科等藓类植物群落。塔藓-锦丝藓-星塔藓群落往往大片分布，逐年层叠，其间含有少量的金发藓。

（4）树生群落

树生群落（Epixylophytia）指生于树干上、树枝上、树叶上以及腐木上的苔藓植物群落，该群落一般喜阴生长。树生生活的苔藓植物的另一个适应方面与空气的湿度密切相关。在气候干燥、空气湿度小的地方，树生群落种类较少甚至呈休眠状态；而在空气湿度大的地方，树生群落丰富、类型复杂，且随着湿度的增加着生高度也相应增高。贡嘎山区藓类植物树生群落类群丰富，共包括 33 科、11 属、251 种，为这四种群落中物种最为丰富的类群，没有发现叶附生藓类的植物。根据贡嘎山自然现状以及藓类植物个体的生长情况和着生的位置，可以将此种群落类型细分为以下几种。

1）紧贴树生群落（Compactae）。紧贴树生群落苔藓植物体平铺紧贴树皮，大多数都具有随处生长的假根，且个体非常微小。紧贴树生群落类型一般较为单一，在贡嘎山较为常见的种类有木灵藓群落、木灵藓-白齿藓群落、碎米藓群落、扁枝藓群落等。

2）浮蔽树生群落（Laxae）。浮蔽树生群落为着生于树干或树枝上的比较大型的苔藓植物，往往密集丛生，浮蔽树干。此类藓类植物群落在贡嘎山中段海拔非常常见，主要有平藓群落、曲尾藓群落、较大型的白齿藓群落、扭叶藓群落、各种苔类群落等。

3）悬垂树生群落（Demigratae，Pendulae）。悬垂树生群落是指那些悬附树干或树枝上，往往缠绕纤垂藓类植物群落类型，有些种类可长达 1m 以上。空气中湿度越大，悬垂藓类植物种类越丰富，林木年月越久，个体群落体积越大。贡嘎山区悬垂树生藓类植物分布范围较广，但种类较为单一，在针叶林带主要以小蔓藓-剪叶苔群落为主，色泽黄绿，极易辨认；而在中低海拔地区多疣悬藓-丝带藓群落、丝带藓-扭叶藓-灰藓群落、小蔓藓-鞭枝新丝藓群落等较为常见。

4）基干树生群落（Basae Epixyulophytia）。森林中树干各部分因高度不同、空气中水湿条件不同而湿度有所不同，树干基部接近土面，一般湿度高。夜间冷空气下降，气温变化对树干各部分影响不同。基部空气成分不同于树干上部，因此树干基部往往具有特殊的藓类植物种类。这些苔藓种类大半是由土生类群延伸生长而来的，即原来仅生于林地土层上的藓类植物，由于林中湿度较高，树干基部也适于生长，因此在此地"安家落户"，延伸而来。贡嘎山此类群种类繁多，主要有青藓-提灯藓群落、南木藓为主的混生群落、羽藓-树藓-塔藓群落、金发藓群落、绒苔-赤茎藓群落、塔藓-星塔藓-苔多种群落、青藓-灰藓-曲尾藓-羽藓混生群落、提灯藓-青藓-羽苔-赤茎藓群落等。其中，塔藓科、羽藓科植物成为该群落类型的主要组成部分，分布较为广泛。

5）腐木群落（Putridae Epixylophytia）。腐木群落主要指那些林中倒木和陈年腐枝朽木上具有的特殊的苔藓植物群落。贡嘎山区此种类群分布较多，主要包括曲尾藓-苔多种组成的群落、青毛藓群落、四齿藓群落、曲尾藓-毛灯藓-指叶苔-合叶苔群落，以及曲背藓-赤茎藓-提灯藓-苔类群落。此种群落类型苔类和藓类混生类型居多，而苔类方面主要有羽苔、鞭苔、指叶苔和绒苔。

8.1.4　不同植被带间藓类物种分布规律

（1）常绿-落叶阔叶混交林带

常绿-落叶阔叶混交林带（32 科 81 属 169 种）海拔 1600～2600m，属于山地亚热带湿润半湿润气候。海拔 1980m 以下区域受人类活动影响较大，原始植被群落受到较为严重的破坏，加之属于干热河谷地带，处于邛崃山脉的雨影区，气温偏高，气候干燥，湿度较小，只分布一些土生和少量岩面生的藓类植物，树生种类极少，且多为喜温、一年生、矮丛集型种类，此处藓类植物分布较多的科、属为提灯藓科、丛藓科、凤尾藓科、真藓科、湿地藓属（*Hyophila*）、毛口藓属（*Trichostomum*）、对齿藓属、砂藓属、凤尾藓属（*Fissidens*）、提灯藓属、匐灯藓属等。海拔 1980m 以上区域人类活动少，虽然温度稍降，但由于山体对东南季风的阻截，地形增雨效应增强，降水量及空气湿度增加，主要藓类植物物种构成逐步发生变化，青藓科、羽藓科、蔓藓科、孔雀藓科、灰藓科、曲尾藓科、平藓科、白齿藓科、青藓属、羽藓属（*Thuidium*）、美喙藓属（*Eurhynchium*）、雉尾藓属（*Cyathophorella*）、新丝藓属（多疣悬藓属）（*Neodicladiella*）、平藓属（*Neckera*）、白齿藓属（*Leucodon*）等有较多分布。

常绿落叶阔叶混交林带藓类植物物种分布的特点为喜温、低海拔分布常见种类较多，热带种类较多，土生、石生种类居多。

（2）针阔混交林带

针阔混交林带（30 科 90 属 191 种）海拔 2600～2900m，属于山地暖温带湿润气候，藓类植物以温带湿润山地类型为主。本植被带土壤类型为含腐殖质较多的暗棕壤，营养物质较多，因此林下苔藓植物丰富，土生、树基腐殖生渐多，如曲尾藓科、提灯藓科、青藓科、灰藓科、塔藓科、棉藓科、羽藓科、丛藓科、真藓科、金发藓科；曲尾藓属、棉藓属、灰藓属、毛灯藓属（*Rhizomnium*）、青毛藓属（*Dicranodontium*）、羽藓属、提灯藓属、星塔藓属（*Hylocomiastrum*）、泥炭藓属（*Sphagnum*）等，并且由于人为干扰较少，石生丛集型种类减少，树干生、树枝悬挂苔藓植物种类增多，如蕨藓科、蔓藓科、白齿藓科、平藓科；青藓属、小蔓藓属（*Meteoriella*）、白齿藓属等；林下多倒木腐木，腐木生种类在此处开始出现，如曲尾藓科青毛藓属（*Dicranodontium*）、曲背藓属（*Oncophorus*）、四齿藓科四齿藓属（*Tetraphis*）、赤茎藓（*Pleurozium schreberi*）以及多种苔类。同时，此处也有一些湿度很大的类似沼泽的生境，发现了泥炭藓科藓类植物的分布。

　　针阔混交林带藓类植物物种分布特点为树基腐殖、树生、腐倒木生、土生藓类占优势；温带成分藓类常见。

　　（3）暗针叶林带

　　暗针叶林带（18 科 50 属 94 种）海拔 2900～3500m，气候类型属于山地潮湿寒温带，大气相对湿度达到 90%以上，为藓类植物生长提供了潮湿的生态环境。但由于此地海拔较高，气温较低，很多热带种类无法生长，且植被类型较为单一，主要以峨眉冷杉为主，能够为藓类植物提供的生境不多，因此此处的物种多样性受多方面的限制，略有降低。分布较多的种类的科、属依次为曲尾藓科、提灯藓科、塔藓科、青藓科、蕨藓科、灰藓科、羽藓科、棉藓科、蔓藓科、小蔓藓属、青毛藓属、曲尾藓属、灰藓属、毛灯藓属、提灯藓属、青藓属、棉藓属等。

　　暗针叶林带藓类植物物种海拔分布特点：腐倒木、树基腐殖、树生种类较多，北温带成分藓类植物常见。

　　（4）高山草甸带

　　高山草甸带（21 科 49 属 90 种）海拔 3500m 以上，属于亚寒带地区，由于海拔已经超过林线，因此，此地主要以低矮的灌丛为主，藓类植物生境以石生为主；加之此地区常年寒冷，热带成分的藓类植物分布较少，因此该带主要的藓类植物类型有曲尾藓科、紫萼藓科、真藓科、青藓科、塔藓科、灰藓科、金发藓科、丛藓科、砂藓属、真藓属（*Bryum*）、青藓属、拟白发藓属（*Paraleucobryum*）、对齿藓属、曲背藓属等。该带有一些冰川融化后形成的流水石生生境，分布有较多的柳叶藓科三洋藓属（*Sanionia*）、牛角藓属（*Cratoneuron*）的藓类植物。

　　高山草甸带藓类植物物种海拔分布的特点：石生种类占优势，同时伴有喜湿种类藓类植物的出现，以抗寒种类最为常见。

8.1.5　小结

　　贡嘎山藓类植物物种丰富，东坡海拔 1640～3650m 范围内藓类植物有 40 科 144 属 359种。贡嘎山地区藓类植物区系总体性质是温带性的，共有九大分布类型，其中既有温带成分，也有一定的热带成分，主要以北温带成分（占总种数 34%）和东亚成分（占总种数33%）为主，中国特有成分（占总种数 11%）和热带亚洲成分（占总种数 9%）次之。

　　群落的分布从低海拔到高海拔随着生境的不断变化有较明显的改变。树生群落是贡嘎山藓类植物生态群落中最为重要的组成成分，除最低海拔的干热河谷地带和最高海拔的高山草甸带分布较少以外，其他地区均有较高比例的分布。土生群落在中-高海拔分布较广，石生群落则在低海拔和高海拔地区分布较广。

8.2 地面苔藓植物生态特征及分布

8.2.1 地面苔藓植物物种组成

经调查，在贡嘎山亚高山生态系统 2000～4221m 海拔内 14 个海拔梯度（图 8.1）中发现地面苔藓 30 科 54 属 165 种，包括苔类 42 种，藓类 123 种。不同海拔地面苔藓种数介于 7～26 种，而且各海拔梯度上藓类物种数均高于苔类物种数（表 8.3）。其中，物种最丰富的科包括：柳叶藓科（Amblystegiaceae，2 属 8 种）、青藓科（5 属 23 种）、紫萼藓科（Grimmiaceae，3 属 9 种）、塔藓科（Hylocomiaceae，4 属 5 种）、提灯藓科（Mniaceae，4 属 11 种）、棉藓科（Plagiotheciaceae，1 属 7 种）、金发藓科（Polytrichaceae，2 属 7 种）、羽藓科（Thuidiaceae，5 属 8 种）。这一结果说明贡嘎山地面苔藓植物非常丰富，对本地区甚至是中国西南地区的植物物种多样性具有重要贡献。

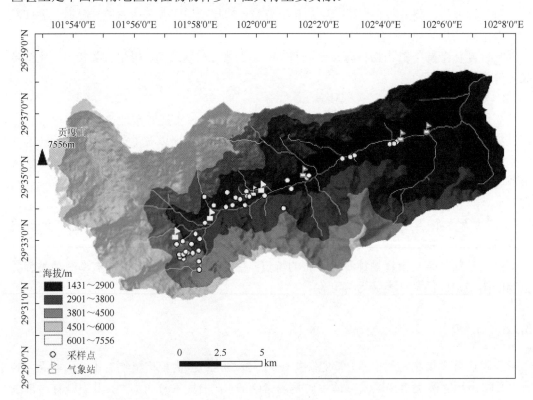

图 8.1 样带设置

表 8.3 各海拔梯度上地面苔藓物种数

编号	海拔/m	物种数	藓类种数	苔类种数
1	2001	7	7	0
2	2001	12	12	0

续表

编号	海拔/m	物种数	藓类种数	苔类种数
3	2023	7	7	0
4	2301	21	19	2
5	2301	19	18	1
6	2359	25	24	1
7	2760	19	14	5
8	2760	20	17	3
9	2784	23	16	7
10	2964	26	19	7
11	2964	27	16	11
12	2964	19	14	5
13	3044	20	13	7
14	3060	21	13	8
15	3060	22	13	9
16	3103	14	13	1
17	3106	11	10	1
18	3106	7	7	0
19	3174	11	9	2
20	3174	7	7	0
21	3174	11	11	0
22	3247	19	14	5
23	3247	18	13	5
24	3247	18	15	3
25	3650	11	11	0
26	3650	14	14	0
27	3650	11	10	1
28	3725	7	7	0
29	3758	14	13	1
30	3758	24	17	7
31	3817	13	12	1
32	3817	8	7	1
33	3817	11	8	3
34	3987	9	9	0
35	3987	8	7	1
36	3987	11	9	2
37	4107	13	11	2
38	4111	15	12	3
39	4111	18	13	5
40	4206	21	19	2
41	4221	15	14	1
42	4221	20	19	2

8.2.2 地面苔藓植物沿海拔的分布特征

　　海拔导致水热条件及其组合在空间上的分布差异，并时常伴随着温度、降水、光照、土壤等多方因子的改变，而影响着植物群落的分布与结构及物种多样性的变化，因此海拔的变化常常主导了山地生境的差异。特定森林植被类群能够在其所处环境中维持特定的水分、光照、热量和土壤性质，这些因素都将对藓类植物的生长和分布产生很大的影响。一些研究表明，随着海拔的增加，苔藓植物物种数通常单调增加（Ah-Peng et al.，2007；Bruun et al.，2006；Frahm and Ohlemüller，2001）、下降（Tusiime et al.，2007）或者呈单峰分布（Grau et al.，2007）。与研究资料不同，贡嘎山东坡地面苔藓物种数随海拔的分布呈波浪形（图 8.2）。在海拔低于3650m 范围内，苔藓物种数随海拔呈单峰分布，苔藓物种数随海拔变化的第一个峰终止于海拔 3650m 左右的林线位置，该海拔范围优势苔藓物种为镰刀藓属（*Drepanocladus*）、砂藓属和三洋藓属。海拔高于 3650m 范围内，地面苔藓种数随海拔递增（$R = 0.605$，$p < 0.01$），其原因可能是在恶劣的环境下，出现了一些适应性强的先锋种类。由于更高海拔区域难以到达，本书涉及的调查海拔上限仅为4221m，因此不确定 3650m 以上海拔范围内苔藓物种数随海拔的增加趋势是否是苔藓生物多样性随海拔增加过程中出现的第二个峰的一部分。

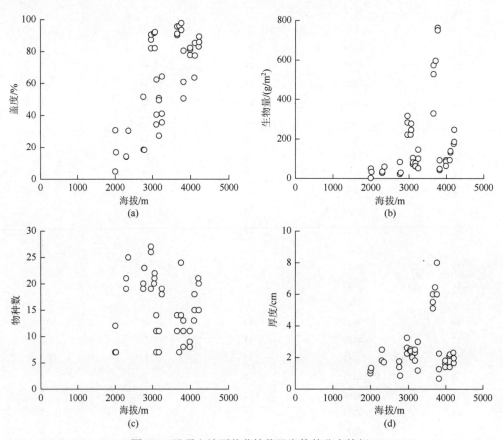

图 8.2　贡嘎山地面苔藓植物沿海拔的分布特征

随海拔升高，地面苔藓植物种类也发生变化。随海拔升高，优势苔藓分别为羽藓属、青藓属和美喙藓属（2001～2359m），羽藓属和青藓属（2760～2784m），锦丝藓属（*Actinothuidium*）、塔藓属（*Hylocomium*）、赤茎藓属（*Pleurozium*）和毛灯藓属（2964～3060m），青藓属和美喙藓属（3103～3247m），镰刀藓属、砂藓属和三洋藓属（3650～3758m），青藓属（3817m），镰刀藓属、青藓属和三洋藓属（3987～4221m）（表8.4）。

随海拔增加，地面苔藓盖度逐渐增加（$r = 0.711$，$p < 0.001$）（图8.2）。海拔 2001～2784m，植被类型为常绿-落叶阔叶林和针阔混交林，地面凋落物丰富，虽然树干、树枝附生苔藓植物非常丰富，但地面苔藓群落盖度很低，仅为17.38%。随海拔进一步升高，地面苔藓植物盖度增加。海拔 2964～3987m 的暗针叶林和高山灌丛，地面苔藓植物盖度在 85% 以上，成为该植被带被最主要的地被植物，尤其在海拔 3758m 左右的高山灌丛，地面苔藓群落盖度达到 95.64%。本节中地面苔藓植物盖度随海拔逐渐增加这一现象与热带雨林（Frahm and Gradstein，1991）及阿巴拉契亚南部一些山脉（Stehn et al.，2010）中的调查结果相似。

相反，地面苔藓厚度和生物量随海拔的增加呈单峰分布，最大值出现在海拔 3750m 左右的高山灌丛带（图8.2）。该海拔梯度上苔藓群落最大厚度达到 8cm，平均生物量达到 700.3g/m^2。然而，在海拔 2001～2784m 的常绿-落叶阔叶林和针阔混交林内，地面苔藓植物生物量很小（低于 50g/m^2）。地面苔藓植物生物量与苔藓层厚度苔藓层盖度呈指数相关关系，与苔藓层厚度呈线性相关关系（$p < 0.05$，图 8.3），但与物种数无关。这种关系可能是由不同植被带不同的苔藓物种组成导致的。例如，侧蒴类或者匍匐生长类苔藓植物比具有同样盖度的顶蒴或者直立生长类苔藓植物的体积要小，因此大的盖度不一定意味着具有大的生物量。然而，较大的苔藓层厚度常常与一些容易具有大的盖度的苔藓物种有关，因而能形成大的生物量。

表 8.4　森林类型与地面优势苔藓植物

海拔/m	优势苔藓属	森林类型
2001	羽藓属（*Thuidium*）、青藓属（*Brachythecium*）、美喙藓属（*Eurhynchium*）	常绿阔叶林
2301	羽藓属（*Thuidium*）、青藓属（*Brachythecium*）、美喙藓属（*Eurhynchium*）	常绿-落叶阔叶林
2760	羽藓属（*Thuidium*）、青藓属（*Brachythecium*）	针-阔混交林
2964	锦丝藓属（*Actinothuidium*）、塔藓属（*Hylocomium*）、赤茎藓属（*Pleurozium*）和毛灯藓属（*Rhizomnium*）	暗针叶林
3060	锦丝藓属（*Actinothuidium*）、塔藓属（*Hylocomium*）、赤茎藓属（*Pleurozium*）和毛灯藓属（*Rhizomnium*）	暗针叶林
3106	青藓属（*Brachythecium*）、美喙藓属（*Eurhynchium*）	暗针叶林
3174	青藓属（*Brachythecium*）、美喙藓属（*Eurhynchium*）	暗针叶林
3247	青藓属（*Brachythecium*）、美喙藓属（*Eurhynchium*）	暗针叶林
3650	镰刀藓属（*Drepanocladus*）、砂藓属（*Racomitrium*）和三洋藓属（*Sanionia*）	高山灌丛
3758	镰刀藓属（*Drepanocladus*）、砂藓属（*Racomitrium*）和三洋藓属（*Sanionia*）	高山灌丛
3817	青藓属（Brachythecium）	高山灌丛
3987	青藓属（*Brachythecium*）、镰刀藓属（*Drepanocladus*）、三洋藓属（*Sanionia*）	高山灌丛
4111	青藓属（*Brachythecium*）、镰刀藓属（*Drepanocladus*）、三洋藓属（*Sanionia*）	高山灌丛
4221	青藓属（*Brachythecium*）、镰刀藓属（*Drepanocladus*）、三洋藓属（*Sanionia*）	高山灌丛

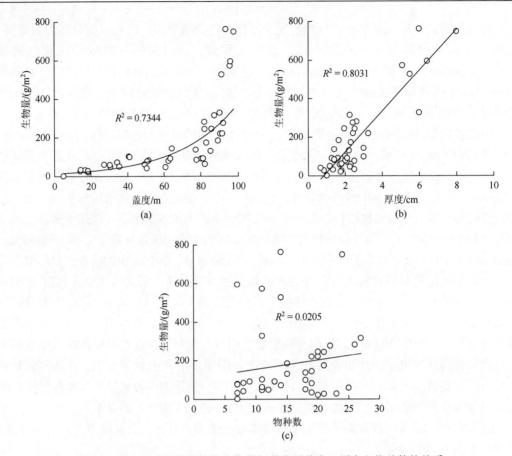

图 8.3　贡嘎山地面苔藓植物生物量与苔藓层盖度、厚度和物种数的关系

8.2.3　影响地面苔藓植物分布的因素

对各海拔梯度上地面苔藓物种种属盖度和环境因子进行了典范对应分析（canonical correspondence analusis，CCA），发现凋落物厚度、气温、相对湿度和降水是影响苔藓植物分布的主要因素（图 8.4）。CCA 第一、第二轴的特征值分别为 0.720 和 0.395（图 8.4），其中第一轴解释物种组成的 38.9%，第二轴解释物种组成的 60.2%，前 4 个轴共解释物种组成的 72.7%。4 个因子中，气温和湿度与第一轴相关，凋落物厚度与降水与第二轴相关。早期研究表明，苔藓植物的分布主要与温度（Porley and Hodgetts，2005）、湿度（Skre and Oechel，1981）、降水（Porley and Hodgetts，2005）等微气候有关，尤其是温度可能导致苔藓盖度严重退化（Jónsdóttir et al.，2005；Walker et al.，2006）。空气温度、空气湿度和降水对苔藓植物分布的巨大影响可能与苔藓植物的变水性质有关（Uchida et al.，2002）。此外，研究发现，凋落物厚度是影响地面苔藓植物分布的另一重要因子。海拔 2001～

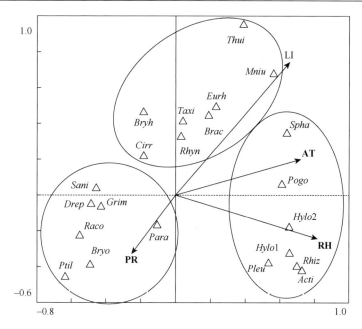

图 8.4 贡嘎山地面苔藓植物物种的 CCA 分析

3247m 范围为森林带，地面上的石块、掉落的小树枝等是苔藓植物生长的良好着生基质（Grau et al.，2007），但海拔 2001～2760m 及 3103～3247m 范围内的优势树种为阔叶树或者具有密实灌木层的针叶树，这些林型中光照限制和凋落物渗滤液可能会影响苔藓植物的生长（Corrales et al.，2010；Peintinger and Bergamini，2006；Porley and Hodgetts，2005；Startsev et al.，2008；Virtanen and Crawley，2010）。海拔 2760～3060m 内的暗针叶林，林下灌木很少，掉落的树枝能为苔藓的生长提供着生基质，同时又没有地面凋落物对苔藓生长的限制，因此苔藓植物生长良好。海拔 3650m 左右的林线区域，树枝类凋落物减少。随着海拔的增加，植被变为高山草甸，其草本植物及其凋落物具有较好的持水能力和可利用养分，从而对苔藓的生长有利（Rincon，1988）。

根据 CCA 分析结果，贡嘎山地面苔藓植物可以分为三组：第一组包括锦丝藓属、星塔藓属、塔藓属、赤茎藓属、小金发藓属（Pogonatum）、毛灯藓属和泥炭藓属，主要生长在气温和相对湿度较高的环境；第二组包括青藓属、燕尾藓属（Bryhnia）、毛尖藓属（Cirriphyllum）、美喙藓属、提灯藓属、毛灯藓属、鳞叶藓属（Taxiphyllum）和羽藓属（Thuidium），主要在凋落物比较丰富的环境中生长；第三组包括毛羽藓属（Bryonoguchia）、镰刀藓属、紫萼藓属（Grimmia）、拟白发藓属（Paraleucobryum）、毛梳藓属（Ptilium）、砂藓属和三洋藓属。

8.2.4 小结

贡嘎山地面苔藓植物物种丰富，共 165 种，其中苔藓类 42 种，藓类 123 种。在海拔低于 3650m 范围内，地面苔藓物种数随海拔呈单峰分布，海拔高于 3650m 范围内，地面苔藓种数随海拔递增，地面苔藓物种数随海拔的分布呈波浪形。地面苔藓植物盖度随海拔的增加逐渐增加，但苔藓厚度和生物量随海拔的增加呈单峰分布，最大值出现在海拔3750m左右。影响苔藓植物沿海拔分布的主要因素是空气温度、降水和凋落物厚度。

8.3　模拟气候变化对苔藓植物的短期影响

苔藓植物是许多生态系统结构和功能的重要组成部分。另外由于其特殊的形态和生理特征（如无真正的根，从大气接收水分和养分等）苔藓植物对环境气候十分敏感（Steinnes，1995），并被认为是对气候变化的指示植物（Gigac，2001）。此外，苔藓植物在元素生物地球化学循环（Frego，2007；Gundale et al.，2011；Rousk et al.，2013）、生态系统水文循环（Pypker et al.，2006）、植物幼苗生长和植被演替（Uchida et al.，2002；Jeschke and Kiehl，2008）等方面起着重要作用。苔藓植物群落组成和结构的改变将导致生态系统过程的变化，并最终影响生态系统对气候变化的适应能力的改变。因此，研究苔藓植物对气候变化的响应具有重要意义。

8.3.1　研究方法

在贡嘎山高山生态系统暗针叶林（海拔3060m）和高山灌丛（海拔3650m）植被带内选择坡度较小、生境比较一致、苔藓生长状况基本相同的林下空地设置研究样地。在样地内进行温度和氮沉降的两因素随机区组试验，每个组设置6个2m×1.73m的小样方，小样方间距为3m，分别进行温度和氮沉降模拟试验。试验采用两因素完全设计，总形成四个处理：①对照（W0N0）；②OTC增温（W1N0）；③施氮（5g N/(m²·a)，W0N1）；④增温+施氮（W1N1）。每个处理3个重复。试验从2009年5月开始，在暗针叶林和高山灌丛植被带分别进行了为期5年和4年的模拟试验。试验地内苔藓群落及优势苔藓物种背景值见表8.5。

表 8.5　苔藓群落及优势物种盖度初始值

处理	暗针叶林				高山灌丛		
	总盖度/%	赤茎藓盖度/%	毛灯藓盖度/%	物种丰富度	总盖度/%	东亚砂藓盖度/%	物种丰富度
对照（W0N0）	60.4±4.0	28.2±4.6	25.2±3.3	5.7±0.3	61.4±4.2	52.0±6.1	3.7±1.2
增温（W1N0）	75.6±4.6	37.9±5.5	20.2±6.7	6.0±1.5	69.2±1.8	64.4±1.6	2.7±1.2
施氮（W0N1）	64.1±4.4	35.6±5.0	24.7±5.1	6.7±1.3	59.6±5.9	52.7±4.3	4.3±0.7
增温+施氮（W1N1）	70.1±4.8	43.7±8.0	15.1±2.7	7.3±1.3	61.7±2.7	45.5±4.8	4.0±0.6

其中，增温试验采用国际山地综合研究中心普遍采用的一种被动增温法——开顶式气室法（OTC）完成（Marion et al.，1997）。OTC是采用4mm厚的有机玻璃板制成的六边形开顶式增温气候箱，每个增温气候箱高52cm，下底边长100cm，上底边长70cm，

基面积 2.60m², 顶面积 1.27m²。两个植被带中, 暗针叶林由于林内光照条件的限制, OTC 增温效果不明显, 因此通过在 OTC 内安装加热电缆的方法对增温设施进行了改进, 改进后能使气温增加 2.8℃ (Sun et al., 2013)。氮沉降通过在样方内喷施 NH₄NO₃ 的方式实现, 于每年的生长季 (5～9 月) 分 5 次喷施, 每次的施加量为 1g N/(m²·月)。

每年 9 月 (生长季末) 对苔藓种数、苔藓层总盖度、优势苔藓种的盖度等进行测定。为了消除边际效应, 每个样方中仅对中间 1m² 范围进行调查。调查时, 将 1m² 的样方分为 50cm×50cm 的四个小样方。每个小样方内苔藓植物的总盖度、优势苔藓物种的盖度用网格法进行调查。网格大小为 50cm×50cm, 网眼大小为 1.25cm×1.25cm。苔藓物种数为 1m×1m 样方内出现的苔藓的物种种数。2013 年 9 月苔藓调查后, 对暗针叶林各样方内的苔藓进行了采集。采集的样品洗净、60℃ 烘干后用于测定生物量。

苔藓植物 Shannon 指数 (H′) 通过下列公式计算:

$$H' = -\Sigma(p_i) \times (\ln p_i)$$

式中, p_i 为单个物种所占的比例; i 为物种数目。

物种替代速率根据以下公式计算 (MacDonald et al., 2014):

$$T = 1 - 在\ t_1\ 和\ t_2\ 阶段共同存在的物种数目/[(S_1 + S_2)/2]$$

式中, S_1 和 S_2 分别为 t_1 (2009 年 5 月) 和 t_2 (2012 年 9 月) 阶段的物种丰富度。T 的变化范围为 0～1, T 值越大物种的变化越剧烈 (MacDonald et al., 2014)。

增温和氮沉降增加对苔藓植物的影响通过苔藓植物盖度相对于初始值的变化幅度来反映。

8.3.2　苔藓植物群落盖度随时间的变化特征

由于苔藓植物对环境变化的敏感性, 逐年对苔藓植物对全球变化的早期响应进行研究有助于预测生态系统对全球变化的早期响应。苔藓植物群落对增温和氮沉降的响应随时间逐渐变化。苔藓植物群落盖度在起初的两年内增加, 于 2010 年达到最大值, 随后逐渐降低 (图 8.5)。暗针叶林, 增温和加氮分别处理 2 年和 3 年后苔藓群落盖度下降, 增温和施氮对苔藓群落盖度的影响在试验处理 4 年后具有交互作用。增温 (W1N0) 作用下 2013 年苔藓群落盖度增幅与对照 (W0N0) 相比下降了 23.6%, 而增温和施氮联合作用下 (W1N1) 苔藓群落盖度增幅与不增温对照 (W0N1) 相比下降了 55.0%。增温和施氮联合作用对苔藓群落盖度增幅的抑制作用更大。相反, 在高山灌丛植被带, 增温和施氮对苔藓群落盖度的影响无交互作用 (表 8.6), 2012 年苔藓群落盖度增幅仅在增温处理下较小 (图 8.5)。本书中苔藓植物群落盖度也呈现出在初期的两年内逐渐增加随后逐渐下降的趋势, 但与早期研究结果 (Gunnarsson and Rydin, 2000) 不同的是, 施氮和不施氮处理间无显著差异, 说明苔藓群落盖度随时间的变化趋势并不是由氮限制引起的。

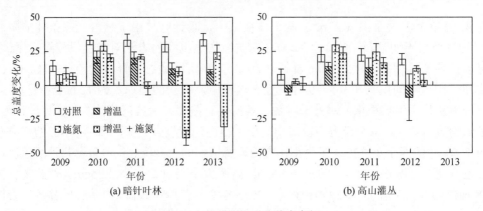

图 8.5　苔藓植物群落盖度变幅

表 8.6　重复度量的方差分析的 *F* 检验结果

变量		处理						
		增温	施氮	增温＋施氮	时间	时间＋增温	时间＋施氮	时间＋增温＋施氮
暗针叶林	群落盖度/%	33.5***	18.3**	2.4	29.1***	17.9***	20.2***	8.5***
	赤茎藓盖度/%	<0.1	8.7*	0.5	8.7***	4.6**	11.8***	0.7
	毛灯藓盖度/%	36.9***	2.2	0.8	4.3**	6.7***	8.1***	0.7
亚高山灌丛	群落盖度/%	7.3*	0.9	1.3	13.1***	1.0	0.4	0.6
	东亚砂藓盖度/%	6.0*	0.5	0.1	9.8***	4.1*	1.9	0.5

注：*p<0.05，**p<0.01，***p<0.001。

　　随试验时间的延长，对照处理中苔藓植物群落盖度也有较大变化（图 8.5）。例如，2010～2013 年间对照处理中苔藓植物群落盖度与试验处理前的背景值相比大约增加了25%，其原因可能是背景值的调查时间为 5 月（生长季初期），而此后的调查则于每年的9 月（生长季末期）进行。2009 年暗针叶林苔藓群落盖度增幅为 8.0%，低于 2010 年的盖度值（25%）（图 8.5），这可能是 2009 年 5～9 月（生长季）相对较低的降水量导致的。与 2010 年生长季 1400mm 的降水量相比，2009 年生长季降水量仅为 1073mm（图 8.6），而苔藓植物作为变水植物其生长在很大程度上受到植物体水分含量的影响（Proctor，1982；Nele and Tiiu，2007）。虽然 2011 年生长季降水量（990mm）与 2009 年相似，但 2011 年苔藓群落盖度并未下降，因为植物群落盖度通常会受到上一年夏季降水的影响（Morecroft et al.，2004），而 2009 年上一年（2008 年）生长季降水量为 1243mm，明显低于 2011 年的上一年（2010 年生长季降水量为 1400mm）。意外的是，2009 年高山灌丛植被带苔藓群落盖度增幅仅为 1.7%，这一数值显著低于 2010 年的 22.5%。其原因可能是 2009 年年降水量过高（2881mm），过量的水分会抑制苔藓植物表面与大气间的气体交换，从而降低了苔藓植物的净同化速率以及抑制了苔藓植物的生长速率（Busby and Whitfield，1978）。

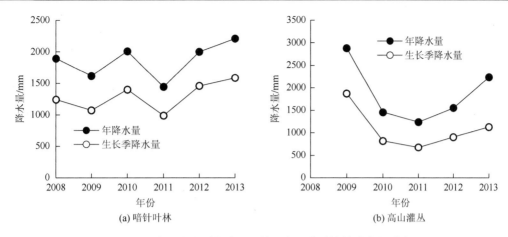

图 8.6　贡嘎山高山生态系统暗针叶林和高山灌丛植被带生长季降水量

8.3.3　苔藓群落盖度对增温和氮沉降的响应

无论是暗针叶林还是高山灌丛，增温处理下苔藓植物群落总盖度均下降（图 8.5），这一结果与北极地区增温试验结果相一致（Hollister and Webber，2000；Walker et al.，2006；Jägerbrand et al.，2009）。然而，试验处理 5 年后苔藓盖度的下降幅度大于早期报道（Jägerbrand et al.，2009）。由于苔藓生长的最适温度通常低于维管植物（Furness and Grime，1982），早期研究中增温处理下苔藓盖度下降的原因主要归结于维管植物盖度的增加（Walker et al.，2006）。本书中未观察到维管植物盖度的明显变化，说明苔藓群落盖度的下降主要是一些优势物种不能适应更温暖的环境条件导致的。此外，本书中，增温处理下暗针叶林苔藓群落盖度从试验处理的第二年开始下降，而高山灌丛植被带苔藓群落盖度从试验的第 4 年开始下降，说明在群落水平上，暗针叶林苔藓植物对升温的反应更加敏感。

氮沉降增加导致暗针叶林苔藓群落盖度降低，这一结果与早期研究结果相似（Pearce et al.，2003；van der Wal et al.，2005；Mitchell et al.，2004）。早期研究中，5～10kg N/(hm^2·a) 氮沉降量被认为是以苔藓植物为主的高山生态系统的氮承载阈值，氮沉降超过该阈值时苔藓盖度将受到严重影响（Achermann and Bobbink，2003）。但本书中，施氮处理 4 年对高山灌丛苔藓群落盖度无显著影响（图 8.5），说明该植被带苔藓植物对氮的承载能力大于 5kg N/(hm^2·a)。

8.3.4　优势苔藓物种盖度对增温和氮沉降的响应

除高山灌丛带东亚砂藓盖度最大值出现在试验处理的第 3 年外，优势苔藓物种盖度随时间的变化趋势与苔藓群落盖度的变化趋势相似（图 8.7）。增温和施氮对优势苔藓植物盖度的影响无交互作用。3 种优势苔藓物种中，赤茎藓对氮沉降的增加更为敏感，而毛灯藓和东亚砂藓对增温的响应更为敏感。5 年的增温对暗针叶林赤茎藓盖度无显著影响（表 8.6），但施氮处理下赤茎藓盖度增幅从试验的第 3 年开始低于对照。施氮处理 5 年后，暗针叶林赤茎藓盖度增幅比不施氮对照下降了 29.7%。施氮处理对毛灯藓盖度增幅无显著影响，但增温处理下毛灯藓盖度增幅从试验处理的第 2 年开始下降。施氮处理对东亚砂藓盖度增幅无显著影响，但增温导致其盖度增幅与对照相比下降了 29.9%（图 8.7）。

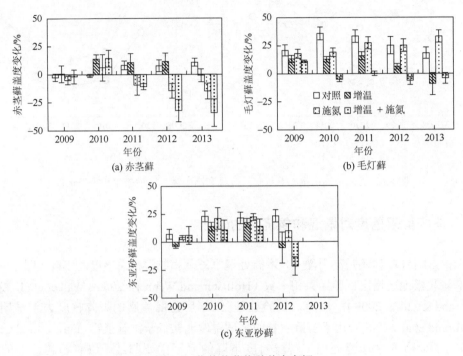

图 8.7　优势苔藓物种盖度变幅

8.3.5　物种丰富度、物种替代速率和生物量的变化

虽然研究观察到少数苔藓物种消失以及有少量新物种的产生，但增温（$F = 13.4$，$p < 0.01$）和施氮（$F = 10.2$，$p < 0.05$）处理对苔藓植物物种丰富度、物种替代率和 Shannon 指数的变幅无显著影响（图 8.8）。各处理下暗针叶林和高山灌丛苔藓植物物种丰富度随时间的变化有较大波动。2009 年 5~9 月对照处理中苔藓植物物种数增加了 3 种，2010 年苔藓物种数与背景值相比增加了 6 种，这一数值与早期研究相比较高（Fenton et al.，2003）。然而，Song 等（2012）对亚热带山地云雾林苔藓植物的研究表明，一年后对照处理中苔藓物种数增加了 2 种，施氮[6kg N/(m²·a)]处理下苔藓物种数下降了 4.5 种。Ódor 等（2013）在盐碱化草地中也观察到了苔藓物种数的大幅变化。2009~2010 年苔藓物种数大幅增加及其在 2011~2012 年大幅波动的原因可能是：①一些生活周期较短的苔藓种类具有较高的替代速率和繁殖能力但持续能力较低，导致物种的较大年际波动（Ódor et al.，2013）。一些种类能在风、鸟类或者其他生物的作用下通过气生孢子繁殖的方式从邻近区域扩散（Ódor et al.，2013）。②藓类的孢子（除泥炭藓外）能持续较长时间，但一些苔类的孢子产生于 5 月~6 月中旬，因此苔藓物种能否在调查中被涵盖取决于采样的季节。③一些配子体对环境变化的缓冲能力较小，会导致苔藓群落在时空上的巨大变化（During and Lloret，1996）。④一些形体很小的种类在调查过程中（尤其在天气条件不理想的状况下）容易被忽略。

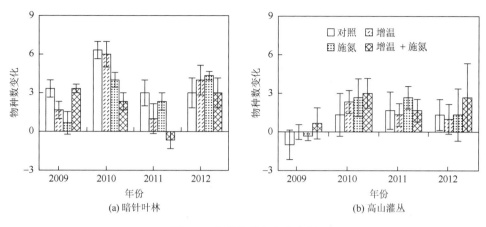

图 8.8　苔藓物种丰富度变幅

8.3.6　小结

气候变化(升温和氮沉降增加)对中国西南亚高山生态系统苔藓植物群落有巨大影响,暗针叶林苔藓植物对气候变化的响应较亚高山灌丛植被带苔藓植物更加敏感。另外,不同苔藓植物物种对升温和氮沉降增加的响应也有差异,侧蒴类苔藓植物赤茎藓对氮沉降的增加更加敏感,而顶蒴类苔藓植物如毛灯藓和东亚砂藓对升温的响应更加敏感。鉴于此,笔者认为进行生态系统对气候变化的响应研究中,不能仅仅把苔藓植物归为一个类群进行研究。另外,根据苔藓植物对气候变化的这种物种间的响应差异,推断未来气候变化势必会导致苔藓植物群落盖度的变化和物种更替的发生,并由此对生态系统的许多生态过程如碳循环等造成影响。

8.4　苔藓植物对亚高山生态系统碳循环的影响

随着大气 CO_2 浓度升高、全球变暖、氮沉降等环境问题的出现,生态系统的碳氮循环成为目前世人关注的热点(林慧龙等,2005)。其中,森林生态系统由于在全球碳平衡、减缓大气 CO_2 浓度上升和维护全球气候等方面具有不可替代的作用(罗云建等,2009),成为碳氮循环研究的热点区域。作为森林生态系统的重要组成部分,苔藓植物在养分限制和生态系统总体生产力下降的情况下,其生长依然不受影响,甚至能形成厚达 10～20cm 的垫层(Chapin et al., 1987),成为许多森林生态系统中最优势的地被植物和非常重要的组分之一(Ingerpuu et al., 2005; Peckham et al., 2009)。亚高山生态系统中,苔藓植物一方面通过生物量累计的方式直接影响生态系统碳循环,另一方面能够通过对凋落物分解和土壤呼吸能方面发生影响,从而间接影响碳循环过程。

8.4.1　苔藓植物对亚高山生态系统典型植被带生产力的贡献

苔藓植物通过光合作用从大气中吸收 CO_2,并将碳以生物量的形式固定在体内。贡嘎山不同植被带中,苔藓植物对生态系统生物量的总体贡献不高(表 8.7)。但在一些特殊的生态系统，如亚高山灌丛植被带（以杜鹃为主的矮曲灌丛林），苔藓植物对生态系统生物量的贡献很大，苔藓生物量达到生态系统生物量的28.28%（表8.7）。

表 8.7 贡嘎山高山生态系统地面苔藓植物生物量及其对生态系统总生物量的贡献

森林类型	苔藓生物量/(t/hm^2)	总生物量/(t/hm^2)	苔藓对总生物量的贡献/%
常绿阔叶林	0.28±0.12	—	—
常绿-落叶阔叶林	0.41±0.04	233.49	0.18
针阔混交林	0.45±0.04	524.55	0.09
暗针叶林	1.55±0.95	415.81	0.37
高山灌丛	5.90±1.50	20.86	28.28

Bisbee 等（2001）研究也表明，与森林生态系统总碳储量相比，苔藓植物活体生物量可能仅占很小一部分。但 Moren 等（2000）认为，从年生产力的角度说，苔藓植物对许多生态系统年总生产力有着很大贡献。一些研究发现，北方针叶林苔藓植物的净初级生产力（net primary productivity，NPP）达到了20～80g C/(m^2·a)（Bisbee et al.，2001；Swanson and Flanagan，2001），对森林生产力的贡献约为20%（Turetsky et al.，2010）。加拿大 Quebec 黑松林苔藓的 NPP 达到136g C/(m^2·a)（Bergeron et al.，2009），对生态系统 NPP 的贡献达到27%（Hermle et al.，2010）。阿拉斯加黑松林苔藓 NPP 达到73g/m^2，占年总生产力的20%，大于树木和灌木的地上部分生产力（Ruess et al.，2003）。尤其是夏末秋初维管植物生产力下降时，苔藓的生产力依然旺盛，其净生产力能占整个森林生态系统净生产力的25%～50%（Goulden and Crill，1997；Campioli et al.，2009）。温带雨林地面苔藓的 CO_2 净吸收率为103g C/(m^2·a)（树附生苔藓的 CO_2 吸收率更大）（Vitt et al.，2003；Turetsky，2003）。加拿大 Quebec 黑松林苔藓自养呼吸占植物自养呼吸的14%（Hermle et al.，2010）。Moren 和 Lindroth（2000）发现苔藓光合作用吸收的 CO_2 约为土壤 CO_2 排放量的16%。120年的黑云山林中，5～10月苔藓光合作用吸收的 CO_2 能达到土壤 CO_2 排放量的36%（Swanson and Flanagan，2001）。贡嘎山高山生态系统中，苔藓植物对生态系统生产力（尤其是亚高山灌丛植被带）的贡献有待进一步分析。

8.4.2 苔藓植物对高山生态系统地表温室气体排放的影响

通过影响土壤理化和生物环境，苔藓植物的大量存在还会间接影响土壤呼吸及整个生态系统碳氮循环过程。本书利用静态箱方法对去除和保留苔藓植物两种状况下高山生态系统暗针叶林和高山灌丛地表 CO_2、CH_4 和 N_2O 排放速率进行了测定。

（1）去除和保留地面苔藓植物情况下土壤温湿度变化

5～10 月暗针叶林土壤月均温度和湿度分别介于 5.1～12.2℃和 0.21～0.34m^3/m^3；高山灌丛月均土壤温度和土壤湿度分别介于-0.4～8.2℃和 0.02～0.17m^3/m^3（其中，5～10月月均土壤温湿度分别为 4.4～8.2℃和 0.16～0.17m^3/m^3）。去除地面苔藓植物对暗针叶林生长季土壤温度和土壤湿度无显著影响,其原因是暗针叶林上层植被非常茂密,能够直接到达地面的光照和热量非常有限,因此苔藓植物对土壤温湿度的调节作用有限。而在高山灌丛,去除地表苔藓植物后,高山灌丛平均土壤温度增加了 0.80℃($p<0.001$),土壤湿度增加了 $0.11m^3/m^3$($p<0.001$)(图 8.9),其中生长季土壤温度和湿度分别增加了 1.35℃和 $0.18m^3/m^3$,证明了地面苔藓植物对土壤温湿度的调节能力。

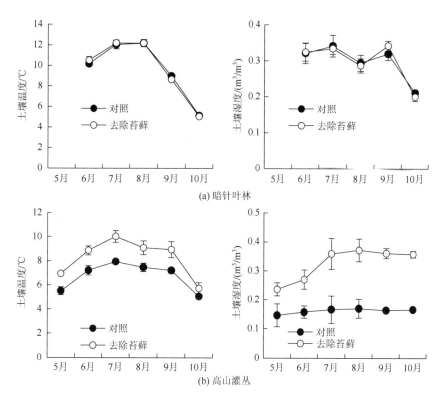

图 8.9 去除和保留地面苔藓植物条件下的土壤温度和湿度变化

(2)地面苔藓植物对土壤温室气体排放速率的影响

2012~2014 年暗针叶林和高山灌丛地表 CO_2 排放速率分别介于 433.3~499.0mg C/(m²·h) 和 262.0~365.0mg C/(m²·h)。去除地面苔藓植物对暗针叶林($F = 12.1$,$p = 0.025$)和高山灌丛($F = 24.8$,$p = 0.008$)地表 CO_2 排放有显著影响,但对 CH_4 和 N_2O 排放无显著影响(图 8.10)。去除地面苔藓植物后,暗针叶林和高山灌丛地表 CO_2 排放量速率分别下降了 39.8% 和 24.7%(图 8.10)。地面苔藓植物对 CO_2 排放速率的影响在 5~10 月较大,随着季节的变化,苔藓植物的影响逐渐减小(图 8.11)。

暗针叶林和高山灌丛地表 CH_4 排放速率分别介于 -46.86~-11.12μg/(m²·h) 和 -27.93~-0.83μg/(m²·h),N_2O 排放速率分别介于 7.16~8.64μg/(m²·h) 和 -1.09~4.78μg/(m²·h)。去除地面苔藓植物对暗针叶林和高山灌丛 CH_4 和 N_2O 排放均无显著影响(图 8.10 和图 8.11)。

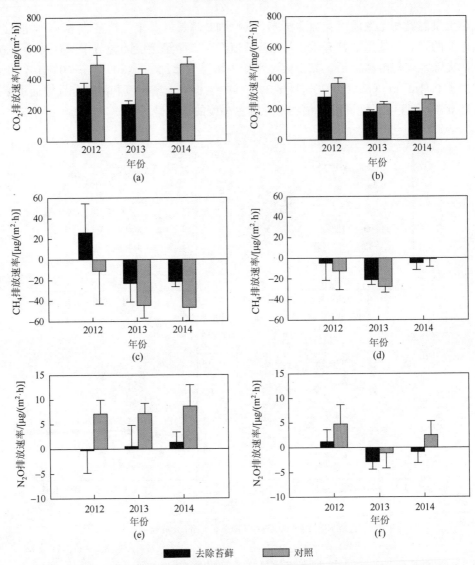

图 8.10　去除和保留地面苔藓植物条件下暗针叶林和高山灌丛土壤温室气体排放速率

（a）、（c）和（e）为暗针叶林；（b）、（d）和（f）为高山灌丛

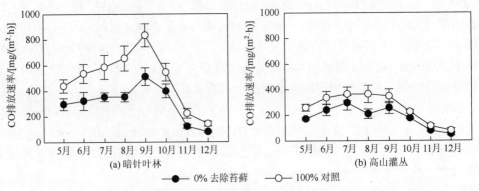

图 8.11　去除和保留地面苔藓植物条件下暗针叶林和高山灌丛土壤温室气体排放速率的季节变化特征

8.4.3　小结

总的来说，苔藓植物虽然形体微小，但作为一种生物因子，它一方面通过对土壤和凋落物的影响间接影响生态系统碳氮循环；另一方面，一些生态系统中的苔藓植物也有可能作为常被忽略而又非常重要的碳汇之一。尤其是近年来 CO_2 浓度升高、氮沉降、全球变暖等一系列环境问题的出现，源汇理论及 CO_2 失汇等现象的产生，迫使人类去深入探讨全球变化的内在机理，因此研究苔藓植物在森林生态系统碳氮循环中的作用具有重要的现实意义。

近年来的部分研究表明，苔藓覆被下 0～5cm 表层土壤有机碳含量与草本覆被土壤相当，但苔藓下方的土壤呼吸却远远低于草本，说明苔藓作用下土壤有机碳的矿化能力更低。另外，目前的研究多集中于苔藓植物对土壤 CO_2 排放通量的影响。虽然这些研究也发现苔藓覆被下的地表 CO_2 排放通量低于草本却大于裸地（Botting and Fredeen，2006），但这些研究中，土壤 CO_2 通量通常是连同苔藓层一起测定的，因此其结果反映的往往是苔藓植物呼吸和土壤呼吸的总和。由于没有排除苔藓植物本身的呼吸贡献，因此很难分辨这种差异在多大程度上是苔藓层对土壤有机质本身的作用导致的。而弄清这一点，对于解释土壤有机碳矿化的动态机制及其对未来气候变化的响应均十分必要。

另外，一些研究表明，即使同样是苔藓覆被，不同物种对土壤呼吸的影响也有差异（Mendonça et al.，2011）。Bergeron 等（2009）发现泥炭藓覆被下的地表 CO_2 通量显著大于羽藓，而 Gaumont-Guay 等（2014）对加拿大萨斯喀彻温省黑松林的研究却得出了完全相反的结论。因此，要解释苔藓与非苔藓覆被以及不同物种苔藓覆被下土壤呼吸的差异，必须要从机制上认识苔藓植物对土壤有机碳组成、累积和转化过程的影响。

事实上，与维管植物相比，苔藓体内含有更多的多酚和非极性化合物（Williams et al.，1998）等难降解有机物质（Turetsky，2003）。而且，作为覆盖在地表的植物垫层，苔藓在大气和森林地面中起着"绝热体"的作用。苔藓植物避免了土壤与空气的直接接触，从而缓和了土壤对气候变化的反应，使得土壤温度降低、土壤湿度改变（van der Wal and Brooker，2004；Gornall et al.，2007；Hudson and Henry，2010）。这些因素，加上苔藓渗滤液对土壤微生物群落结构和活性的抑制（Turetsky，2003；Gornall et al.，2007），可以推测大量苔藓植物的存在会对土壤有机碳组成和性质造成巨大影响。未来的研究需要将苔藓的这些影响与土壤有机碳转化过程更多地联系起来。

参 考 文 献

白学良，赵连梅，孙维，等. 1998. 贺兰山苔藓植物物种多样性、生物量及生态学作用的研究. 内蒙古大学学报（自然科学版），29：119-124.

曹同，高谦，傅星，贾学乙. 1995. 长白山森林生态系统中苔藓植物的生物量. 生态学报，15：68-74.

李祖凰. 2012. 四川省贡嘎山藓类植物区系地理及群落研究. 上海：上海师范大学硕士学位论文.

李祖凰，曹同，于晶，等. 2011. 四川省藓类植物新记录. 广西植物，31（5）：714-717.

林慧龙，王军，徐震，等. 2005. 草地农业生态系统中的碳循环研究动态. 草业科学，（4）：59-62.

刘俊华，段代祥，许卉，等. 2006. 苔藓植物水文生态功能研究. 滨州学院学报，22：57-61.

罗云建，张小全，王效科，等. 2009. 森林生物量的估算方法及其研究进展. 林业科学，45（8）：129-134.

马德 J B，科兹洛夫斯基 T T. 1984. 植物对空气污染的反映. 刘富林，译. 北京：科学出版社.

沈泽昊，方精云，刘增力，等. 2001. 贡嘎山东坡植被垂直带谱的物种多样性格局分析. 植物生态学报，25（6）：721-732.

汪庆，贺善安. 1999. 苔藓植物的多样性研究. 生物多样性，7：332-339.

王金叶，车克均，傅辉恩，等. 1998. 祁连山水源涵养林生物量的研究. 福建林学院学报，18：319-323.

吴玉环，程国栋，高谦. 2003. 苔藓植物的生态功能及在植被恢复与重建中的作用. 中国沙漠，23：215-220.

吴征镒. 1991. 中国种子植物属的分布区类型. 云南植物研究（增刊），4：1-139.

吴征镒，王荷生. 1983. 中国自然地理-植物地理（上册）. 北京：科学出版社.

吴征镒，周浙昆，李德铢，2003. 世界种子植物科的分布区类型系统. 云南植物研究，25（3）：245-257.

Achermann B，Bobbink R. 2003. Empirical critical loads for nitrogen. Proceedings of an expert workshop，Berne，11-13 November 2002. Environmental Documentation 164. Swiss Agency for the Environment，Berne.

Ah-Peng C，Chuah-Petiot M，Descamps-Julien B，et al. 2007. Bryophyte diversity and distribution along an altitudinal gradient on a lava flow in La Réunion. Diversity and Distribution，13：654-662.

Bergeron O，Margolis H A，Coursolle C. 2009. Forest floor carbon exchange of a boreal black spruce forest in eastern North America. Biogeosciences，6：1849-1864.

Bisbee K E，Gower S T，Morman J M，et al. 2001. Environmental controls on ground cover species composition and productivity in a boreal black spruce forest. Oecologia，129：261-270.

Bond-Lamberty B，Peckham S D，Gower S T，et al. 2009. Effects of fire on regional evapotranspiration in the central Canadian boreal forest. Global Change Biolog，15：1242-1254.

Botting R S，Fredeen A L. 2006. Net ecosystem CO_2 exchange for moss and lichen dominated forest floors of old-growth sub-boreal spruce forests in central British Columbia，Canada. Forest Ecology and Management，235：240-251.

Bruun H H，Moen J，Virtanen R，et al. 2006. Effects of altitude and topography on species richness of vascular plants，bryophytes and lichens in alpine communities. Journal of Vegetation Science，17：37-46.

Busby J R，Whitfield D W A. 1978. Water potential，water-content，and net assimilation of some boreal forest mosses. Canadian Journal of Botany，56：1551-1558.

Campioli M，Samson R，Michelsen A，et al. 2009. Nonvascular contribution to ecosystem NPP in a subarctic heath during early and late growing season. Plant Ecology，202：41-53.

Chapin F S，Oechel W C，van Cheve K，et al. 1987. The role of mosses in the phosphorus cycling of an Alaskan black spruce forest. Oecologia，4：310-315.

Corrales A，Duque A，Uribe J，et al. 2010. Abundance and diversity patterns of terrestrial bryophyte species in secondary and planted montane forests in the northern portion of the Central Cordillera of Colombia. The Bryologist，113：8-21.

Díaz I A，Sieving K E，Peña-Foxon M E，et al. 2010. Epiphyte diversity and biomass loads of canopy emergent trees in Chilean temperate rain forests：A neglected functional component. Forest Ecology and Management，259：1490-1501.

During H J，Lloret F. 1996. Permanent grid studies in bryophyte communities. I. Pattern and dynamics of individual species. Journal of the Hattori Botanical Laboratory，79：1-41.

Fenton N J，Frego K A，Sims M R. 2003. Changes in forest floor bryophyte （moss and liverwort） communities 4 years after forest harvest. Canadian Journal of Botany，81：714-731.

Frahm J P，Gradstein S R. 1991. An altitudinal zonation of tropical rain forests using byrophytes. Journal of Biogeography，18：669-678.

Frahm J P，Ohlemüller R. 2001. Ecology of bryophytes along altitudinal and latitudinal gradients in New Zealand. Studies in austral temperate rain forest bryophytes 15. Tropical Bryology，20：117-137.

Frego K A. 2007. Bryophytos as potential indicators of forest integrity. Forest Ecology and Management，242：65-75.

Furness S B，Grime J P. 1982. Growth rate and temperature responses in bryophytes. I. An investigation of Brachythecium rutabulum. Journal of Ecology，70：513-523.

Gaumont-Guay D，Black T A，Barr A G，et al. 2014. Eight years of forest-floor CO_2 exchange in a boreal black spruce forest：Spatial integration and long-term temporal trends. Agricultural and Forest Meteorology，184：25-35.

Gignac L D. 2001. Bryophytes as indicators of climate change. The Bryologist，104：410-420.

Gornall J L，Jónsdóttir I S，Woodin S J，et al. 2007. Arctic mosses govern belowground environment and ecosystem processes. Oecologia，153：931-941.

Goulden M L，Crill P M. 1997. Automated measurements of CO_2 exchange at the moss surface of a black spruce forest. Tree Physiology，17：537-542.

Grau O，Grytnes J，Birks H J B. 2007. A comparison of altitudinal species richness patterns of bryophytes with other plant groups in Nepal，Central Himalaya. Journal of Biogeography，34：1907-1915.

Gundale M J，DeLuca T H，Nordin A. 2011. Bryophytes attenuate anthropogenic nitrogen inputs in boreal forests. Global Change Biology，17：2743-2753.

Gunnarsson U，Rydin H. 2000. Nitrogen fertilization reduces Sphagnum production in bog communities. New Phytologist，147：527-537.

Hermle S，Lavigne M B，Bernier P Y，et al. 2010. Component respiration，ecosystem respiration and net primary production of a mature black spruce forest in northern Quebec. Tree Physiology，30：527-540.

Hollister R D，Webber P J. 2000. Biotic validation of small open-top chambers in a tundra ecosystem. Global Change Biology，6：835-842.

Hudson J M G，Henry G H R. 2010. High Arctic plant community resists 15 years of experimental warming. Journal of Ecology，98：1035-1041.

Ingerpuu L，Liira J，Pärtel M. 2005. Vascular plants facilitated bryophytes in a grassland experiment. Plant Ecology，180：69-75.

Jägerbrand A K，Alatalo J M，Chrimes D，et al. 2009. Plant community responses to 5 years of simulated climate change in meadow and heath ecosystems at a subarctic-alpine site. Oecologia，161：601-610.

Jeschke M，Kiehl K. 2008. Effects of a dense moss layer on germination and establishment of vascular plants in newly created calcareous grasslands. Flora，203：557-566.

Delach A，Kimmerer R W. 2002. The effect of *Polytrichum piliferum* on seed germination and establishment on iron mine tailings in New York. Bryologist，105：249-255.

Jónsdóttir I S，Magnússon B，Gudmundsson J，et al. 2005. Variable sensitivity of plant communities in Iceland to experimental warming. Global Change Biology，11：553-563.

MacDonald R L，Chen H Y H，Palik B J，et al. 2014. Influence of harvesting on understory vegetation along a boreal riparian-upland gradient. Forest Ecology and Management，312：138-147.

Marion G M，Henry G H R，Freckman D W，et al. 1997. Open-top designs for manipulating field temperature in high-latitude ecosystems. Global Change Biology，3（Suppl. 1）：20-32.

Mendonça E D S，La Scala J N，Panosso A R，et al. 2011. Spatial variability models of CO_2 emissions from soils colonized by grass （Deschampsia antarctica）and moss （Sanionia uncinata） in Admiralty Bay，King George Island. Antarctic Science，23：27-33.

Mitchell R J，Sutton M A，Truscott A M，et al. 2004. Growth and tissue nitrogen of epiphytic Atlantic bryophytes：effects of increased and decreased atmospheric N deposition. Functional Ecology，18：322-329.

Morecroft M D，Masters G J，Brown V K，et al. 2004. Changing precipitation patterns alter plant community dynamics and succession in an ex-arable grassland. Functional Ecology，18：648-655.

Moren A S，Lindroth A. 2000. CO_2 exchange at the floor of a boreal forest. Agricultural and Forest Meteorology，101：1-14.

Nele I，Tiiu K. 2007. Response of calcareous grassland vegetation to mowing and fluctuating weather conditions. Journal of Vegetation Science，18：141-146.

Ódor P，Szurdoki E，Botta-Dukát Z，et al. 2013. Spatial pattern and temporal dynamics of bryophyte assemblages in saline grassland. Folia Geobotanica，48：189-207.

Pearce I S K，Woodin S J，van der Wal R. 2003. Physiological and growth responses of the montane bryophyte Racomitrium lanuginosum to atmospheric nitrogen deposition. New Phytologist, 160: 145-155.

Peckham S D, Ahl D E, Gower S T. 2009. Bryophyte cover estimation in a boreal black spruce forest using airborne lidar and multispectral sensors. Remote Sensing of Environment, 113: 1127-1132.

Peintinger M, Bergamini A. 2006. Community structure and diversity of bryophytes and vascular plants in abandoned fen meadows. Plant Ecology, 185: 1-7.

Porley R, Hodgetts N. 2005. Harper Collins Publishers. London: Mosses and Liverworts.

Proctor M C F. 1982. Physiological ecology: water relations, light and temperature responses, carbon balance//Smith A J E. Bryophyte Ecology: London: Chapman & Hall.

Pypker T G, Unsworth M H, Bond B J. 2006. The role of epiphytes in rainfall interception by forests in the Pacific Northwest. II. Field measurements at the branch and canopy scale. Canadian Journal of Forest Research, 36: 819-832.

Rincon E. 1988. The effect of herbaceous litter on bryophyte growth. Journal of Bryologist, 15: 209-217.

Rousk K, Jones D L, DeLuca T H. 2013. Moss-cyanobacteria associations as biogenic sources of nitrogen in boreal forest ecosystems. Frontiers in Mocrobiology, 4: 1-10.

Ruess R W, Hendrick R L, Burton A J, et al. 2003. Coupling fine root dynamics with ecosystem carbon cycling in black spruce forest of interior Alaska. Ecological Monographs, 73: 643-662.

Skre O, Oechel W C. 1981. Moss functioning in different taiga ecosystems in interior Alaska. I. Seasonal, phenotypic, and drought effects on photosynthesis and response patterns. Oecologia, 48: 50-59.

Song L, Liu W Y, Ma W Z, et al. 2012. Response of epiphytic bryophytes to simulated N deposition in a subtropical montane cloud forest in southwestern China. Oecologia, 170: 847-856.

Startsev N, Lieffers V J, Landhäusser S M. 2008. Effects of leaf litter on the growth of boreal feather mosses: implication for forest floor development. Journal of Vegetation Science, 19: 253-260.

Stehn S E, Webster C R, Glime J M. 2010. Elevational gradients of bryophyte diversity, life forms, and community assemblage in the southern Appalachian mountains. Canadian Journal of Forest Research, 40: 2164-2174.

Steinnes E. 1995. A critical evaluation of the use of naturally growing moss to monitor the deposition of atmospheric metals. Science of Total Environment, 160: 243-249.

Sun S Q, Wu Y H, Wang G X, et al. 2013. Bryophyte species richness and composition along an altitudinal gradient in Gongga Mountain, China. PLoS One, 8: e58131.

Suzuki K, Kubota J, Yabuki H, et al. 2007. Moss beneath a leafless larch canopy: influence on water and energy balances in the southern mountainous taiga of eastern Siberia. Hydrological Processes, 21: 1982-1991.

Swanson R V, Flanagan L B. 2001. Environmental regulation of carbon dioxide exchange at the forest floor in a boreal black spruce ecosystem. Agricultural and Forest Meteorology, 108: 165-181.

Turetsky M R. 2003. The role of bryophytes in carbon and nitrogen cycling. Bryologist, 106: 395-409.

Turetsky M R, Mack M C, Hollingsworth T N, et al. 2010. The role of mosses in ecosystem succession and function in Alaska's boreal forest. Canadian Journal of Forest Research, 40: 1237-1264.

Tusiime F M, Byarujali S M, Bates J W. 2007. Diversity and distribution of bryophytes in three forest types of Bwindi Impenetrable National Park, Uganda. African Journal of Ecology, 45: 79-87.

Uchida M, Muraoka H, Nakatsubo T, et al. 2002. Net photosynthesis, respiration, and production of the moss Sanionia uncinata on a glacier foreland in the high arctic, Ny-Alesund, Svalbard. Arctic and Antarctic Alpine Research, 34: 287-292.

van der Wal R, Brooker R W. 2004. Mosses mediate grazer impacts on grass abundance in arctic ecosystems. Functional Ecology, 18: 77-86.

van der Wal R, Pearce I S K, Brooker R W. 2005. Mosses and the struggle for light in a nitrogen polluted world. Oecologia, 142: 159-168.

Virtanen R, Crawley M J. 2010. Contrasting patterns in bryophyte and vascular plant species richness in relation to elevation, biomass and Soay sheep on St Kilda, Scotland. Plant Ecology and Diversity, 3: 77-85.

Vitt D H，Wieder R K，Halsey L A，et al. 2003. Response of Sphagnum fuscum to nitrogen deposition：a case study of ombrogenous peatlands in Alberta，Canada. Bryologist，106：235-245.

Walker M D，Wahren C H，Hollister R D，et al. 2006. Plant community responses to experimental warming across the tundra biome. Proceedings of the National Academy of Sciences of the United States of America，103：1342-1346.

Williams C J，Yavitt J B，Wieder R K，et al. 1998. Cupric oxidation products of northern peat and peat-forming plants. Canadian Journal of Botany，76：51-62.

第9章　典型山地生态水文过程与模拟

9.1　河源区高寒草地生态水文过程

在河源区高寒草地生态分布区，生态系统对寒区水文要素（冰冻圈要素，如积雪、冻土和冰川）的能量交换与传输的影响十分重要，在一定程度上制约了寒区的水文过程，这是不同于其他生态水文学最显著的地方。积雪与冻土因素控制下的土壤水分循环、坡面产流以及流域汇流过程与生态因素关系密切。一方面，植被覆盖状况直接影响地表热平衡，植被冠层对太阳辐射具有较大反射和遮挡作用，可显著减小到达冠层下地表的净辐射通量，增加植被冠层的潜热消耗，减少地热通量，阻滞地表温度的变化，对冻土水热过程产生直接影响。因而，不同植被盖度下多年冻土活动层或季节冻土土壤的水热耦合传输过程存在显著差异。另一方面，植被类型和覆盖状况不同，其地被层、土壤有机质含量与分布以及土壤结构等均不同，土壤有机质与结构变化将导致土壤热传导性质的改变，从而影响活动层土壤水热动态地被物（包括凋落物、苔藓与地衣等）的发育，可大大促进土壤表层有机物的积累和泥炭层的发育，有机物和泥炭层可以减缓夏季太阳辐射对地表的加热，冬季则由于冻结后导热系数的增大而导致地面热量大大散失。另外，凋落物、苔藓、地衣等贴地植被以及泥炭层等的持水能力较强，排水不畅导致地表土层含水量较大，饱水的苔藓地衣能使地面保持更低的温度和更浅的融深，从而改变土壤水热循环状态，并有利于冻土层的发育（Yang et al.，2011）。因此，高寒草地生态系统具有与其他温带或热带草地不同的生态水文过程。

9.1.1　高寒草地水分入渗过程

土壤入渗是水循环关键环节，一般与土壤前期含水量、土壤质地和植被覆盖状况相关。在多年冻土区，表层活动层土壤液态水含量取决于土壤温度、土壤颗粒吸附的离子类型和浓度。在温度梯度作用下土壤水分总是从土壤温度高的地带向温度低的地带运动，从盐分低的向盐分高的地带运动。然而，当入渗水分温度接近冻结时，如融雪水，将导致融化的土壤孔隙水重新冻结，孔隙减小，入渗的过水断面减小，并且当土壤负温加剧时会迫使土壤水分向冻结锋面迁移形成更为致密的冻结层。因此，当冻结锋面接近地表时，此时冻土层相当于隔水层，在一次降水事件发生之后土壤表层很可能形成积水，产生径流和土壤侵蚀，入渗率很小；随着温度升高，活动层逐渐融化，冻结锋面向下运移，此时土壤水分会随着冻结锋面向下运动，使得上层土壤逐渐变得干燥，活动层冻融循环引起土壤温度梯度变化导致土壤剖面水分的再分布，也将引起土壤储水能力和土壤水分传导度的变化（Cheng，1983；Wright et al.，2009）。这种变化直接导致土壤入渗速率对土壤温度具有高度依赖性，如图 9.1 所示。在冻结期和开始融化期，作为土壤水分相变的主要条件之一，土壤温度对入渗有着显著的影响，在活动层完全融化期，土壤温度对入渗作用甚微。对不同时期稳定入渗速率与不同深度的土壤温度关系分析，得出以下结论。

（1）活动层开始冻结期，入渗能力与表层土壤温度具有显著的相关关系［图 9.1（a）］。稳定入渗速率随表层 5cm 土壤温度呈指数关系增加（$p<0.05$），并且当表层温度为负时，稳定入渗速率并不为零，这主要是因为表层土壤含水量低，冻结初期，表层土壤具有一定的孔隙度；稳定入渗速率随 20cm 土壤温度线性增加；稳定入渗速率与 50cm 土壤温度具有微弱的指数关系，表明冻结过程土壤入渗速率仅与表层 20cm 范围内土壤温度有关。主成分分析结果表明，土壤的质地和孔隙因子，由容重和碎石含量组成，对土壤入渗速率影响的贡献率为 45.45%；土壤温度因子的贡献率为 33.74%，两者之和接近 80%。

（2）活动层开始融化期，土壤温度与稳定入渗速率相关关系显著［图 9.1（b）］。稳定入渗速率与表层 5cm 土壤温度具有微弱的线性关系，它对入渗速率的影响程度与开始冻结期相近；稳定入渗速率随 20cm 和 50cm 土壤温度的变化呈指数增加（$p<0.01$）。在此阶段，土壤温度对入渗具有重要的作用，随着融化深度的增加，表层温度对入渗作用逐渐减小，而深层土壤温度对入渗作用增强，直至融化期消失。主成分分析结果表明，该期间土壤温度对土壤入渗影响的贡献率达到 64.86%，表明影响入渗的主要因子为土壤温度。

（3）当活动层土壤完全融化后，即土壤融化深度超过 1.0m 时，土壤入渗速率与表层 50cm 范围内土壤温度无明显相关性。主成分分析结果表明，这一期间土壤入渗的主要影响因素与其他非冻土区一致，与土壤质地、植被覆盖和土壤前期含水量等有关。

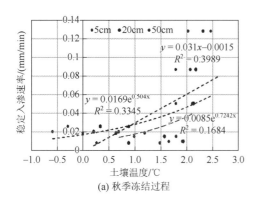 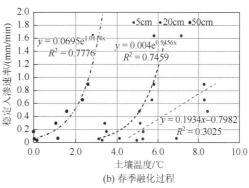

图 9.1　土壤入渗与不同深度土壤温度的关系

不同草地植被覆盖下，土壤入渗模式的变化受土壤温度的制约，如图 9.2 所示，在土壤不同冻融阶段，不同植被覆盖下土壤入渗模式的变化明显，表现在活动层土壤完全融化期，各植被盖度下土壤稳定入渗速率分别为 92%（0.61mm/min）＞60%（0.50mm/min）＞30%（0.29mm/min），入渗速率随植被覆盖度增加而增大。在活动层土壤开始冻结的秋季，以植被覆盖度 60%（0.56mm/min）的入渗速率最大，其次是 30% 植被覆盖度（0.39mm/min），植被覆盖度 92%（0.26mm/min）的入渗速率最小。在春季土壤开始融化期，入渗速率的大小排序变为 30%（0.73mm/min）＞60%（0.38mm/min）＞92%（0.35mm/min），随覆盖度增加而递减。无论植被盖度 92%、60%还是 30%，以 Horton 模型的入渗速率变化过程模拟精度最高，因此可以认为是描述该地区入渗过程的较好模型。

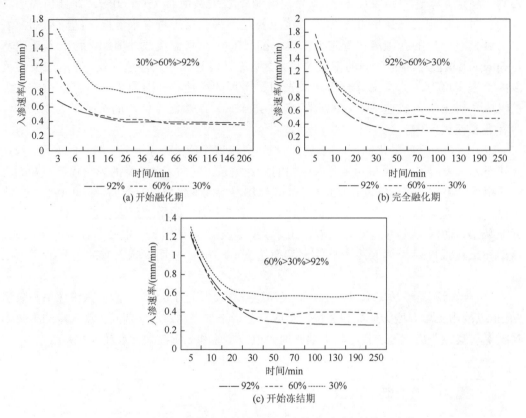

图 9.2　土壤入渗模式随植被覆盖和土壤冻融过程的协同变化

　　正是由于植被覆盖度和土壤水热状态存在显著的海拔梯度分异，因此高寒草地土壤水分入渗速率也具有显著的随海拔变化的空间差异性，并与冻土的冻融循环过程关系紧密。初始入渗率受控于土壤初始含水率，活动层融化期各坡位下土壤稳定入渗速率分别为：在完全融化期，坡顶（0.63mm/min）大于坡中（0.45mm/min）大于坡底（0.30mm/min）；在土壤开始冻结期，坡顶（0.88mm/min）大于坡中（0.21mm/min）和坡底（0.10mm/min）；在土壤开始融化期，坡顶（1.07mm/min）大于坡中（0.30mm/min）和坡底（0.10mm/min）。可以看出，在土壤冻结和融化开始阶段，坡顶土壤初始含水量均较低，坡底表层土壤由于高含水量和高有机质含量，冻结快速而融化缓慢，因此坡顶土壤入渗速率显著高于坡底。

9.1.2　高寒草地蒸散发过程模拟

　　采用涡度协方差、小 Lysimeter 蒸渗仪等手段，对高寒草地蒸散发及其随植被覆盖和季节变化特征进行了分析。基于 Budyko 原理框架发展起来的互补关系方法，是现阶段模拟计算陆面实际蒸散发过程的新途径，广泛应用于全球不同区域甚至全球尺度的蒸散发模拟中。但在存在强烈冻融过程的寒区，其有效性仅表现在完全融化期。如图 9.3 所示，在年尺度上，基于能量互补原理的蒸散发模拟方法能较好地刻画高寒草地实际蒸散发，但是在季节尺度上，除去夏季后，在秋季、春季和冬季等土壤冻融过程十分强烈的时期，实际蒸散发过程并不符合能量互补原理，表明冻融过程可能在很大程度上影响了蒸散发的能量分配。显然，如何充分考虑冻融过程中的能量分配，探索定量描述冻融过程参与下的实际蒸散发模拟方法，是高寒草地生态水循环研究的关键问题之一。

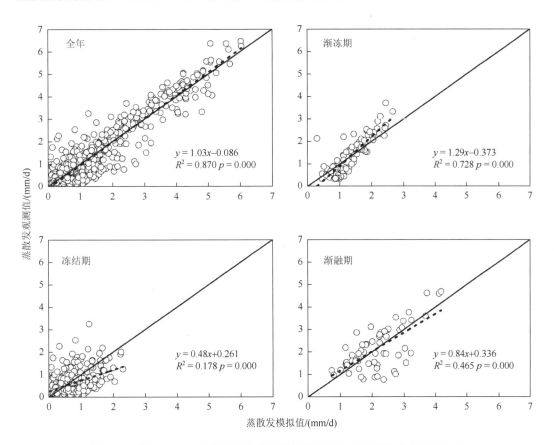

图 9.3　基于 Budyko 原理框架的实际蒸散发模拟与观测值的季节差异比较

基于能量互补原理，构建蒸散发模拟模型，如式（9.1）～式（9.4）所示，对能量部分进行了基于冻融过程能量平衡变化的修正：

$$ET = \left(\frac{ET_{po}}{ET_{pa}} \right)^2 (2ET_{pa} - ET_{po}) \tag{9.1}$$

$$ET_{po} = \alpha_e \frac{\Delta}{\Delta + \gamma} Q_{ne} \tag{9.2}$$

$$\mathrm{ET}_{pa} = \frac{\Delta}{\Delta + \gamma} Q_{ne} + \frac{\gamma}{\Delta + \gamma} f_e u_1 (e_2^* - e_2) \tag{9.3}$$

$$f_e(u_1) = \frac{0.622 k^2 u_1}{R_d T_a \ln[(z_2 - d_0)/z_{0v}]\ln[(z_1 - d_0)/z_0]} \tag{9.4}$$

陆面蒸散发模拟分析结果如图 9.4 所示，上述改进后的能量互补关系模型具有较好的高寒生态系统蒸散发的识别能力，校验的相关系数在整个高原均达到显著水平。青藏高原高寒生态系统年平均蒸散发为 290mm。自 1960 年以来，青藏高原陆面蒸散发持续增加，平均增加幅度达到 38%；其中在 1985 年前增加缓慢，2000 年以来，增加幅度显著增大。实际蒸散发递增幅度在空间上的差异与植被覆盖有关，东南部森林植被带蒸散发增加最为显著，北部和西部高寒草原区增加幅度相对较小。在长江河源区，高寒草地蒸散发的变化，对流域水文过程产生了较大影响，分别结果表明：长江河源区自 1998 年以来径流量比前 38 年平均增加了 20.6mm，其中气候变化因素贡献了 20mm，冰冻圈因素（冰雪和冻土）贡献了 0.6mm；在气候因素中，降水增加贡献了 26mm，而蒸散发增加使其减少了 6.0mm。

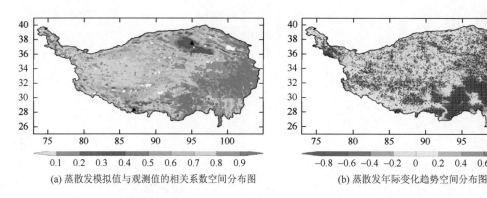

(a) 蒸散发模拟值与观测值的相关系数空间分布图　　　(b) 蒸散发年际变化趋势空间分布图

图 9.4　基于能量互补关系改进模式的高原高寒生态系统蒸散发模拟

高寒草地生态系统蒸散发除了受冻融过程作用外，也与植被覆盖度和地形条件密切相关。从月尺度上的季节变化来看，由于从 5 月始气温逐渐升高，土壤全面开始融化，高寒草甸植被返青，土壤和植被的蒸散发量都在增加，到 7 月高寒草甸植被生长达到最旺盛阶段，气温达到最高，蒸散发量也达到最大 [图 9.5 (a)]。到 8 月中下旬，气温回降，植被生长结束，蒸散发量也随之逐渐降低，到了 10 月中下旬土壤开始冻结，蒸散发量也降到了 6 个月中的最低，从而造成了高原高寒草地整体蒸散发存在较大的季节差异，春季平均 85mm，夏季最高为 130mm，秋季为 60mm，冬季只有 14mm。不同植被盖度下相同坡面位置处的日平均蒸散发量和年度总蒸散发量都是覆盖度 30%＜68%＜93%，覆盖度越高、蒸散发量越大 [图 9.5 (b)]。在相同植被盖度的同一个坡面上，坡上位置的蒸散发量大于坡下的蒸散发量，可能与高海拔辐射较强和风速较大有关。

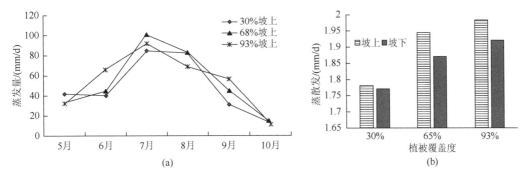

图 9.5　高寒草甸植被覆盖度和海拔变化对蒸散发的影响

9.1.3　小结

长江上游分布于高山和高原河源区的高寒草地生态系统，具有其独特的生态水文过程，主要体现在以下两方面。

（1）植被覆盖变化对土壤温度传输过程具有较大影响，依据不同植被覆盖变化下土壤温度观测结果：高寒草甸随着植被盖度增加，正温和负温等值线最大侵入深度均不断减小。除了植被覆盖以外，土壤有机质层厚度和表层土壤有机质含量大小也对土壤温度传输过程具有较大影响。研究结果表明，表层土壤有机质含量与下层土壤冻融开始时间成正比；随有机质含量增大，冻结过程温度变化幅度增加而融化地温变化幅度减小。生态系统对活动层土壤温度具有显著的二元作用机理：植被覆盖度降低，潜热减少，地热通量增加；融化期表面热扩散率随植被覆盖度降低而增大，但冻结过程则相反，植被覆盖度越大，表面热扩散率越大；热传导率随植被严重退化而显著增大。同时，植被覆盖变化还直接导致土壤结构和粒度组成变化（包括有机质含量、根系分布等），从而引起土壤热力学和水力学性质变化。高寒草地生态系统的这种土壤热力学特性，是生态水文学特征形成的主要因素。

（2）在冻融循环作用下，高寒草地陆面蒸散发存在显著的能量互补关系的异化规律：从土壤完全冻结期、土壤非完全冻结（融）期、土壤完全融化期分别呈不存在互补关系、非对称性互补关系、近似对称性互补关系；土壤冻结过程对蒸散发具有显著的抑制作用，且与冻结程度密切相关。因而，蒸散发过程具有较大的海拔梯度效应和季节效应。与蒸散发类似，春季和秋季土壤入渗过程受亚表层（20～50cm）土壤温度控制，土壤温度场对入渗的影响在不同季节呈现显著差异，春季和秋季甚至改变初始土壤含水率、土壤有机质以及植被覆盖等对入渗的影响。在开始冻结和开始融化阶段，土壤理化性质及结构对入渗性能的影响微弱，主导因子为土壤温度和土壤水分。不同坡位土壤水分入渗特征具有显著的坡位差异并与冻融过程相关联，但总体特征变化基本一致，高坡位相比低坡位具有更好的入渗性能。

9.2　山地森林蒸散发及其带谱格局

森林生态系统中，蒸散发是维持水和能量平衡的重要组成部分。山地生态系统的气象因子和植被类型随着海拔的变化而变化。那么，在生物和非生物因子的共同作用下，蒸散发又是如何变化的？森林中蒸散发主要是由土壤蒸发、植物蒸腾和冠层截留蒸发组成，并且每部分受不同生物和物理过程控制（Scanlon and Kustas，2012）。森林生态系统中的植被蒸腾和水分蒸发是蒸散发的两个重要组成。一方面，随着海拔的升高，降水量增加，为蒸发和植被的生长提供了更多的水分；另一方面，高海拔地区的低温不仅限制了植被的蒸腾作用，而且限制了蒸发速率。所以，为了深入地了解蒸散发在海拔梯度上的变化规律，需要量化山地垂直带谱中不同森林类型的蒸散发及其组分。

简单地说，森林生态系统的水循环主要包括降水（P）、蒸散发（ET）、土壤水分变化（ΔSW）和下渗（Q）这几个过程。因此，生态系统中的水平衡可以表示为 $P = ET + \Delta SW + Q$。降水包括了降雪和降雨，是森林生态系统主要的水分来源。水循环中各组分对水循环的贡献在不同森林类型中并不是一成不变的。一方面，生物因素，如树种组成、树龄和冠层结构等，影响着降水的分配。另一方面，气象因素，如温度、辐射和水汽压亏缺等，也会影响水循环中的各个环节。在水循环几个过程中，蒸散发的变化无疑对降水的分配起到了决定性的作用。因此，为了了解森林生态系统水资源的生态服务功能，有必要量化不同森林类型蒸散发在水循环中的作用。在山地生态系统，温度、辐射、降水等环境条件的变化会随着海拔的变化而变化，植被类型也会随之变化，进而改变了其水循环模式。然而，目前尚不清楚水循环模式在海拔上的变化规律及蒸散发在其中起到怎样的作用。海拔梯度上复杂的生态过程和物理过程使得无法预测蒸散发在水循环中的贡献是如何变化的。所以，需要量化不同海拔上蒸散发对水循环的贡献，从而帮助人们更好地了解山区水文过程的时空格局。

因此，本章主要利用涡度相关法、热脉冲法、稳定性同位素法、水量平衡法等方法量化贡嘎山东坡海螺沟流域 3 种不同森林类型的蒸散发及其组分，同时分析该流域蒸散发对水循环贡献的时空规律。

9.2.1　林冠截留

如图 9.6 所示，不同森林类型中穿透雨均大于树干径流和林冠截留。2015 年，阔叶林和针阔混交林的穿透雨最大值均出现在 6 月，分别为 210.16mm 和 238.45mm；而针叶林的最大值为 229.76mm（8 月）。2016 年 3 种森林类型穿透雨的变化趋势相似。树干径流量相对于穿透雨和树干径流小了几个数量级，在此可忽略不计。阔叶林中，2015 年的林冠截留量为 13.19～46.72mm；2016 年为 17.26～71.65mm。2015 年针阔混交林林冠截留量最大为 71.90mm（7 月）；2016 年最大为 89.18mm（6 月）。针叶林 2015 年和 2016 年林冠截留量最大值分别出现在 8 月（71.89mm）和 9 月（77.80mm）。

9.2.2　树木蒸腾

2015 年和 2016 年不同森林类型树木蒸腾日变化有所差异（图 9.7）。其中，阔叶林 2015 年日树木蒸腾的最高值为 6.06mm/d，而 2016 年最高值为 5.98mm/d；针阔混交林 2015 年

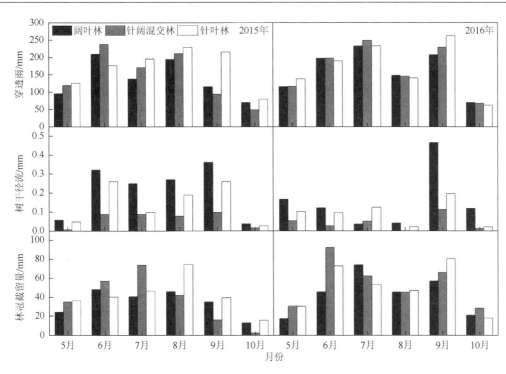

图 9.6　2015 年和 2016 年湿季 3 种森林生态系统穿透雨、树干径流和林冠截留的月变化

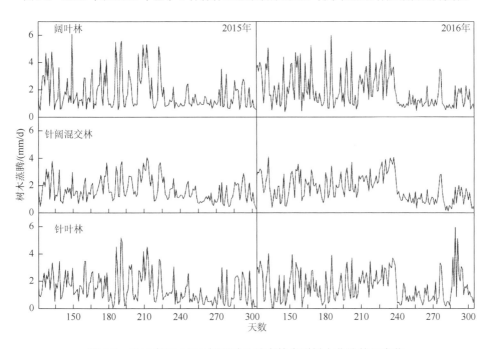

图 9.7　2015 年和 2016 年湿季 3 种森林类型树木蒸腾的日变化

和 2016 年树木蒸腾量的最高值分别为 4.06mm/d 和 4.13mm/d；针叶林 2015 年和 2016 年
树木蒸腾量的最高值分别为 5.19mm/d 和 5.96mm/d。在月尺度上，2015 年和 2016 年不同

森林类型树木蒸腾的变化趋势相近（图 9.8）。3 种森林类型均在 2015 年 7 月和 2016 年 8 月最高，而 2015 年 9 月和 2016 年 9 月最低。2015 年，阔叶林月树木蒸腾量的变化范围为 36.03～73.44mm；针阔混交林的变化范围为 36.41～67.73mm；针叶林的变化范围为 25.53～59.83mm。2016 年阔叶林月树木蒸腾量的变化范围为 32.98～79.92mm；针阔混交林的变化范围为 29.70～81.43mm；针叶林的变化范围为 28.10～65.95mm。

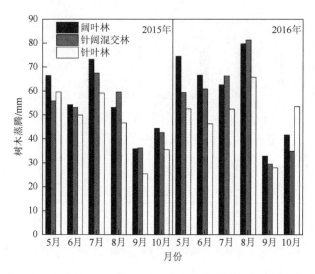

图 9.8　2015 年和 2016 年湿季 3 种森林类型树木蒸腾的月变化

9.2.3　土壤蒸发

如图 9.9 所示，2015 年，阔叶林和针阔混交林土壤蒸发的最高值均在 6 月，分别为 31.4mm 和 33.9mm；针叶林的最高值出现在 7 月（13.6mm）。2016 年，阔叶林、针阔混交林和针叶林土壤蒸发的最高值分别在 9 月（27.6mm）、7 月（20.5mm）和 6 月（14.7mm）。

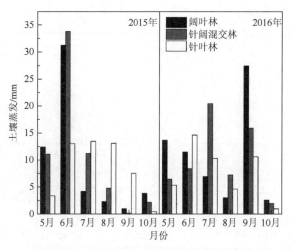

图 9.9　2015 年和 2016 年湿季 3 种森林类型土壤蒸发的月变化

9.2.4　总蒸散发

组分分析法中，总蒸散发是林冠截留蒸发、植被蒸腾和土壤蒸发的总和。在湿季，不同森林类型蒸散发表现出不同的月变化（图9.10）。2015 年，阔叶林、针阔混交林和针叶林的最高值分别出现在 6 月（132.5mm）、7 月（150.4mm）和 8 月（131.9mm）；而 2016 年 3 种森林类型蒸散发的最高值出现在 7 月（141.5mm）、6 月（158.7mm）和 6 月（131.6mm）。

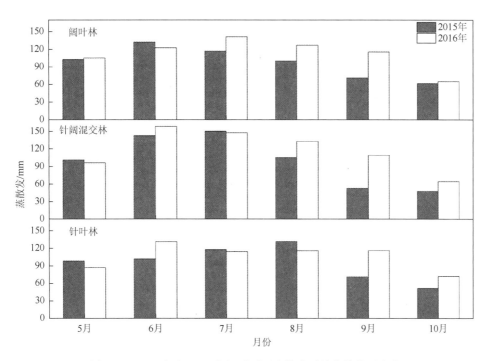

图 9.10　2015 年和 2016 年湿季不同森林类型总蒸散发月变化

在同一森林类型中，2016 年湿季蒸散发均大于 2015 年（表 9.1）。2015 年和 2016 年湿季蒸散发均在针阔混交林中最高，而在针叶林中最低。

表 9.1　2015 年和 2016 年湿季不同森林类型蒸散组分的水量及其对蒸散发的贡献

类型	阔叶林				针阔混交林				针叶林			
	2015 年		2016 年		2015 年		2016 年		2015 年		2016 年	
	水量/mm	比例/%	水量/mm	比例/%	水量/mm	比例/%	水量/mm	比例/%	水量/mm	比例/%	水量/mm	比例/%
蒸散发	586.0		678.4		600.7		710.0		574.9		639.4	
林冠截留	202.0	34.5	253.6	37.4	220.8	36.8	315.6	44.4	246.0	42.8	292.8	45.8
树木蒸腾	328.4	56.0	359.0	52.9	316.0	52.6	333.4	47.0	277.3	48.2	299.4	46.8
土壤蒸发	55.6	9.5	65.8	9.7	63.9	10.6	61.0	8.6	51.6	9.0	47.2	7.4

9.2.5 各组分对蒸散发的贡献

由表 9.1 可知，树木蒸腾对总蒸散发的贡献率最高（46.8%～56%），其次为林冠截留（34.5%～45.8%）。在不同森林类型中，林冠截留对总蒸散发的贡献随海拔的升高而升高；而树木蒸腾对总蒸散发的贡献随海拔的升高而降低。3 种森林类型中，土壤蒸发对总蒸散发的贡献相对较小（低于 10%）。

9.2.6 树木蒸腾与蒸散发比值的影响因子

树木蒸腾对总蒸散发的贡献最大，因此本节主要分析不同森林类型中影响树木蒸腾对总蒸散发贡献（E_v/ET）的气象因子。如表 9.2 所示，3 种森林类型的 E_v/ET 与所选的气象因子均有显著的相关关系。阔叶林和针叶林的 E_v/ET 与 RH、θ_5、θ_{40} 和 P 呈负相关关系；针阔混交林的 E_v/ET 与降水量不相关，与 RH、θ_5 和 θ_{40} 呈负相关。阔叶林的 E_v/ET 与 VPD 相关系数最高；针阔混交林和针叶林的 E_v/ET 与 RH 相关系数最高。

表 9.2 不同森林类型树木蒸腾与蒸散发比值（E_v/ET）与气象因子的关系

气象因子	阔叶林	针阔混交林	针叶林
T	0.381**	0.291**	0.265**
RH	−0.784**	−0.590**	−0.532**
WS	0.728**	0.345**	0.527**
R_n	0.770**	0.146*	0.527**
θ_5	−0.449**	−0.453**	−0.447**
θ_{40}	−0.379**	−0.184*	−0.214**
P	−0.346**	−0.031	−0.314**
VPD	0.786**	0.540**	0.508**

注：P 为降水量（mm）；T 为空气温度（℃）；RH 为相对湿度（%）；R_n 为净辐射（W/m²）；VPD 为水气压亏缺（hPa）；WS 为风速（m/s）；θ_5 为 5cm 处土壤湿度（cm/cm³）；θ_{40} 为 40cm 处土壤湿度（cm/cm³）。表中数值为 Pearson 相关系数；*表示相关性显著（$p<0.05$）；**表示相关性极显著（$p<0.01$）。

9.2.7 涡度相关法对蒸散发观测

如图 9.11 所示，3 种森林的蒸散发日动态在每个月中均呈单峰曲线。3 种森林类型蒸散发日动态峰值的最低值均出现在 1 月，分别为 0.057mm/30min（阔叶林）、0.051mm/30mm（针阔混交林）和 0.039mm/30min（针叶林）。阔叶林和针叶林蒸散发日动态峰值的最高值出现在 8 月，分别为 0.197mm/30min 和 0.180mm/30min；而针阔混交林的蒸散发最高值出现在 4 月，为 0.181mm/30min。

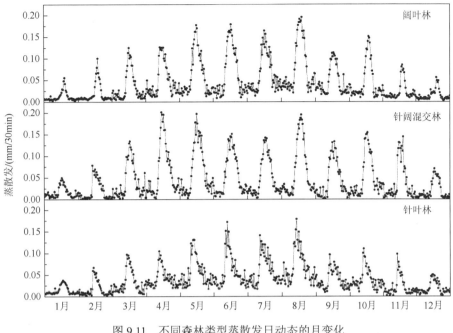

图 9.11　不同森林类型蒸散发日动态的月变化

　　不同森林类型蒸散发日动态的季节变化有所不同（图 9.12）。在湿季，阔叶林和针阔混交林的蒸散发最高值均出现在 12:00，并且两个值接近，分别为 0.153mm 和 0.151mm；针叶林的蒸散发最高值出现的时间比其他两种类型更早（9:30）。在干季，随着海拔的

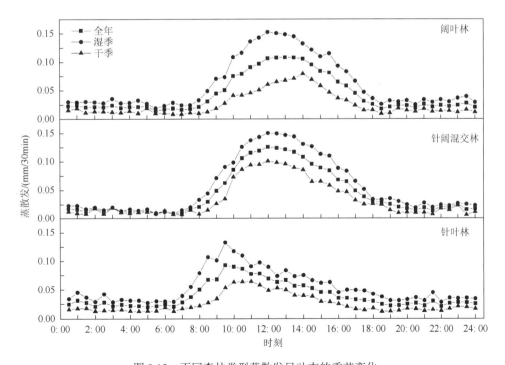

图 9.12　不同森林类型蒸散发日动态的季节变化

升高，蒸散发最高值出现的时间更早，阔叶林在 14:00，针阔混交林在 12:00，针叶林在 11:00。从全年来看，阔叶林、针阔混交林和针叶林蒸散发 30min 的最高值分别为 0.109mm、0.126mm 和 0.093mm。

　　3 种森林类型的蒸散发在 2015 年和 2016 年表现出不同的日变化特征（图 9.13）。2015 年阔叶林、针阔混交林和针叶林日蒸散发的最大值分别为 5.90mm、5.54mm 和 5.67mm。2016 年 3 种森林的日蒸散发的最大值大于 2015 年，分别为 6.11mm、5.68mm 和 6.43mm。

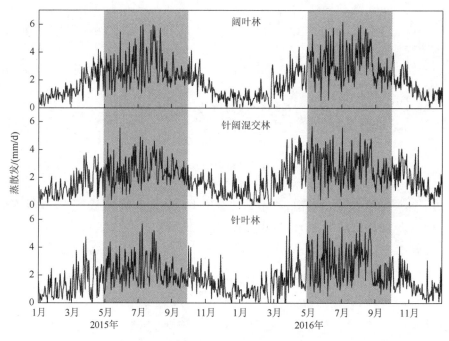

图 9.13　2015 年和 2016 年不同森林类型蒸散发的日变化

阴影部分为湿季（5～10 月）

　　图 9.14 展现了 3 种森林类型蒸散发的月变化。2015 年蒸散发的最高值均出现在 7 月，阔叶林、针阔混交林和针叶林中分别为 98.82mm、86.51mm 和 81.51mm；2016 年阔叶林和针叶林蒸散发的最高值出现在 8 月，分别为 118.51mm 和 105.59mm，而针阔混交林的最高值在 5 月（101.28mm）。3 种森林类型这两年蒸散发的最低值均出现在 1 月。

　　湿季和全年，2016 年 3 种森林类型的蒸散发均大于 2015 年；而干季，针叶林 2016 年蒸散发小于 2015 年（表 9.3）。阔叶林、针阔混交林和针叶林湿季蒸散发占全年蒸散发的 69.08%、63.70%和 66.16%。

9.2.8　蒸散发影响因子

　　不同季节，不同气象因子对蒸散发的影响有所差异（表 9.4）。阔叶林中，湿季蒸散发

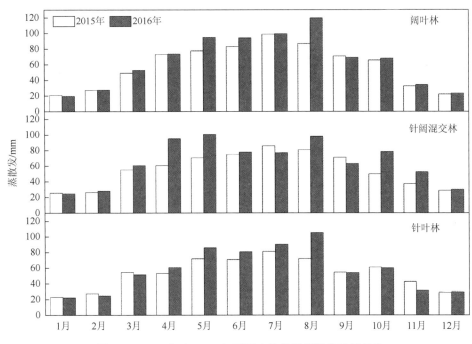

图 9.14　2015 年和 2016 年不同森林类型蒸散发的月变化

表 9.3　2015 年和 2016 年不同森林类型蒸散发的季节变化　　　　（单位：mm）

季节	阔叶林		针阔混交林		针叶林	
	2015 年	2016 年	2015 年	2016 年	2015 年	2016 年
湿季	483.9	546.0	436.8	498.8	414.0	478.8
干季	226.8	233.1	237.9	295.2	231.9	222.9
全年	710.7	779.1	674.7	794.0	645.9	701.7

表 9.4　3 种森林类型不同季节的蒸散发与环境因子的关系

环境因子	湿季			干季		
	阔叶林	针阔混交林	针叶林	阔叶林	针阔混交林	针叶林
T	0.563**	0.394**	0.522**	0.577**	0.558**	0.591**
RH	−0.558**	−0.347**	−0.550**	−0.169**	−0.153**	−0.254**
R_n	0.955**	0.878**	0.934**	0.891**	0.832**	0.893**
VPD	0.633**	0.405**	0.585**	0.331**	0.214**	0.312**
WS	0.652**	0.445**	0.683**	0.404**	0.519**	0.489**
θ_5	0.028	−0.137**	0.096	0.113*	0.246**	0.093
θ_{40}	−0.036	−0.114**	−0.08	0.374**	0.223**	0.465**

注：T 为空气温度（℃）；RH 为相对湿度（%）；R_n 为净辐射（W/m²）；VPD 为水汽压亏缺（hPa）；WS 为风速（m/s）；θ_5 为 5cm 处土壤湿度（cm/cm³）；θ_{40} 为 40cm 处土壤湿度（cm/cm³）。表中数值为 Pearson 相关系数；*表示相关性显著（$p<$ 0.05）；**表示相关性极显著（$p<0.01$）。

与 RH 呈负相关关系，与 θ_5 和 θ_{40} 相关性不显著；与湿季不同，干季蒸散发与 θ_5 和 θ_{40} 显

著相关。在针阔混交林中，湿季蒸散发与 RH、θ_5 和 θ_{40} 呈负相关关系，而干季蒸散发仅与 RH 呈负相关。在针叶林中，湿季蒸散发与 θ_5 和 θ_{40} 相关性不显著，而干季蒸散发仅与 θ_5 相关性不显著；两个季节的蒸散发均与 RH 呈负相关。3 种森林类型不同季节的蒸散发均与 R_n 的相关系数最高。

9.3　不同植被带的水均衡模式与产流

9.3.1　土壤储水量和入渗量

阔叶林 2015 年和 2016 年两年尺度的土壤水分变化量及入渗量有所差异（图 9.15）。2015 年，土壤水分变化量在 4 月、5 月、6 月和 8 月为正值。土壤层最大失水量为 23.79mm（7 月），最大储水量为 32.11mm（8 月）。2016 年，土壤层最大失水量为 24.19mm（10 月），最大储水量为 40.23mm（9 月）。

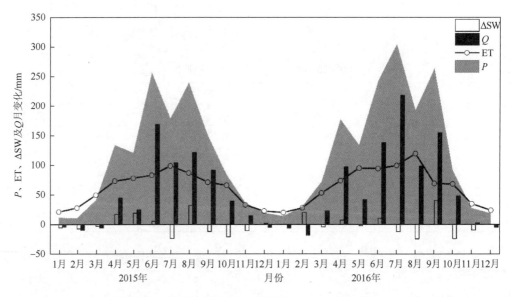

图 9.15　阔叶林 2015 年和 2016 年降水量（P）、蒸散发（ET）、土壤水分变化量（ΔSW）及入渗量（Q）的月变化

2015 年，阔叶林的入渗量在 1 月、2 月、3 月和 12 月为负值（-9.63～-4.10mm）。入渗量最大值出现在 6 月（168.87mm）。2016 年入渗量在 1 月、2 月和 12 月为负值（-4.63～-17.98mm）。入渗量最大值出现在 7 月（218.01mm）。

如图 9.16 所示，2015 年针阔混交林土壤失水量范围为 0.51mm（4 月）～37.6mm（10 月）；储水量范围为 4.94mm（3 月）～35.64mm（5 月）。而 2016 年有所不同，该年失水量最大值为 42.46mm（10 月），储水量最大值为 20.65mm（9 月）。

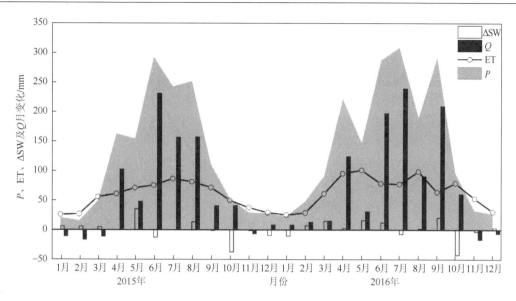

图 9.16　针阔混交林 2015 年和 2016 年降水量（P）、蒸散发（ET）、土壤水分变化量（ΔSW）及
入渗量（Q）的月变化

2015 年，针阔混交林的入渗量最大值出现在 6 月，为 230.98mm；2016 年入渗量的最大值出现在 7 月，为 239.45mm。

针叶林中土壤水分的变化相较于阔叶林和针阔混交林更大（图 9.17）。其中，2015 年该森林类型土壤的最大失水量为 43.21mm（9 月），最大储水量为 49.93mm（8 月）；2016 年土壤最大失水量为 37.23 mm（9 月），最大储水量为 76.16mm（3 月）。

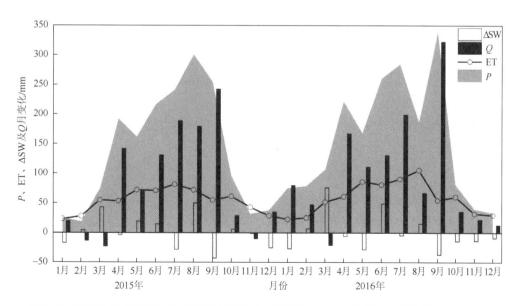

图 9.17　针叶林 2015 年和 2016 年降水量（P）、蒸散发（ET）、土壤水分变化量（ΔSW）及
入渗量（Q）的月变化

　　2015 年针叶林入渗量变异范围为–23.27mm（3 月）～242.97mm（9 月）。2016 年入渗量仅 3 月为负值（–21.24mm），该年入渗量最大值也出现在 9 月（323.04mm）。

9.3.2　各分量对水循环的贡献

　　本研究中组分分析法仅应用于湿季蒸散发的观测，因此本小节主要是对湿季的水分分配进行分析。不同森林类型其水循环分布模式在湿季有所差异（图 9.18）。冠层截留了大约 20%的降水量，形成穿透雨和树干径流。之后穿透雨一部分由于土壤蒸发和植物蒸腾而返回大气中，剩下的部分在土壤中储存或下渗。在 3 种森林类型中，树干径流和土壤水分变化量占降水量的比例很小，可忽略不计。穿透雨和土壤蒸发占降水的比例在不同森林类型中差异不显著。树木蒸腾对水循环的贡献随着海拔的升高而降低，递减率为 0.8%/100m（$p = 0.007$，$R^2 = 0.999$）。针叶林的入渗对水循环的贡献最大，阔叶林最小，但其海拔变化趋势不显著（$p = 0.186$）。

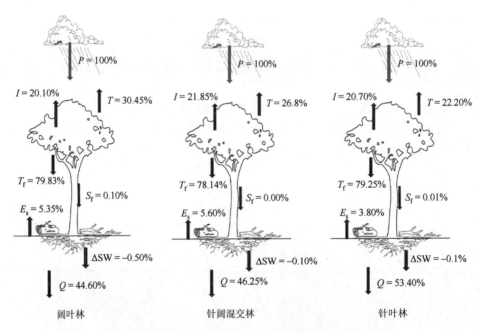

图 9.18　3 种不同森林类型在湿季的水循环分布模式

P 为降水量；I 为林冠截留量；T 为植被蒸腾量；T_f 为穿透雨量；S_f 为树干径流量；E_s 为土壤蒸发量；
ΔSW 为土壤水分变化量；Q 为入渗量

　　同一森林类型中，水循环分布模式存在着季节差异（表 9.5）。在 3 种森林类型中，干季蒸散发对水循环的贡献要高于湿季，进而导致了湿季入渗对水循环的贡献要高于干季。对比 2015 年和 2016 年，3 种森林类型蒸散发对水循环的贡献在湿季变化不大，变化范围为 1.8%～3.6%；而在干季，2015 年蒸散发对水循环的贡献远高于 2016 年，差异范围为 10.9%～24.8%。

表 9.5 **2015 年和 2016 年阔叶林、针阔混交林和针叶林蒸散发（ET）、土壤水分变化量（ΔSW）及**
入渗量（Q）及其占降水比例的季节变化和年际变化

类型		ET				ΔSW				Q			
		2015 年		2016 年		2015 年		2016 年		2015 年		2016 年	
		水量/mm	比例/%	水量/mm	比例/%	水量/mm	比例/%	水量/mm	比例/%	水量/mm	比例/%	水量/mm	比例/%
阔叶林	湿季	483.9	46.8	546.0	44.3	−0.2	−0.0	−12.3	−0.1	549.4	53.2	698.1	56.7
	干季	226.8	89.2	233.1	68.4	−7.0	−2.8	14.0	4.1	34.6	13.6	93.5	27.5
	全年	710.7	55.2	779.1	49.5	−7.2	−0.6	1.17	0.1	584.0	45.4	792.1	50.4
针阔混交林	湿季	436.8	39.4	498.8	37.6	−1.9	−0.2	0.97	0.01	674.4	60.8	828.4	62.4
	干季	237.9	76.9	295.2	66.0	5.4	1.7	14.0	3.1	66.1	21.4	137.9	30.8
	全年	674.7	47.6	794.0	44.7	3.4	0.2	15.0	0.8	740.6	52.2	966.3	54.4
针叶林	湿季	414.0	32.5	478.8	36.1	18.4	1.4	−20.7	−1.6	842.5	66.1	867.6	65.4
	干季	231.9	60.5	222.9	39.9	0.5	0.1	27.1	4.9	150.7	39.3	308.5	55.2
	全年	645.9	39.0	701.8	37.2	18.9	0.1	6.4	0.3	993.2	59.9	1176.0	62.4

　　在年尺度上，蒸散发对水循环的贡献随着海拔的增加而降低，递减率为 1.38%/100m（$R^2 = 0.999$，$p = 0.013$）；相反，入渗对水循环的贡献随着海拔的升高而增加，1.28%/100m（$R^2 = 0.997$，$p = 0.033$）（图 9.19）。

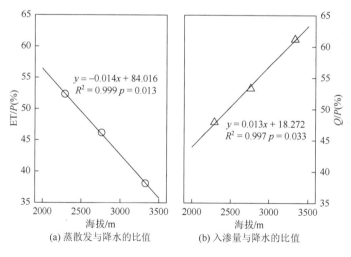

图 9.19　蒸散发及入渗量占降水的比值在海拔梯度上的变化

9.4　山地生态水文过程模拟

　　自然界水文现象是一种多因素相互作用的复杂过程，在没有找到原型令人满意的规律之前，通过建立模型近似地去模拟，应当认为是一种合理可行的途径。根据水文过程之间的联系建立水文模型,模拟和预测森林的水文功能是森林水文学研究的主要内容。过去水文分析是大多针对某一水文环节(产流、汇流等)进行的。20 世纪 50 年代中期,开始研究完整的水文循环过程系统,50 年代后才提出了流域模型的概念。目前的森林生态系统水文模型主要集中于集总式模型和分布式模型上,集总式模型约束条件较多,模型的参数与流域过程的时空分布是相对独立的,较适合于线性系统,如单一的坡面或地块等。而分布式模型可以充分克服集总式模型参数的约束限制,能够较为真实地反映流域内部水文过程时空变化的物理过程,所以更适合于流域水文过程的时空变异规律的研究,更加准确地预测自然和人为因素对流域水资源和水环境的影响。同时,分布式模型较容易与 GIS(地理信息系统)联结,从而使模型的功能进一步增强。所以借助计算机构建基于物理过程和生物过程的分布式水文生态耦合模型已经成为森林生态系统水文模型开发的重点。现有森林流域分布式水文模型就应用规模或尺度而言有单点模型(point model)、坡面模型(hillslope model)、流域模型(watershed model)和水文网模型(network model)之分。若要对小流域内部的水文过程对不同植被结构的响应进行探讨,则更适合选用坡面模型和流域模型。

水文模型的选择是运用森林水文模型对森林水文现象进行研究的基础。基础模型的选择关键是要以研究的主要内容和预期成果为出发点,不同的模型具有不同的适用条件和范围,模型的基本结构及模拟的主要流程也会因为模型的不同而异。所以,首先应对研究的内容及目标进行分析,确定研究内容和目标后,结合可供选择模型的结构、功能及适用条件等,选择或筛选合适的一个或几个模型。同时,还要考虑数据源、模拟结果的精度以及利用该模型模拟的费用等问题。另外,在选择模型时,也应充分考虑模型的一些限制条件和模型设计过程中的假设前提等。一般经验模型只能用于产流的预测预报,不能用于过程与机制的研究;较为复杂的物理模型又需要大量的参数和数据,势必会增加研究的难度和进一步开发的可能性。

综合考虑长江上游亚高山暗针叶林带的气候、土壤以及植被等特点,本书选用了分布式湿地水文模型(distributed wetland and hydrological model,DWHM)作为研究该区森林水文过程和机制的基础模型。模型界面明晰,参数较少、容易获取,而且均具有明确的物理意义,更重要的是该模型能够模拟任何大小单元上的系统水文过程,是一个基于物理过程的分布式模型,能很好地反映森林生态系统对水文过程调节的物理机制。根据贡嘎山区暗针叶林生态系统的实际情况,通过实地调查与试验获取了该区的植被、气象、土壤、水文等参数,对贡嘎山暗针叶林生态系统的水文过程进行了模拟验证,并通过改变暗针叶林覆盖率和植被组成等参数的方式探讨了该区暗针叶林生态系统水文过程对森林植被结构变化的响应,试图揭示暗针叶林生态系统结构变化对水文过程的调节作用,进而为长江上游的森林流域管理、水资源合理开发利用提供依据。

9.4.1　模型结构与参数

森林水文模型是根据系统工程的方法,按照径流形成的主要阶段,概化成流域功能单元,采用数学方法对各单元的状态参量、输入和输出变量进行描述,再根据产流和汇流的联系进行组织,构成一个完整的、逻辑协调的、水量平衡的、时空上可以递推的系统动力学模型，在系统输入（如降水、辐射等）的驱动下，对系统输出（如径流、蒸发散、系统水分蓄储变化量）进行模拟仿真（赵人俊，1991）。森林水文模型仿真的水平和效果取决于模型的结构与参数，所以模型的结构与参数问题是构建模型首要考虑的问题。

9.4.1.1　模型结构

模型的结构代表了对系统水文规律的认知和概括，一般是用一系列数学方程式等数学语言来描述影响水分运动的主要因素，以状态变量来反映其时空动态特点以及各部分间质能的传送与转换关系。

分布式湿地水文模型（DWHM）从水平和垂直两个方向把流域分成若干大小相等的栅格，来实现气象、土壤、植被等参数的空间分布（图 9.20）。DWHM2.1 以各栅格中的水量为状态变量，通过输入气象植被等参数来模拟出流域的产流、蒸散。

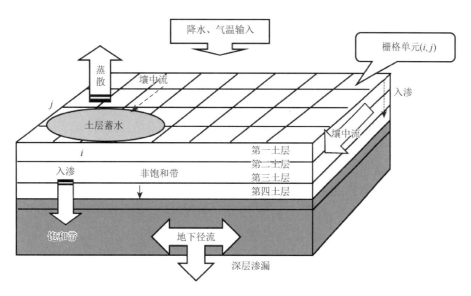

图 9.20　流域栅格单元划分示意图

DWHM 模型输入主要包括：大气降水、气温等气象参数，植被及土地利用类型、比例、面积等植被参数，水力传导度、孔隙度、饱和含水量、田间持水量、凋萎系数、土层蓄水量等土壤水分运动参数量。模型输出主要有：流域出口径流各成分（地表径流、壤中流、浅层地下水径流）的日流量、日蒸散量（包括林冠蒸发、土壤各层蒸发、流域潜在和实际蒸散等）、日林冠截留量等。DWHM 模型包括 5 个子模块，分述如下。

（1）林冠截留模块

考虑林冠层随植被类型和季节的变动而变化，DWHM 用状态变量物候指数（phenological index，PI）来描述林冠层的变动。

$$PI = a + b \times \sin((DOY - 91) / 365) \tag{9.5}$$

式中，DOY 为儒略日；a、b 为系数。

林冠截留（I）根据林冠特征和季节来求算：

针叶林： $I = 0.508 + 0.12P$

阔叶林： $I = 1.016 + 0.06P$ 　　　　　　　　　　　　（9.6）

式中，P 为降水量；Pint 为林冠截留的降水量，$I > P_{im}$ 时，Pint $= P_{im}$；$I < P_{im}$ 时，Pint $= P_i$，P_i 表示次降水实际截留量；P_{im} 为林冠最大截留量，随季节和植被类型的变化而变化，（$P_{im} = \text{PI} \times L_{im}$，$L_{im}$ 为叶面积指数最大时的冠层饱和持水能力，对于针叶林、阔叶林和农业草地，L_{im} 分别取 7.62mm/d、2.03mm/d 和 1.27mm/d。

（2）积雪、冻土模块

该模块用来模拟冬季降水的形式和土壤水的状态。用积雪形成温度参数 T_s 和冻土形成参数 T_w 来决定降落到流域下垫面上的降水的形式以及形成冻土的条件。用融雪系数 M_s 和冻土融水系数 M_i 来决定融水径流。

（3）蒸散模块

流域潜在蒸散计算方程为

$$\text{PET} = 0.1651 \times \text{DAYL} \times \text{RHOSAT}$$ 　　　　　　（9.7）

式中，DAYL 为平均日照率，DAYL = 一天中的日照时数/12；RHOSAT 为日均温下的饱和水汽压密度（g/m³），用下式计算：

$$\text{RHOSAT} = 216.7\text{Esat} / (\text{Ta} + 273.3)$$ 　　　　　　（9.8）

式中，Esat 为饱和水汽压，Esat $= 6.108 \times \exp[17.28\text{Ta}/(\text{Ta} + 237.3)]$；Ta 为气温。

流域实际蒸散量（actual evapotranspiration，AET）是植被蒸腾、土壤蒸发、积雪蒸发计算值的总和。计算方法是将流域土层划分为 3 层，分别赋予不同的蒸散分配系数，计算各土层对林冠截留蒸发、积雪蒸发、土壤蒸发的贡献量，植被蒸腾用潜在蒸散（potential evapotranspiration，PET）和植被盖度来模拟。

（4）产流模块

降水进入土壤，首先满足土壤张力水分亏缺，多余部分产生自由水（即径流）。张力水容量在流域空间上分布不均匀，在张力水容量小的地方首先达饱和而产流，因此必须考虑张力水容量分布的不均匀性。模型 DWHM 中用如下抛物线来描述张力水容量的分布：

$$f/F = 1 - (1 - W_k / W_{mm})^a$$ 　　　　　　　　　（9.9）

式中，F 为流域总面积；f 为等于或小于某一点土壤蓄水容量 W_k 的流域面积；W_{mm} 为流域平均蓄水容量；a 为经验参数。具体产流计算方法同新安江模型（赵人俊，1984）。

（5）地下径流模块

浅层地下径流量 $G(t)$ 用饱和带的泄流系数来描述，用如下指数方程计算：

$$G(t) = \text{Drain\_coef} \times \exp(-\text{Dind} \times \text{Depth})$$ 　　　　（9.10）

式中，Drain_coef 和 Dind 分别为地下水出流系数和分布曲线指数系数；Depth 为浅层地下水（即饱和带）厚度。

地下水状态用饱和带和非饱和带界面的波动来描述，并利用有孔介质饱和流模型来模拟。

9.4.1.2　模型参数

模型参数是对模拟系统具体特点的量化，模型参数的选取与率定在一定程度上决定了模型的精度与适用性。模型选用的参数不但可以分别代表系统的时空尺度、单元组成、耦合关系以及质能传递函数等特征，而且是预测系统不同时空尺度上格局动态的基础（表 9.6）。

表 9.6　黄崩溜沟小流域水文模型参数

参数	参数含义	参数值
EK	蒸散折算系数 ratio to convert potential evapotranspiration to lake evaporation	0.60
$E_1 \sim E_3$	蒸腾在 1~3 土层内的耗水权重 transpiration weighting factor for layer1 to layer 3	0.65，0.25，0.10
E_s	土壤蒸发系数 soil evaporation parameter	0.15
T_s	积雪开始温度 snow packing temperature	−1.00℃
T_w	冻土开始温度 soil frosting temperature	−3.00℃
M_s	融雪速率 snow melting rate	0.60mm/℃
M_w	冰融速率 soil ice thawing rate	0.10mm/d
Snowevap	积雪蒸发系数 snow evaporation coefficient	0.10
K	水力传导度 hydraulic conductivity	5.00mm/d
C	水容 specific capacity	0.10
Porous	土壤孔隙度 soil porosity	0.55
S_saturate	土壤饱和含水量 saturated soil moisture	0.50
Fieldcap	田间持水量 field capacity	0.30
Wiltpoint	凋萎系数 wiltpoint	0.05
$\text{Thick}_1 \sim \text{Thick}_3$	1~3 土层的蓄水量 water-holding of three soil layer	300mm，400mm，500mm
C_s	壤中流消退系数 soil drainage coefficient	0.80
C_g	浅层地下水消退系数 ground flow decline coef	0.95
Drncoef	地下径流出流系数 ground flow releasing index	1.80
Dpdrncoef	深层地下水泄流系数 deep ground flow releasing coef	1.80
Drnind	分布曲线幂指数 distribution curve power index	0.60
U-drain	上层土壤水对下层土壤水的补给系数 drain coefficient from upper soil to lower soil	0.99

DWHM 是一个基于物理过程的分布式水文模型。该模型所需参数较少且均具有一定的物理意义，分别代表了：①流域土地利用方式（针叶林、阔叶林、混交林、农业用地、居民地、城市用地、水面等）的比例、面积；②流域蒸散参数（蒸散折算系数、植被蒸腾在不同土层内的耗水权重、土壤蒸发系数、积雪蒸发系数等）；③土壤水分运动参数（土壤孔隙度、饱和

含水量、田间持水量、凋萎系数、水力传导度、水容、土层蓄水量等）；④积雪、冻土温度及融雪系数；⑤水源分配与汇流（地表径流、壤中流、浅层地下水、深层地下水等）系数以及地下水位高程等森林流域的主要特征。其中，诸如土地利用方式、初始地下水位高程等参数是决定该模型分布式的主要参数，通过将流域划分成不同空间尺度大小上的网格单元，确定最佳水文单元的方式就可以实现对流域水文过程的分布式模拟。

模型 DWHM 中的部分参数可以由流域植被分布、地理特征等调查获得，但大部分需要根据实测试验和模拟结果优选来决定。本书在实地和室内试验获取的植被、土壤等实测数据的基础上，利用黄崩溜沟流域 1995～1999 年 5 个水文年实测的气象、水文等资料对 DWHM2.1 的参数进行了率定，参数率定值列入表 9.6。在控制模拟年径流总量与实测径流总量基本吻合的基础上，用确定性系数 D_y 来评定模型的有效性。确定性系数 D_y 由下式计算：

$$D_y = 1 - \frac{S_e^2}{\sigma_y^2} \tag{9.11}$$

$$S_e = \sqrt{\frac{\sum (y_i - y)^2}{n}} \tag{9.12}$$

式中，S_e 为预报误差的均方差；y_i 为实测值；y 为计算值；n 为模拟的时段数。模型参数采用 1995～1999 年的资料进行率定，在率定周期内，模型的确定性系数为 0.71～0.88，其中，1996 年模型的确定性系数达到了 0.873（表 9.7）。

表 9.7　黄崩溜沟流域模拟流量和实测流量的统计分析

年份	模拟值/(m³/s)				实测值/(m³/s)				D_y	R^2
	总径流量	平均径流	最大径流	最小径流	总径流量	平均径流	最大径流	最小径流		
1995	89.27	0.245	0.903	0.0032	84.49	0.232	1.055	0	0.826	0.832
1996	94.84	0.259	0.770	0.0179	92.02	0.2514	0.938	0.002	0.869	0.873

9.4.2　模型检验

模型 DWHM2.1 采用 FORTRAN 语言编写，时间步长为 1 天。系统输入某时段的降水量和气温，即可以计算出流域出口（黄崩溜沟流域）输出的径流过程，同时也可以得到流域径流的径流组成、水分动态、地下水位和流域蒸散量等。分别利用黄崩溜沟流域 2000 年和 2001 年的气象、水文、植被、土壤等资料对经过参数率定的模型 DWHM2.1 进行了检验。

模拟结果表明，2000 年和 2001 年两个水文年的流域出口年总径流模拟值分别为 1024.6mm 和 1095.2mm（表 9.8），年径流系数分别为 0.57 和 0.56。从模拟径流过程和实测径流过程上看（图 9.21），模型对该暗针叶林流域的水文径流过程还是能做出较好模拟的，而且模型对湿季径流过程的模拟效果要明显好于对干季径流过程的模拟效果。对干季的模拟结果与实测模拟结果差别较大主要是冬季流域出口断面沟道结冰,导致实测过程系统误差较大,而不是模拟结果较差造成的。

表 9.8　2000～2001 年 DWHM2.1 在黄崩溜沟流域的模拟效果检验

年份	实测值/mm				模拟值/mm				D_y	R^2
	总径流量	平均径流	最大径流	最小径流	总径流量	平均径流	最大径流	最小径流		
2000	866.8	2.37	10.00	0.00	1024.6	2.97	13.49	0.66	0.70	0.84
2001	1019.9	2.79	13.40	0.00	1095.2	3.45	16.53	0.04	0.84	0.91

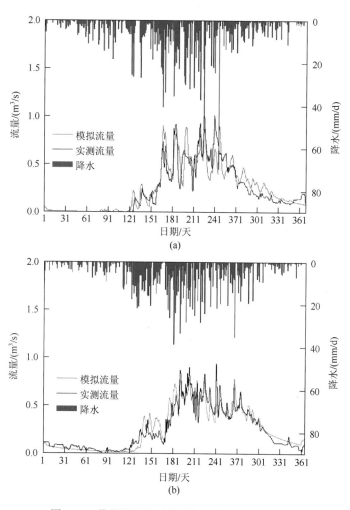

图 9.21　黄崩溜沟流域的模拟和实测流量过程图

从两年的模拟结果来看,对 2001 年的模拟效果较好,年总径流量模拟值与实测值间的绝对误差和相对误差分别为 75.3mm 和 7.38%,实测径流过程与模拟的径流过程相关系数达到 0.91；而对 2000 年的模拟效果较差，年径流总量模拟值与实测值间的绝对误差和相对误差分别达到了 157.8mm 和 18.20%，实测径流过程与模拟径流过程的相关系数仅为 0.84。这可能是 2000 年水文站流量测定过程中月计水位计 SWY20 经常出现记录故障造成了较大的系统误差，而 2001 年换用光电数字水位计 WGD-II 后大大降低了测量的系统误差。总的看来，利用 DWHM 对黄崩溜沟流域两年的模拟较好地吻合实际径流过程，两年模拟的确定性系数分别达到了 0.70 和 0.84。

由于该暗针叶林流域几乎很少出现地表径流，所以流域出口断面径流的主要成分是壤中流和浅层地下水径流。从流域出口断面径流的组成成分季节变化来看，干季的径流成分主要是浅层地下水和壤中流，分别占干季总径流的 19% 和 81%。而在湿季，则恰恰相反，随着雨季的来临，由降水形成的径流成分（主要是壤中流）占据了流域出口断面径流成分的主导地位，此期浅层壤中流和地下水径流占总径流的比例分别变为 71% 和 29%。从全年的径流组分来看，壤中流和浅层地下水径流量分别占年总径流量的 61% 和 39%。

模型 DWHM 一个很大的特点就是可以模拟流域土壤饱和带、非饱和带间的动态水分传输量。利用模型对黄崩溜沟暗针叶林流域 2000～2001 年的模拟结果表明：干季降水输入流域上层土壤的水分少，非饱和带与饱和带间的水分交换很小，而在湿季，由于降水的持续输入，上层非饱和带输入下层饱和带的水量增多，地下水埋深也较浅。其中，干、湿季的上层土壤非饱和带与饱和带间的交换量分别占年总交换量的 12% 和 88%。

参 考 文 献

赵人俊. 1991. 时变线性系统流域汇流模型. 水文，4：22-24.

Ah-Peng C，Chuah-Petiot M，Descamps-Julien B，et al. 2007. Bryophyte diversity and distribution along an altitudinal gradient on a lava flow in La Re´union. Divers Distrib，13：654-662.

Bruun H H，Moen J，Virtanen R，et al. 2006. Effects of altitude and topography on species richness of vascular plants，bryophytes and lichens in alpine communities. J Veg Sci，17：37-46.

Cheng G. 1983. The mechanism of repeated-segregation for the formation of thick layered ground ice. Cold Regions Science and Technology，8（1）：57-66.

Corrales A，Duque A，Uribe J，et al. 2010. Abundance and diversity patterns of terrestrial bryophyte species in secondary and planted montane forests in the northern portion of the Central Cordillera of Colombia. Bryologist，113：8-21.

Frahm J P，Gradstein S R. 1991. An altitudinal zonation of tropical rain forests using byrophytes. J Biogeogr，18：669-678.

Frahm J P，Ohlemüller R. 2001. Ecology of bryophytes along altitudinal and latitudinal gradients in New Zealand. Studies in austral temperate rain forest bryophytes 15. Trop Bryol，20：117-137.

Grau O，Grytnes J，Birks H J B. 2007. A comparison of altitudinal species richness patterns of bryophytes with other plant groups in Nepal，Central Himalaya. J Biogeogr，34：1907-1915.

Jónsdóttir I S，Magnússon B，Gudmundsson J，et al. 2005. Variable sensitivity of plant communities in Iceland to experimental warming. Global Change Biol，11：553-563.

Peintinger M，Bergamini A. 2006. Community structure and diversity of bryophytes and vascular plants in abandoned fen meadows. Plant Ecol，185：1-7.

Porley R，Hodgetts N. 2005. Mosses and Liverworts. London：Harper Collins Publishers.

Rincon E. 1988. The effect of herbaceous litter on bryophyte growth. J Bryologist，15：209-217.

Scanlon T M，Kustas W P.2012. Partitioning evapotranspiration using an eddy covariance-based technique：Improved assessment of soil moisture and land-atmosphere exchange dynamics. Vadose Zone Journal，11（11）：811-822.

Skre O，Oechel W C. 1981. Moss functioning in different taiga ecosystems in interior Alaska. I. Seasonal，phenotypic，and drought effects on photosynthesis and response patterns. Oecologia，48：50-59.

Startsev N，Lieffers V J，Landhäusser S M. 2008. Effects of leaf litter on the growth of boreal feather mosses：implication for forest floor development. J Veg Sci，19：253-260.

Stehn S E，Webster C R，Glime J M. 2010. Elevational gradients of bryophyte diversity，life forms，and community assemblage in the southern Appalachian mountains. Can J Forest Res，40：2164-2174.

Tusiime F M，Byarujali S M，Bates J W. 2007. Diversity and distribution of bryophytes in three forest types of Bwindi Impenetrable National Park，Uganda. Afr J Ecol，45：79-87.

Uchida M，Muraoka H，Nakatsubo T，et al. 2002. Net photosynthesis，respiration，and production of the moss Sanionia uncinata on a glacier foreland in the high arctic，Ny-Alesund，Svalbard. Arct Antarc Alp Res，34：287-292.

Virtanen R，Crawley M J. 2010. Contrasting patterns in bryophyte and vascular plant species richness in relation to elevation，biomass and Soay sheep on St Kilda，Scotland. Plant Ecol Divers，3：77-85.

Walker M D，Wahren C H，Hollister R D，et al. 2006. Plant community responses to experimental warming across the tundra biome. PNAS，103：1342-1346.

Wright N，Hayashi M，Quinton W L. 2009. Spatial and temporal variations in active layer thawing and their implication on runoff generation in peat-covered permafrost terrain. Water Resources Research，45：W05414.

Yang Z，Hua O，Zhang X，et al. 2011. Spatial variability of soil moisture at typical alpine meadow and steppe sites in the Qinghai-Tibetan Plateau permafrost region. Environmental Earth Sciences，63（3）：477-488.

第 10 章　山地生态系统水碳耦合过程

陆地生态系统中，碳循环和水循环在生物圈和大气圈通过气孔紧密结合。在林分和生态系统尺度上，水分利用效率（water use efficiency，WUE）的变化反映了植物光合碳同化过程中水分散失和碳累积的关系。水分利用效率可以用来指示不同物种或植物不同阶段的用水策略。在生态系统层面，水分利用效率可以用来量化碳循环和水循环之间的耦合关系。已有研究表明，不同森林类型的水分利用效率不同（Yu et al.，2010），即不同森林在固碳过程中的用水策略有所差异。而对于山地生态系统，环境因子（包括温度、降水等）随着海拔变化而变化，造成了植被的变化。那么，这些植被在各自的生存环境中的用水策略是否一致？这是值得我们关注的问题。

河流是陆地有机碳向海输送的主要途径，也是全球碳循环的主要过程（Raymond and Bauer，2001），科学认识河流有机碳的动态对全球碳平衡研究至关重要（Townsend-Small et al.，2005；Lloret et al.，2013）。有机碳的来源为陆地初级生产力（Tranvik et al.，2009），因此，河流有机碳通量会影响陆地碳库的变化。过去研究认为，陆地生态系统吸收了大部分碳。但是，近年的研究却表明内陆水体输移了大量的有机碳，如碳平衡过程不考虑河流有机碳输出，区域碳通量和碳储量的估算是不完全的（Ran et al.，2013）。特别是在高度侵蚀的山地区域，仅关注土壤和陆地生物的碳累积速率将导致整个流域碳储存被严重低估（Battin et al.，2009）。山地小流域一般地处陡峭山地，河床蓄积泥沙能力较小，山地土壤易受非周期性强降水的影响，导致侵蚀量和碳输出量增加。山地小流域有机碳输出作为入海有机碳来源的主要贡献者，其影响逐渐得到认识，针对山地小河流有机碳输出通量变化也开展了大量研究（Jeong et al.，2012；Lloret et al.，2013）。由于不同山地地区气象、水文、地质和生态环境等的异质性特征，目前对山地小流域有机碳输出的主要影响因素和作用机制的综合响应认识仍不清楚。

10.1　山地主要生态系统水分利用效率特征

10.1.1　水分利用效率的定义

陆地生态系统的碳循环和水循环是在一定程度上受到气孔行为控制的两个生态耦合过程。光合作用的碳吸收量和蒸腾作用的水分损耗量之比称为水分利用效率，其不仅是个体生物生存、生长和对环境适应的一个重要指标，同时也是反映碳循环和水循环相互耦合关系的一个重要指标。GPP 和 ET 对气候变量的不同响应变化决定了碳循环和水循环之间耦合和脱耦过程。实际上，碳循环和水循环过程在生态系统尺度上是非常复杂的，其变化分别受到不同海拔梯度气象和植物生理因子的控制。

根据水分利用效率的定义，其可以分别表示为不同的形式，而不同的表达方式所代表的意义也不同。

$$WUE = GPP/ET \text{ 或 } WUE = NPP/ET \qquad (10.1)$$
$$WUE = GPP/E_t \text{ 或 } WUE = NPP/E_t \qquad (10.2)$$

式（10.1）表示总蒸散发下植物叶片光合或固定的 CO_2 的能力；式（10.2）表示植物体自身水分损失下的叶片光合或固定 CO_2 的能力。

10.1.2　暗针叶林水分利用效率年内变化

通过分析不同表达方式的水分利用效率的月变化，发现生长季的水分利用效率较高，非生长季的水分利用效率较低（图 10.1）。GPP/E_t 和 GPP/ET 值在 8 月最高，2 月最低；而 NPP/E_t 在 11 月会出现一个较小的峰值。在研究区，NPP/GPP 的月均比率为 0.60（±0.06），高于全球平均值 0.5 的水平。受自养呼吸的影响，NPP/GPP 值在年内并不是恒定值，一般生长季 NPP/GPP 值较低，非生长季较高。原因可能是温度降低抑制了呼吸作用，而光合作用的下降速率小于呼吸作用的减小速率，导致 NPP 占 GPP 的比例较高。

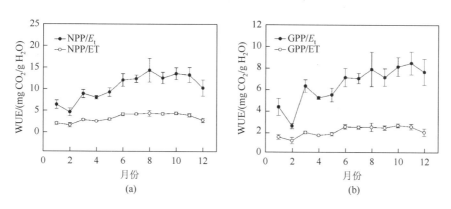

图 10.1　不同表达方式水分利用效率的月变化

E_t 表示蒸腾；ET 表示蒸散发

在贡嘎山暗针叶林区，生长季的水分利用效率并没有因降水的增加而降低。发现 GPP 最大值和水分利用效率最大值出现的时间同步，GPP 值与月平均温度的变化较一致，基本上在 7 月最高。而受到降水和温度的影响，7 月的总蒸散发速率和峨眉冷杉的蒸腾速率均较高，GPP 增加的速率小于蒸散发的增加速率。

对比蒸腾和总蒸散发与 GPP 和 NPP 的关系发现，蒸散发速率较低时，随着水分消耗的增加，GPP 和 NPP 的累计速率增加较快，而当蒸散发速率较高时，GPP 和 NPP 的增加速率显著下降[$y = a + b \cdot \ln(x)$]（图 10.2），这种下降的趋势在水分利用效率的变化上，表现得更为明显（图 10.1）。另外，发现碳吸收速率和蒸散发的水分损失速率并不具有完全的一致性。蒸散发水量不仅受到温度的控制，也受到水源的影响，而降水量的月变化并不具有普遍性，其受到季风气候和水汽来源的影响，在各月的分布并不是均匀的。

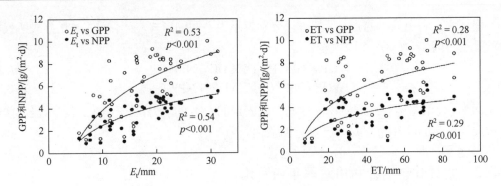

图 10.2　峨眉冷杉生态系统蒸腾（E_t）和总蒸散发（ET）与 GPP 和 NPP 的关系

10.2　水分利用效率的带谱分异规律及其驱动机制

10.2.1　山地带谱水分利用效率的时空变异特征

阔叶林和针叶林不同季节水分利用效率的日动态近似于单峰曲线,而针阔混交林的变化趋势与其他两种森林类型相反（图 10.3）。湿季,阔叶林、针阔混交林和针叶林水分利用效率日动态的最大值分别为 11.32mg CO_2/g H_2O、20.34mg CO_2/g H_2O 和 22.65mg CO_2/g H_2O；干季,阔叶林、针阔混交林和针叶林水分利用效率日动态的最大值分别为 8.57mg CO_2/g H_2O、14.14mg CO_2/g H_2O 和 18.05mg CO_2/g H_2O。

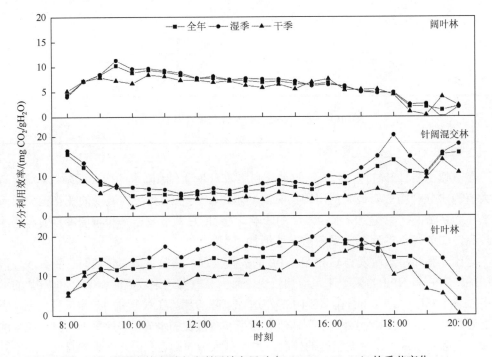

图 10.3　不同森林类型水分利用效率日动态（8:00~20:00）的季节变化

在日尺度上，3 种森林类型的水分利用效率变化规律不同（图 10.4）。3 种森林类型日水分利用效率的最大值接近，其中阔叶林、针阔混交林和针叶林日水分利用效率的最大值分别为 27.59mg CO_2/g H_2O、27.49mg CO_2/g H_2O 和 29.30mg CO_2/g H_2O。

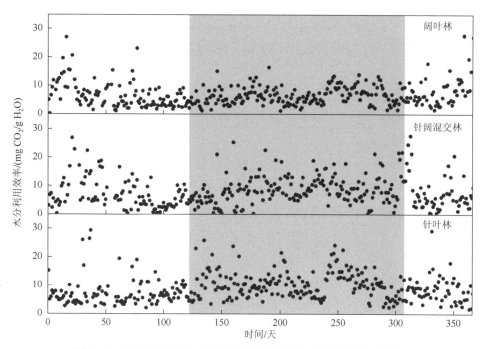

图 10.4　不同森林类型水分利用效率的日变化（阴影部分为湿季）

从月尺度来看（图 10.5），阔叶林和针阔混交林的水分利用效率在 1 月最大，分别为 10.00mg CO_2/g H_2O 和 10.01mg CO_2/g H_2O，而针叶林的最大值为 13.81mg CO_2/g H_2O。阔叶林、针阔混交林和针叶林月水分利用效率最小值分别为 3.80mg CO_2/g H_2O、3.61mg CO_2/g H_2O 和 5.88mg CO_2/g H_2O。

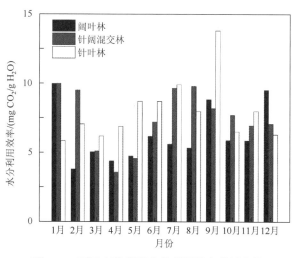

图 10.5　不同森林类型水分利用效率的月变化

不同森林类型不同季节的水分利用效率不一样（表 10.1）。在两个季节中，阔叶林的水分利用效率均小于其他两种森林类型。在湿季，针叶林的水分利用效率小于针阔混交林，而在干季则相反。从全年来看，高海拔森林的水分利用效率高于低海拔地区。

表 10.1　不同森林类型水分利用效率的季节变化　　　　（单位：mg CO_2/g H_2O）

林分	湿季	干季	全年
阔叶林	6.46	6.13	6.29
针阔混交林	7.06	7.88	7.48
针叶林	6.73	9.28	8.01

10.2.2　山地带谱水分利用效率变化的影响因子

在 3 种森林类型中，两个季节水分利用效率均与 R_n 的相关系数最大（表 10.2）。湿季中，阔叶林和针叶林的水分利用效率与 θ_5 相关性不显著，与 RH 和 θ_{40} 显著正相关，与其他几个因子显著负相关；针阔混交林水分利用效率与 T 和 RH 显著正相关，而与 R_n、WS 和 θ_5 显著负相关。干季中，阔叶林的水分利用效率与所选的几个环境因子均显著相关；除 RH 和 VPD 外，针阔混交林的水分利用效率与其他几个因子均显著负相关；针叶林的水分利用效率与除了 θ_5 和 θ_{40} 外的环境因子显著相关。从全年来看，3 种森林类型的水分利用效率还是与 R_n 的相关系数最大。

表 10.2　3 种森林类型不同季节的水分利用效率与环境因子的关系

环境因子	湿季			干季			全年		
	阔叶林	针阔混交林	针叶林	阔叶林	针阔混交林	针叶林	阔叶林	针阔混交林	针叶林
T	−0.289**	0.018**	−0.224**	−0.328**	−0.354**	−0.232**	−0.248**	−0.006	0.082
RH	0.428**	0.204**	0.457**	0.253**	0.111	0.304**	0.282**	0.155**	0.381**
R_n	−0.532**	−0.430**	−0.696**	−0.465**	−0.469**	−0.451**	−0.446**	−0.339**	−0.443**
VPD	−0.422**	−0.128	−0.451**	−0.296**	−0.129	−0.263**	−0.343**	−0.108*	−0.340**
WS	−0.512**	−0.262**	−0.565**	−0.324**	−0.343**	−0.246**	−0.393**	−0.258**	−0.313**
θ_5	0.057	−0.204**	0.105	−0.278**	−0.162*	0.031	−0.099	−0.032	0.211**
θ_{40}	0.149**	0.004	0.212**	−0.365**	−0.275**	−0.049	−0.130*	0.087	0.175**

注：T 为空气温度（℃）；RH 为相对湿度（%）；R_n 为净辐射（W/m²）；VPD 为水汽压亏缺（hPa）；WS 为风速（m/s）；θ_5 为 5cm 处土壤湿度（cm/cm³）；θ_{40} 为 40cm 处土壤湿度（cm/cm³）。表中数值为 Pearson 相关系数；*表示相关性显著（$p<0.05$）；**表示相关性极显著（$p<0.01$）。

10.2.3　分析讨论

研究区中阔叶林、针阔混交林和针叶林的年水分利用效率分别 6.29mg CO_2/g H_2O、

7.48mg CO_2/g H_2O 和 8.01mg CO_2/g H_2O，与其他研究结果相符（2.4～19.8mg CO_2/g H_2O）（Law et al.，2002；Ponton et al.，2006；Yu et al.，2008）。水分利用效率受到环境因子和生物因子的共同作用。湿季中，针阔混交林的水分利用效率要高于其他两种森林类型。在研究区，湿季为植物的快速生长时期，因而较大的水分利用效率就意味着植物消耗更少的水分来固定更多的碳，从而获得更高的生物量。在干季，3 种森林类型的水分利用效率与湿季不同，说明环境变化对植物的光合作用和蒸散发的影响效果有所不同。针叶林干季的水分利用效率要远大于湿季，这就意味着碳固定对环境因子变化的响应要大于蒸散发。水分利用效率仅仅是量化水碳关系的一个指标，是由 GPP/ET 计算得出。水分利用效率反映的是植物的用水策略，并不能直接量化植物固碳或耗水的多少。研究结果表明，蒸散发是在最高海拔区域的森林最小，而 GPP 则是在最高海拔区域的森林最大，从而导致了水分利用效率随着海拔的升高而升高，意味着在固定同样多碳的时候，高海拔区域的森林需要更少的水。

10.3　不同生态类型区的径流碳输移与驱动因素

河流溶解有机碳 DOC 对于流域碳平衡和水质均具有重要作用。全球河流向海输移碳通量为 0.8Pg C/a，其中 20%是河流的溶解有机碳（DOC），山地小流域每年向海洋输移的有机碳占总量的 21%～38%（Dai et al.，2012；Regnier et al.，2013）。因此，山地小流域被认为是陆地有机碳输移的重要贡献源。河流 DOC 对河流生态系统具有多方面的影响，它是异养生物的养分和能量来源，DOC 矿化后转变为呼吸；DOC 浓度增加导致河水 pH 降低；DOC 影响金属离子的输移和毒性，pH 降低导致河流生态系统的铝离子增加，并且导致铝离子向毒性更强的形态转变。这些问题对提供淡水资源的山地区域尤其重要。水文过程是陆地生态系统 DOC 输移最重要的影响因素，径流过程是气候、地形、植被和土壤侵蚀等因素的综合影响的结果，这些因子与河流 DOC 输出具有密切的联系。河流 DOC 输移受植被覆盖类型的影响显著。土地利用类型的变化影响 DOC 在区域内的输移规律和时空分布动态。本书选择贡嘎山不同植被覆盖类型的三个山地小流域，主要揭示两个科学问题：①针叶林覆盖率是否影响山地小流域 DOC 浓度和通量？②浅含水层补给径流水量对年 DOC 通量的贡献比例有多大？

10.3.1　黄崩溜沟、马道沟和观景台沟河水 δD 和 $\delta^{18}O$ 同位素的季节变化

河流水样的 δD 和 $\delta^{18}O$ 同位素的季节变化特征：δD 和 $\delta^{18}O$ 均表现为冬季较低、夏季较高的月尺度变化规律（图 10.6）。但是，与黄崩溜沟（HBL）和马道沟（MDG）流域相比，观景台沟（GJT）流域的 δD 和 $\delta^{18}O$ 同位素的季节变化幅度最小。河水的 δD 和 $\delta^{18}O$ 同位素变化主要反映水源的变化。GJT 流域的森林覆盖率较高，其具有与 HBL 流域相比更加稳定的径流水分来源。冬季 HBL 流域的水分来源与 MDG 和 GJT 相似，但是夏季则显著不同。相关分析结果表明，HBL 流域 $\delta^{18}O$ 同位素变化与 MDG 和 GJT 流域显著相关（表 10.3）。MDG 和 GJT 流域之间的 δD 和 $\delta^{18}O$ 同位素无显著相关关系，说明这两个流域是彼此独立的。

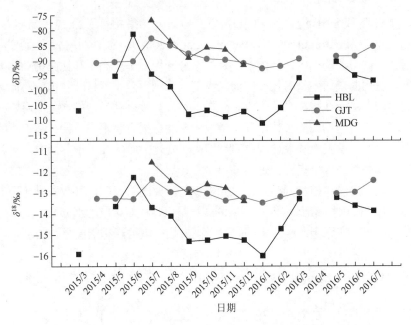

图 10.6　2015 年 3 月～2016 年 7 月黄崩溜沟（HBL）、观景台沟（GJT）
和马道沟（MDG）河水 δD 和 $\delta^{18}O$ 季节变化

表 10.3　HBL、GJT 和 WDG 流域河水 $\delta^{18}O$ 相关关系矩阵

	HBL	GJT	MDG
HBL	1	0.231[*]	0.435[**]
MDG		0.26	1

注：*表示 $p < 0.05$；**表示 $p < 0.01$。

10.3.2　黄崩溜沟、马道沟和观景台沟流域河水 DOC 浓度的季节变化

研究区的降水和地下水位均表现为季节变化特征。干季（11 月～次年 4 月）降水占年降水量的 23.6%［图 10.7（a）］；干季地下水位平均深度为 1.78m，湿季（5～10 月）平均深度为 1.14m［图 10.7（b）］。2015 年 3 月～2016 年 7 月，黄崩溜沟、观景台沟和马道沟河水 DOC 浓度平均为 10.4±3.6mg/L、16.6±6.7mg/L 和 13.6±5.1mg/L。三个流域夏季 DOC 浓度均高于冬季。其中，HBL 和 GJT 流域湿季 DOC 浓度分别是干季的 1.5 倍和 1.4 倍。DOC 浓度表现为季节变化，但并不是与径流量大小变化完全一致（图 10.8）。对于 HBL 和 GJT 两个流域，3 月 DOC 浓度开始增加，并在 7～10 月逐渐稳定，11 月开始逐渐降低。径流量变化与 DOC 浓度之间表现为不同的动态格局，4～7 月径流量随温度和降水的增加而增加，HBL 和 GJT 流域最大径流出现时间为 7～10 月，MDG 流域最大径流出现时间为 10 月。为比较不同流域的 DOC 浓度差异，对采样时间相同的河水 DOC 浓度进行比较（图 10.9），结果发现，GJT 和 MDG 流域河水 DOC 浓度显著高于 HBL 流域（$p < 0.05$），GJT 和 MDG 流域之间的 DOC 浓度无显著差异（$p > 0.05$）。

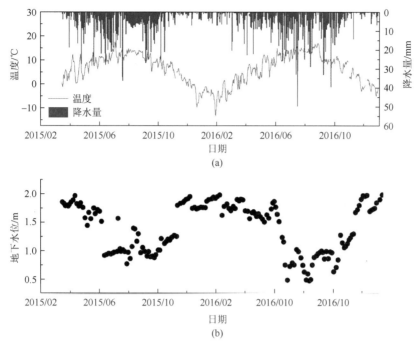

图 10.7　2015 年 3 月～2016 年 7 月日均空气温度、降水量（a）和地下水位（b）变化

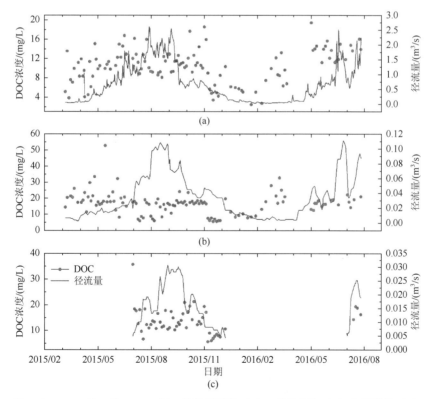

图 10.8　2015 年 3 月～2016 年 7 月黄崩溜沟（a）、观景台沟（b）和马道沟（c）
河水 DOC 浓度的季节变化

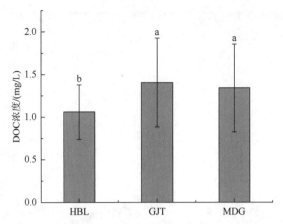

图 10.9　2015 年 7 月 2 日～12 月 8 日黄崩溜沟（HBL）、观景台沟（GJT）和
马道沟（MDG）河水平均 DOC 浓度

10.3.3　黄崩溜沟、马道沟和观景台沟流域河水 DOC 通量的季节变化

　　DOC 通量根据 DOC 浓度和径流量进行计算。DOC 通量在湿季所占比重较大，湿季 DOC 通量分别占黄崩溜沟、观景台沟和马道沟年 DOC 通量的 88.5%、83.1% 和 90.5%，年 DOC 通量分别为 78.07kg C/(km·d)、35.53kg C/(km·d) 和 38.55kg C/(km·d)。比较三个流域的年 DOC 通量发现，DOC 通量的大小主要是受径流量影响。HBL 和 GJT 流域最大 DOC 通量发生在 8 月，但是 MDG 流域最大 DOC 通量发生在 9 月。HBL 流域的森林覆盖率最低，但是其 DOC 通量显著高于森林覆盖率较高的 GJT 和 MDG 流域（图 10.10）；MDG 虽然森林覆盖率最高，但是其 DOC 通量最低。

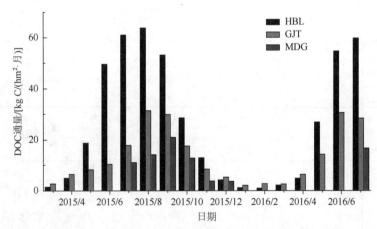

图 10.10　2015 年 3 月～2016 年 7 月黄崩溜沟（HBL）、观景台沟（GJT）和
马道沟（MDG）DOC 通量的月变化

10.3.4　基流对 DOC 浓度和通联的影响

　　利用数字滤波方法分析了 HBL 和 GJT 流域的基流和表面径流。研究期间，HBL 和

GJT 的径流量分别为 0.66m³/s 和 0.035m³/s。基流占径流量的比例在 HBL 流域分别为 0.80（一次滤波）和 0.69（二次滤波），在 GJT 流域分别为 0.81（一次滤波）和 0.72（二次滤波）[图 10.11（a）和（b）]。基流也表现为季节变化特征，其中干季基流量低于湿季。

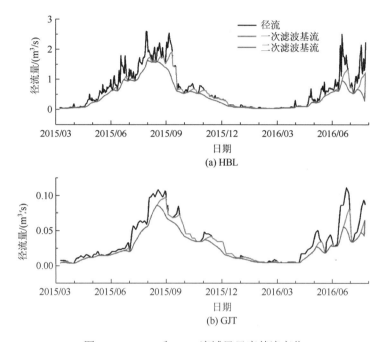

图 10.11　HBL 和 GJT 流域日尺度基流变化

　　HBL 流域 DOC 通量在总径流、一次滤波基流和二次滤波基流中分别为 6.8g/s、2.9g/s 和 2.5g/s。GJT 流域 DOC 通量在总径流、一次滤波基流和二次滤波基流中分别为 0.44g/s、0.19g/s 和 0.17g/s。较大比例的 DOC 通量通过表面径流输移（黄崩溜沟，57.6%~62.7%；观景台沟，56.8%~60.7%）[图 10.12（a）和（b）]，说明表面径流在输移 DOC 时效率更高。HBL 和 GJT 流域基流的 DOC 输移通量年内变动幅度小于表面径流导致的 DOC 通量，实际表明径流输移 DOC 通量的变化幅度较大。

10.3.5　黄崩溜沟、马道沟和观景台沟河水 DOC 浓度和通量的影响机制

（1）环境因子影响

　　主成分分析结果表明，4 个主成分因子可以解释流域 90%的变量，土壤水分、土壤温度和氮浓度是三个最主要的影响因子。逐步回归分析方法表明，所有环境因子可以解释湿季 62%以上的 DOC 浓度变化，可以解释干季 90%以上 DOC 浓度的变化。相关分析表明，HBL 和 GJT 流域冬季河流 DOC 浓度的变化主要受空气温度和土壤温度的影响。很多生物过程消耗和产生 DOC 的过程受温度控制，土壤温度影响有机质的分解和 DOC 的产生。对于矿物质土壤溶液，DOC 浓度和有效氮显著相关，尤其是与土壤溶液中的 NH_4^+ 和土壤的 C/N 关系密切。原因是土壤 NH_4^+ 的增加导致木质素的不完全分解，进而导致土壤苯酚

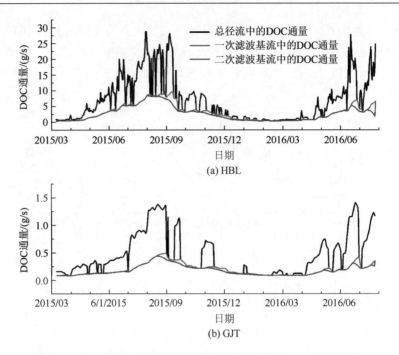

图 10.12　HBL 和 GJT 日尺度流域径流和基流的 DOC 通量变化

物质的增加,从而导致 DOC 产量的增加。冬季土壤温度的增加影响 DOC 的季节动态,因为冬季温度增加导致冬季 DOC 输出的比例增加,进而在第二年的春季和夏季 DOC 的输出比例减小。温度同时影响根系的活力、土壤氮含量、土壤呼吸速率和土壤有机质分解速率。冬季温度升高导致微生物活性增强,DOC 的转化速率增加。

径流过程通过影响水流冲刷面积和径流路径影响物质循环过程。洪水事件中,径流路径发生改变,径流水源和化学物质均发生改变。降水将林冠和有机质土壤中的溶解态有机质(DOM)淋洗出来,而干旱导致酚酸化酶活性增强,进而抑制了酚类的分解过程。地下水位季节变化随降水量而变化,地下水位变化对湿地 DOC 影响的结论存在争议性,地下水位增加导致流域 DOC 输移增加,因为更多的 DOC 能够从流域中淋洗出来。本书中,15 天尺度的地下水位变化和 DOC 浓度之间在 HBL 和 MDG 流域为负相关关系,而在 GJT 流域无显著相关关系。

(2)土壤呼吸影响

土壤中 DOC 的主要来源取决于分解过程,可以通过其 CO_2 排放来量化。如果径流水中 DOC 浓度变化主要受生物过程控制,则 DOC 浓度应与土壤 CO_2 通量密切相关。如果 DOC 浓度主要受土壤理化性质的控制,则 DOC 浓度的变化应与土壤 Al^{3+} 和 Fe^{3+} 浓度密切相关(Camino-Serrano et al.,2014)。灌木土壤呼吸作用低于针叶林,这也与土壤 DOC 溶液的相关变化有关(Sun et al.,2017)。贡嘎山针叶林土壤呼吸仅为每月测定,所以假设,如果土壤呼吸作用控制了 DOC 浓度,那么更多的森林覆盖就意味着土壤呼吸与 DOC 的关系更为密切。半月土壤呼吸与 DOC 浓度之间的关系不显著(图 10.13),因此土壤呼吸不是径流水 DOC 浓度变化的决定因素。

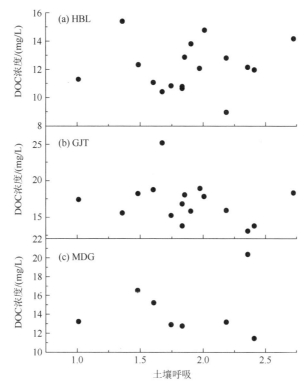

图 10.13　月尺度 DOC 浓度和针叶林土壤呼吸关系的散点图

（3）径流影响

　　径流通常与 DOC 浓度的时间变化密切相关（Winterdahl et al.，2011）。浅层含水层的补给对地下水资源的有效管理至关重要。同时，浅层地下水对养分运动也很重要。一般来说，基流 DOC 浓度具有较小的季节变化规律。但是径流较少的暴雨过程可以输送大部分 DOC 通量（Lloret et al.，2011）。本书中，浅层含水层补给占 HBL 和 GJT 流域总流量的 20%～30%，浅层含水层补给的 DOC 流量占 DOC 流量的 60%左右。在以森林为主的小流域，DOC 浓度主要受土壤和河流界面的控制（Laudon et al.，2011）。来自生态系统的 DOC 通量取决于径流和径流水中 DOC 的浓度。在水文事件中 DOC 浓度明显增加（Lloret et al.，2016）。然而，DOC 对水文事件的响应也取决于土壤类型或其他流域特征。在森林集水区的春季洪水期间，DOC 浓度通常会增加，因抬升的地下水位可以冲走之前储存在土壤中富含 DOC 的水。而在北方河流中，DOC 浓度在春季洪水期间有时会减少，因为不透水的冻土阻碍了融雪水和土壤的接触面积。

　　因为三个流域 DOC 浓度差异不大，DOC 流量差异主要来自径流量。虽然 GJT 和 MDG 流域是 HBL 流域的支流，但流量、径流系数、月流量变化系数和土壤覆盖率都不相同。月尺度 DOC 浓度的响应曲线在三个不同的流域中也不同。尤其是 GJT 流域，月 DOC 浓度与径流量之间没有显著的相关性。GJT 流域中下游有茂密的森林生长，由于流域的中游切入基岩，地下径流量回归，沟谷径流量全年保持不变，径流量平稳。MDG 流域集水区森林下的灌木和草地生长良好。径流是土壤完全饱和后的回流，径流响应缓慢，水流平稳，回落也很缓慢。研究区域内，森林面积的地下水位随着排水量的增加而显著增加，这可以增加土壤 DOC 向土壤表面的浓度（Laudon et al.，2011）。然而，森林覆盖率较高的 GJT 和 MDG流域径流水 DOC 浓度没有显著增加。原因是径流主要来自地下水和降水。贡嘎山森林流域只有小部分地表径流存在。干燥条件之后发生的降水事件易产生较高的 DOC 浓度和通量，由于降水时间之间可冲刷的 DOC 累积较大，但是贡嘎山地区湿季土壤水分含量几乎不受降水事件影响，长期保持稳定，因此降水并不能冲刷更多的 DOC 进入河流。

在暴雨事件期间，流量路径发生变化，与河流水文相关的高地和河岸源区以及河流化学可能会发生显著变化。DOC 主要来自风暴水位上升过程中的河岸地区，集水区山坡的水和溶质（McGlynn and McDonnell，2003）。从 δD 和 $\delta^{18}O$ 的观测结果来看，GJT 流域的径流水来源更加稳定，而 HBL 和 MDG 流域月径流量变化更大。青藏高原东部降水，土壤水和径流水中的 $\delta^{18}O$ 随海拔升高而降低（Bai et al.，2017）。因此，认为 HBL 的径流水来自高海拔地区的大部分水资源，如灌丛和草地分布的地区。DOC 浓度与 HBL 和 GJT 流域的月径流量呈二次曲线关系（图 10.14）。同时，径流中的 DOC 浓度受到稀释和供应的限制（Tunaley et al.，2016）。笔者认为水和溶质的来源受 HBL 流域的影响较大。因此，夏季 HBL 流域 DOC 浓度的增加可能是高放流和浅层地下水位从灌丛和草地土壤中提取更多的 DOC 溶液。

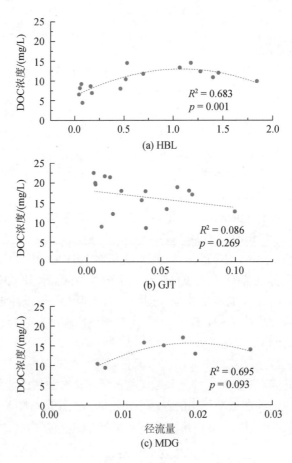

图 10.14　月尺度 DOC 浓度和径流关系的散点图

（4）植被覆盖影响

贡嘎山的土地覆盖类型包括高寒草甸、高山灌丛和针叶林。高山灌丛和高寒草甸为主的流域相对于以针叶林为主的流域，DOC 浓度和通量反映了 HBL、MDG 和 GJT 流域不同的土地利用类型的差异（表 10.4）。植物通过根部周转和渗出液将 DOC 输出到土壤中，反过来又影响 DOC 从土壤到河流的输入。贡嘎山森林冠层和茎干可以使溶解有机质沉降聚集，在贡嘎山可以产生相对较高的穿透雨的 DOC 浓度，从叶面渗出的有机酸也可以增加针叶林 DOC 浓度。超过 95%的冠层 DOC 通过土壤剖面渗水被淋洗并汇入到河水中（Qualls and Haines，1992）。因此，森林覆盖对流域土壤 DOC 浓度的贡献较大。地表水 SO_4^{2-} 和 Cl⁻浓度通常与沉降物中离子的浓度高度相关。高 SO_4^{2-} 和 Cl⁻浓度降低了 DOC 浓度（Monteith et al.，2007）。酸沉降也可以在短期内改变土壤的酸度或土壤溶液的离子强度。在大多数研究中，土壤有机质溶解度与土壤 pH 相关。长期的径流水中 SO_4^{2-} 和 Cl⁻的测量表明，GJT 和 MDG 流域的 SO_4^{2-} 和 Cl⁻浓度比 HBL 流域相对较低（表 10.4），同时影响土壤 pH 和铝的溶解度，从而引发土壤有机质（SOM）凝结。

土壤酸化和增加土壤 Al^{3+} 和 Fe^{3+} 浓度可以增加 DOC 的土壤化学吸附。因此，DOC 浓度与土壤 Al^{3+} 和 Fe^{3+} 浓度呈负相关，随着土壤 pH 的下降而下降（Yan et al.，2015）。酸性土壤溶液中的 DOC 浓度也较高，因为 pH 由于其酸碱性质而具有强烈的直接作用，并通过其对微生物活性的影响而间接影响 DOC（Camino-Serrano et al.，2014）。由于土壤 pH 随海拔升高而增大，Al^{3+} 和 Fe^{3+} 浓度也随着海拔梯度的增加而增加（Sun et al.，2013），因此，本书中林地覆盖类型多的流域径流水 DOC 浓度较高。研究还表明，土壤有机碳（SOC）随海拔增加而减小（Liu et al.，2014），说明森林土壤 SOC 高于高山灌丛和高寒草甸。贡嘎山的针叶林土壤 DOC 含量也明显大于灌木（Sun et al.，2017）。区域和全球范围的研究表明，土壤低 C/N 导致溶解出的 DOC 浓度也低（Klndler et al.，2011；Berg et al.，2012；Camino-Serrano et al.，2014）。因为低 C/N 的凋落物增加了微生物碳的使用效率和减少了 SOM 的分解，从而减少了 SOM 的 DOC 生产（Cotrufo et al.，2013）。贡嘎山的针叶林＞灌木＞草甸的有机层和矿质土壤的 C/N（Bing et al.，2016）表明，灌木和草甸的 DOC 比针叶林低得多。因此，在森林覆盖率较高的地区，生物 DOC 生成量也较多。土地覆盖和土壤类型的差异解释了为什么 GJT 和 MDG 流域的 DOC 高于 HBL 流域。冠层穿透雨可以产生较高的 DOC 浓度。森林土壤中 SOC 和 DOC 含量高于灌木和草地。土壤酸化和土壤中 Al^{3+} 和 Fe^{3+} 浓度的增加也导致 GJT 和 MDG 流域河水 DOC 浓度高于 HBL 流域。

表 10.4　贡嘎山海拔梯度不同植被类型的化学特征

项目	针叶林	高山灌丛	高寒草甸	参考文献
pH	4.40（3.30～5.99）	4.62（3.88～6.13）	4.94（4.70～5.27）	Bing 等，2016
SOC（O layer）/(mg/kg)	30～40	7.3	4.6	Liu 等，2014
DOC/(mg/kg)	67.4～458.8	29.9～37.5	—	Sun 等，2017
总 N/(mg/kg)	2.01±0.12	1.02±0.08	1.11±0.28	Sun 等，2013
Al^{3+}/(g/kg)	32.72±4.33	57.29±1.95	55.00±6.30	Sun 等，2013
Fe^{3+}/(g/kg)	18.73±3.62	38.90±2.02	37.08±4.32	Sun 等，2013

　　然而，大量的研究结果为森林覆盖变化对小流域年径流量影响的深入分析提供了基础。从小型流域研究得出的一个总的结论是造林可以减少年径流量（Moore and Wondzell，2005）。由于小流域拦截和蒸散增加，增加森林覆盖率可以减少年径流量。在大流域也存在与森林覆盖损失相关的年径流量增加，而年径流量的变化也取决于地形、年降水量、温度和森林类型（Zhang et al.，2016）。因此，虽然 MDG 和 GJT 流域的 DOC 浓度远高于HBL 流域，但由于年径流量的影响，HBL 流域 DOC 通量显著较高。

10.4　水碳耦合过程模拟

10.4.1　AVIM2 模型介绍

　　AVIM2 模型是一个描述岩石圈和生物圈之间陆-气交互作用的大气、植被和土壤之间的过程模型。通过水热传输和交换，大气、植物和土壤之间的湿热状态耦合在一个系统模型中，植被视为一个水平的均质层，土壤分为三层，变量的水平差异不考虑。为了与当前气候模型的层级相一致，模型中假设植物生态系统的结构和功能在一个简化的植物生长模型中是稳定的，并且与土壤和气候条件相互平衡。模型中将植物生理生长模块和土壤-植物-大气转换（SVAT）机制相耦合。SVAT 类型的耦合模型 LPM 包括能量和水分传输过程：包括降水、截留、排水、表面径流和渗透等的辐射传输和能量交换。在植物生长模块中，生长的植物包括三个主要的生物量组分：叶片、茎干与根、枯死的植物。枯落物层同样考虑在模型中。细胞组织和有机质分解的光合、呼吸、干物质分配同样考虑在模型中。所有这些生理过程受到光合有效辐射、CO_2 浓度、大气温湿度和土壤温湿度的控制。同时，叶面积指数（LAI）、粗糙度、反照度和其他的动态植被参数随着植被的生长影响地表和大气之间的能量、水分和 CO_2 交换，进而建立植被和大气的联系（Ji，1995）。后期对模拟过程进行了进一步的细化和完善，增加了积雪和融雪过程、土壤有机碳分解和转换子模块。同时将原模型中基于根生物量与叶生物量比的有机物分配方案，改为基于 LAI 的生物量分配，这样就避免了分配机制对起始叶片和根生物量的较高敏感性。经过不断的改进和完善，最终形成了现在的 AVIM2 模型。AVIM2 模型由三个模块组成：第一个是描述植被-大气-土壤之间辐射、水、热交换的陆面过程模块；第二个是基于植被生理生态过程（如光合、呼吸、光合同化物的分配、物候等）的植被生理生长模块；第三个是土壤有机碳转化和分解子模块。当气候、植被和土壤条件输入模型中的物理模块后，从物理模块输出冠层以及各层土壤的温度、湿度。冠层和土壤的温度和湿度与大气 CO_2 一起作用于植物生理生长模块，植被开始生长。植被的生长会引发植物形态参数（如 LAI）的变化，LAI 的变化反作用于物理模块，进而又影响土壤和冠层的温、湿条件。大气中的 CO_2 通过光合作用被植物固定，随着植物的凋落而进入土壤，在土壤中经过有机物的分解和转换，通过微生物异养呼吸而被释放回大气，实现了一个碳的循环过程。

　　AVIM2 模型中陆面过程、植被生理过程和土壤碳转换过程是一个整体，大气、植被和土壤三者间的相互作用建立在动态耦合的过程基础上。气候变化影响土壤温湿度和植被生长状况，土壤温湿度影响植被生长，同时影响土壤有机质的分解和转换。植被的变化一方面反作用于大气，影响大气的能量平衡；另一方面其凋落物又作用于土壤，影响土壤碳蓄积。

10.4.2 AVIM2 模型结果验证

AVIM2 模型模拟结果发现，该区 2003 年 GPP 为 24.7t/(hm²·a)，NPP 为 14.7t/(hm²·a)，模拟的自养呼吸量为 10.0t/(hm²·a)，异养呼吸量为 7.15t/(hm²·a)，NEE 为 7.55t/(hm²·a)。程根伟和罗辑（2003）研究发现，该区树木光合吸收 CO_2 量为 22.7t/(hm²·a)，植物和土壤呼吸土壤碳排放量为 15.7t/(hm²·a)，NEE 为 7.05t/(hm²·a)。Luo 等（2004）研究发现，贡嘎山亚高山暗针叶林的 NPP 为 10.69～12.24t/(hm²·a)，本书的模拟结果稍高于该研究值。根据土壤呼吸实验观测发现，该区年土壤呼吸释放 CO_2 量为 9.6～15.7t/(hm²·a)，贡嘎山亚高山森林地区的平均土壤呼吸通量约为 12.98t/(hm²·a)。

10.4.3 GPP、NPP 的年际变化

AVIM2 模拟的贡嘎山海拔 3000m 处峨眉冷杉暗针叶林平均的 GPP、NPP 速率为 5.88（±0.02）g C/(m²·d) 和 3.56（±0.01）g C/(m²·d)。生长季（5～10 月）GPP、NPP 速率分别为 8.08（±0.07）g C/(m²·d) 和 4.66（±0.04）g C/(m²·d)，全年 GPP、NPP 累计量分别为 21.5（±0.31）t C/(hm²·a) 和 13.0（±0.18）t C/(hm²·a)（图 10.15）。在模拟的 2008～2011 年，GPP 和 NPP 的年际间变化不大。2008～2011 年，年均温度为 4.6～5.4℃，其中 2009 年和 2010 年的气温相对较高，分别为 5.3℃ 和 5.4℃，而这两年的 GPP 和 NPP 值在研究的四年内处于中间水平。2008～2011 年，降水的变化幅度较大，为 1468～2023mm，其中 2009 年和 2011 年为相对枯水年，降水量分别为 1605mm 和 1468mm，对比相应的年 GPP

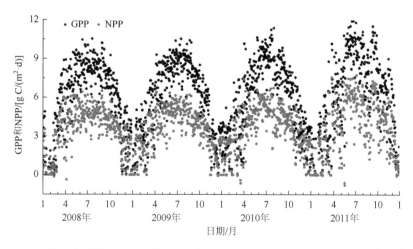

图 10.15 峨眉冷杉针叶林（海拔 3000m）GPP、NPP 的年际（2008～2011 年）变化

和 NPP，发现降水量最少的 2011 年，其 GPP 和 NPP 总量较高，分别为 22.1t/(hm²·a)和 13.5t/(hm²·a)，而 2011 年的年均温度也为 4 年中最低值，为 4.6℃。

10.4.4　GPP、NPP 的海拔梯度变化

随着海拔梯度的增加，GPP 和 NPP 都表现出降低的趋势，GPP 和 NPP 沿海拔梯度的变化幅度分别为–0.09g C/(m²·s)/100m 和–0.03g C/(m²·s)/100m。其变化趋势与温度的下降趋势相近，而随着海拔梯度增加，降水量则表现为先增加（2800~3500m）后降低（3500~3700m）的趋势（图 10.16）。在海拔 3000m 处，GPP 和 NPP 都出现了一个峰值，表明该高度上，水热条件较适合峨眉冷杉的生长，其光合作用能力较附近的海拔 2900m 和 3100m 都要强。野外调查发现，随着海拔梯度升高，峨眉冷杉树高表现为明显的降低趋势，其叶片长度也随着海拔升高而缩短。根据第 6 章的分析，海拔梯度增加，比叶面积逐渐减小，说明单位质量上的有效叶片面积降低，从而降低了峨眉冷杉叶片的有效光合作用面积，导致其吸收碳的能力降低。另外，叶片的氮含量逐渐增加，而在较高海拔地区，植物叶片氮含量的增加，可以提高叶片的光合作用能力，其也是植物对恶劣环境的一种自适应策略。但是由于温度的降低，这种自适应策略仅能够维持峨眉冷杉在低温环境下的生存，并不能有效地阻止低温对生长的限制，而仅能通过提高自身的水分利用效率来适应环境的变化。

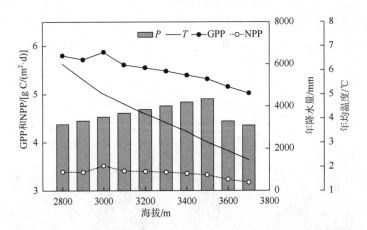

图 10.16　GPP、NPP 随海拔梯度变化及其与年降水量和年均温度的关系

10.4.5　水分利用效率的海拔梯度变化

随海拔梯度增加，GPP/ET 和 NPP/ET 表现为增加趋势，同样地，GPP/T 和 NPP/T 也表现为增加趋势（图 10.17）。笔者发现，不仅海拔梯度上的水分利用效率不同，不同年份其水分利用效率也不同，四种不同的表达方式均表明 2010 年水分利用效率显著高于 2011 年。虽然前面的分析表明 2011 年的 GPP 和 NPP 值在模拟的四年中最高，但是由于降水量较少，温度较高，因此 2011 年的蒸散发量也较高，尤其是树木的蒸腾水量，2011 年要

显著高于 2010 年，海拔越低处，其高出的幅度也越大，而地表蒸散发量则 2010 年要高于 2011 年，原因是温度升高较快速地蒸发掉了地表的水分，但是补充的水分不足，因此其并没有导致地表蒸散发量的增加。因此，用代表不同意义的水分利用效率表达方式，其沿海拔梯度的变化速率是不同的。受不同年份水热条件的影响，其水分利用效率并不恒定，但是均表现为随海拔的增加而增加的趋势，这与 2012 年 5～10 月用 $\delta^{13}C$ 同位素确定的变化趋势相似，但是其水分利用效率值并不相同。模型的模拟值和 $\delta^{13}C$ 同位素研究均发现在海拔 3000m 处为水分利用效率的一个极值出现点，但是水分利用效率受到温度、降水、辐射、VPD 以及气孔导度等因素的限制，因此并不能将其归结为单一因子的结果，而是这些因素的综合影响下，恰好在海拔 3000m 处出现了一个适合峨眉冷杉生长的环境，因此其水分利用效率较高。

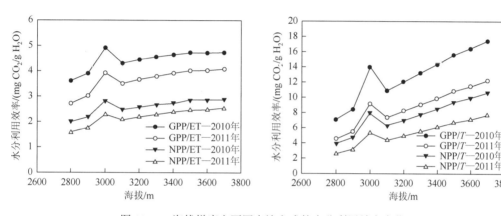

图 10.17 海拔梯度上不同表达方式的水分利用效率变化

10.4.6 水分利用效率变化的影响因素

在贡嘎山亚高山地区，生长季针叶林的水分利用效率并没有因降水的增加而降低。月尺度上，GPP 与温度表现为较好的线性关系，温度升高会促进植物体的光合作用，其光合能力随温度升高有显著的增加趋势。但是，GPP 与辐射和饱和水汽压之间的关系较复杂，并且在生长季和非生长季，其对辐射和饱和水汽压的响应也是不同的（图 10.18）。非生长季，GPP 随着辐射和饱和水汽压的增加，一直表现为增加的趋势，并且最终逐渐趋于稳定。而在生长季，其对辐射和饱和水汽压的响应是均会在气象因子一定时，出现 GPP 的极值，当气象因子高于或者低于这个极值时，GPP 是减小的。在千烟洲和鼎湖山站也发现了类似的变化特征。而 GPP 与气象变量的非线性关系，也说明环境条件变化下的水碳耦合关系不稳定。因为 GPP 和 ET 对气象因子的响应程度是有差异的。

受降水和温度的影响，7 月总蒸散发速率和蒸腾速率均较高，但是 GPP 增加幅度小于蒸散发的增加幅度。蒸散发水量不仅受到温度的控制，同时也受到降水的影响，而降水量的月尺度变化并不是线性的，其受到季风气候和水汽来源的影响，在月尺度分布上并不均匀。分析该区域蒸散发和气象因子的关系，发现蒸散量和净辐射表现为显著的线性关系。饱

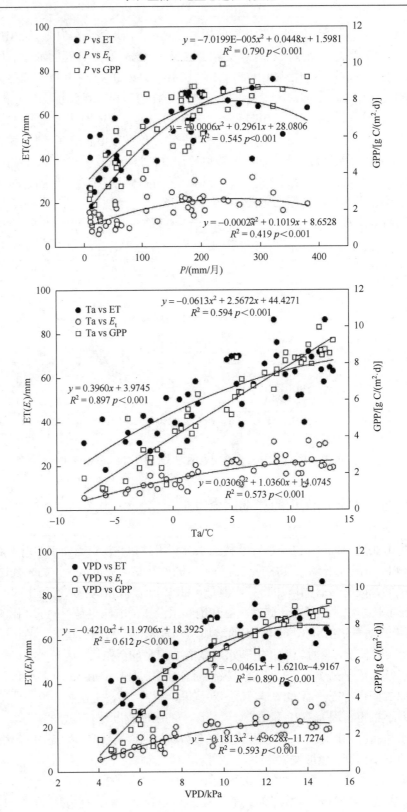

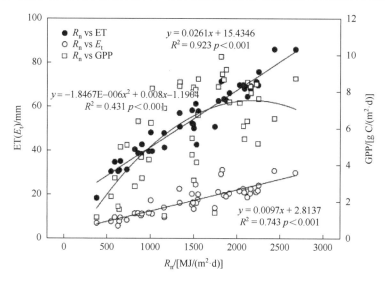

图 10.18　峨眉冷杉月尺度 GPP、蒸散发（ET）和蒸腾（E_t）对气象因子
（P，降水；Ta，空气温度；VPD，饱和水汽压；R_n，净辐射）的响应关系

和水汽压差和温度也都在一定程度上影响蒸散发量，且均表现为指数函数的关系。Yu 等
（2008）对我国长白山、千烟洲和鼎湖山的分析也发现，温度和蒸散发之间表现为指数关
系。贡嘎山地区蒸散发与辐射和饱和水汽压差的关系与其研究结果不相符，进一步说明贡
嘎山地区森林的蒸散发特征受到该区特定的气候和环境条件影响，同时受到自身生理特性
的限制。

参 考 文 献

Bai Y，Chen C H，Fang X M，et al. 2017. Altitudinal effect of soil n-alkane δD values on the eastern Tibetan Plateau and their increasing isotopic fractionation with altitude. Science China Earth Sciences，9：100-109.

Battin T J，Luyssaert S，Kaplan L A，et al. 2009. The boundless carbon cycle. Nature Geoscience，2（9）：598.

Berg L J L V D，Shotbolt L，Ashmore M R. 2012. Dissolved organic carbon（DOC）concentrations in UK soils and the influence of soil，vegetation type and seasonality. Science of the Total Environments，427-428：269-276.

Bing H，Wu Y，Zhou J，et al. 2016. Stoichiometric variation of carbon，nitrogen，and phosphorus in soils and its implication for nutrient limitation in alpine ecosystem of Eastern Tibetan Plateau. Journal of Soils and Sediments，16：405-416.

Camino-Serrano M，Gielen B，Luyssaert S，et al. 2014. Linking variability in soil solution dissolved organic carbon to climate，soil type，and vegetation type. Global Biogeochemical Cycles，28：497-509.

Cotrufo M F，Wallenstein M D，Boot C M，et al. 2013. The Microbial Efficiency-Matrix Stabilization（MEMS）framework integrates plant litter decomposition with soil organic matter stabilization：do labile plant inputs form stable soil organic matter? Global Change Biology，19：988-995.

Dai M，Yin Z，Meng F，et al. 2012. Spatial distribution of riverine DOC inputs to the ocean：an updated global synthesis. Current Opinion in Environmental Sustainability，4：170-178.

Hu Y，Lu Y，Edmonds J W，et al. 2016. Hydrological and land use control of watershed exports of dissolved organic matter in a large arid river basin in northwestern China. Journal of Geophysical Research：Biogeosciences，121：466-478.

Jeong J J，Bartsch S，Fleckenstein J H，et al. 2012. Differential storm responses of dissolved and particulate organic carbon in a mountainous headwater stream，investigated by high-frequency，in situ optical measurements. Journal of Geophysical Research：

Biogeosciences，117：G03013.

Ji J. 1995. A climate-vegetation interaction model：simulating physical and biological processes at the surface. Journal of Biogeography，22（2/3）：445-451.

Kindler R，Siemens J，Kaiser K，et al. 2011. Dissolved carbon leaching from soil is a crucial component of the net ecosystem carbon balance. Global Change Biology，17：1167-1185.

Laudon H，Berggren M，Ågren A，et al. 2011. Patterns and Dynamics of Dissolved Organic Carbon（DOC）in Boreal Streams：The Role of Processes，Connectivity，and Scaling. Ecosystems，14：880-893.

Law B E，Falge E，Gu L，et al. 2002. Environmental controls over carbon dioxide and water vapor exchange of terrestrial vegetation. Agr Forest Meteorol，113（1-4）：97-120.

Liu X，Li J，Zheng Q，et al. 2014. Forest filter effect versus cold trapping effect on the altitudinal distribution of PCBs：a case study of Mt. Gongga，eastern Tibetan Plateau. Environ Sci Technol，48：14377-14385.

Lloret E，Dessert C，Gaillardet J，et al. 2011. Comparison of dissolved inorganic and organic carbon yields and fluxes in the watersheds of tropical volcanic islands，examples from Guadeloupe（French West Indies）. Chemical Geology，280：65-78.

Lloret E，Dessert C，Pastor L，et al. 2013. Dynamic of particulate and dissolved organic carbon in small volcanic mountainous tropical watersheds. Chemical Geology，351：229-244.

Lloret E，Dessert C，Buss H L，et al. 2016. Sources of dissolved organic carbon in small volcanic mountainous tropical rivers，examples from Guadeloupe（French West Indies）. Geoderma，282：129-138.

McGlynn B L，McDonnell J J. 2003. Role of discrete landscape units in controlling catchment dissolved organic carbon dynamics. Water Resources Research，39（4）：1090.

Monteith D T，Stoddard J L，Evas C D，et al. 2007. Dissolved organic carbon trends resulting from changes in atmospheric deposition chemistry. Nature，450：537-540.

Moore R D，Wondzell S M. 2005. Physical hydrology and the effects of forest harvesting in the PACIFIC NORTHWEST：a review. Journal of the American Water Resources Association，41：763-784.

Ponton S，Flanagan L B，Alstad K P，et al. 2006. Comparison of ecosystem water-use efficiency among Douglas-fir forest，aspen forest and grassland using eddy covariance and carbon isotope techniques. Global Change Biol，12（2）：294-310.

Qualls R G，Haines B L. 1992. Biodegradability of dissolved organic matter in forest throughfall，soil solution，and stream water. Soil Science Society of America Journal，56：578-586.

Raymond P A，Bauer J E. 2001. Use of ^{14}C and ^{13}C natural abundances for evaluating riverine，estuarine，and coastal DOC and POC sources and cycling：a review and synthesis. Organic Geochemistry，32（4）：469-485.

Ran L，Lu X X，Sun H，et al. 2013. Spatial and seasonal variability of organic carbon transport in the Yellow River，China. Journal of Hydrology，498：76-88.

Regnier P，Friedlingstein P，Ciais P E，et al. 2013. Anthropogenic perturbation of the carbon fluxes from land to ocean. Nature geoscience，6：597-607.

Smedley M P，Dawson T E，Comstock J P，et al. 1991. Seasonal carbon isotope discrimination in a grassland community. Oecologia，85（3）：314-320.

Sun H，Wu Y，Yu D，et al. 2013. Altitudinal gradient of microbial biomass phosphorus and its relationship with microbial biomass carbon，nitrogen，and rhizosphere soil phosphorus on the eastern slope of Gongga Mountain，SW China. PloS One，8：1123-1126.

Sun S Q，Liu T，Wu Y H，et al. 2017. Ground bryophytes regulate net soil carbon efflux：evidence from two subalpine ecosystems on the east edge of the Tibet Plateau. Plant & Soil，417（1-2）：363-375

Tunaley C，Tetzlaff D，Lessels J，et al. 2016. Linking high-frequency DOC dynamics to the age of connected water sources. Water Resources Research，52：5232-5247.

Townsend-Small A，McClain M E，Brandes J A. 2005. Contributions of carbon and nitrogen from the Andes Mountains to the Amazon River：Evidence from an elevational gradient of soils，plants，and river material. Limnology and Oceanography，50（2）：672-685.

Tranvik L J，Downing J A，Cotner J B，et al. 2009. Lakes and reservoirs as regulators of carbon cycling and climate. Limnology and

Oceanography，54（part2）：2298-2314.

Winterdahl M，Futter M，Köhler S，et al. 2011. Riparian soil temperature modification of the relationship between flow and dissolved organic carbon concentration in a boreal stream. Water Resources Research，47：928-931.

Winner W E，Thomas S C，Berry J A，et al. 2004. Canopy carbon gain and water use：Analysis of old-growth conifers in the Pacific Northwest. Ecosystems，7（5）：482-497.

Yan J，Li K，Wang W，et al. 2015. Changes in dissolved organic carbon and total dissolved nitrogen fluxes across subtropical forest ecosystems at different successional stages. Water Resources Research，51：3681-3694.

Yu G，Song X，Wang Q，et al. 2010. Water-use efficiency of forest ecosystems in eastern China and its relations to climatic variables. New Phytologist，177（4）：927-937.

Zhang M，Liu N，Harper R，et al. 2016. A global review on hydrological responses to forest change across multiple spatial scales：importance of scale，climate，forest type and hydrological regime. Journal of Hydrology，546：44-59.

第 11 章　典型区域生态系统服务评估与管理

生态系统服务是指生态系统所形成和维持的人类赖以生存的自然环境条件与效用（Daily，1997），是人类直接或间接从生态系统得到的所有收益（Costanza et al.，1997），提供了人类赖以生存和发展的资源与环境基础（傅伯杰等，2009）。生态系统的功能与服务不论对于整个自然界的进化，还是人类文明的演进都至关重要。但长期以来，由于人们对生态系统服务缺乏认识，对生态系统过度使用，导致全球范围内 60%以上的生态系统出现退化，极大损害了人类自身福祉和经济社会发展，急需开展生态系统服务管理。生态系统服务和管理研究不仅要从生态系统组分-结构-功能出发科学测度生态系统服务，还要研究生态系统服务与社会经济发展的相互关系，权衡与协同政策结合方式和管理优化模式。

本章在探讨区域以及生态系统服务基本构成和评估方法的基础上，着重介绍其敏感性、功能和重要性评估方法，以及生态功能分区和分区管理模式，最后分别用两个案例介绍区域生态功能区划和县域综合生态系统管理。

11.1　生态系统服务和管理研究进展

生态服务功能的研究可以追溯到 1864 年美国学者 Marsh 对"资源无限论"的抨击（Marsh，1965），进入 20 世纪 60 年代，SCEP[Study of Critical Environmental Problems（关键环境问题研究），1970]在《人类对全球环境的影响报告》中首次提出生态系统服务功能的概念并列举了生态系统对人类的环境服务功能。此后，Daily（1997）和 Costanza 等（1997）进一步阐述了生态服务功能及其与人类生存发展的关系。随着 3S（GIS、RS、GNSS）空间分析技术的发展，基于模型的区域生态系统服务研究得以实现（Costanza et al.，1997），尤其是随着多重生态系统服务综合研究的进展，GUMBO、MIME、InVEST（The Integrate Valuation of Ecosystem Services and Trade offs Tool，生态系统服务和权衡的综合评价工具）等生态系统服务评估模型集成技术也逐渐发展起来。2000 年的千年生态系统评估计划（MA）以后，将生态系统服务功能研究与决策和管理结合起来逐渐成为国际生态学研究的热点（世界资源研究所，2005），美国生态学会在 2004 年提出的"21 世纪美国生态学会行动计划"中，就将生态系统服务科学作为生态学面对拥挤地球的首个生态学难点问题（Ma et al.，2004）；2006 年英国生态学会组织科学家与政府决策者一起提出了 100 个与政策制订相关的生态学问题（共 14 个主题），首先一个主题就是生态系统服务功能研究（Raich et al.，2006）。

以往研究主要探讨全国生态系统服务功能的内涵、类型划分、经济价值评估方法等，极大地促进了人们对生态系统服务功能的认识和保护意识。近数十年来，出现了生态系统服务功能与人类福祉的关系、多种生态系统服务功能权衡和协同等内容的探讨，政府对生态保护的投入显著增加，我国的生态保护和恢复进入重要阶段。另外，为了减缓草地、湿地等特定生态系统服务能力的退化和萎缩，不仅需要厘清生态格局、过程和功能，也需要通盘考虑，根据保护和维持生态系统服务能力的重要性进行评价并开展生态功能区划，更需要针对生物多样性保护、水土保持和防灾减灾等特定经济社会需求，开展特定区域生态系统评估和生态系统管理。另外，情景分析和计算模型在研究生态系统服务功能的科学测度中也起着极为重要的作用。

我国自然条件复杂，生态系统相对脆弱，加上人口众多，对资源需求量大，随着社会经济的发展，对生态系统服务的要求越来越高。区域生态系统服务管理是以实现区域生态系统服务功能的可持续供给为目标，对空间高度异质的生态系统服务功能的综合集成，涉及传统生态学、景观生态学、水文学、管理学和经济学等多学科领域。开展区域生态系统服务管理，首先需要解决以下三个问题：①如何系统评估生态系统服务功能，使评估结果具有科学性、区域代表性和管理实用性；②在评估过程和结果中如何体现生态系统服务的空间异质性和服务功能的尺度效应；③如何使用生态系统服务评估结果辅助决策，从而提升生态系统服务管理能力。

11.2　区域生态系统服务和管理理论与方法

11.2.1　生态功能区划基础

生态功能区划是在充分考虑区域独特的生态环境特征和面临的生态环境问题的前提下，明确生态系统在结构和功能方面存在的差异性，以生态环境敏感性和生态服务功能重要性的空间分异为主要依据，通过归纳差异性和相似性划分不同生态功能区的过程。

生态功能区划融合了多学科知识，形成跨学科综合成果，将以往区域环境管理中单一土地资源要素管理扩展到整个区域生态系统的管理，达到生态系统监测和保护的目的，从而实现区域可持续发展（贾西平，2001）。近年来，我国颁发的《全国生态环境建设规划》和《全国生态环境保护纲要》等一系列文件为今后的生态环境保护和恢复建设提供了政策保障。

生态功能区划需要以生态敏感性、生态系统服务功能评估和生态服务重要性评价为基础。

（1）生态敏感性

生态敏感性是指生态系统对区域各种自然和人类活动干扰的敏感程度，它反映的是区域生态系统在遇到干扰时，发生生态环境问题的难易程度，即在同样的干扰强度或外力作用下，各类生态系统出现区域生态环境问题的可能性大小（欧阳志云和王如松，1999；刘康等，2003）。

生态敏感性发生的根源是人类不合理的活动或自然干扰导致各种生态过程在时间、空间上的相互耦合关系偏离平衡状态，当外界干扰超过一定限度时，这种耦合关系将被打破，导致严重的生态环境问题。因此，生态环境敏感性评价实质就是评价具体的生态过程在自然状况下潜在变化能力的大小，并用其来表征外界干扰可能造成的后果。生态敏感性的评价内容主要包括：土壤侵蚀敏感性、洪灾敏感性、水环境污染敏感性、水资源胁迫敏感性、地质灾害敏感性和生境敏感性。

　　（2）生态系统服务功能评估

　　生态系统服务的定量评估是进行生态系统服务管理的基础（孙鸿烈，2008）。生态系统服务的精确定量，难度在于生态系统的结构、功能、时空变异性的度量，需要根据生态系统服务类型进行综合集成。千年生态系统评估（the millennium ecosystem assessment）按照效用类型将生态系统服务归并为供给、调节、文化和支持服务四大类（Ma et al.，2004）。研究学者自 20 世纪 80 年代以来尝试定量评估生态系统服务功能在提供产品、水土保持、气候调节、景观美学等方面的价值，Costanza 等（1997）的研究表明全球生态系统的服务价值是当时 GDP 的 1.8 倍，掀起了生态系统服务价值评估研究的热潮。美国斯坦福大学研发的 InVEST 模型是近年来新兴的基于地理信息系统（GIS）的生态系统服务功能评估模型，它基于不同土地利用情景能较准确地对多种生态系统服务功能进行评估，在全球尺度和流域尺度上都有较好的利用，被认为是将生态系统服务功能研究纳入不同尺度管理决策的高效工具，在未来具有广泛的应用空间。

　　（3）生态服务重要性评价

　　生态系统服务功能重要性评价是根据生态系统结构、过程与生态服务功能的关系，分析生态服务功能特征及其对全国或区域生态安全的重要程度（北京市环境保护局和中国科学院生态环境研究中心，2005）。

　　生态服务重要性评价是针对区域典型生态系统，根据生态系统结构、过程与生态服务功能的关系，分析生态服务功能特征，评价生态系统服务功能的综合特征，并根据评价区生态系统服务功能的重要性，按其对区域生态安全的重要性程度分为极重要、重要、一般重要 3 个等级。生态服务重要性评价不同于生态服务功能评估，是在生态服务功能评估基础上，考虑生态服务功能对人类的重要性程度，即能在多大程度上满足人类的各种生态需求而进行的综合评价。

11.2.2　生态功能区划基本原则与方法

　　生态功能区划是依据区域生态系统类型、生态系统受胁迫过程与效应、生态环境敏感性、生态服务重要性等特征的空间分异性而进行的地理空间分区，其目的是明确区域生态安全与生态系统的功能联系及其空间格局，明确影响区域生物多样性安全和生态功能发挥的主要影响因素、敏感区域和生态过程，因地制宜，确定主导生态服务功能的区域分工与保护方向和重点，为产业布局、生态环境保护与建设规划提供科学依据，指导区域生态环境保护与管理。

　　（1）生态功能区划基本原则

　　1）发生学原则：根据生态环境问题、生态环境敏感性、生态服务功能与生态系统结构、过程、格局的关系，确定区划中的主导因子及区划依据。

2）主导功能原则：生态系统具有多种功能，并且各种生态系统所具备的功能大致相似，但有大小、强弱之分。按价值取向不同，将为人类服务的功能称为生态服务功能，则各区域的主导服务功能不同。生态分区的确定以生态系统的主导服务功能为主。在具有多种生态服务功能的地域，以生态调节功能优先；在具有多种生态调节功能的地域，以主导调节功能优先。

3）差异性与相似性原则：区域内生态系统结构复杂，差异普遍存在，是生物多样性的基础。但在特定区域内生态环境状况趋于一致，具有相似性。生态功能区划是根据区划指标的一致性与差异性进行分区的。

4）区域共轭性原则：区划所划分的对象必须是具有独特性，空间上完整的自然区域，即任何一个生态功能区必须是完整的个体，不存在彼此分离的部分。

（2）生态功能区划基本方法

自上而下顺序划分和自下而上逐级合并是进行综合区划的两种基本途径和方法。自上而下的区划方法主要考虑高级区划单位如何划分为低级区划单位，其特点是能够客观地把握和体现自然地域分异的总体规律，以要素分析为基础并多采用地理相关分析基础上的主导要素指标，确定高、中级区划单位界线的可靠性较大，越向低级单位划分，指标越不易选取，界线越难确定。而自下而上区划方法是在划分最低级区划单位的基础上对区域进行相似性合并，逐级得出更高级的区划单位，低级区划单位界线的可靠性大，同时也保证了更高一级区划单位界线的精确性。因此，采取"自上而下"与"自下而上"相结合的划分方法进行区划，是当前综合区划的趋势。

11.3　综合生态系统管理

生态系统管理首要任务是确定管理的目标、原则和措施，这时通常需要区域的生态系统服务评估和生态功能区划的分区指导方案提供指南。但生态系统服务评估是在给定高度理想化的模型框架下计算得出的理论值，与实际维持当地人类社会发展需求的关系不密切，因为相对生态系统变化周期，实际的社会经济并非静止状态，自然资源的需求量及其预期变化随一定时期（3～5 年）区域发展规划目标时刻变化。考虑经济社会的实际情况，导致实际的生态系统服务功能量随时间持续变化，与理论值存在差异。

近年来出现了生态系统管理的相关研究，陈宜瑜和 Jessel（2011）开展了中国生态系统管理研究，系统论证了生态系统管理的重要性、原则、内涵与途径等，提出：①要提升生态系统服务的能力，这是我国生态系统管理的必由之路；②要分类管理，突出重点，提高生态系统服务能力；③要加强政府在生态系统管理中的综合协调，全社会共同参与；④要推进实施生态补偿政策；⑤要提高生态系统管理的科技支撑能力。生态系统管理关注区域社会经济发展同生态系统服务保护的相互关系，考虑如何使用管理工具协调二者关系。生态系统管理在生态系统领域得到广泛研究。

管理是管理者为有效地实现既定目标，采用一定方式对管理客体进行的综合性组织活动。综合生态系统管理是建立在生态系统管理基础上的全新概念。概念的提出是科学家对全球规模的生态、环境和资源危机的一种响应，它作为生态学、环境学和资源科学的复合领域，属自然科学、人文科学和技术科学的新型交叉学科，不仅具有丰富的科学内涵，而且具有迫切的社会需求和广阔的应用前景。

生态系统管理起源于传统的自然资源管理和利用领域，形成于 20 世纪 90 年代，是指基于对生态系统组成、结构和功能过程的理解，在一定的时空尺度范围内将人类价值和社会经济条件整合到生态系统经营中，以恢复或维持生态系统整体性和可持续性（曾永成，2003）。1996 年，美国生态学会组织 13 位自然资源研究和管理领域的科学家撰写了一份生态系统管理纲领，其对于生态系统管理具有重要的借鉴作用。1995～1999 年，美国组织了 350 多位科学家和资源管理者对生态系统管理进行了系统论述，建立了生态系统管理的指导思想和约束。美国生态学会生态系统管理特别委员会于1995 年提出的概念较为全面和系统，即生态系统管理是具有明确和可持续目标驱动的管理活动，由政策、协议和实践活动保证实施，并在对维持生态系统组成、结构和功能的必要的生态相互作用和生态过程最佳认识的基础上从事研究和监测，以不断改进管理的适应性。

GEF（Global Environment Foundation，全球环境基金）对综合生态系统管理（integrated ecosystem management，IEM）的定义为：综合生态系统管理是"强调生态系统各生态功能和服务之间的关联（如碳的吸收和储存、气候稳定和流域保护、有益产品）、生态系统与人类社会、经济和生产系统之间关联的一种综合管理的方法"。笔者认为综合生态系统管理是指在一定时空尺度上对自然资源和人类活动的一种综合管理战略和方法。它要求充分认识生态系统的功能和服务及其与人类社会、经济和生产系统之间的关系，综合考虑社会、经济、自然的需求和价值，采用多学科的知识和方法，运用行政的、市场的和社会的调整机制和参与机制，解决资源利用、生态保护和生态安全的问题，以达到创造和实现经济的、社会的和环境的多元惠益，实现人与自然和谐共处。

综合生态系统管理最本质的特征是系统的概念以及组成系统要素和要素之间的联系。综合生态系统管理特别强调人类是生态系统的有机组成部分。正如 Corner 等（2000）所指出的生态系统管理区别于传统资源环境管理之处，后者专注于对资源的调控和收获，在这一过程中人类起到的是调控作用，相反，生态系统管理关心的是保护生态系统的内在价值或者自然状态，保护生态系统的完整性处于优先地位。据此认为，综合生态系统管理必须考虑到：从全社会高度确定综合生态系统管理的目的和目标；重视整体的和综合的科学方法；能够适应管理需要的机构和合作决策。因此，综合生态系统管理的实质是对自然-社会-经济复合体的一种综合性管理，其目标是实现生态环境、社会与经济可持续发展。

11.4　长江上游典型山区生态功能区划

四川汶川地震重灾区（都江堰市、彭州市、崇州市、绵竹市、什邡市、旌阳区、中江县、罗江区、北川羌族自治县（简称北川县）、平武县、安州、江油市、绵阳市涪城区、绵阳市游仙区、梓潼县、盐亭县、三台县、青川县、广元市利州区、剑阁县、广元市朝天区、广元市昭化区、苍溪县、汶川县、茂县、理县、松潘县、小金县、黑水县、宝兴县，以下简称重灾区）是全球生物多样性保护的热点区域之一，是世界上丰富的地方性温带植物、大熊猫、川金丝猴、珙桐等近 50 种濒危物种和百余种稀有物种的栖息地。地震及伴随的滑坡、泥石流等次生灾害对灾区的生物多样性和生态环境造成巨大破坏，各级自然保护区受损严重。为抢救面临地震及其次生灾害威胁的灾区珍稀物种，将生态恢复重建纳入灾后重建行动，2008 年 6 月 13 日，环境保护部同联合国开发计划署签署了"四川汶川地震灾区恢复与重建中生物多样性保护应急对策"项目（以下简称生多项目），以保障生物多样性保护的重要性以及保护区生物多样性保护的示范作用在灾后恢复重建中得以体现和加强。本节就以四川汶川地震灾区为典型区域，梳理山区生态系统服务功能能重建与区划的基本内容。

　　生态系统服务功能和价值评估是目前生态学研究的前沿和热点。生态系统服务功能包括生物多样性保护、水源涵养、土壤保持、大气调节、产品供给等诸多方面，生物多样性保护是生态系统服务功能中重要的一项，但不能代表其他的生态服务功能，尽管在许多地区，二者存在高度一致。将生物多样性保护与生态服务功能保护相结合已经成为国际生态保护组织的共同认识。基于这种认识，在地震重灾区开展生态功能保护分区研究将有助于当地的生态恢复重建和生态保护。因此，生物多样性项目设置了"四川汶川地震重灾区生态功能区划"这一专题开展针对性研究。2009 年 3 月中国科学院水利部成都山地灾害与环境研究所受生多项目实施方——四川省环境保护局委托，开展此项研究工作。本节是对专题研究的部分成果总结。

11.4.1　生态功能分区思路

　　根据重灾区特点和项目目标，分区主要参考《生态功能区划暂行规程》（国家环境保护总局，2003），同时借鉴国外生态系统功能分区经验，通过对重灾区生态环境问题分析、生态敏感性评价、重要生态系统功能评估以及生态系统功能服务重要性评价，开展生态功能区划，最后综合分析提出重灾区重要生态系统功能保护区建议。其中生态敏感性分析方法参考安徽省生态功能区划（中国科学院生态环境中心和安徽省环境保护局，2003），生态系统服务功能评估利用美国斯坦福大学、大自然保护协会（TNC）及世界自然基金会（WWF）联合开发的 InVEST 模型进行评估（Tallis and Ricketts，2009），生态系统服务重要性评价参考全国生态功能区划（环境保护部和中国科学院，2008）及省级生态功能区划方法(中国科学院生态环境研究中心和安徽省环境保护局，2003；甘肃省环境保护局，2004；北京市环境保护局和中国科学院生态环境研究中心，2005；汤小华，2005)。其中，InVEST模型采用了国际上先进的评估方法，即以数学模型为核心，以地理信息系统为平台，从土地利用的角度对区域内不同位置的生态服务功能进行定量评估，精度较高，目前已经应用于美国、坦桑尼亚、印度尼西亚等地区的生态保护。本次评价前，已经用 InVEST 模型对宝兴县的生态功能进行了评估，取得了良好的结果。具体评价方法根据重灾区实际情况进行了调整。

11.4.2　生态系统服务功能评估

2008 年汶川大地震对当地生态环境产生了剧烈破坏,急需开展生态系统服务评价和生态功能区划,以保护生态屏障区生物多样性,保障灾后生态系统功能尽快恢复。项目通过对地震重灾区 30 个县(区)开展生态功能区划研究,科学评价了地震重灾区生物多样性特征及生态系统功能,明确了恢复与重建过程中及未来生物多样性与生态系统功能保护的空间格局和建设重点,促进了灾区恢复重建与生物多样性和生态功能保护同步实施、协调、共赢。

11.4.2.1　生态敏感性评估

根据重灾区的生态系统特点和生态环境主要影响因子,确定评价内容包括:土壤侵蚀敏感性、水环境污染敏感性、水资源胁迫敏感性、洪灾敏感性、地质灾害敏感性和生境敏感性。

(1)土壤侵蚀敏感性评估

参数处理:研究根据长江上游气象站点的雨量资料计算得到降雨侵蚀力。

1)汶川地震导致重灾区植被覆盖发生了显著变化,大量森林被毁坏,成为裸岩石砾地,增加了土壤侵蚀的可能性。本次评估考虑了地震后的土地利用变化,在 2005 年土地利用图中将植被破坏区转化为裸岩地,然后依据不同土地利用方式对覆盖管理因子进行赋值。

2)因子赋值:考虑灾区地形起伏较大,容易发生滑坡、泥石流等地质灾害,导致水土流失增大,因此地形的影响最为重要,坡度因子权重为 0.5,植被和管理是影响农地土壤侵蚀的关键因素,权重为 0.2,降雨侵蚀力权重为 0.2,土壤可蚀性权重为 0.1。

评估结果表明,土壤侵蚀极敏感区大致在宝兴至汶川至北川的龙门山一带。

这不仅是因为该地区山高坡陡,同时也反映出地震导致地表植被损毁,土壤侵蚀的敏感性增高。成都平原、松潘北部、小金县西部边缘都不敏感,其他地区介于不敏感和极敏感区之间。川中丘陵区的中江、三台、盐亭一带零星分散有一些高敏感地块。

(2)水环境污染敏感性评估

使用重灾区土地利用类型图得到水环境污染极敏感区主要集中在崇州至安县的成都平原,以及中江和苍溪县,川中丘陵区属于水环境污染的高度敏感区,龙门山及以西部高原边缘区较不敏感。这一结果表明,地震对重灾区地表水质总体上不会造成影响,这与地震一年后水质监测结果相符。但是,在局部地区和特殊时期的水污染问题还需要引起重视,尤其是集中安置点附近的水源保护。

(3)水资源胁迫敏感性评估

根据重灾区 30 县(区)人均水资源量分级得到水资源胁迫敏感性评估结果。重灾区水资源胁迫敏感性最高的地区在川中丘陵区,包括盐亭、三台、中江以及德阳旌阳区和绵阳涪城区、游仙区。原因是该区域属于盆地丘陵区,降水分布不均,生态系统涵养水源的能力较差。西部高原边缘区是岷江、涪江、沱江的源区,水源丰富,人口稀少,是水资源胁迫敏感性最低的地区。

（4）洪灾敏感性评估

1）地形因子用坡度表示。对坡度进行分级,坡度越小的地方,由于洪水排泄困难,发生洪灾的可能性越大,得分越高。对重灾区坡度图进行分级,得到地形指数图。

2）根据四川省多个气象站的年降水资料,进行插值得到重灾区年降水分布图,再分级得到降水指数图。降水指数最高的地区在宝兴南部、都江堰,以及苍溪县东部地区,最低值分布在小金县和松潘县。

3）采用遥感影像图进行融合,然后计算植被指数图（NDVI 指数图）,并进行分级,得到植被覆盖度分级图。

4）将地形指数、降雨指数和植被指数加权叠加,得到洪灾敏感性指数。

洪灾敏感性指数进行分级,评估其敏感程度。结果表明：都江堰、彭州至绵阳一带所属的成都平原是洪灾极敏感地区,发生洪灾的可能性较大,其次为沱江、涪江和嘉陵江的中游,龙门山以西地区基本处于中度以下敏感区,发生洪灾的可能性较小。

（5）地质灾害敏感性评估

重灾区西部是滑坡、泥石流的高发区,再加上汶川地震的巨大破坏,该地区的地质灾害点迅速增多,发生各类地质灾害的风险极高,并且将在相当长的时期内持续。本次评价主要考虑滑坡、泥石流地质灾害。选择汶川地震前滑坡、泥石流灾害分布点与汶川地震破坏区作为评估基础。

首先对震前滑坡、泥石流分布图作 500m 缓冲区分析,生成滑坡、泥石流影响范围图。在影响范围内赋值为 1,其他地区赋值为 0。同样,以中国科学院生态环境研究中心提供的汶川地震生态系统破坏图为基础,将受地震破坏区赋值为 1,其余地区赋值为 0。将上述两个图层相加,然后以乡为单位统计得分,进行分级评估敏感性,最后得到地质灾害敏感性评估结果。地质灾害极敏感区在汶川、彭州、什邡、北川,高度敏感区在汶川、都江堰、绵竹、安州区,整个龙门山区是地质灾害敏感区,而西部高原边缘区和东部平原丘陵区基本属于地质灾害轻度和不敏感地区。这一结果直接反映出地震后,重灾区的地质灾害风险增大。特别是汶川、北川等靠近震中的地区,成为滑坡、泥石流的高发区。

（6）生境敏感性评估

重灾区生境空间格局较为清晰（图 11.1）。龙门山及其西部的高原边缘区生境质量总体较好,仅部分河谷地带质量较差。盆地北部的中低山区生境质量中等。成都平原及川中丘陵区生境质量较差。

重灾区生境极敏感区很少,仅有零星分布在都江堰幸福镇、灌口镇,汶川县漩口镇,以及宝兴县灵关镇、硗碛藏族乡等地,高度敏感区主要分布在成都平原及川中丘陵区,但只占该地区总面积的小部分,大部分地区是轻度以下敏感。龙门山一带是众多保护物种的栖息地,地震破坏导致部分栖息地丧失,破碎化趋势增大,生境质量下降,增加了生境敏感性。

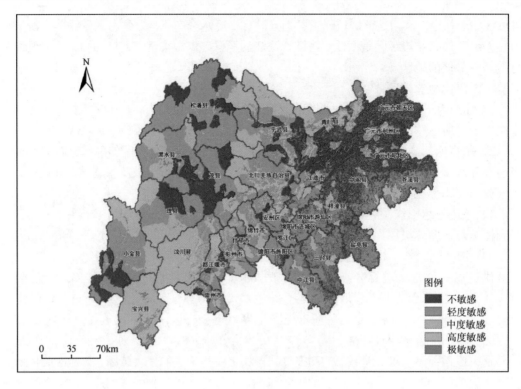

图 11.1　生境敏感性评估图

11.4.2.2　生态服务功能评估

　　生态服务功能评估是采用定量化的方法，以物质量为指标，评估生态系统提供某种特定服务功能的多少，以此作为生态服务功能优劣的度量。根据重灾区的生态环境现状和特点，选择生物多样性保护、水源涵养、土壤保持和碳储存功能进行评估。

　　（1）生物多样性保护功能评估

　　生物多样性保护功能表示了生态系统维持生物多样性的丰富程度的能力，目前尚难用较准确的指标进行定量化评估。生境质量从总体上反映了生态系统自身的健康状况，或者是质量好坏，从而间接体现了对生物多样性保护的支持能力，因此，本书用生境质量作为生物多样性保护功能的评估指标。结果表明，重灾区的生物多样性保护功能总体较好（图 11.2），且格局比较清晰，龙门山以西的高山区，生境质量良好，重灾区东北部，即广元一带功能仅次于龙门山以西地区，也比较良好，而龙门山以东的平原和丘陵区生物多样性保护功能较差，平原区最差，反映了人类活动对生境的破坏。龙门山脉一带，受地震的影响，出现了较多的生物多样性保护功能较差的地块，呈块状分散在周围连片的功能较好的区域中，这反映出地震破坏后，这一地区生物多样性保护功能呈现下降的趋势。

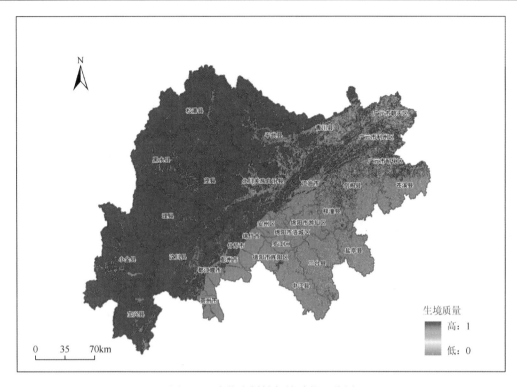

图 11.2　生物多样性保护功能评估图

（2）水源涵养功能评估

水源涵养功能评估结果如图 11.3 所示。重灾区生态水源涵养功能较好的地区处于汶川至北川的龙门山脉，主要包括汶川的三江—卧龙一带、北川—平武一带，并向周围发散，整个沱江源区、涪江上游和岷江上游基本属于水源涵养都较好的区域。但在这一地区，也间杂一些涵养功能较差的斑块。这一方面说明地震并没有使当地的水源涵养功能在总体上受到破坏；另一方面也表明，部分地区由于地表破坏严重，植被毁坏，土壤流失，出露裸岩，导致水源涵养功能降低。

（3）土壤保持功能评估

本次土壤保持功能评估依据生态区划规程，采用通用土壤流失方程进行，用土壤保持量作为评估指标。具体方法是基于土地利用方式分别计算栅格单元潜在土壤流失量和现实土壤流失量，二者的差值为土壤保持量。重灾区土壤保持功能较好的地区在江油市北部至剑阁至广元一带的盆地北部山区，在整个重灾区中所占比例较小，多数地区土壤保持功能都较弱，最弱的地区为成都平原区。

（4）碳储存功能评估

植被碳的分布主要由植被分布决定，龙门山以西高山区由于森林植被分布集中，碳储存功能优于龙门山以东平原及丘陵区。将植被碳与土壤碳相加得到生态系统碳储存功能评估结果。可以看出，重灾区生态系统碳储存功能较好的地区主要集中在三个地区：宝兴—小金一带、汶川的卧龙至都江堰虹口一带，以及北川和平武交界处。

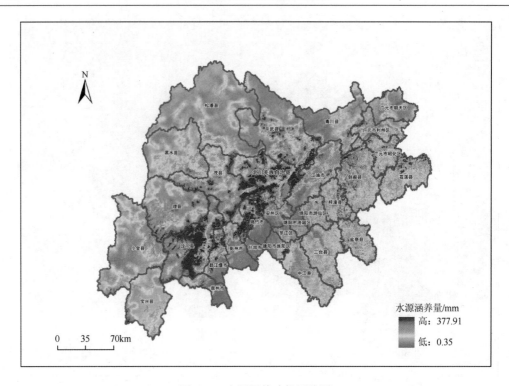

图 11.3　水源涵养功能评估图

11.4.2.3　生态服务重要性评价

根据重灾区主要的生态服务功能，并考虑人类对生态服务的需求，选择生物多样性保护功能、水源涵养功能、土壤保持功能、碳储存功能、自然景观维护功能、产品提供功能、人居保障功能进行重要性评价。

（1）生物多样性保护重要性评价

本次评价将生物多样性保护重要性从生境和物种两方面进行评价。重灾区是生物多样性极为丰富的地区，不仅保护物种数量极多，更有大熊猫、川金丝猴等珍稀濒危物种。为反映不同物种在生物多样性保护中的重要程度，本次评价对物种的考虑从保护物种、指示物种和旗舰物种三个层次开展。最后确定评价指标分为两级：一级指标包括生境和物种；二级指标包括生境质量得分、保护物种数量、指示物种数量，以及是否有旗舰物种（大熊猫）栖息（表 11.1）。

表 11.1　指示物种基本情况

中文名	拉丁名	ICUN 等级	被选理由
珙桐	*Davidia involucrata*（Baill）	易危 VU	2
白唇鹿	*Przewalskium albirostris*（Przewalski，1883）	濒危 EN	1
川金丝猴	*Rhinopithecus roxellana*（Milne-Edwards，1870）	易危 VU	1

续表

中文名	拉丁名	ICUN 等级	被选理由
羚牛	*Budorcas taxicolor*（Hodgson，1850）	濒危 EN	1
藏酋猴	*Macaca thibetana*	易危 VU	1
狼	*Canis lupus*（Iinnaeus，1758）	易危 VU	1
小麂	*Muntiacus reevesi*（Temminck，1838）	易危 VU	1
雪豹	*Uncia uncia*（Schreber，1775）	极危 CR	2
野牦牛	*Bos grunniens*（Linnaeus，1766）	濒危 EN	2

注：1 表示中国特有并处于濒危或受威胁状态的物种；2 表示国家一级重点保护物种。

对于重灾区这种处于高原向平原、丘陵过渡区的特殊地貌区，指示物种往往代表了特殊的生境，对于生物多样性的意义更为重要。本次选择 9 种重要物种作为指示物种计算指示物种指数，突出指示物种对生物多样性保护的重要性。指示物种名单见表 11.1。选取了 1 种植物和 8 种哺乳动物作为指示物种。其中，植物种包括 1 种国家一级保护植物；动物种包括 2 种国家一级保护动物和 6 种中国特有并处于濒危或受威胁状态的物种。

本书以哺乳动物、鸟类和植物等作为指示物种，没有包括爬行动物、鱼类和两栖动物。因为爬行动物和两栖动物对生境的要求通常要比哺乳动物和鸟类的狭窄，所以哺乳动物和鸟类较宽的生境范围就能将其要求的生境类型包括在内。

以表 11.1 选择的 9 种指示物种各自栖息地分布图为基础，以栅格为单位统计指示物种数量，并按表 11.2 分为 5 个级别，得到指示物种数量分级评价图。

表 11.2　指示物种因子分级标准

指示物种数量	≤1	2	3	4	≥5
赋值	1	2	3	4	5

将保护物种数量分级（5 级）与指示物种分级图加权叠加，然后分级赋值，得到物种丰富度分级图，分级标准为表 11.3。

表 11.3　物种丰富度指数分级标准

物种丰富度指数	<1.5	1.5～3.0	>3.0
分级赋值	1	2	3

凡是有大熊猫栖息的地方赋值为 1，其余地方赋值为 0。然后考虑旗舰物种——大熊猫对生物多样性保护重要性的影响。按乡统计大熊猫所占面积比例，结果再按乡统计平均值，然后分级，得到大熊猫栖息地分级评估图，分级标准见表 11.4。

表 11.4　旗舰物种指数分级标准

大熊猫栖息地所占比例	0～0.05	0.05～0.2	>0.2
旗舰物种指数	1	2	3

再将大熊猫栖息地分级评估图层与物种丰富度图层按表 11.5 进行几何叠加，得到物种指数评估图。

表 11.5　物种指数评价标准

物种指数	赋值
11，12	1
21，22	2
13，23，31，32，33	3

注：物种指数十位表示物种丰富度，个位表示大熊猫栖息地分级结果。

最后将物种指数图与生境质量分级图加权叠加，然后按表 11.6 分级得到生物多样性保护重要性评价结果。

表 11.6　生物多样性保护重要性评价标准

重要性指数	<1.4	1.4～2.2	>2.2
赋值	1	2	3
重要程度	一般重要	重要	极重要

重灾区生物多样性保护极重要面积较大，主要分为南北两块，南边部分包括宝兴县、汶川、理县的大部分地区，这里是大熊猫主要的栖息地，有蜂桶寨国家级自然保护区、卧龙国家级自然保护区以及四姑娘山国家级自然保护区。北边部分包括从彭州—绵竹直到北川、平武，涉及了龙门山的大部分地区，同样是众多自然保护区集中分布地带，包括王朗国家级自然保护区、雪宝顶国家级自然保护区等。此外，小金县和理县还零星分布一些极重要区。龙门山以东的平原丘陵区主要属于生物多样性保护的一般重要区。

（2）水源涵养重要性评价

水源涵养重要性既要体现出水源涵养功能的优劣，也要反映出人类对水资源的需求。基于这种认识，水源涵养重要性从水源涵养功能、植被减洪功能和服务人口三个方面开展评价。具体指标见表 11.7。

表 11.7　水源涵养重要性评价指标

指标级别	指标名称			
一级指标	水源涵养功能	植被减洪功能	服务人口	
二级指标	水源涵养量	植被截流量	灾区内人口	灾区外人口

首先是生态系统水源涵养功能（在功能评估部分已经阐述，这里不再重复）。在功能评估结果基础上进行分级，得到水源涵养功能分级评价图，分级标准见表 11.8。

表 11.8　水源涵养功能分级评价标准

水源涵养量/mm	分级赋值
>100	1
50~100	2
<50	3

其次为生态系统植被减洪功能，主要体现在植被拦截暴雨的能力。采用不同植被类型次降雨饱和截流量按表 11.9 进行分级，得到生态系统减洪功能分级评估图。

表 11.9　生态系统减洪重要性评价标准

截流量/mm	分级赋值
<1	1
1~3	2
>3	3

水源涵养功能对于人类的重要性可以用水源潜在服务人口数量表示。由于重灾区是四川省主要河流的上游，其水源涵养对于重灾区内部和外部都有十分重要的意义。因此，本次评估分别考虑水源涵养功能对重灾区当地和灾区以外地区的重要性。对于重灾区内部，以流域为边界，计算径流流路，然后统计流路上的人口数量，可以得到潜在服务人口数量，然后按表 11.10 进行分级，得到灾区内服务人口重要性评价图。

表 11.10　重灾区内服务人口数量分级标准

服务人口数量/万人	分级赋值
<5	1
5~10	2
>10	3

由于重灾区的特殊地理位置，其水源涵养功能对于重灾区以外的其他地区，如成都平原具有重要意义，因此需要考虑对重灾区外的重要性。本次评估只考虑对长江上游地区的重要性。根据流域边界和人口密度，统计主要流域的人口数量，根据重灾区外下游人口数量分别赋值：涪江流域，1；沱江流域，1.5；嘉陵江流域，1.5；岷江流域，2.4；大渡河流域，0.75；青衣江流域，0.75，得到灾区外服务人口重要性评价图。在此基础上，计算水源涵养对所有服务人口的重要性。重灾区人口数量分级图归一化后乘以权重 0.3，重灾

区外人口数量分级图归一化后乘以权重 0.7，二者相加得到总服务人口重要性评价图。最后用服务人口重要性与水源涵养功能及植被减洪功能加权叠加，并按表 11.11 对结果进行分级，得到水源涵养重要性评价的空间分布格局。

表 11.11　水源涵养重要性评价标准

重要性指数	<0.2	0.2～0.45	>0.45
赋值	1	2	3
重要程度	一般重要	重要	极重要

水源涵养极重要区主要集中在从汶川至都江堰、什邡、绵竹、北川的龙门山一带。这些地区是四川主要河流岷江、沱江、涪江的上游，不仅是灾区和全省的重要水源地，同时对缓解下游地区的洪涝灾害也具有重要作用。龙门山以西的高原边缘区，包括松潘、理县、小金县等地，以及盆地北部的青川、广元一带，属于水源涵养的重要区。其他地区，包括成都平原、川中丘陵区属于一般重要区。

（3）土壤保持重要性评价

土壤保持重要性主要体现在土壤对土地生产力的维持。本次评价选择土壤保持量和人口密度作为评价指标，从土壤保持功能的优劣和服务人口数量两方面进行评价。首先用潜在侵蚀量减去现实侵蚀量得到土壤保持量，然后按表 11.12 分级评价，得到土壤保持功能分级评价图。土壤保持最主要的地区在宝兴、汶川南部、北川大部分地区、江油北部。一般重要地区在成都平原、松潘北部、小金西部边缘。

表 11.12　土壤保持重要性评价指标

评价指标	取值范围		
土壤保持量/[t/(hm²·a)]	<50	50～100	>100
人口密度/(人/栅格)	0～0.02	0.02～0.1	>0.1
分级标准	1	2	3

其次考虑对服务人口的重要性。方法是：以乡镇为单元统计人口数据，然后除以各乡镇栅格数量，得到基于栅格的人口密度，再按表 11.12 进行分级，得到人口密度分级图。最后将土壤保持功能与服务人口进行几何叠加后分级，分级标准见表 11.13，得到土壤保持重要性评价结果及其空间分布格局。

表 11.13　土壤保持重要性评价标准

土壤保持重要性指数	分级赋值	重要性
11，12，13，21	1	一般重要
22，31	2	重要
23，31，32，33	3	极重要

注：土壤保持重要性指数十位表示土壤保持功能分级结果，个位表示服务人口分级结果。

　　龙门山中段，即安县、北川山区、盆地北部的青川至苍溪一带，以及川中丘陵区的盐亭、三台一带为土壤保持重要区。一方面是这些地区的土壤保持功能相对较好；另一方面是人口密度相对较大，需要维护土壤保持功能，以保持土地生产力，满足人口对粮食的需求。

　　（4）碳储存重要性评价

　　碳储存重要性体现在减少温室气体排放，稳定大气系统，减少极端气候事件的发生。尽管碳储存功能极为重要，但其影响难以在较小空间尺度上用具体的人类需求反映，因此仅从碳储存功能自身进行分级评估。采用表 11.14 对碳储存量进行分级评价重要性，得到碳储存重要性评价结果及其空间分布格局。

表 11.14　碳储存重要性分级标准

碳储存量/(t/hm²)	赋值	重要性
>80	3	极重要
40～80	2	重要
<40	1	一般重要

　　生态系统碳储存极重要区分布在龙门山以西的高山区，而成都平原及周边丘陵区属于一般重要区。

　　（5）自然景观维护重要性评价

　　自然与文化遗产是指区域内的丰富的自然遗产和文化遗产对人类文明进步具有重要贡献的自然景观与文化宝库等，主要包括风景名胜区、自然保护区及国家级和省级历史文化名城等。重要地区主要包括具有特殊保护意义的省级风景名胜与地质遗迹等；比较重要的地区主要为一些具有一定历史意义和保护价值的文物区和自然景观；其余为一般地区。由于上述数据获取较为困难，考虑自然保护区与风景名胜区的分布存在高度一致性，本次评价采用自然保护区为评估指标进行评价，标准见表 11.15，得到自然景观保护重要性评价结果及其空间分布。

表 11.15　自然景观功能分级评价表

景区类型	赋值	等级
国家级自然保护区	3	极重要区
省、市、县保护区	2	重要区
其他地区	1	一般区

　　自然景观维护最重要区分别在宝兴—汶川、都江堰以及平武、青川，这是几个国家级自然保护区分布地。重要区在理县和汶川交界处以及茂县—安县—绵竹交界处较为集中。

　　（6）产品提供重要性评价

　　生态系统的产品提供功能是生态系统服务功能的重要组成部分，也是人类赖以生存的重要条件之一。根据全球千年生态系统评价框架定义，生态系统的产品提供功能主要包括人类从生态系统获得的粮食、洁净水、燃料、纤维、生物化学物质和基因资源等，这些功能维持了人类最基本的生活，也为其他产业的生产提供了产品基础（Mooney et al.，2004）。本次评价选择最直接的畜产品—农产品反映产品提供功能。具体方法是：以乡镇为单位，计算农地所用的面积比例，主要包括水田、旱地、园地、菜地，评价农产品提供重要性（表11.16），用草地生物量评价畜牧产品提供重要性（表11.17）。

表 11.16　农产品提供重要性评价指标

指标级别	指标名称	
一级指标	农产品供给能力	畜产品提供能力
二级指标	农地面积比例	草地生物量

表 11.17　畜牧产品提供重要性评价指标

评价指标	取值范围		
草地生物量/[t/(hm²·a)]	<0.3	0.3~2	>2
农地面积比例/%	<10	10~60	>60
分级赋值	1	2	3

　　首先按草地生物量进行分级，再以乡镇为单位统计后重分类，得到畜牧产品供给重要性图。以乡镇为单位统计各乡镇农地面积百分比，然后按表11.18分级得到农产品提供重要性评价图。最后将畜牧产品重要性评价图和农产品重要性评价图加权叠加。叠加后重分类为三级，得到产品提供重要性评价结果。表明农产品提供重要性格局相当清楚，极重要地区是龙门山以东的成都平原和川中丘陵区，重要区在北川、平武及以东的低山丘陵区，而西部高原区耕地稀少，农产品提供重要性一般。

表 11.18　农产品提供重要性分级评价标准

重要性指数	分级赋值	重要性
<1.5	1	一般重要
1.5~2.1	2	重要
>2.1	3	极重要

　　（7）人居保障重要性评价

　　人居保障功能主要是指满足人类居住需要和城镇建设的功能，主要区域包括大都市群和重点城镇群等（国家环境保护总局，2008）。"5·12"汶川地震对都江堰的住房损毁严重，造成了大量的次生灾害，截至2008年6月，共排查滑坡、崩塌、泥石流和不稳定斜坡等地质灾害隐患点5192处，这些隐患点对灾区人居环境造成了严重威胁。因此，评价生态系统的人居保障功能尤为重要。本次评价从地质灾害分布与地形两方面进行评价。评价标准如表11.19所示。

表 11.19 人居保障重要性评级指标

指标级别	指标名称	
一级指标	地质灾害	地形
二级指标	地质灾害点	坡度

考虑地震破坏导致的次生灾害对人居安全的影响。根据表 11.20，凡是有地质灾害的地区都列入一般重要区，由此得到人居保障功能评价图。

表 11.20 人居保障功能评价标准

评价指标	赋值
坡度<15°，无地质灾害	3
15°<坡度<35°，无地质灾害	2
坡度>35°或者有地质灾害	1

考虑人居保障功能服务的人口，按乡镇计算人口密度，然后分级（表 11.21）。最后将保障功能图与人口分级图加权叠加，得到人居保障重要性评价结果及其空间分布。

表 11.21 人口密度分级表

人口密度/(人/km^2)	0~100	100~500	>500
分级赋值	1	2	3

龙门山以东的平原和丘陵区是人居保障极重要区。这里不仅有德阳、绵阳等城市，也有人口众多的县、乡镇，人口密度较高，如绵阳涪城区人口密度超过 20 000 人/km^2，为重灾区人居安全提供了重要保障。

11.4.3 汶川地震灾区生态功能区划

汶川地震重灾区的生态功能区划需要充分考虑"5·12"大地震对该区域生态环境各方面的影响，结合灾区社会经济发展，科学合理划分生态功能区和优先保护区，从而为灾区生态恢复重建提供依据。

（1）生态功能区划原则和方法

本次分区将在生态环境现状、生态系统服务重要性等评价研究的基础上，按生态功能区划的等级体系，通过自上而下和自下而上的划分方法进行生态功能分区。本次生态区划主要从两个层次开展，首先进行生态功能分区，确定重灾区不同地域最重要的生态服务功能，在此基础上，依据不同生态服务功能的性质和重要性程度，对生态功能分区进行合并，划分生态保护重要性分区。

（2）生态功能分区结果

根据生态环境现状、敏感性评估结果和生态重要性评价，遵循主导功能原则、相似性原则、差异性原则等开展生态功能分区。具体过程如下：首先考虑自然地理背景的差异，重灾区具有明显的地貌分异规律，自西向东大体分为龙门山西部高原边缘区、龙门山区、龙门山以东平原丘陵区。从全国来看，重灾区属于我国东部季风区，但由于重灾区地形起伏大，区域内气候变化也深受地貌影响，水平地带性和垂直地带性分异明显。东部平原丘陵区属于亚热带湿润气候，龙门山脉东侧属于湿润气候，龙门山脉西侧的岷江河谷气候干燥，龙门山以西地区则是典型的高原气候。由此，将地貌作为分区重要的参考依据，分别确定海拔 1000m 和 3000m 等高线作为划分三大区域的参照。其次，依据单项生态服务重要性评价结果，确定各项生态功能最重要的区域，并大致划分主要分布区。由于重灾区生态功能集中，同一地域上会出现多种生态功能都极重要的情况。例如，龙门山中段是生物多样性保护、水源涵养功能、景观维护功能同时为极重要的地区。然后参考生态敏感性评估结果，以及地貌分区参考线，以乡镇边界为分区界线，将整个重灾区划分为九个功能区（图 11.4），分别是：平武生物多样性与景观保护功能区，北川-茂县生物多样性与水源涵养保护功能区，宝兴-汶川生物多样性与景观保护功能区，松潘水源涵养功能区，理县-黑水水源涵养与生物多样性保护功能区，小金水源涵养-碳储存功能区，广元土壤保持与水源涵养功能区，川中丘陵人居保障与土壤保持功能区，成都平原人居保障与产品提供功能区。

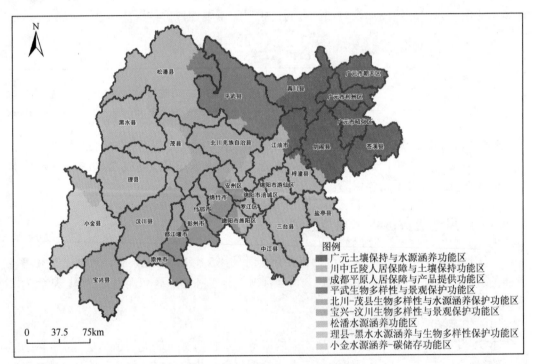

图 11.4　汶川地震重灾区生态功能分区

（3）生态保护重要性分区

首先进行生态调节功能综合评估，考虑不同服务功能的重要程度不同，需要对不同调节功能赋以不同权重，生物多样性保护功能权重最高（0.35），其次为水源涵养功能（0.25），然后是土壤保持功能（0.2）、景观保护功能（0.1）。碳储存功能是有关全球气候变化的重要功能，但是在局部地区，并不是最重要的生态调节功能，因此赋值为 0.1。然后对上述五大功能进行加权叠加，得到生态系统调节功能评估图（图 11.5）。从图中可以看出，生态调节功能最好的地区显然是从宝兴至平武的龙门山一带，涉及平武生物多样性与景观保护功能区，北川-茂县生物多样性与水源涵养保护功能区，宝兴-汶川生物多样性与景观保护功能区，而川中丘陵人居保障与土壤保持功能区和成都平原人居保障与产品提供功能区调节功能最差。

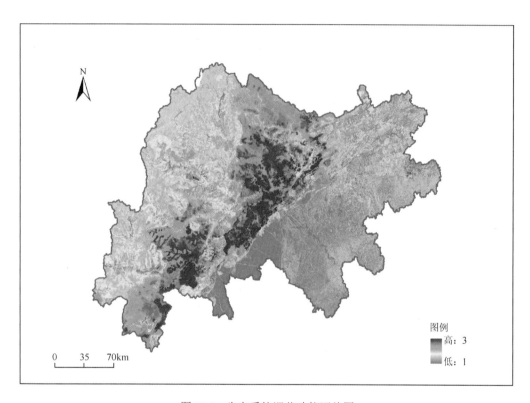

图 11.5　生态系统调节功能评估图

　　相比调节功能，供给功能只包括人居保障和产品提供，比较简单。考虑重灾区人居保障功能的突出重要性，对其赋以权重 0.6，产品提供功能赋以权重 0.4，进行加权叠加，得到生态系统供给功能重要性评价图（图 11.6）。从图中可知，供给功能最重要的区域在川中丘陵区、成都平原区，最差的区域在盆北中低山区。

　　在对调节功能和供给功能进行综合评估基础上，明确重灾区生态功能保护的重点是生态调节功能，同时兼顾供给功能。由此在生态功能分区的基础上划分出汶川地震重灾区生态保护重要性分区，以区别不同地区开展生态保护的重要性和优先保护顺序。重灾区生态保护重要性分区包括四个分区（图 11.6）：极重要区——龙门山生物多样性与水源涵养功能保护区；重要区包括两个部分，其一为龙门山西部水源涵养与生物多样性保护功能区，其二为龙门山东部平原丘陵人居保障与土壤保持功能区；一般重要区——盆北中低山土壤保持与水源涵养功能区。

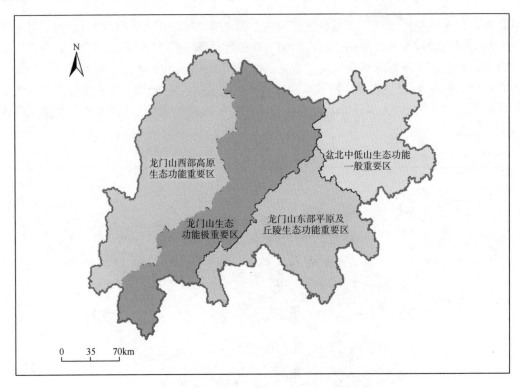

图 11.6　生态系统供给功能重要性评价图

11.4.4　地震灾区生态系统管理对策

（1）建立生态功能保护区

根据重灾区生态区划结果，建议将龙门山生态功能极重要区作为国家级生态功能重点保护区，进行整体保护。主要实施以生态系统服务功能保护和生物多样性保护为主的综合生态保护，严格限制对生态环境有重大影响的高污染、高耗能等产业的发展。其理由如下：①该地区综合生态功能极为重要，是重灾区生物多样性保护、水源涵养、土壤保持、景观维护和碳存储与吸收等多种生态功能的极重要区。由于地处川西北高原向四川盆地的过渡区，其生态系统服务功能的发挥对于四川省乃至长江上游地区的生态安全具有重要意义。②该区是生态极为脆弱的地区，由于山高坡陡、地形起伏大，滑坡、泥石流等地质灾害频发，特别是汶川地震导致大量山体垮塌、地表植被破坏，山地次生灾害风险增大，使本区在相当长的时期内，生态环境的脆弱性进一步加剧。因此，需要通过自然和人工相结合的方法促进本区的生态恢复重建，而将本区划入生态功能保护区将从国家政策高度确立本区实施生态保护的地位。③从产业发展看，本区具有丰富的动植物资源，景观类型多样，适宜发展以生态旅游为主导的低碳经济。在本区建立生态保护区，将为本区经济发展提出明确方向，促进区内产业结构调整，实现生态保护与经济发展的双重目标。④该区是众多自然护区集中的地区，在 2.2 万 km² 的区域内，分布了 7 个国家级自然保护区、13 个省级自然保护区、1 个地市级自然保护区和 2 个县级自然保护区，其分布密度之高，是全国都极为罕见的。但是，众多保护区间仍然存在相互间隔离、间断的问题，建立完整的生态功能保护区，既扩大了物种的栖息地，便于物种迁徙交流，又可以从总体上进行科学管理，从而实现多重目标的综合保护。

（2）建立生态补偿机制

地震重灾区生态环境脆弱、生态服务功能重要，在重灾区生态重建过程中，要根本转变自然资源无价值、低价值的思维定式。正确认识和科学对待生态系统的价值，促进灾后生态恢复重建、发挥重灾区生态功能，尽快建立生态补偿机制，这是生态保护和恢复重建的长效机制。重灾区有相当部分地区属于限制开发区和禁止开发区，原则上要通过国家或地方转移支付来促进当地社会稳定和生态安全，从而保证其他区域经济发展有安全的生态保障。因此，要完善各生态功能区的自然资源使用和环境污染治理制度，实施生态补偿机制，创新补偿方式。

依据"开发者付费，保护者获益"的原则，通过价格杠杆，制定科学合理的土壤、水、生物等资源开发生态补偿收费制度，要求生态建设地区的企业、经济单元、个人在资源利用中对生态环境和资源损耗做出经济补偿。建立污染补偿、资源补偿、产业园区补偿、流域补偿、区域补偿和国际补偿等多种生态补偿方式，对生态效益产出主体的生态建设和维持成本进行补偿。将重灾区的绿色产业、绿色能源项目列为建立生态环境补偿机制的重点，并将其发展列为重点支持对象。

贫困问题是重灾区生态环境保护与恢复重建的核心问题。农村贫困人口分布在地震重灾区的广大自然保护区周边地区、河流河源区以及生态脆弱区，其粗放的生产活动对这些脆弱生态环境和自然保护区形成强大的保护压力，与退化环境构成完整的循环怪圈。因此，生态建设首先要对区域农村贫困人口进行扶贫，让贫困人口脱贫，从而减轻对环境的压力。开展生态补偿，将为这些地区的发展争取资金，有助于改善人民生活，促进生态保护。

11.5　综合生态系统管理研究案例

综合生态系统管理（IEM）既是一种新的理念，又是一种新的管理策略、方式和方法，对整个自然资源管理、生态环境问题解决、管理法制建设和生态资产管理均具有重要理论意义和实践意义。然而，有关综合生态系统管理的研究和实践尚处于探索阶段，缺乏成熟的理论成果和成功的实践范例，特别是针对大尺度生态系统管理的应用，更是全新的探索。

宝兴综合生态系统管理示范区旨在针对县域尺度，以充分协调自然、社会与经济发展为目标，将 IEM 的理念、方法、手段、途径应用于具体的生态系统管理中，开展中长期综合生态系统管理，总结提炼示范成果，这既有利于丰富 IEM 的理论和实践，也有利于推动区域自然、社会经济可持续发展，并为示范成果的应用推广奠定坚实的基础。在宝兴示范区开展 IEM 是实施、履行《生物多样性公约》、协调各相关国际环境资源公约的一种科学方法，具有重要的国际意义。同时，它有利于生态环境的保护、自然资源的可持续利用和有效地防治包括生态安全在内的环境资源问题；有利于促进和加强环境资源管理工作和环境资源法制建设；而且它也是行政调整、市场调整和社会调整机制的综合反映。

11.5.1　宝兴 IEM 实施基础

IEM 项目总体目标设定为：通过综合生态系统管理，取得当地利益，并以大熊猫作为关键物种确保具有全球意义的生物多样性得到有效的保护，同时在基线活动的基础上将增加 22 950t 碳吸收量/碳减排量；通过加强现有保护区建设和管理、建立缓冲区和廊道等措施保护示范区的生物多样性；将过去的土地退化的生产模式转变为生态系统保护和可持续利用的模式。

根据该项目总体目标设定具体目标，再围绕综合生态系统管理的指导思想和原则，制定体系框架、行动计划、日程时间表、实施路径和保障措施。

11.5.2　指导思想、原则和目标

（1）指导思想

宝兴生态示范区 IEM 规划编制的指导思想是：以生态学和生态经济学、可持续发展管理原理为指导，立足于区域特点、资源优势、生态环境特点及社会与经济技术基础，以保护和改善生态环境、实现资源的合理开发和可持续利用为重点，通过合理规划、科学布局、分段实施、稳步推进，促进生态环境改善，推动国民经济和社会持续、健康、快速发展。同时，树立区域生态建设与社会经济协调发展的典型，不断总结实践成果，逐步推广，促进长江流域更大区域生态环境与社会经济协调发展。

（2）规划原则

宝兴生态示范区 IEM 规划编制主要遵循以下原则：

1）立足当地、注重实效。

2）社会、经济、生态综合协调发展。

3）系统设计、全面布局。

4）多方协作、公众参与。

11.5.3　宝兴 IEM 体系框架

综合生态系统管理体系的确定涉及综合生态系统管理内容和目标。综合生态系统管理的中心目标是可持续发展，可持续发展涉及自然、经济、社会、人口、资源、环境等重要内容，在这些管理内容中综合生态系统管理更强调资源利用的冲突，控制人类对环境的干扰活动，其管理的重点是资源与环境规划和管理，并协调各类相关机构为共同的目标而合作。

依据综合生态系统管理内容和目标，以及宝兴县资源、经济、社会及管理现状，宝兴县综合生态系统管理（IEM）体系包括四个方面：IEM 发展规划体系、IEM 政策法规与规

章制度体系、IEM 支撑体系（IEM 组织机构体系、IEM 信息系统、IEM 宣传教育与示范）、IEM 监督与监测评估体系。

（1）IEM 发展规划体系

宝兴县 IEM 发展规划体系包括：宝兴县生态功能保护区规划、宝兴县可持续发展总体规划、宝兴县可持续发展专题规划、宝兴县土地利用规划（修编）、宝兴县生态建设规划（修编）、宝兴县生态农业建设规划、宝兴县林业发展规划（修编）、宝兴县畜牧业发展规划（修编）、宝兴县生态旅游规划（修编）、宝兴县环境治理规划、宝兴县生态工业规划、宝兴县水资源开发与利用规划（修编）、宝兴县矿产资源开发与利用规划、宝兴县自然保护区规划（含廊道规划、替代生计规划）。

（2）IEM 政策法规与规章制度体系

宝兴县 IEM 政策法规与规章制度体系主要包括：国家现有法律法规地方实施细则和办法，地方颁布的法规、条例实施建议与实施办法，国家及地方现有资源管理与生态保护政策修改建议，部门、社区、村民委员会和有关协会规章制度的修改和补充。

（3）IEM 支撑体系

1）IEM 组织机构体系。实施综合生态系统管理，促进人口、资源、环境与社会经济的协调和可持续发展是政府管理的重点领域，是政府的主要职能所在。建立 IEM 组织管理体系，理顺政府的管理职责范围，确立政府宏观调控职能，完善政策和法制体系，强化执法监督功能，建立和健全综合生态系统管理与可持续发展的综合决策及协调管理机制，发挥政府在制定和实施综合生态系统管理与可持续发展中的主导作用，从而形成职能明确、分工合作、协调有力的综合生态系统管理体系和运行机制。

2）IEM 信息系统。综合生态系统管理是一项系统工程，并综合了所有有关的内容。综合管理的有效实施，其关键还在于改进分析手段和强化信息库。因此，建立生态系统综合管理信息系统将有助于优选管理内容和制定管理政策。根据宝兴县信息化程度及管理水平，IEM 信息系统规划建设有以下内容：宝兴基础数据库（基础地理信息、生态专题信息、社会经济信息等）；宝兴 IEM 发展规划数据库；宝兴 IEM 政策法规数据库；宝兴 IEM 宣传教育数据库；宝兴生态功能评估模型库；宝兴示范区综合生态监测预警系统。

3）IEM 宣传教育与示范。宣传方面主要包括生态环境保护宣传、公众参与宣传、生态知识宣传、参观和展览。培训方面包括决策培训、管理培训、技术培训、政策和法律法规培训、生态知识培训、公众参与培训。示范方面包括生态恢复示范、替代生计示范、旅游示范、保护管理示范。

（4）IEM 监督与监测评估体系

IEM 监督体系由监督机构和监督制度构成，其中监督机构包括，县级政府部门：环保、工商、审计；县人民代表大会；县人民政协；非政府组织和媒体。监督制度包括定期检查、定期报告、媒体报道、发布公告和监督反馈。

IEM 监测评估体系包括：生态监测，即生态系统功能监测、生物多样性监测、入侵物种监测；环境监测，即水质监测、土地退化监测、社会经济监测、公众生态环保意识监测、公众对生态环境保护满意度。

11.5.4　宝兴 IEM 路线图

综合生态系统管理是协调人与自然的战略和方法，又是人类认识生态系统、参与生态过程、实现生态服务的一种循环活动。其管理过程如图 11.21 所示。

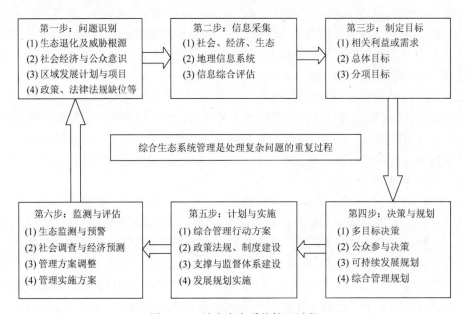

图 11.21　综合生态系统管理过程

具体实践中，综合生态系统管理并不排斥其他的管理法，如保护区、单一种类保护项目，以及在现行国家政策和立法框架下的其他方法。相反，它可以综合所有这些方法来处理复杂的问题。没有一个单一的方法来实施综合生态系统管理，因为它依赖于地方、省级的、国家的、地区的以及全球的情况和环境。因此，综合生态系统管理可以以多种形式充当一个框架，来实现管理目标。

参 考 文 献

北京市环境保护局，中国科学院生态环境研究中心.2005.北京市生态功能区划.

陈宜瑜，Jessel B.2011.中国生态系统服务与管理战略.北京：中国环境科学出版社.

傅伯杰，周国逸，白永飞，等.2009.中国主要陆地生态系统服务功能与生态安全.地球科学进展，24（6）：571-576.

傅伯杰.2011.中国生态系统服务与管理战略.北京：中国环境科学出版社.

甘肃省环境保护局.2004.甘肃省生态功能区划.

国家环境保护总局.2003.生态功能区划暂行规程.

环境保护部，中国科学院.2008.全国生态功能区划.

贾西平.2001.增强对生态系统研究监测能力 中国生态系统评估研究计划启动.人民日报.

刘康，欧阳志云，王效科，等.2003.甘肃省生态环境敏感性评价及其空间分布.生态学报，23（12）：2711-2718.

欧阳志云，王如松.1999.生态系统服务功能、生态价值与可持续发展//社会-经济-自然复合生态系统可持续发展研究.北京：中国环境科学出版社.

世界资源研究所. 2005. 生态系统与人类福祉：生物多样性综合报告·千年生态系统评估. 国家环境保护总局履行《生物多样性公约》办公室译. 北京：中国环境科学出版社.

孙鸿烈. 2008. 长江上游地区生态与环境问题. 北京：中国环境科学出版社.

汤小华. 2005.福建省生态功能区划研究. 福建师范大学博士学位论文.

曾永成. 2003. 生态管理学建设论纲. 成都大学学报（社会科学版），（4）：13-17.

中国科学院生态环境研究中心，海南省环境保护局. 2004.海南省生态功能区划.

中国科学院生态环境中心，安徽省环境保护局. 2003.安徽省生态功能区划.

Corner H J，Moote M A，USDA，et al.2000. Ensuring the common for the goose：Implementing effective watershed policies. USDA forest service rocky mountain research station proceedings. Tucson，AZ，13（none）：247-256.

Costanza R，dArge R，de Groot R，et al. 1997. The value of the world's ecosystem services and natural capital. Nature，387（6630）：253-260.

Daily G C. 1997. Introduction：what are ecosystem services//Daily G. Nature's Service：Societal Dependence on Natural Ecosystems. Washington D.C.：Island Press.

Ma K P，Mi X C，Wei W，et al. 2004. Advances and review on biodiversity//Li W H，Zhao J Z. Recall and Prospect on Ecology. Beijing：China Meteorological Press.

Marsh G P. 1965. Man and Nature. New York：Charles Scribner.

Mooney H A，Cropper A，Reid W. 2004. The millennium ecosystem assessment：what is it all about? Trends in Ecology & Evolution，19（5）：221-224.

Raich J W，Russell A E，Kitayama K，et al. 2006. Temperature influences carbon accumulation in moist tropical forests. Ecology，87（1）：76-87.

SCEP. 1970. Man's Impact on the Global Environment：Assessment and Recommendations for Action. Cambridge，Mass.：MIT Press.

Tallis H，Ricketts T. 2009. InVEST_1_002beta_Users_Guide .